Werner Leonhard

Einführung in die Regelungstechnik

Werner Leonhard

Einführung in die Regelungstechnik

Lineare und nichtlineare Regelvorgänge

für Elektrotechniker, Physiker
und Maschinenbauer
ab 5. Semester

Sechste, verbesserte Auflage

Mit 378 Bildern

1. Auflage 1981
2., verbesserte Auflage 1984
3., durchgesehene Auflage 1985
4., durchgesehene Auflage 1987
5., verbesserte Auflage 1990
6., verbesserte Auflage 1992

Der ersten Auflage lagen die
4., durchgesehene Auflage des uni-texts „Lineare Regelvorgänge" und die
3., durchgesehene Auflage des uni-texts „Nichtlineare Regelvorgänge"
zugrunde.

Der Verlag Vieweg ist ein Unternehmen der Verlagsgruppe Bertelsmann International.

Satz: Vieweg, Braunschweig
Druck: Wilhelm & Adam, Heusenstamm
Buchbinderische Verarbeitung: Lengericher Handelsdruckerei, Lengerich
Gedruckt auf säurefreiem Papier
Printed in Germany

ISBN 3-528-53584-9

Vorwort

Die Regelungslehre stellt ein technisches Grundlagenfach dar, das auf alle Gebiete unseres Lebens ausstrahlt. An den Technischen Hochschulen trägt man dieser Tatsache durch allgemeine Vorlesungen im Rahmen der Elektrotechnik und des Maschinenbaus Rechnung, die durch Wahlvorlesungen im weiteren Verlauf des Studiums ergänzt werden. Es kommt bei den einführenden Vorlesungen nicht auf die Behandlung spezieller Ausführungsformen an; diese sind den begleitenden Praktika vorbehalten. Dagegen ist es wichtig, die Grundlagen möglichst umfassend darzustellen, um gegebenenfalls ein späteres Fachstudium darauf aufbauen zu können.

Dieses Buch enthält den wesentlichen Teil der linearen und nichtlinearen Regelungslehre in elementarer Form. Etwa die Hälfte des Inhaltes sind Gegenstand einer einführenden Vorlesung, die seit einigen Jahren an der Technischen Universität Braunschweig für alle Studierenden der Elektrotechnik im 5. Semester gehalten wird. Der Rest, insbesondere also Teil II über nichtlineare Regelung, ist Inhalt einer weiterführenden Vorlesung für Studenten der Studienrichtung Meß- und Regelungstechnik im 6. Semester. Das Buch ist als Grundlage einer eigenen Mitschrift in diesen Vorlesungen gedacht. Die zu den Vorlesungen gehörenden Rechenbeispiele sind nicht enthalten, jedoch wurden anwendungsorientierte Abschnitte und Hinweise eingefügt, um Verbindungen zwischen der notwendigerweise etwas trockenen Theorie und der technischen Wirklichkeit herzustellen. Für das Verständnis der Vorlesung werden Grundkenntnisse der stationären und nichtstationären Vorgänge in linearen Systemen vorausgesetzt, etwa wie sie im 3. Semester in der Vorlesung „Wechselströme und Netzwerke“ [30] behandelt werden.

Wie bei allen Vorlesungen, war auch hier eine Auswahl der für das Verständnis und die spätere Anwendung wichtigsten Tatsachen und Verfahren unumgänglich. Manche historisch interessanten Beschreibungs- und Entwurfsverfahren mußten weggelassen werden, um den Rahmen der Vorlesung nicht zu sprengen. Adaptive und optimale Regelvorgänge sind nicht enthalten; sie gehören, ebenso wie diskrete und stochastische Prozesse, zum Inhalt anderer Wahlvorlesungen. Dort werden auch dynamische Vorgänge im Zustandsraum vertieft behandelt.

Auf die umfangreiche ergänzende und weiterführende Literatur wird verwiesen. Die Quellenangaben im Text beschränken sich auf besonders typische Fälle; sie erheben keinen Anspruch auf Vollständigkeit.

Seit dem ersten Erscheinen dieses Studienbuches als uni-text vor mehr als 10 Jahren hat sich die Regelungstechnik weiter ausgedehnt und gewandelt. Mit dem Erscheinen der Mikroelektronik hat eine neue Evolutionsphase begonnen, die z.B. zur Folge hat, daß manche gerätetechnischen Fragen in den Hintergrund treten und programmtechnisch gelöst werden; dadurch verschieben sich gewohnte Begriffe, so daß eine Konsolidierung der weiterhin gültigen Grundlagen dringend erscheint. Dieser Aspekt sowie die Möglichkeit einer Kostenreduktion haben es wünschenswert gemacht, die beiden bisher getrennt erschienenen Bände zusammenzufassen; der Inhalt hat sich dadurch nicht wesentlich verändert. Es ist zu hoffen, daß das Buch auch in dieser Form innerhalb und außerhalb der Hochschule Freunde findet.

Meinen Mitarbeitern im Institut für Regelungstechnik, die mich über die Jahre hinweg bei der Entwicklung des Stoffes unterstützt haben, vor allem den Herren Dr. K. Fieger, Dr. P. Pomper, Dr. H. Theuerkauf und Dr. E. Schnieder, möchte ich sehr herzlich für ihre tatkräftige Mitwirkung danken.

Braunschweig *Werner Leonhard*

Vorwort zur 6. Auflage

Nachdem das Buch über viele Jahre, von Korrekturen abgesehen, unverändert geblieben war, erschien es wünschenswert, einige kleine Ergänzungen vorzunehmen. Im übrigen ist der Inhalt als Einführungsstoff unverändert aktuell. Für die Unterstützung bei der Überarbeitung möchte ich Herrn Dipl.-Ing. K. Müller, K. Schulz und H. Ohmstede herzlich danken.

Braunschweig, Herbst 1991 *Werner Leonhard*

Inhaltsverzeichnis

Teil I Lineare Regelvorgänge

Teil II Nichtlineare Regelvorgänge

Teil I Lineare Regelvorgänge

1. Aufgabenstellung der Regelungstechnik

1.1. Allgemeines

Das Wort „Regeln“ mit seinen verschiedenen Abwandlungen wird in unserem Sprachgebrauch täglich verwendet. Man kann irgendeine Angelegenheit regeln, etwa menschliche Beziehungen, Studienfragen oder Finanzprobleme; man kann ein geregeltes oder ungeregeltes Leben führen, regelnd in ein Streitgespräch eingreifen und vieles mehr. Man versteht unter dem Begriff „Regeln“ also offenbar die Herstellung oder Bewahrung einer wünschenswerten Situation, die durch störende Einflüsse von innen oder außen in Unordnung geraten ist.

Es handelt sich dabei um ein universelles Problem, denn überall wirken Störungen, die einen einmal hergestellten, erstrebenswerten Zustand verändern und es notwendig machen, von Zeit zu Zeit oder ständig korrigierend einzugreifen.

Dabei ist es natürlich wesentlich, den gestörten Zustand zu erkennen und die Gegenmaßnahmen an der richtigen Stelle und in der richtigen Stärke anzuwenden. Maßnahmen, die zu spät kommen, die zu schwach oder zu stark dosiert sind, können mehr Schaden anrichten als Gutes tun.

Die Natur ist voll von Regelvorgängen, die teils unbewußt, teils bewußt ablaufen. Denken wir etwa an die helligkeitsabhängige Pupillenöffnung der Augen oder an die Blutdruck-, Blutzucker-, Atmungs- und Temperaturregelung in unserem Körper. Die Natur schützt uns auf diese Weise vor den Unbilden der Umwelt und ermöglicht uns die Anpassung an schwankende Umweltbedingungen. Niedrige Lebewesen, etwa Bakterien, vermögen auch unter widrigsten Umständen zu existieren; je höher aber ein Organismus entwickelt ist, desto komplizierter werden die Organe und ihre Funktionen und desto mehr bedürfen sie des Schutzes vor stark veränderlichen Umweltbedingungen.

Ein anderes Beispiel, bei dem Regelvorgänge eine große Rolle spielen, ist die Wirtschaft. Der Ausgleich von Angebot und Nachfrage über Preis und Lieferzeit ist ein Regelvorgang; das gleiche gilt für die Steuerung des Wirtschaftsgefüges eines Landes, wo man durch Festsetzung von Zinsen, Zöllen, Steuern, Wechselkursen usw. versucht, ein bestimmtes wünschenswertes Ziel zu erreichen. Dieses Ziel kann selbst wieder Ergebnis eines politischen Regelvorganges, der Willensbildung im Parlament sein, wo zwischen zunächst widerstrebenden Richtungen ein Ausgleich gefunden werden muß.

N. Wiener [34] hat für den verallgemeinerten Regelungsgedanken auf den Gebieten der Biologie, Physiologie, Wirtschaft und Technik den Begriff der Kybernetik geprägt, in der Hoffnung, daß aus dieser Zusammenschau so etwas wie eine universelle Wissenschaft werden könnte. Diese Hoffnung hat sich zwar bisher nicht erfüllt, da für eine wissenschaftliche Arbeit auf allen Teilgebieten spezielle und nicht ohne weiteres übertragbare Kenntnisse und Arbeitsmethoden erforderlich sind, doch haben die gemeinsamen Denkmodelle zu vielen neuen Beziehungen zwischen den Wissenschaften geführt, was in sich einen Fortschritt darstellt.

Man versteht unter Kybernetik heute vorwiegend das große Forschungsgebiet der physiologischen Regelvorgänge in Organismen; dies ist zwar eine Einschränkung gegenüber der ursprünglich noch weiter gespannten Definition, doch stellt es für sich bereits ein noch unüberschaubares Arbeitsgebiet dar.

Eine ähnliche Situation wie in der Natur findet sich auch im technischen Bereich. Technische Geräte werden konstruiert, damit sie einen bestimmten Zweck erfüllen; ein Kraftwerkskessel etwa, um Dampf mit einem gewünschten Druck- und Temperaturzustand und in einer vorgegebenen Menge zu erzeugen. Auch bei anfangs optimaler Einstellung könnte er diese Aufgabe nur kurze Zeit erfüllen, wenn nicht die vielfältigen Störeinflüsse, z.B. veränderlicher Heizwert, schwankende Speisewassertemperatur oder Ablagerungen an den Kesselrohren, durch ständige Regeleingriffe ausgeglichen würden. Ein Flugzeug kann nach dem Start genau auf das Ziel ausgerichtet sein; es verfehlt dieses wegen der Winddrift und vieler anderer Einflüsse dennoch, sofern es nicht vom Piloten oder einem selbsttätig arbeitenden Gerät auf dem jeweils richtigen Kurs gehalten wird.

Als Begründer der Regelungstechnik gilt *J. Watt*, der 1786 mithilfe einer selbsttätigen Regelung die vorher belastungsabhängige Drehzahl einer Dampfmaschine auf einen konstanten Wert regelte. Das von ihm erfundene Fliehkraftpendel wird (in abgewandelter Form) noch heute verwendet. In der Folgezeit entwickelte sich die Regelungstechnik anhand konkreter Aufgabenstellungen auf verschiedenen Gebieten unabhängig voneinander; die verschiedenen Anwendungen, z.B. Spannungsregler, Turbinenregler, Kesselregler, gegengekoppelte Verstärker, hatten wenig gemeinsam. Erst sehr viel später, etwa seit 1940, hat man das allen diesen Teilgebieten gemeinsame Grundprinzip erkannt. Gleichzeitig, angeregt vor allem durch militärische Aufgabenstellungen, begann eine stürmische Entwicklung, deren Ergebnisse inzwischen für den einzelnen fast unüberschaubar wurden und deren Ende noch nicht abzusehen ist. Dies steht in engem Zusammenhang mit der fortschreitenden Automatisierung technischer Prozesse, für die die Regelungstechnik Ausgangsbasis und Methoden liefert.

1.2. Erläuterung der Aufgabenstellung anhand von Beispielen

In diesem Abschnitt soll die Aufgabenstellung der Regelungstechnik durch einige einfache Beispiele qualitativ beschrieben und in ihrer Vielfalt deutlich gemacht werden. Auf eine mathematische Beschreibung wird dabei verzichtet.

1.2.1. Regelung eines Nachrichtenkanals

Von einer Telefonverbindung, an der Teile der örtlichen Telefonnetze, Trägerfrequenzeinrichtungen und ein Fernkabel mit Verstärkern oder eine Richtfunkstrecke beteiligt sind, fordert man vor allem eine gute Verständlichkeit, meßbar als Verstärkung bei verschiedenen Frequenzen. Die Übertragungseigenschaft „Verstärkung" entsteht durch Zusammenwirken sehr vieler Einzelbauteile (z.B. Kontakte, Widerstände, Kondensatoren, Transistoren, Freileitungen, Kabel), deren Eigenschaften von Temperatur, Versorgungsspannung, Alterung, Feuchtigkeit usw. abhängen. Hinzu kommen die Witterungseinflüsse auf die Richtfunkstrecke.

Würde man die Anlage bei Inbetriebnahme genau justieren und dann sich selbst überlassen, so hätte sich die Verstärkung bereits nach kurzer Zeit infolge aller dieser Einflüsse weit vom gewünschten Wert entfernt. Der Übertragungskanal wäre dann praktisch unbrauchbar. Um Abhilfe zu schaffen, wird man zunächst einmal bestrebt sein, die auftretenden Abweichungen durch Verwendung ausgewählter Bauelemente möglichst klein zu halten. Darüber hinaus kann man versuchen, alle Störeinflüsse zu erfassen und an Ort und Stelle zu beseitigen, etwa durch Temperaturkompensation oder durch Betrieb bei konstanter Temperatur. Dieser Weg ist aber nur soweit gangbar, als er wirtschaftlich zu rechtfertigen ist. Der Aufwand für konstante Versorgungsspannungen wird normalerweise zulässig sein, dagegen ist der Wunsch nach konstanter Kabeltemperatur (oder konstanter Witterung) nicht erfüllbar. Außerdem wäre, selbst bei beliebigem Aufwand, keine Gewähr gegeben, daß dann wirklich alle *Störgrößen* erfaßt werden. Es ist also notwendig, zusätzliche Eingriffsmöglichkeiten zu schaffen, um die Verstärkung einzelner Abschnitte auf den gewünschten Wert bringen zu können, gleichgültig woher die Schwankungen rühren. Bild 1.1 zeigt das Schema einer solchen Anordnung. Die Verstärkung wird dabei mit einer mechanischen oder elektronischen *Stellgröße* anhand von Kennlinien nachgestellt, die früher unter definierten Betriebsbedingungen (Witterung, Temperatur usw.) gemessen wurden. Ein Erfolg dieser Maßnahme ist so lange wahrscheinlich, als die Erfahrung des Personals ausreicht, die voraussichtlichen Einflüsse richtig zu beurteilen. Unvorhergesehene Störgrößen haben nach wie vor große Verstärkungsschwankungen zur Folge. Man bezeichnet einen derartigen Wirkungsablauf als eine *Steuerung*.

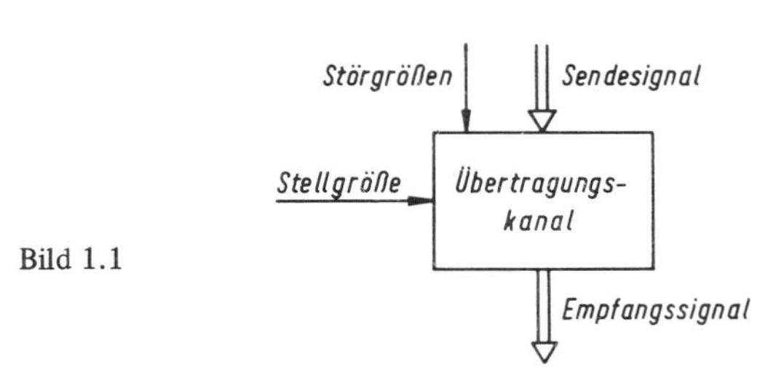

Bild 1.1

Genauere Ergebnisse sind mit einer *Regelung* zu erwarten. Sie ist dadurch gekennzeichnet, daß die Verstellung aufgrund einer laufenden Messung der interessierenden *Regelgröße* erfolgt (Bild 1.2). Der Wert der Führungsgröße wird als *Soll*-Wert, der der Regelgröße als *Ist*-Wert bezeichnet. Die Soll-Ist-Differenz heißt *Regelabweichung*, sie wird einem *Regler* zugeführt, der die erforderliche *Stellgröße* erzeugt. Man erhält auf diese Weise eine geschlossene Wirkungskette, den aus Regler und *Regelstrecke* bestehenden *Regelkreis*. Im vorliegenden Fall kann die Verstärkung (Ist-Wert der Regelgröße) mit einem Prüfsignal gemessen werden, das dem Nutzsignal in beiden Richtungen überlagert wird.

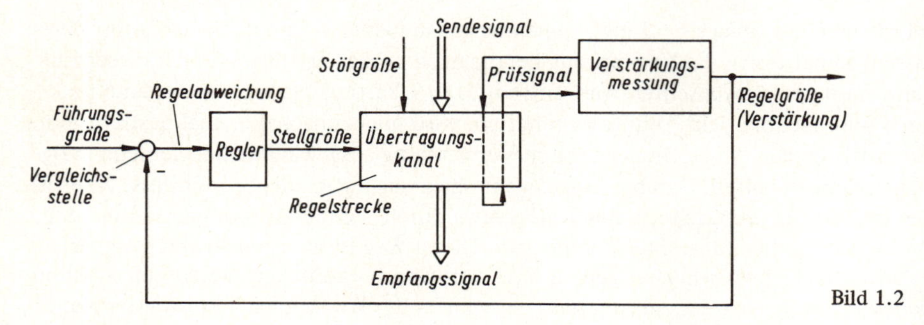

Bild 1.2

Die verschiedenen Regelsignale (Führungsgröße, Regelgröße, Stellgröße) sind vom Nutzsignal (Sende- und Empfangssignal) der Übertragungsstrecke deutlich zu trennen. Die Stellgröße steuert nur das Übertragungsverhalten des Nachrichtenkanals für das Nutzsignal; sie hat sonst nichts mit diesem gemeinsam.

Sofern sich die Störgrößen langsam genug ändern – was z.B. bei Temperaturstörungen der Fall ist – kann ein Mensch als Regler wirken, indem er mit einem Meßgerät die Verstärkung überwacht und das System bei Abweichungen entsprechend nachstellt. Da dies nur bei langsamen Störgrößen möglich ist und im Dauerbetrieb einem Bedienungsmann nicht zugemutet werden kann, wird man bestrebt sein, eine *selbsttätige* Regelung zu entwickeln, mit der die Verstellung ohne menschliches Zutun abläuft.

Bei den meisten Regelaufgaben sind selbsttätige Regler dem Menschen an Geschwindigkeit, Genauigkeit und Zuverlässigkeit weit überlegen. Dies ändert sich erst, wenn die Regelstrecke selbst stark veränderlich ist, so daß eine überlegene Intelligenz für die Anpassung der Reglerfunktion an die Regelstrecke notwendig wird.

Über die technische Ausführung der Verstellung wurde bisher nichts gesagt, sie kann z.B. mechanisch oder elektronisch erfolgen. Das *Blockschaltbild* (Bild 1.2) ist davon völlig unabhängig, denn bei den eingezeichneten Größen handelt es sich um *Signale*, nicht um physikalische Größen. Das Blockschaltbild ist also nur ein funktionsbezogenes Strukturdiagramm.

1.2.2. Raumheizung

Die Temperatur in einem Bürohaus ist eine wesentliche Größe für die dort Arbeitenden. Sie soll daher auf einem vorgebbaren Wert gehalten werden.

Als Stellgröße für das ganze Gebäude ist zunächst die Brennstoffzufuhr des Heizkessels heranzuziehen. Die wesentlichen Störgrößen sind: Außentemperatur, Sonneneinstrahlung, Öffnung von Fenstern und Türen, Zahl der in den Räumen Anwesenden, Heizwertschwankungen des Brennstoffes, Ablagerungen in Kessel und Rohrleitungen usw.

Eine Berücksichtigung aller Störgrößen bei der Steuerung von Hand ist unmöglich; der Hausmeister wird sich also im wesentlichen auf die Außentemperatur stützen und die Brennstoffzufuhr entsprechend verstellen. Das Ergebnis ist sehr wahrscheinlich unbefriedigend; manche der Räume sind zu warm, andere zu kalt, so daß hier Fenster geöffnet und dort elektrische Zusatzheizungen eingeschaltet werden.

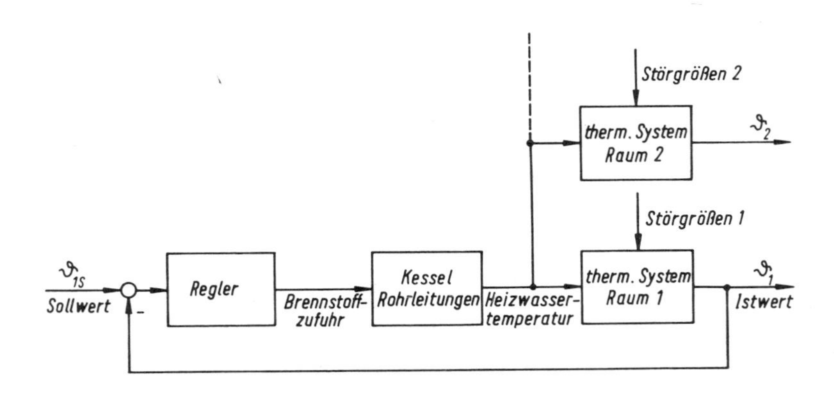

Bild 1.3

Durch eine Temperaturregelung soll deshalb eine Verbesserung erzielt werden. Bild 1.3 zeigt das entsprechende Blockschaltbild. Die Regelstrecke besteht aus Kessel, Rohrleitungen und den zu heizenden Räumen. Die Temperaturmessung erfolgt an repräsentativer Stelle des Gebäudes, z.B. im Raum 1, dessen Fenster nach gegenüberliegenden Seiten des Gebäudes gerichtet sind. Der gemessene Wert wird mit dem Sollwert verglichen, worauf der Regler die Brennstoffzufuhr so lange verstellt, bis die gewünschte Temperatur erreicht ist.

Obwohl alle die Temperatur der Meßstelle beeinflussenden Störungen erfaßt und ausgeregelt werden, so daß die Temperatur in Raum 1 den gewünschten Wert annimmt, ist das Gesamtergebnis immer noch unbefriedigend; Räume, die auf der Sonnenseite liegen, sind zu warm, andere zu kalt. Es nützt somit wenig, wenn die repräsentative (mittlere) Temperatur im Gebäude richtig ist.

Als nächster Schritt bleibt die individuelle Regelung der Temperatur eines jeden größeren Raumes, gegebenenfalls auf verschiedene Sollwerte. Als Stellglieder dienen dabei die Heizkörperventile, die von zugehörigen Raumtemperaturreglern betätigt werden können. Die infolge des nun veränderlichen Warmwasserbedarfes schwankende Heizwassertemperatur wirkt dabei auf jeden der Raumtemperatur-Regelkreise als zusätzliche Störgröße ein. Dieser Einfluß läßt sich jedoch ausschalten, indem man den Kessel mit einer Heizwassertemperatur-Regelung versieht, um die Brennstoffzufuhr dem veränderlichen Bedarf anzupassen.

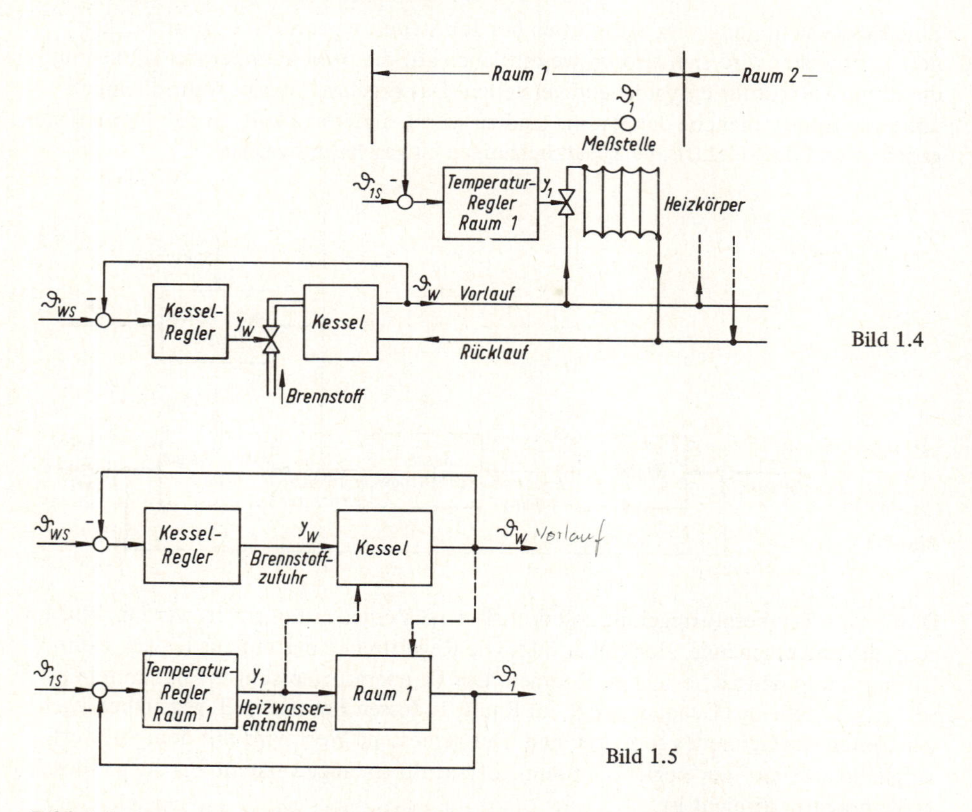

Bild 1.4

Bild 1.5

Bild 1.4 zeigt ein vereinfachtes Geräteschaltbild und Bild 1.5 ein abstrahiertes Blockschaltbild. Die Raumtemperatur-Regelkreise beeinflussen die Kesselregelung über den schwankenden Heizwasserbedarf, und umgekehrt beeinflußt der Kessel-Regelkreis über die Heizwassertemperatur die Raumtemperaturregelungen. Man bezeichnet ein derart gekoppeltes System auch als eine *vermaschte* Regelung; im vorliegenden Fall sind die Rückwirkungen zwar harmlos, doch muß im allgemeinen ihr Einfluß abgeschätzt werden, um unerwünschte Kopplungseffekte zu vermeiden.

1.2.3. Kursregelung eines Schiffes

Die Aufgabe des Rudergängers auf einem Schiff besteht im Normalfall bekanntlich darin, den Kurswinkel α auf einem vom Navigator festgelegten Wert α_s zu halten. Um das Schiff in diese Richtung zu drehen und unabhängig von Wind und Seegang dort zu halten, ist eine laufende Verstellung des Ruders um den Ruderwinkel β nötig (Bild 1.6). Der Rudergänger beobachtet also den Kurswinkel $\alpha(t)$ anhand eines Kompasses, vergleicht ihn in Gedanken mit dem vorgegebenen Wert α_s und entscheidet dann über den erforderlichen Ruderwinkel $\beta(t)$; er erfüllt somit die Funktion eines Reglers. Bei einem kleinen Motorboot legt er das Ruder von Hand, was ihm gleichzeitig die Funktion eines Leistungs-Verstärkers und Stellmotors verleiht.

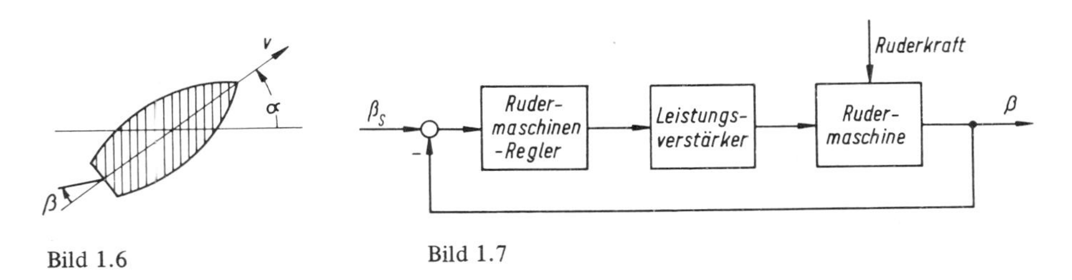

Bild 1.6

Bild 1.7

Bei großen Schiffen ist es wegen der Stellkräfte und der Entfernung von der Brücke natürlich nicht mehr möglich, das Ruder von Hand zu verstellen, so daß eine Rudermaschine erforderlich wird, die gesteuert und überwacht werden muß; hierfür kann eine Rudermaschinen-Regelung verwendet werden (Bild 1.7). Der Rudergänger gibt dabei einen Winkelsollwert β_s auf niedrigem Leistungsniveau vor (etwa eine in einen Stromwert abgebildete und elektrisch zum Rudermaschinen-Raum übertragene Hebelstellung), der mit dem gemessenen Istwert β des Ruderwinkels verglichen wird. Die Regelabweichung steuert dann über einen elektrischen oder hydraulischen Leistungsverstärker die Rudermaschine in der einen oder anderen Richtung so lange, bis die Regelabweichung Null geworden ist. Die Leistung der Rudermaschine und die Entfernung zur Brücke sind dabei ganz beliebig. Der Rudergänger kann an einer Ruderstandnachbildung das Ruder ohne Kraftaufwand auslenken, als ob es sich um ein kleines Boot handelte. Man bezeichnet eine solche Regelung mit zeitlich veränderlichem Sollwert auch als *Folgeregelung*. Das Prinzip ist in Bild 11.5 vereinfacht dargestellt.

Nachdem nun die Verstellung des Ruders durch Fernsteuerung selbsttätig erfolgt, soll auch die Kurshaltung des Schiffes, die eigentliche Aufgabe des Rudergängers, einem selbsttätigen Kursregler übertragen werden. Der Anlaß hierfür kann z.B. der Wunsch sein, bei ruhigem Wetter mit reduzierter Brückenbesatzung zu fahren.

Auch diese Aufgabe läßt sich mit einem Regelkreis lösen (Bild 1.8). Zu diesem Zweck wird mit einem Kreiselgerät der Kurswinkel α gemessen und selbsttätig mit dem vom Navigator vorgegebenen Sollkurs α_s verglichen. Der Kursregler ermittelt daraus einen Ruderwinkel-Sollwert β_s, der über die Ruderregelung ausgeführt wird. Durch die Rückmeldung des sich ändernden Kurswinkels schließt sich der Kursregelkreis. Er enthält als Teil seiner Regelstrecke den inneren Ruderregelkreis; außerdem kommen

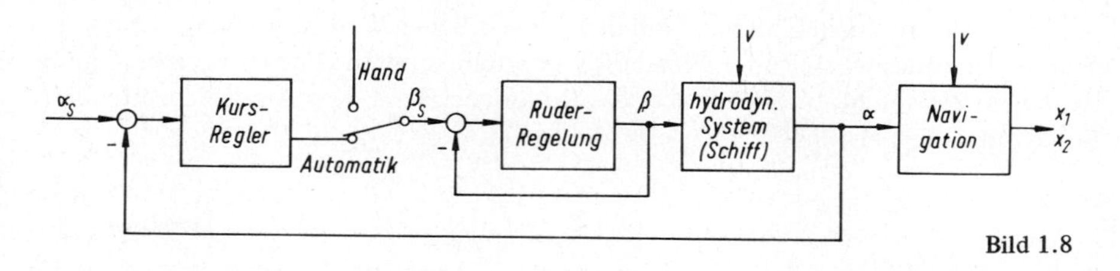

Bild 1.8

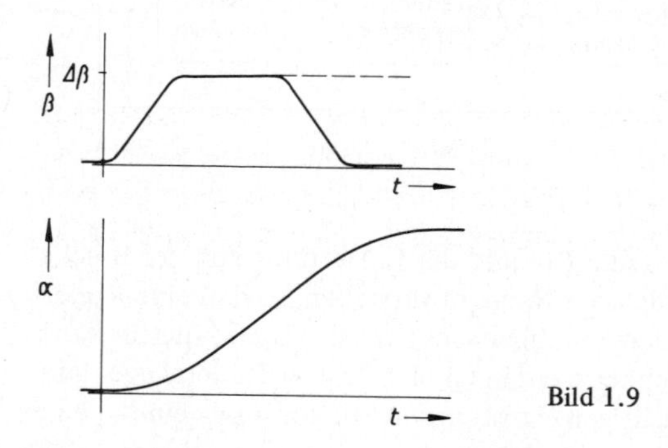

Bild 1.9

die hydrodynamischen Eigenschaften der Schiffssteuerung hinzu. Dies ist in Bild 1.9 erläutert. Eine Auslenkung des Ruders um einen kleinen Wert $\Delta\beta$ hat demnach eine allmähliche Drehung des Schiffes zur Folge, bis es sich schließlich in einer stationären Kreisbahn bewegen würde. Wird das Ruder wieder in Mittellage geführt, so reagiert das Schiff wegen der bewegten Massen wiederum verzögert, bis es mit neuem Kurs wieder geradeaus fährt. Ein Rudergänger muß diese von der Geschwindigkeit und anderen Einflüssen abhängigen Eigenschaften seines Schiffes kennen, um nach einer Kursänderung rechtzeitig das Ruder zurückzunehmen. Der Kursregler muß ein ähnliches Verhalten besitzen, er muß also an die Regelstrecke angepaßt werden.

Will man die Kursregelung in engen Gewässern, bei einer Ausweichbewegung oder bei starkem Seegang, wo ein schwankender Kurs zur Entlastung der Rudermaschine zugelassen wird, außer Betrieb nehmen, so kann nach einer „Automatik-Hand"-Umschaltung der Rudergänger den Ruderwinkel-Sollwert wieder von Hand vorgeben (Bild 1.8).

Das Regelschema in Bild 1.8 ist ein Beispiel für eine *Kaskadenregelung*, bei der mehrere Regelkreise einander überlagert sind. Der Kursregler ist dem Ruderregler übergeordnet, da er ihm den Sollwert (β_s) vorschreibt. Der Ruderregelkreis ist somit Teil (Stellglied) der Kursregelstrecke.

Die nächste übergeordnete Aufgabe wäre die Navigation, d.h. die selbsttätige Vorgabe eines Kurswinkel- und eines Geschwindigkeits-Sollwertes, so daß das Schiff auf einer bestimmten Bahn fährt und zu einer bestimmten Zeit am Zielort eintrifft. Ein automatisch gesteuertes Schiff dieser Art wäre heute im Prinzip realisierbar. Die Aufgabe wäre allerdings außerordentlich kompliziert, da viele Einflüsse und Nebenbedingungen zu erfassen wären, z.B. zugelassene Fahrstraßen, Wetterverhältnisse, Strömungen, Winddrift usw. Die Aufgabe würde einen Digitalrechner als Regler und umfangreiche Ortungseinrichtungen zur automatischen Standortbestimmung und zum Schutz gegen Kollisionen erfordern. Aus diesen Gründen ist der Aufwand auch bei großen Schiffen nicht zu rechtfertigen. Man stößt damit an eine wirtschaftliche Grenze der Automatisierung. Auch bei Flugzeugen, wo Kurs- und Lageregelungen verwendet werden („Autopilot"), erfolgt die Navigation noch überwiegend manuell.

Anders ist es bei Raketen und Raumflugkörpern. Die erforderlichen Flugbahnberechnungen, um z.B. eine Umlaufbahn um die Erde oder den Mond zu erreichen, sind so umfangreich und müssen in so kurzer Zeit abgewickelt werden, daß sie nur von elektronischen Rechenmaschinen ausgeführt werden können, die am Boden stationiert sind und über Ortungseinrichtungen mit dem Flugkörper in Verbindung stehen. Die Geräte für die unteren Regelebenen, etwa für Schub, Treibstoffdurchsatz und Lage in den verschiedenen Koordinaten, sind dagegen im Flugkörper selbst untergebracht.

Der stufenweise Aufbau, wie er z.B. in einer Kaskadenregelung verwirklicht wird, hat viele Analogien im Aufbau von Organismen. Untergeordnete Regelvorgänge, die ständig wirksam und oft sehr schnell sein müssen, etwa die Gleichgewichtshaltung, laufen im Unbewußten ab. Ein Mensch, der sich ständig daran erinnern müßte, daß er sein Gleichgewicht aufrecht zu erhalten hat, wäre hierzu wahrscheinlich nicht lange in der Lage. Ähnlich ist es mit vielen anderen unbewußten Vorgängen, deren ordnungsgemäße Funktion ihrem Träger erst die Möglichkeit gibt, seine Gedanken Höherem zuzuwenden.

1.3. Stabilitätsproblem

Eine wesentliche Schwierigkeit bei Regelungen aller Art ist bisher noch nicht zur Sprache gekommen, die Gefahr der Instabilität. Wählt man einen Regler nur aufgrund statischer Zusammenhänge und versieht ihn mit ausreichender Verstärkung, so daß er in der Lage ist, schon bei kleinen Regelabweichungen kräftig zu reagieren, so ist mit einer unerwarteten Erscheinung zu rechnen: Der Regler wird die Regelgröße keineswegs im gewünschten engen Toleranzbereich halten und Störeinflüsse in einem gut gedämpften Einschwingvorgang ausregeln, sondern er wird die Regelstrecke zu heftigen Schwingungen anfachen, die so lange anwachsen, bis sie durch irgendeine Übersteuerung begrenzt werden. Die Regelung ist dann natürlich unbrauchbar geworden.

Diese Erscheinung wird durch zwei Umstände verursacht:

a) Jedes Regelsystem, einschließlich Regler und Stellglied, ist ein dynamisches Gebilde; es enthält stets Energiespeicher, deren Energieinhalt sich bei endlicher Leistungszufuhr nur verzögert ändern kann. Eine sprungartige Verstellung einer Stör- oder Stellgröße bewirkt deshalb – von Sonderfällen abgesehen – einen verzögerten Einschwingvorgang der Regelgröße. Ein Korrektursignal von der Regelabweichung über Regler und Stellglied kommt deshalb am Ausgang der Regelstrecke verzögert an.

b) Der Regelkreis soll die Auswirkungen einer Störgröße vollständig und möglichst schnell beseitigen. Eine kleine Regelabweichung soll also genügen, die Stellgröße über den ganzen Bereich zu steuern. Damit dies möglich ist, muß der geschlossene Kreis eine Verstärkung für Regelsignale aufweisen. Diese *Kreisverstärkung* wird durch Bild 1.10 erläutert. Denkt man sich den Regelkreis z.B. am Ausgang der Regelstrecke unter Beibehaltung des Ruhewertes aufgeschnitten, dann bewirkt eine kleine Auslenkung Δx_1 des zum Regler führenden Signals eine Reaktion $\Delta x_2 = -V_k \Delta x_1$ am Ausgang der Regelstrecke; der Regler sucht also die vermeintliche Störung auszugleichen; V_k ist dabei die Kreisverstärkung.

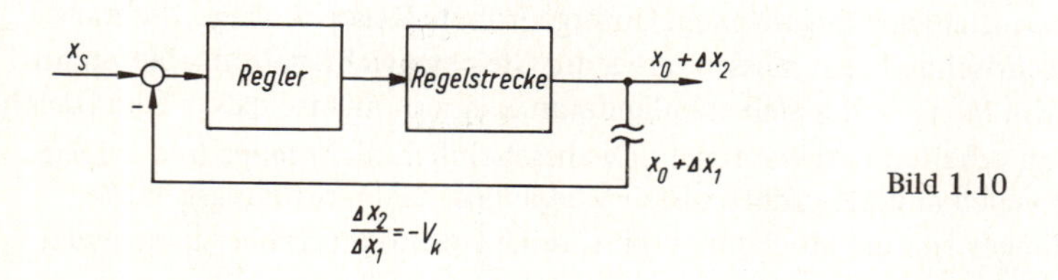

Bild 1.10

Diese beiden Umstände, Zeitverzug und Signalverstärkung im geschlossenen Wirkungskreis, können zusammen zu Instabilität führen.

Anhand des vorher beschriebenen Beispiels einer Kursregelung läßt sich dies auf einfache Weise erkennen. Nehmen wir an, der Kursregler sei unverzögert und habe die Kennlinie in Bild 1.11. Ein Kursfehler $\Delta\alpha = \alpha_s - \alpha$ bewirkt über die Rudermaschinenregelung also eine proportionale Auslenkung β des Ruders. Man möchte $\Delta\alpha_0$ möglichst klein wählen, um hohe Empfindlichkeit und schnelles Eingreifen des Kursreglers zu gewährleisten.

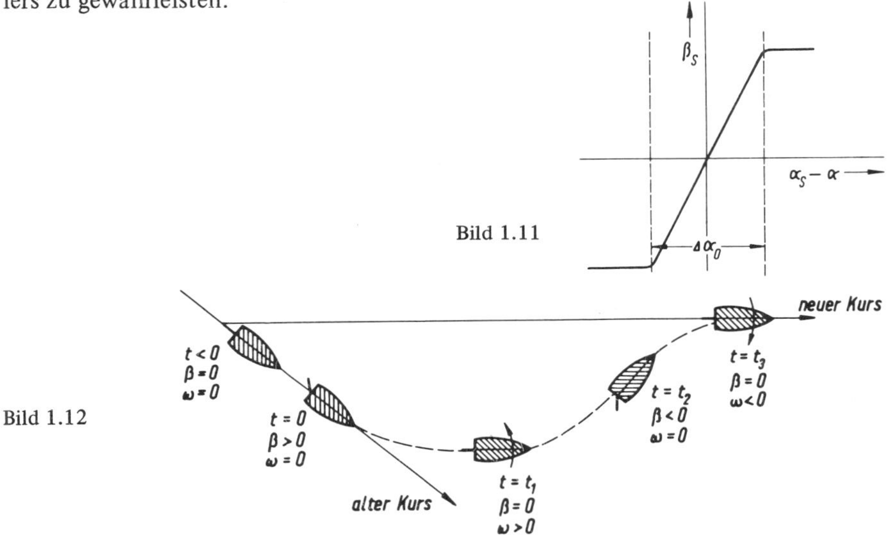

Bild 1.11

Bild 1.12

Folgendes Ergebnis stellt sich ein:
Angenommen, das Schiff fahre zunächst mit richtigem Kurs geradeaus (Bild 1.12). Zur Zeit $t = 0$ werde der Sollwinkel um einige Grad verändert, so daß der Regler eine Regelabweichung feststellt und korrigierend eingreift. Das Schiff erfährt dadurch eine Drehbeschleunigung in die neue Richtung, die erst verschwindet, wenn der neue Kurs erreicht ist ($t = t_1$). Zu diesem Zeitpunkt hat das Schiff aber eine beträchtliche Drehgeschwindigkeit ω, die durch entgegengesetztes Ruderlegen abgebaut werden muß. Wenn die Drehgeschwindigkeit endlich Null geworden ist ($t = t_2$), liegt das

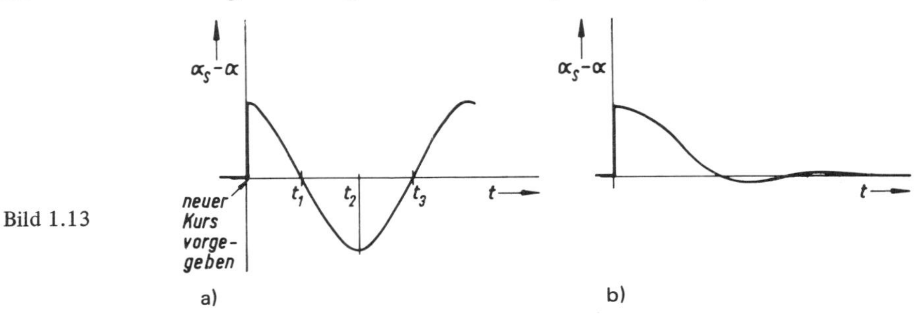

Bild 1.13

Schiff wieder auf falschem Kurs und das Spiel beginnt von neuem. Der Kurswinkel wird also Schwingungen um den neuen Sollwert ausführen (Bild 1.13a). In Wirklichkeit kann die Schwingung wegen der Verzögerung der Rudermaschine sogar angefacht verlaufen. Ein Kursregler dieser Art würde natürlich schnellstens abgeschaltet.

Um einen gut gedämpften Einschwingvorgang, etwa nach Bild 1.13b, zu erhalten, muß der Kursregler anders reagieren, wie das ein geübter Rudergänger auch tut. Er muß bei $t < t_1$, lange bevor der neue Sollkurs erreicht ist, das Ruder in die Mittellage bringen oder sogar Gegenruder geben, um ein Überschwingen des Kurswinkels zu verhindern.

Es war Zweck dieses ersten Kapitels, vor Beginn der notwendigerweise etwas trockenen Detailfragen eine mehr intuitive Vorstellung von den Aufgaben der Regelungstechnik zu vermitteln und anhand einiger Beispiele einen Ausblick auf ihre Anwendungen zu geben. Die Vielfalt dieser Anwendungen ist zugleich reizvoll und verwirrend; sie hat jahrzehntelang den Blick auf die gemeinsamen Grundlagen vieler äußerlich verschiedener Vorgänge versperrt. Es ist ja auch nicht ganz offensichtlich zu erkennen, daß eine Regelanlage in einem chemischen Werk, die infolge Fehleinstellung mit einer Periode von mehreren Stunden pendelt,und ein elektronischer Verstärker, der wegen parasitärer Kopplungen bei einigen MHz schwingt, im Prinzip analoge Fälle sind.

Nachdem diese Erkenntnis aber nun einmal vorliegt, soll es unsere erste Aufgabe sein, die gemeinsamen Grundlagen hervorzuheben und alles anwendungsbedingte Beiwerk zunächst beiseite zu lassen, damit es die Sicht nicht behindert.

Wer Regelungstechnik *anwenden* will, muß sich selbstverständlich später mit den Fragen der zu regelnden Strecke, d.h. mit den speziellen technischen Prozessen,vertraut machen.

2. Analytische Beschreibung des dynamischen Verhaltens (mathematisches Modell) einer Regelstrecke

2.1. Übertragungselement, Blockschaltbild

Für die Beurteilung oder den Entwurf eines Regelsystems genügen empirische oder intuitive Verfahren nur in den einfachsten Fällen. Normalerweise ist es notwendig, das Problem zu objektivieren und – wenn auch nur näherungsweise – quantitativ zu beschreiben. Da es sich bei fast allen Regelstrecken um dynamische Systeme handelt, sind Differentialgleichungen, deren unabhängige Variable die Zeit ist, die hierfür geeigneten Hilfsmittel. Technische Regelstrecken sind jedoch gewöhnlich zu kompliziert, als daß man die Differentialgleichung zwischen Stellgröße und Regelgröße sofort angeben könnte. Aus diesem Grund ist es meist vorteilhaft, die gesamte Strecke durch Definition von Zwischengrößen in einzelne Bestandteile, Übertragungs- oder Steuerungselemente genannt, aufzulösen, deren Verhalten einfach zu überblicken ist. Die Zwischengrößen werden dabei so gewählt, daß ein (angenähert) eindeutiger Signalfluß entsteht.

Beispiele für Eingangs- und Ausgangsgrößen angenähert rückwirkungsfreier Übertragungselemente sind

Ruderwinkel → Winkelgeschwindigkeit eines Schiffes.
Eine Rückwirkung kann durch die Ruderkräfte entstehen; sie wird durch entsprechende Auslegung des Ruderantriebes nach Möglichkeit ausgeschaltet.

Stellung des Heizwasserventils → Raumtemperatur,
Erregerstrom → Ankerspannung eines fremderregten Generators,
Beschleunigung → Geschwindigkeit → Lage eines Körpers.

Das letzte Beispiel folgt unmittelbar aus dem Newtonschen Bewegungsgesetz: Man kann zwar die Beschleunigung eines Körpers verändern, ohne die Geschwindigkeit momentan zu beeinflussen, aber nicht umgekehrt; entsprechendes gilt für Geschwindigkeit und Lage (bei Vernachlässigung der Masse).

Auf diese Weise gelangt man zu einem aus rückwirkungsfreien Übertragungselementen bestehenden Strukturbild, dem sogenannten Blockschaltbild. Dieses hat häufig eine kettenförmige Struktur. Es kann jedoch auch vorkommen, daß nicht vernachlässigbare Rückwirkungsschleifen durch zusätzliche Steuerungselemente berücksichtigt werden müssen. Bild 2.1 zeigt das Blockschaltbild einer solchen Regelstrecke mit einer inneren Rückführschleife. Die Pfeile kennzeichnen die Wirkungsrichtung des

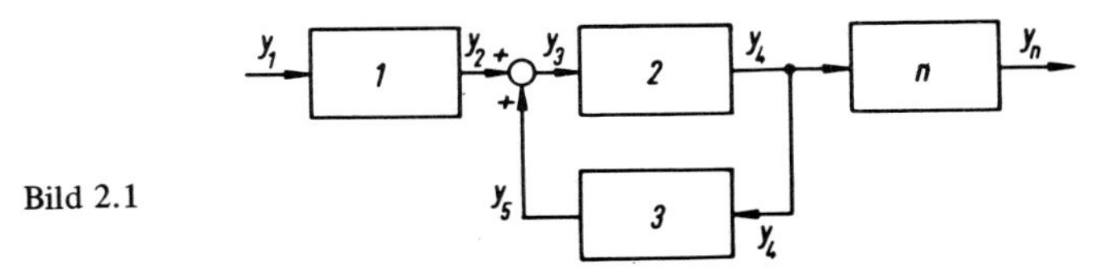

Bild 2.1

Steuersignales. Für die Addierstelle gilt $y_3 = y_2 + y_5$; die überlagerten Größen müssen dabei gleiche Dimension haben.

Jedes der Steuerungselemente wird nun durch eine einfache Differentialgleichung beschrieben, z.B.

$$g_1(y_2, y_2', y_2'', \dots\ y_1, y_1', y_1'', \dots) = 0 \ .$$

Das Blockschaltbild ist also nichts anderes als die graphische Strukturdarstellung eines Systems von gekoppelten, i.a. nichtlinearen Differentialgleichungen.

In manchen Fällen, vor allem wenn die Differentialgleichungen linear sind, lassen sich die Zwischengrößen eliminieren, so daß eine Differentialgleichung höherer Ordnung entsteht, die die gesamte Regelstrecke von Eingang (y_1) bis zum Ausgang (y_n) beschreibt

$$g(y_n, y_n', y_n'', \dots\ y_1, y_1', y_1'', \dots) = 0 \ .$$

Diese Gleichung wird dann für die Auslegung des Regelkreises verwendet. Man bezeichnet die gleichungsmäßige Beschreibung auch als „mathematisches Modell" der Regelstrecke.

Um den Überblick zu erleichtern, trägt man in die einzelnen Blöcke meistens ein Kennzeichen des ungefähren Verhaltens ein, bei einem linearen Übertragungselement etwa die Sprungantwort oder Übertragungsfunktion [30], bei einem nichtlinearen Element die stationäre Kennlinie.

Anhand einiger Beispiele soll die Vielfalt der praktisch vorkommenden Übertragungselemente angedeutet werden.

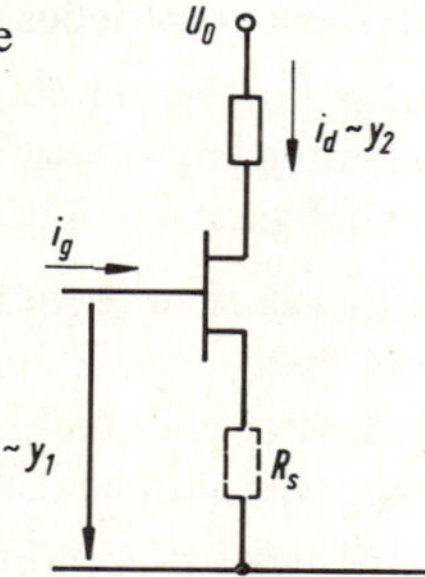

Bild 2.2

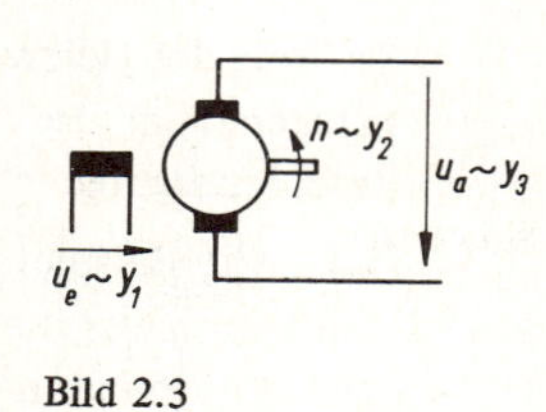

Bild 2.3

a) Feldeffekt-Transistor (Bild 2.2)

Dies ist der Prototyp eines rückwirkungsfreien Übertragungselementes. Eingangsgröße ist die Steuerspannung u_g, Ausgangsgröße der Strom i_d. Die Rückwirkung über den inneren Halbleiter-Widerstand R_s wird bei Aufnahme der Kennlinie $i_d(u_g)$ bereits berücksichtigt. Die Versorgungsspannung U_0 und die Temperatur wirken sich als Störgrößen auf das Übertragungsverhalten aus. Der Gleichstromanteil des Steuerstromes i_g ist vernachlässigbar.

b) Rotierender Generator (Bild 2.3).

Ausgangsgröße ist die Ankerspannung des Generators. Wird der Generator zur Stromversorgung verwendet, so ist die Erregerspannung u_e die Eingangsgröße und die Drehzahl n eine Störgröße; soll die Maschine dagegen als Tachometergenerator zur Drehzahlmessung dienen, so ist n die Eingangsgröße und u_e eine Störgröße, die sich durch eine Permanenterregung auch beseitigen läßt. Die Bedeutung der Begriffe Steuergröße, Störgröße ist also nicht eindeutig, sondern hängt von der Anwendung ab. Als weiterer Störeinfluß wirkt vor allem die Temperatur der Maschine; außerdem besteht eine meist nicht ganz vermeidbare Rückwirkung des Ankers auf das Erregerfeld.

c) Frequenzabhängige Netzwerke (Bild 2.4).
Solche Schaltungen werden z.B. zur Siebung, zur Phasenkorrektur oder zur Pulsformung verwendet; sie haben meistens die Form von Vierpolen mit einer Eingangsspannung (-strom) und einer Ausgangsspannung (-strom). Die Schaltungen können passiv sein; es ist also nicht erforderlich, daß das Übertragungselement eine Leistungsverstärkung größer als Eins besitzt. Falls die Rückwirkung durch die Belastung stört, können Entkopplungsverstärker notwendig werden.
Als Störgrößen wirken vor allem die Umgebungstemperatur, elektrische oder magnetische Streufelder und die Alterung der Bauteile.

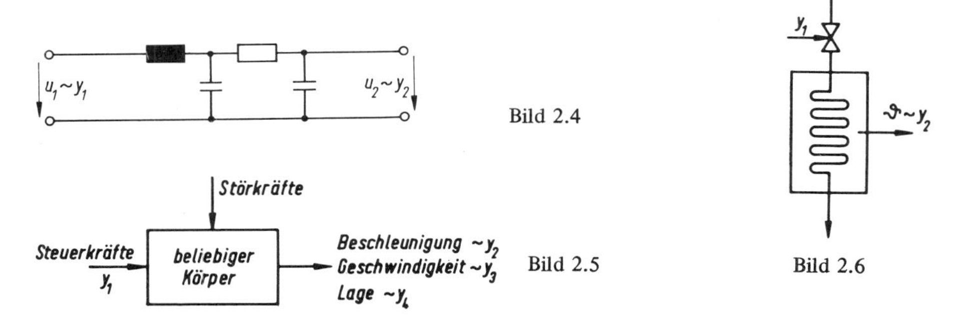

Bild 2.4

Bild 2.5

Bild 2.6

d) Allgemeines mechanisches System (Bild 2.5).
Hierzu gehören bewegte Maschinenteile, Förderanlagen, Aufzüge, rotierende Maschinen, Fahrzeuge aller Art, Radarantennen, Flugkörper usw., deren Beschleunigungs-, Geschwindigkeits- oder Lagekomponenten bestimmte Werte annehmen sollen.
Als Störungen wirken hier Störkräfte aller Art, z.B. Reibung oder Windkräfte, ferner etwaige Massenänderungen.

e) Chemischer Reaktor (Bild 2.6).
Viele chemische Reaktionen erfordern für ihren optimalen Verlauf bestimmte Betriebsbedingungen, z.B. eine vorgeschriebene Temperatur. Eingangsgröße der Regelstrecke ist die Heizdampfzufuhr (y_1), Ausgangsgröße die Temperatur des Reaktors (y_2). Störgrößen sind Dampf-Druck und -Temperatur, Wärmeverbrauch der Reaktion, Wirkung des Katalysators, Füllungsgrad, Verschmutzung der Heizrohre usw.

Bei der Festlegung der Übertragungselemente durch Definition der Zwischengrößen ist es wesentlich, bis zu welchem Detail die Untersuchung geführt werden soll. Ein Übertragungselement, das bei einer ungefähren Beschreibung als einzelner Block darstellbar ist, kann bei einer genaueren Analyse eine weitere Gliederung erfordern. Zum Beispiel kann das Drehspul-Meßwerk eines in einem Temperaturregelkreis eingebauten Schaltreglers wegen der trägen Regelstrecke bedenkenlos als verzögerungsfrei angenommen werden; bei Verwendung eines Drehspul-Meßwerkes in einem Lichtstrahl-Oszillographen zur Messung zeitlich veränderlicher Ströme sind dagegen erheblich mehr Feinheiten zu berücksichtigen. Bild 2.7 zeigt das zugehörige dynamische Strukturbild. Die Differentialgleichung wird in einem der folgenden Abschnitte behandelt.

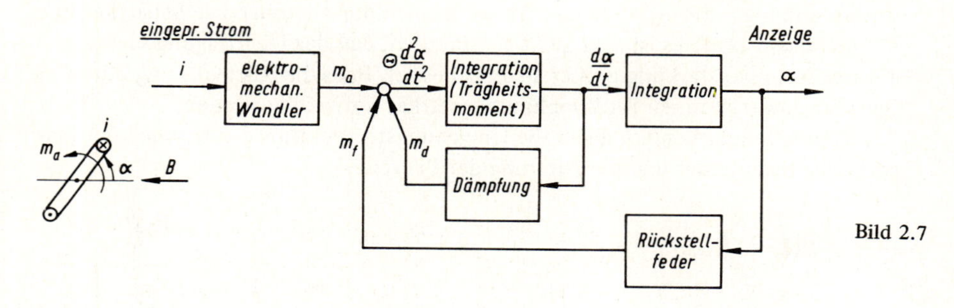

Bild 2.7

2.2. Normierung und Linearisierung

Die im Blockschaltbild vorkommenden veränderlichen Größen können je nach Art der Regelstrecke völlig verschiedene Dimensionen haben, etwa

Kraft, Geschwindigkeit, Weg,
Strom, Spannung, Leistung,
Temperatur, Durchfluß, Mischungsverhältnis,
pH-Wert, Konzentration, Färbung usw.

Die unveränderte Beibehaltung dieser Größen würde die Berechnungen durch die verwickelten Dimensionsbeziehungen unnötig belasten. Aus diesem Grund empfiehlt es sich stets, alle Größen zu normieren, d.h. dimensionslos zu machen. Der einfachste Weg besteht darin, jede Größe durch die zugehörige Einheit zu dividieren, d.h. für einen Durchfluß q etwa die dimensionslose Größe $q_1 = \frac{q}{m^3/min}$ zu verwenden. Dieser Zahlenwert kann dann z.B. im Bereich $0{,}5 < q_1 < 25$ liegen.

Vorteilhafter ist es, die Größen auf charakteristische Werte gleicher Dimension, etwa den Nennwert oder Maximalwert q_0, zu beziehen, um bei verschiedenen Anlagen unterschiedlicher Größe ähnliche Wertebereiche, z.B. $0{,}02 < q/q_0 < 1{,}0$, zu erhalten.

Dieses Verfahren wird weiterhin stets verwendet. Im Fall eines Übertragungselementes mit zwei Eingangsgrößen und einer Ausgangsgröße entsteht damit das in Bild 2.8a gezeigte Strukturbild, wo y_1, y_2 und x dimensionslose Größen sind.

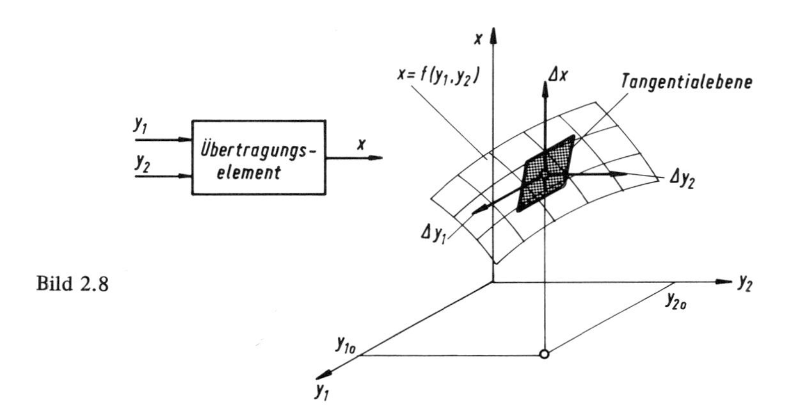

Bild 2.8

Das stationäre (Gleichstrom-) Verhalten des Übertragungselementes werde gemäß Bild 2.8 durch eine Fläche $x = f(y_1, y_2)$ über der y_1, y_2-Ebene beschrieben, doch ist eine nichtlineare Funktion für eine einfache Darstellung nicht brauchbar. Der möglicherweise nur graphisch vorliegende Zusammenhang $x = f(y_1, y_2)$ wird deshalb in der Umgebung des Arbeitspunktes (y_{10}, y_{20}, x_0) durch den Anfang einer Taylor-Entwicklung angenähert.

$$x - x_0 \approx \left.\frac{\partial f}{\partial y_1}\right|_{y_{10},\, y_{20}} \cdot (y_1 - y_{10}) + \left.\frac{\partial f}{\partial y_2}\right|_{y_{10},\, y_{20}} \cdot (y_2 - y_{20}) ,$$

oder mit

$$x - x_0 = \Delta x , \quad \left.\frac{\partial f}{\partial y_1}\right|_0 = V_{10} \quad \text{usw.,}$$

$$\Delta x \approx V_{10} \; \Delta y_1 + V_{20} \; \Delta y_2 \; .$$

Die nichtlineare Kennfläche wird also in der Umgebung des Arbeitspunktes linearisiert. Dies entspricht der Approximation von $f(y_1, y_2)$ durch die Tangentialebene im Punkt y_{10}, y_{20}.

Die das dynamische Verhalten des Übertragungselementes beschreibende, i.a. nichtlineare Differentialgleichung

$$g(x, x', x'', \ldots\; y_1, y_1', y_1'', \ldots\; y_2, y_2', y_2'', \ldots) = 0$$

wird in analoger Weise linearisiert. Eine Reihenentwicklung an dem durch den Index 0 gekennzeichneten stationären Betriebspunkt führt auf den Ausdruck

$$\Delta g = \left.\frac{\partial g}{\partial x}\right|_0 \Delta x + \left.\frac{\partial g}{\partial x'}\right|_0 \Delta x' + \left.\frac{\partial g}{\partial x''}\right|_0 \Delta x'' + \ldots$$

$$+ \left.\frac{\partial g}{\partial y_1}\right|_0 \Delta y_1 + \left.\frac{\partial g}{\partial y_1'}\right|_0 \Delta y_1' + \left.\frac{\partial g}{\partial y_1''}\right|_0 \Delta y_1'' + \ldots$$

$$+ \left.\frac{\partial g}{\partial y_2}\right|_0 \Delta y_2 + \left.\frac{\partial g}{\partial y_2'}\right|_0 \Delta y_2' + \left.\frac{\partial g}{\partial y_2''}\right|_0 \Delta y_2'' + \ldots = 0$$

Die Ableitungen sind im Betriebspunkt zu bilden; sie werden in dem eingeschränkten Gültigkeitsbereich als Konstante betrachtet. Außerdem gilt z.B.

$$\Delta x' = \Delta\left(\frac{dx}{dt}\right) = \frac{dx}{dt} - \underbrace{\frac{dx_0}{dt}}_{=0} = \frac{dx}{dt} = \frac{d(\Delta x)}{dt} .$$

Insgesamt entsteht also eine lineare Differentialgleichung mit konstanten Koeffizienten,

$$\ldots a_2 x'' + a_1 x' + a_0 \Delta x = \ldots b_2 y_1'' + b_1 y_1' + b_0 \Delta y_1 +$$
$$+ \ldots c_2 y_2'' + c_1 y_2' + c_0 \Delta y_2 + \ \ldots \ ,$$

die das dynamische Verhalten des Übertragungselementes in der Nähe des gewählten stationären Betriebspunktes beschreibt.

Lineare Differentialgleichungen mit konstanten Koeffizienten lassen sich bei beliebiger Anregung $y_1(t)$, $y_2(t)$ geschlossen lösen. Außerdem ist es bei linearen Systemen möglich, allgemeine Aussagen, z.B. über die Stabilität, zu machen.

Die Behandlung von Regelproblemen mit linearisierten Differentialgleichungen geht auf *Maxwell* zurück [50].

Die Linearisierung ist nicht in allen Fällen sinnvoll; sie ist fehl am Platze, wenn eine „ausgeprägte“ Nichtlinearität, etwa eine unstetige Kennlinie (Schaltverstärker) vorliegt; solche Fälle werden zunächst ausgeschlossen, sie werden in einem späteren Abschnitt behandelt.

3. Dynamisches Verhalten einfacher Übertragungselemente

3.1. Proportionalglied mit Verzögerung 1. Ordnung (PT_1)

3.1.1. Fremderregter Gleichstromgenerator

Der in Bild 3.1 skizzierte Gleichstromgenerator läßt sich bei vernachlässigter Ankerinduktivität durch folgende Gleichungen beschreiben:

$$u_1 = R_1 i_1 + \frac{d\psi}{dt} \qquad (1)$$

$$u_2 = e - R_2 i_2 \qquad (2)$$

$$e = c\,\omega\,\psi \qquad (3)$$

$$\psi = \psi(i_1) \qquad (4)$$

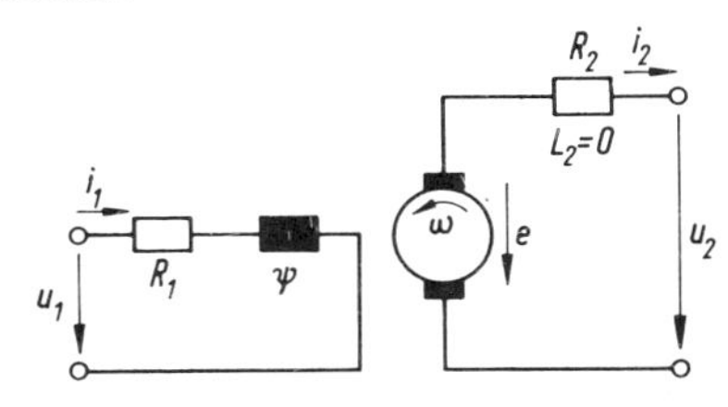

Bild 3.1

$\psi(i_1)$ ist die eindeutig angenommene Magnetisierungskennlinie des Erregerkreises.

Die Gleichungen werden zunächst normiert; hierfür können z.B. folgende Bezugsgrößen verwendet werden

$$U_1 = R_1 I_1 \,,$$

$$E = R_2 I_2 = c\,\Omega\,\Psi \,.$$

Wählt man $U_1 = u_{1\,max}$, dann entspricht I_1 dem maximalen Erregerstrom; für $\Omega = \omega_{max}$, $\Psi = \psi_{max}$ ist I_2 als maximaler Ankerkurzschlußstrom zu deuten (Rechengröße).

Damit lauten die Gln. (1–4):

$$\frac{u_1}{U_1} = \frac{i_1}{I_1} + \underbrace{\frac{\Psi}{R_1 I_1}}_{T_{10}} \frac{d\frac{\psi}{\Psi}}{dt} \qquad (1a)$$

$$\frac{u_2}{E} = \frac{e}{E} - \frac{i_2}{I_2} \qquad (2a)$$

$$\frac{e}{E} = \frac{\omega}{\Omega}\,\frac{\psi}{\Psi} \qquad (3a)$$

$$\frac{\psi}{\Psi} = f\left(\frac{i_1}{I_1}\right) \qquad (4a)$$

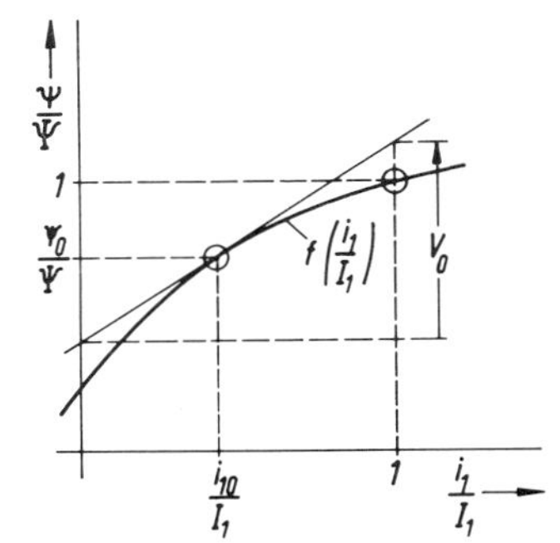

Bild 3.2

$f(i_1/I_1)$ ist die normierte Magnetisierungskennlinie (Bild 3.2).

Die Rechengröße T_{10} entspricht der Zeitkonstanten eines gedachten, linearen Erregerkreises, dessen Magnetisierungskennlinie durch den Bezugspunkt $\psi = \Psi$, $i_1 = I_1$ geht.

Wegen der in Gl. (3a, 4a) enthaltenen Nichtlinearität empfiehlt sich eine Linearisierung, d.h. Beschränkung auf die Umgebung eines (beliebig wählbaren) Betriebspunktes,

$$u_1 = u_{10} + \Delta u_1, \qquad \psi = \psi_0 + \Delta\psi \text{ , usw.}$$

Durch Reihenentwicklung und Berücksichtigung nur der linearen Anteile folgt

$$\frac{\Delta u_1}{U_1} = \frac{\Delta i_1}{I_1} + T_{10} \frac{d\frac{\psi}{\Psi}}{dt} , \tag{1b}$$

$$\frac{\Delta u_2}{E} = \frac{\Delta e}{E} - \frac{\Delta i_2}{I_2} , \tag{2b}$$

$$\frac{\Delta e}{E} = \frac{\psi_0}{\Psi} \frac{\Delta\omega}{\Omega} + \frac{\omega_0}{\Omega} \frac{\Delta\psi}{\Psi} , \tag{3b}$$

$$\frac{\Delta\psi}{\Psi} = \left.\frac{\partial f}{\partial \frac{i_1}{I_1}}\right|_0 \frac{\Delta i_1}{I_1} = V_0 \frac{\Delta i_1}{I_1} . \tag{4b}$$

Nach Elimination des Erregerstromes erhält man schließlich

$$V_0 T_{10} \frac{d\frac{\psi}{\Psi}}{dt} + \frac{\Delta\psi}{\Psi} = V_0 \frac{\Delta u_1}{U_1} ,$$

$$\frac{\Delta u_2}{E} = \frac{\omega_0}{\Omega} \frac{\Delta\psi}{\Psi} + \frac{\psi_0}{\Psi} \frac{\Delta\omega}{\Omega} - \frac{\Delta i_2}{I_2} .$$

Bild 3.3 zeigt ein Strukturbild dieses Übertragungselementes. Die Änderung der Ankerspannung setzt sich aus drei Anteilen zusammen; Drehzahl und Laststrom wirken augenblicklich auf die Ankerspannung ein, während eine Änderung der Erregerspannung durch den induktiven Erregerkreis verzögert wird.

Der Faktor V_0 ist die normierte Verstärkung $V_0 = \left.\frac{\partial \frac{\psi}{\Psi}}{\partial (\frac{i_1}{I_1})}\right|_0$; sie wird, ebenso wie die Zeitkonstante

$$V_0 T_{10} = \frac{\Psi}{R_1 I_1} \frac{\partial \frac{\psi}{\Psi}}{\partial \frac{i_1}{I_1}} = \frac{1}{R_1} \frac{\partial \psi}{\partial i_1}$$

durch die Steigung der Magnetisierungskennlinie im Arbeitspunkt bestimmt (Bild 3.2). Betrachtet man den Sonderfall $\Delta i_2 = \Delta\omega = 0$, etwa Leerlauf bei konstanter Drehzahl, so gilt mit $V_0 T_{10} = T$

$$T \frac{d\frac{\psi}{\Psi}}{dt} + \frac{\Delta\psi}{\Psi} = V_0 \frac{\Delta u_1}{U_1}$$

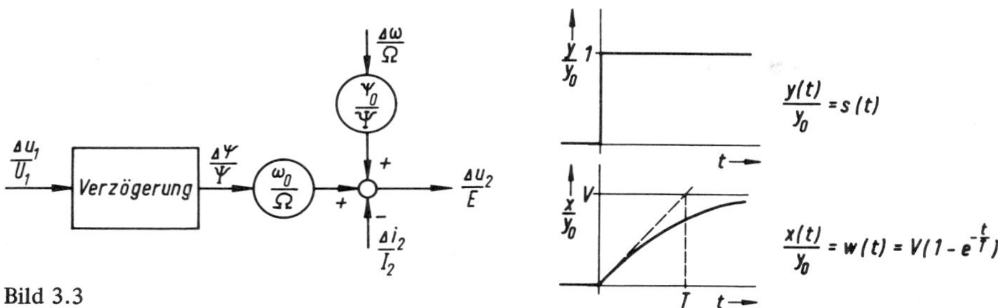

Bild 3.3

Bild 3.4

oder mit Gl. (2b, 3b)

$$T \frac{d \frac{u_2}{E}}{dt} + \frac{\Delta u_2}{E} = \frac{\omega_0}{\Omega} V_0 \frac{\Delta u_1}{U_1} = V \frac{\Delta u_1}{U_1} \quad .$$

Mit den Abkürzungen $\Delta u_1/U_1 = y$ und $\Delta u_2/E = x$ folgt die Normalform einer linearen Differentialgleichung 1. Ordnung mit konstanten Koeffizienten

$$T \frac{dx}{dt} + x = Vy \quad .$$

Bei Anregung durch eine Sprungfunktion

$$y(t) = y_0 \, s(t)$$

entsteht am Ausgang des anfangs im stationären Ruhezustand befindlichen Übertragungselementes die Sprungantwort, z. B. [11],

$$\frac{x(t)}{y_0} = w(t) = V(1 - e^{-t/T}) \,, \quad \text{Bild 3.4.}$$

Da die Größe $x(t)$ einen Energieinhalt kennzeichnet, ist $w(t)$ eine stetige Funktion. Dadurch wird die Anfangsbedingung $x(0) = 0$ festgelegt.

Wegen der Zuordnung $\lim\limits_{t \to \infty} x(t) = Vy_0$ bezeichnet man ein Übertragungselement dieser Art auch als Proportionalglied mit Verzögerung oder kurz als Verzögerungs-(PT_1-)Glied.

Falls die Verzögerung bei einer speziellen Anwendung gegenüber anderen Verzögerungen vernachlässigbar ist (z.B. Transistor-Verstärker bei der Regelung einer elektrischen Maschine, magnetischer Verstärker bei einer thermischen Regelung), liegt der Sonderfall eines unverzögerten Proportionalgliedes mit der Gleichung $x(t) = Vy(t)$ vor. Um auch bei komplizierteren Systemen einen schnellen Überblick zu ermöglichen, beschreibt man die Funktionsblöcke linearer Übertragungselemente häufig durch eine Skizze der Sprungantwort, Bild 3.5 .

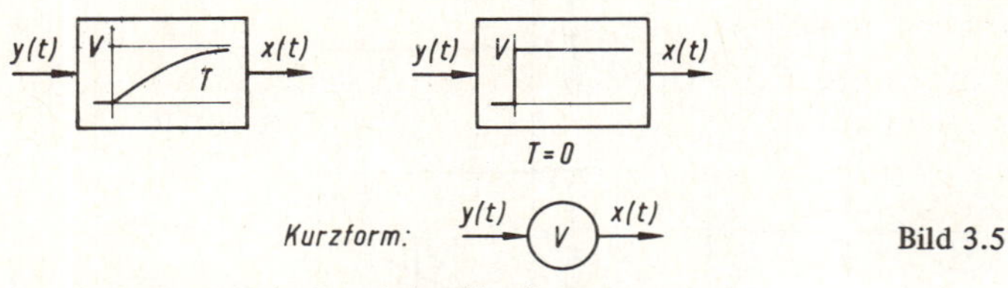

Bild 3.5

Proportionalglied mit und ohne Verzögerung

3.1.2. Weitere Beispiele

Viele Übertragungselemente haben, zumindest angenähert, das Verhalten von Verzögerungsgliedern 1. Ordnung. Bild 3.6 zeigt einen RC-Vierpol, der zur Aussiebung von Oberschwingungen viel verwendet wird. Bei sekundärem Leerlauf ist die Zeitkonstante $T = RC$.

Bild 3.6 Bild 3.7

Ähnliches Verhalten hat die in Bild 3.7 skizzierte Druckluftleitung mit Speicher und den Drücken p_1, p_2 am Eingang und Ausgang. Bei dem in Bild 3.8 gezeichneten Flüssigkeitsbehälter nimmt der Abfluß $x(t)$ mit dem Flüssigkeitsstand $h(t)$ zu; bei einer kleinen Änderung des Zulaufes y stellt sich somit ein neues stationäres Gleichgewicht des Flüssigkeitsstandes ein, bei dem Zu- und Abfluß wieder übereinstimmen. Der Zusammenhang zwischen Flüssigkeitsstand und Abfluß, $x = f(h)$, ist nichtlinear. Ähnliche Verhältnisse liegen bei einem beheizten Körper vor (Bild 3.9), der die zugeführte Wärme y in Form von Konvektion und Strahlung an die Umgebung abgibt. Bei erhöhter Leistungszufuhr erhöht sich die Temperatur ϑ des Körpers so lange, bis Leistungszufuhr und Abgabe wieder übereinstimmen.

Bild 3.8 Bild 3.9

Die Ausgangsgrößen bei allen diesen Beispielen sind stetig, d.h. gegenüber der jeweiligen Eingangsgröße verzögert, da sie die Inhalte irgendwelcher Speicher kennzeichnen; es kann sich dabei um Energiespeicher oder auch um Speicher in einem allgemeineren Sinne handeln, deren Zu- und Abflüsse begrenzt sind.

3.1.3. Allgemeine Differentialgleichung 1. Ordnung

Verknüpft man ein Verzögerungsglied 1. Ordnung mit unverzögerten Proportionalgliedern gemäß Blockschaltbild 3.10, so lautet die zugehörige Differentialgleichung (durch Elimination der Hilfsgröße z leicht nachzuprüfen)

$$T \frac{dx}{dt} + x = V \left(k T \frac{dy}{dt} + y \right) .$$

Bild 3.10

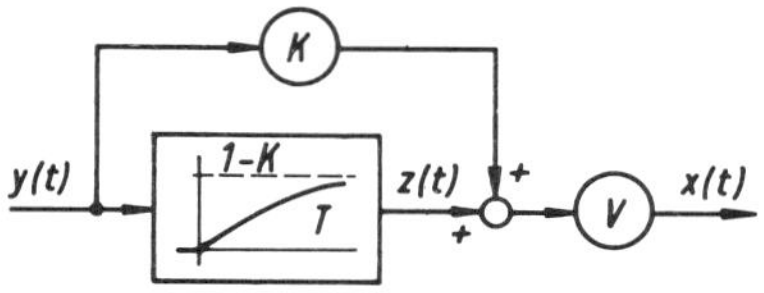

Die rechte Seite wird also durch die Ableitung der Eingangsgröße erweitert. Man bezeichnet diesen Differentialeinfluß auch als Vorhalt und das gesamte Übertragungselement als Verzögerungsglied mit Vorhalt (PDT oder PTD, je nach Größe von k). Man beachte, daß der Vorhalt durch Umgehung des Verzögerungsgliedes zustande kommt, ohne daß eine Differentiation von y(t) erforderlich ist.

In Bild 3.11 sind die Sprungantworten x(t) = w(t) für verschiedene Werte von k skizziert. Der stationäre Endwert ist unabhängig von k, dagegen ändert sich der Anfangswert,

$$\lim_{t \to \infty} w(t) = V , \qquad w(+0) = k \cdot V .$$

Dies geht sofort aus dem Blockschaltbild 3.10 hervor, da die Energiespeicher-Größe z(t) stetig, d. h. im ersten Augenblick Null ist. Damit folgt

$$w(t) = V \left(1 - (1 - k)\, e^{-t/T}\right) .$$

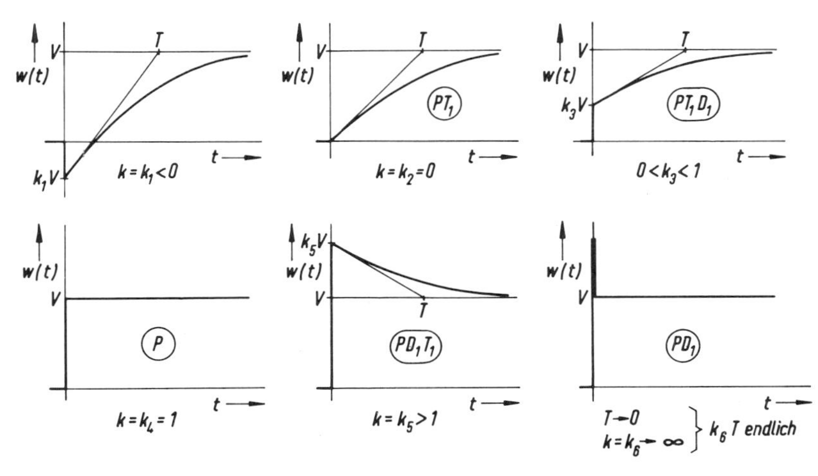

Bild 3.11 *Sprungantworten für verschiedene Werte von k*

Man findet den Anfangswert $w(+0)$ der Sprungantwort auch formal durch Integration der Differentialgleichung im Intervall $-\epsilon < t < \epsilon$:

$$\int_{-\epsilon}^{\epsilon} (Tx' + x)\,dt = V \int_{-\epsilon}^{\epsilon} (kTy' + y)\,dt \ .$$

Daraus folgt

$$T\big(x(\epsilon) - x(-\epsilon)\big) + \int_{-\epsilon}^{\epsilon} x\,dt = VkT\,\big(y(+\epsilon) - y(-\epsilon)\big) + V \int_{-\epsilon}^{\epsilon} y\,dt \ .$$

Bei Anregung des in Ruhe befindlichen Systems durch $y(t) = s(t)$ liefert der Grenzübergang $\epsilon \to 0$ die Grenzwerte

$$x(-0) = y(-0) = 0\,, \quad y(+0) = 1$$

und den gesuchten Anfangswert

$$x(+0) = w(+0) = kV\,.$$

Die beiden Integrale verschwinden ja für $\epsilon \to 0$ wegen der endlichen Integranden.

Den Sprungantworten ist der exponentielle Ausgleichsvorgang mit der Zeitkonstante T gemeinsam. Dies ist die Folge des von k unabhängigen homogenen Teils der Differentialgleichung.

Für $k < 0$ enthält das System einen sogenannten Allpaß; dies wird später noch genauer erläutert.

Der Fall $T \to 0$, $kT \to T_1$, endlich, entspricht der Differentialgleichung

$$x(t) = V(T_1 y' + y) \ .$$

Dabei handelt es sich um ein praktisch nicht exakt realisierbares Proportional-Differentialglied ohne Verzögerung (PD_1).

Von elektrischen Netzwerken oder aus der Schwingungslehre ist bekannt [30–32, 42], daß sich ein lineares Übertragungselement auch durch seine Übertragungsfunktion beschreiben läßt. Der Ansatz einer verallgemeinerten Schwingung

$$y(t) = Y e^{pt} + \overline{Y} e^{\overline{p}t} \ ,$$

wo Y, p komplexe Konstante und $\overline{Y}$, $\overline{p}$ die zugehörigen konjugiert komplexen Größen sind, führt durch Einsetzen in die Differentialgleichung auf die stationäre Lösung

$$x(t) = X e^{pt} + \overline{X} e^{\overline{p}t}\,.$$

Dabei ist

$$X = X(p) = V\,\frac{kTp + 1}{Tp + 1}\,Y = F(p)\,Y\,.$$

$F(p)$ ist die sogenannte Übertragungsfunktion; sie lautet im vorliegenden Fall

$$\frac{X(p)}{Y} = F(p) = |F(p)|\,e^{j\varphi(p)} = V\,\frac{kTp + 1}{Tp + 1}\ .$$

Für den Sonderfall $p = j\omega$ hat $F(p) = F(j\omega)$ die Bedeutung des komplexen Frequenzganges, d.h. des Verhältnisses der komplexen Zeiger $\tilde{X}$ und $\tilde{Y}$,

$$F(j\omega) = \frac{\tilde{X}}{\tilde{Y}}\ .$$

Der Frequenzgang $F(j\omega)$ bildet die imaginäre Achse der p-Ebene auf die mit ω bezifferte sogenannte Ortskurve des Übertragungselementes in der F-Ebene ab.

Im vorliegenden Fall ist $F(j\omega)$ eine allgemeine lineare Funktion; die Ortskurven sind somit Kreise und Gerade (Bild 3.12). Für $k = 1$ entartet die Ortskurve in den Punkt $F = V$.

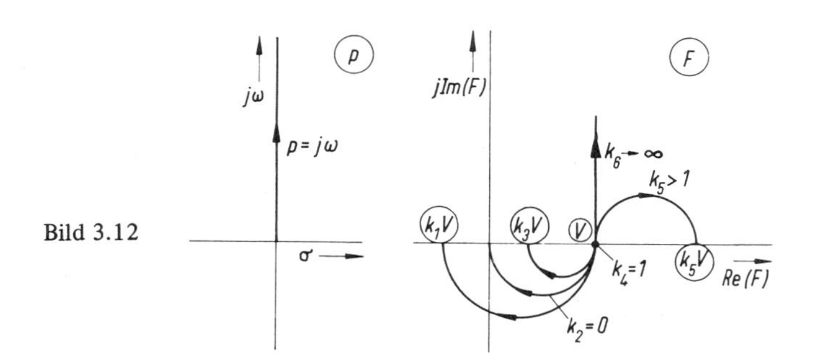

Bild 3.12

Es wird daran erinnert, daß die Übertragungsfunktion gleichzeitig das Verhältnis der Laplace-Transformierten von Anregungs- und Antwortfunktion ist,

$$F(p) = \frac{L(x(t))}{L(y(t))} = \frac{X(p)}{Y(p)}\ .$$

Dieser Zusammenhang wird zur Berechnung von Einschwingvorgängen und bei allgemeinen Ableitungen häufig verwendet [1]).

Sprungantwort und Übertragungsfunktion hängen über die Laplace-Transformation in folgender Weise zusammen,

$$L(w(t)) = F(p)\,L(s(t)) = \frac{F(p)}{p}\ .$$

---

1) Die Laplace-Transformation wird in einer anderen Vorlesung behandelt [30]. Die Definitionsgleichungen und einige Korrespondenzen sind im Anhang wiedergegeben.

3.2. Proportionalglied mit Verzögerung höherer Ordnung

Manche Übertragungselemente enthalten zwei oder mehrere wesentliche und unabhängige Speicher. Falls eine weitere Aufgliederung nicht zweckmäßig erscheint, können solche Übertragungselemente auch geschlossen behandelt werden.

3.2.1. Übertragungselement 2. Ordnung (PT_2)

Elektromechanische Wandler, etwa in Form von Drehspulmeßwerken, werden in der Meß- und Regelungstechnik viel verwendet, z.B. zur Anzeige in Meßgeräten und Oszillographen, als Antriebe für schreibende Geräte, elektromechanische Regler und hydraulische Steuerventile, sowie umgekehrt als Beschleunigungsmesser. Bild 3.13 zeigt eine einfache Ausführung, bei der die stromdurchflossene Spule im Luftspalt eines Magneten drehbar angeordnet ist. Die Bewegungsgleichung lautet mit den eingetragenen Zählpfeilen

$$\Theta \frac{d^2\alpha}{dt^2} = m_a - m_d - m_f \; .$$

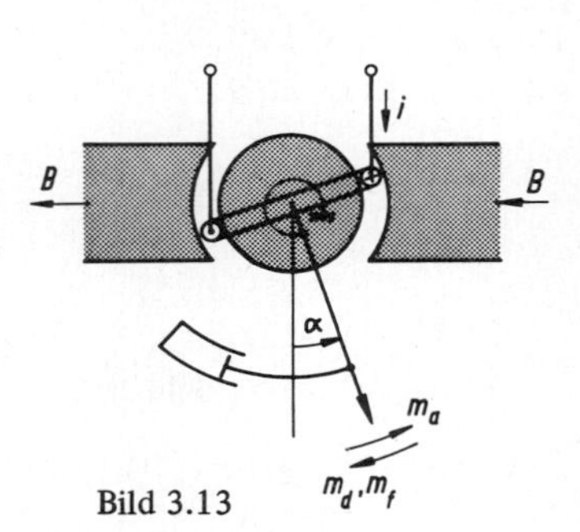

Bild 3.13

Dabei sind

$m_a = k_a i$ Antriebsmoment,

$m_d = k_d \frac{d\alpha}{dt}$ Dämpfungsmoment,

$m_f = k_f \alpha$ Rückstellmoment.

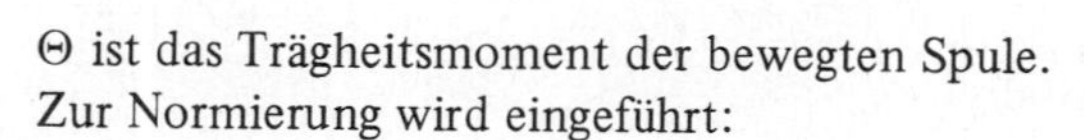

Θ ist das Trägheitsmoment der bewegten Spule.
Zur Normierung wird eingeführt:

$$m_0 = k_a \, i_0 = k_f \, \alpha_0 .$$

Damit folgt

$$\frac{\alpha_0 \Theta}{m_0} \frac{d^2\left(\frac{\alpha}{\alpha_0}\right)}{dt^2} = \frac{i}{i_0} - \frac{k_d \alpha_0}{m_0} \frac{d\left(\frac{\alpha}{\alpha_0}\right)}{dt} - \frac{\alpha}{\alpha_0} .$$

Setzt man

$$\frac{\alpha_0 \Theta}{m_0} = \frac{1}{\omega_0^2} \quad , \quad \frac{k_d \alpha_0}{m_0} = \frac{k_d}{k_f} = \frac{2D}{\omega_0}$$

und als Abkürzung

$$\frac{i}{i_0} = Vy, \quad \frac{\alpha}{\alpha_0} = x,$$

so lautet die Differentialgleichung

$$\frac{1}{\omega_0^2} \frac{d^2x}{dt^2} + \frac{2D}{\omega_0} \frac{dx}{dt} + x = Vy \; .$$

Dabei ist ω_0 die Kreisfrequenz der ungedämpften Schwingung und D der Dämpfungsfaktor des Meßwerkes. Wie sich durch Einsetzen zeigt, sind beide Parameter von den verwendeten Normierungsgrößen unabhängig.

Die Sprungantwort läßt sich auf bekannte Weise durch Überlagerung der stationären Lösung und des von der homogenen Gleichung herrührenden Ausgleichsvorganges berechnen. Als Anfangsbedingungen sind $x(+0) = x'(+0) = 0$ einzusetzen. Wegen des Trägheitsmomentes sind ja Winkelgeschwindigkeit und damit auch der Winkel im ersten Augenblick Null. Die Energiespeicher werden hier durch die bewegten Massen und die Rückstellfeder verkörpert.

Die Sprungantwort lautet dann, z.B. [30],

$$x(t) = w(t) = V\left[1 - \frac{e^{-D\omega_0 t}}{\sqrt{1-D^2}} \sin\left(\sqrt{1-D^2}\,\omega_0 t + \arccos D\right)\right].$$

Diese Schreibweise ist für $0 < D < 1$ zweckmäßig; dagegen bevorzugt man für $D > 1$ die alternative Normalform der Differentialgleichung,

$$T_1 T_2 \frac{d^2 x}{dt^2} + (T_1 + T_2)\frac{dx}{dt} + x = Vy, \qquad T_1, T_2 \text{ reell},$$

mit der Sprungantwort

$$w(t) = V\left(1 - \frac{T_1}{T_1 - T_2}\, e^{-t/T_1} + \frac{T_2}{T_1 - T_2}\, e^{-t/T_2}\right).$$

Die entsprechenden Kurven sind in Bild 3.14 aufgetragen.

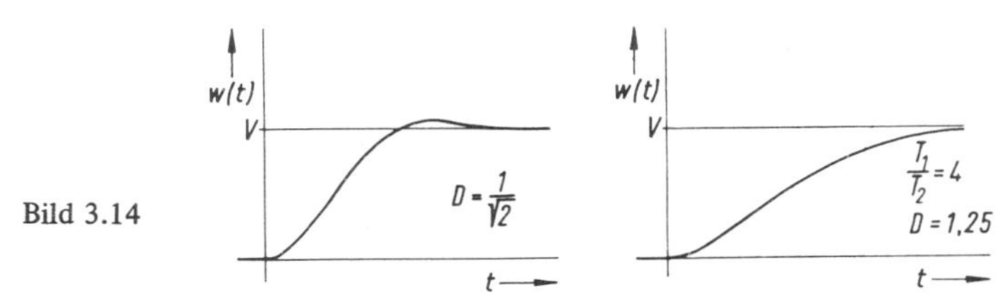

Bild 3.14

Die Übertragungsfunktion lautet

$$F(p) = \frac{X}{Y}(p) = \frac{V}{\left(\frac{p}{\omega_0}\right)^2 + 2D\frac{p}{\omega_0} + 1} = \frac{V}{T_1 T_2 p^2 + (T_1 + T_2)p + 1}.$$

Somit gilt der Zusammenhang $T_1 T_2 = 1/\omega_0^2$, $T_1 + T_2 = 2D/\omega_0$.

Bild 3.15 zeigt die Ortskurve für $p = j\omega$ bei verschiedenen Werten des Dämpfungsfaktors. Für $D > 1/\sqrt{2}$ tritt keine Resonanzüberhöhung auf, d.h. $|F(j\omega)| \leqslant F(0)$. Dieser Dämpfungswert stellt einen guten Kompromiß zwischen den einander widersprechenden Forderungen nach schnellem Einschwingen und guter Dämpfung dar. Er wird deshalb bei Regelkreisen wie auch bei Meßgeräten vielfach angestrebt.

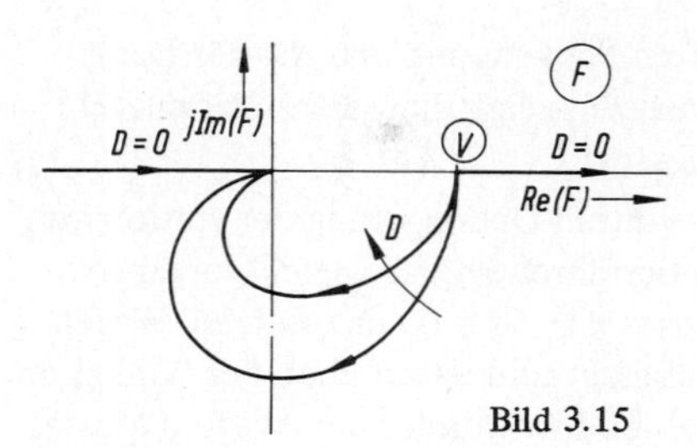

Bild 3.15

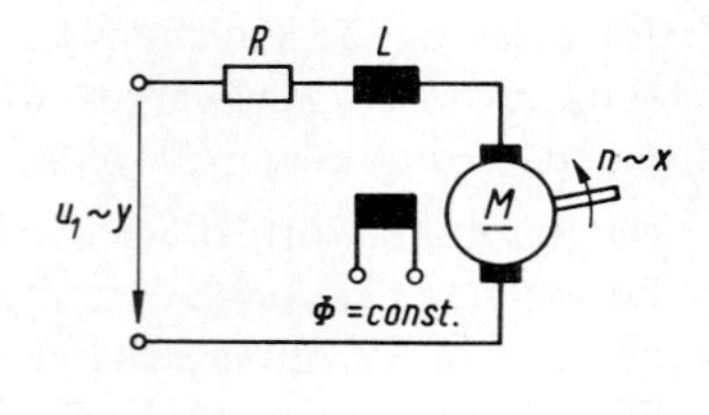

Bild 3.16

3.2.2. Weitere Beispiele

Bild 3.16 zeigt als Beispiel einen konstant erregten Gleichstrommotor mit nicht vernachlässigbarer Ankerinduktivität, dessen Drehzahl über die Ankerspannung gesteuert wird. Als Energiespeicher wirken die Ankerinduktivität und die rotierenden Massen. Die Berechnung liefert auch hier eine Differentialgleichung 2. Ordnung.

Schaltet man gemäß Bild 3.17 zwei PT_1-Glieder mit den Differentialgleichungen

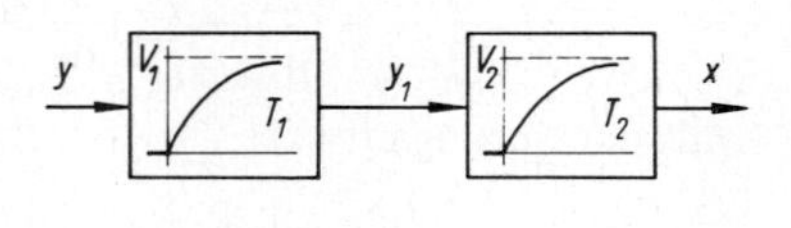

Bild 3.17

$$T_1 y_1' + y_1 = V_1 y ,$$
$$T_2 x' + x = V_2 y_1$$

rückwirkungsfrei hintereinander, so entsteht nach Differentiation und Elimination von y_1 die Differentialgleichung der Kettenschaltung

$$T_1 T_2 x'' + (T_1 + T_2) x' + x = V_1 V_2 y \; .$$

Setzt man wieder

$$T_1 T_2 = \frac{1}{\omega_0^2} ,$$

$$T_1 + T_2 = \frac{2D}{\omega_0} ,$$

so folgt

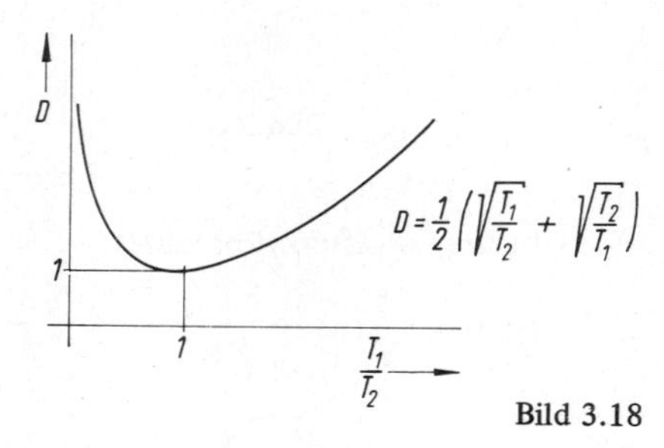

Bild 3.18

$$D = \frac{1}{2} \frac{T_1 + T_2}{\sqrt{T_1 T_2}} = \frac{1}{2}\left(\sqrt{\frac{T_1}{T_2}} + \sqrt{\frac{T_2}{T_1}}\right)$$

Bild 3.18 zeigt diesen Verlauf des Dämpfungsfaktors für verschiedene Werte von T_1/T_2. Wie zu erwarten, ist stets $D \geqslant 1$; bei $T_1/T_2 = 1$ durchläuft die Kurve ein Minimum, $D = 1$.

Die rückwirkungsfreie Kettenschaltung läßt sich im Frequenzbereich besonders einfach beschreiben, nämlich durch das Produkt der Einzel-Übertragungsfunktionen. Die Reihenfolge der Blöcke ist vertauschbar.

Aus $$\frac{Y_1(p)}{Y(p)} = F_1(p) = \frac{V_1}{T_1 p + 1} \quad ,$$

$$\frac{X(p)}{Y_1(p)} = F_2(p) = \frac{V_2}{T_2 p + 1}$$

folgt
$$F_1 F_2(p) = \frac{X(p)}{Y(p)} = \frac{V_1 V_2}{(T_1 p + 1)(T_2 p + 1)} = \frac{V_1 V_2}{T_1 T_2 p^2 + (T_1 + T_2)p + 1} \quad .$$

3.2.3. Proportionalglied mit Verzögerung höherer Ordnung (PT_nD_m)

Das allgemeinste proportional wirkende Übertragungselement mit n unabhängigen konzentrierten Speichern hat die Differentialgleichung

$$a_n x^{(n)} + \ldots + a_1 x' + a_0 x = b_m y^{(m)} + \ldots + b_1 y' + b_0 y, \quad a_\nu, b_\mu \text{ reell.}$$

Bei praktisch verwirklichbaren Übertragungsstrecken ist $m \leqslant n$. Man kann das Übertragungsglied dann wieder durch ein Blockschaltbild beschreiben, das keine Differentiation der Stellgröße y erfordert.

Kennzeichen eines Proportional-Gliedes sind die nicht verschwindenden Koeffizienten a_0 und b_0.

Die zugehörige Übertragungsfunktion ist eine gebrochene rationale Funktion

$$F(p) = \frac{X(p)}{Y(p)} = \frac{b_m p^m + \ldots + b_1 p + b_0}{a_n p^n + \ldots + a_1 p + a_0} = |F(p)|\, e^{j\varphi(p)} .$$

Der Verlauf der Ortskurve wird durch die Koeffizienten a_ν, b_μ bestimmt. Die Ortskurve beginnt bei $F(0) = b_0/a_0 = V$ und läuft, für $m < n$ aus der Richtung $(m-n)\pi/2$ kommend, in den Ursprung. Für $m = n$ endet die Ortskurve im Punkt $F(\infty) = b_n/a_n$. Wegen der praktischen Bedingung eines endlichen Grenzwertes $\lim_{p \to \infty} F(p)$ gilt $m \leqslant n$. Der Verlauf der Ortskurven wird später noch ausführlicher diskutiert.

3.3. Integrierende Übertragungselemente

3.3.1. Integrator (I)

Das Integrierglied ist ein häufig vorkommendes Übertragungselement. Man kann es als Grenzfall eines Verzögerungsgliedes 1. Ordnung verstehen, wenn Verstärkung und Zeitkonstante gleichzeitig unbegrenzt zunehmen.

Die Differentialgleichung eines PT_1-Gliedes

$$Tx' + x = Vy$$

geht für

$$V, T \rightarrow \infty, \qquad \frac{T}{V} = T_i = \text{const.}$$

in die Form $T_i x' = y$ über; es gilt also $a_0 = 0$.

Durch Integration folgt

$$x(t) = x(0) + \frac{1}{T_i} \int_0^t y(\tau) d\tau .$$

Die Ausgangsgröße ist also das Integral der Steuergröße.

Für $y(t) = s(t)$ erhält man die Sprungantwort

$$w(t) = \frac{t}{T_i} ,$$

also einen zeitlich linearen Anstieg der Ausgangsgröße. Nach der Zeit $t = T_i$ hat sich die Ausgangsgröße gerade um den Wert Eins, bei einer Anregung durch $y_0 \cdot s(t)$ um die Höhe y_0 des Sprunges der Eingangsgröße, verändert. Diese Zuordnung kann als Definition der Integrierzeit T_i dienen.

Die Bilder 3.19, 3.20 zeigen die Auswirkung des Grenzüberganges $V, T \rightarrow \infty$ auf die Sprungantwort und auf die Ortskurve des PT_1-Gliedes.

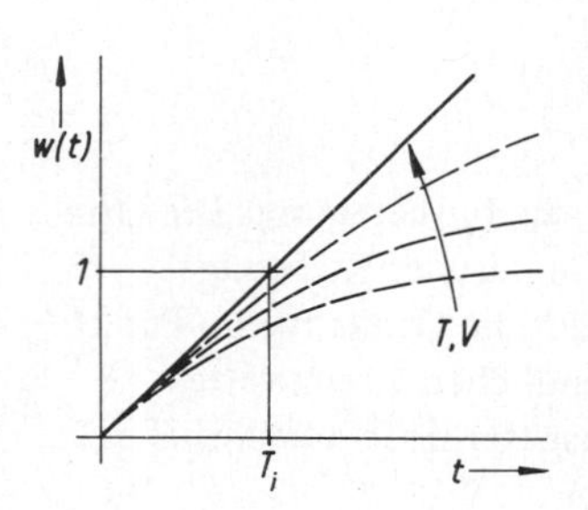

Bild 3.19

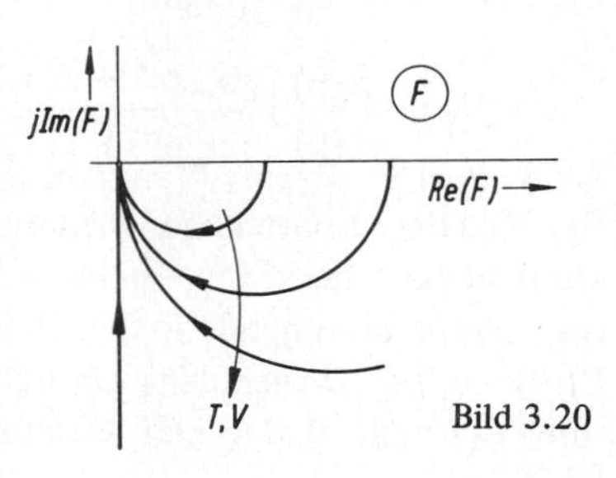

Bild 3.20

Die Bilder 3.21 und 3.22 enthalten einige Anwendungsbeispiele. Für den Zusammenhang zwischen Beschleunigung b und Geschwindigkeit v einer geradlinig bewegten trägen Masse, etwa eines Zuges, eines Werkzeugmaschinen-Schlittens oder einer Fördermaschine, gilt

$$\frac{dv}{dt} = b$$

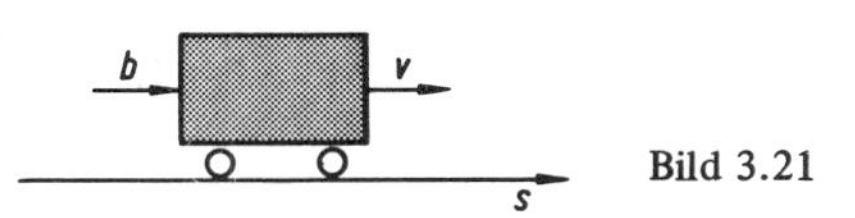

Bild 3.21

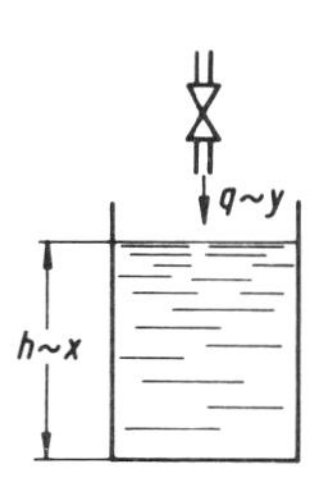

Bild 3.22

oder normiert

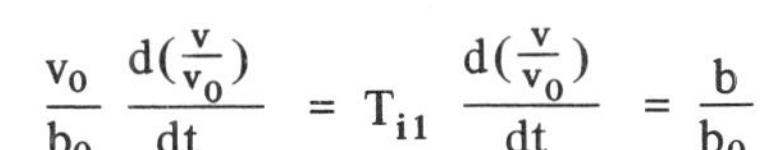

$$\frac{v_0}{b_0}\,\frac{d(\frac{v}{v_0})}{dt} = T_{i1}\,\frac{d(\frac{v}{v_0})}{dt} = \frac{b}{b_0} \quad .$$

Die Integrierzeit ist also nur durch die Normierungsgrößen v_0, b_0 festgelegt. In entsprechender Weise gilt für die Lage des Körpers

$$\frac{ds}{dt} = v$$

oder

$$\frac{s_0}{v_0}\,\frac{d(\frac{s}{s_0})}{dt} = T_{i2}\,\frac{d(\frac{s}{s_0})}{dt} = \frac{v}{v_0} \quad .$$

Die Lage des Körpers geht also durch zweifache Integration aus der Beschleunigung hervor.

Das Beispiel in Bild 3.22 stellt einen zylindrischen Flüssigkeitsbehälter ohne Abfluß dar. Die Flüssigkeitshöhe ist einfach das Integral des Durchflusses q. Mit dem Zylinderquerschnitt A folgt:

$$A\,\frac{dh}{dt} = q \qquad \text{oder}$$

$$\frac{A h_0}{q_0}\,\frac{d(\frac{h}{h_0})}{dt} = T_i\,\frac{d(\frac{h}{h_0})}{dt} = \frac{q}{q_0} \quad .$$

Die Integrierzeit entspricht hier der Zeit, in der die Flüssigkeit beim Zulauf q_0 um die Höhe h_0 steigen würde. Bei veränderlichem Querschnitt, A (h), entsteht ein nichtlinearer Integrator.

3.3.2. Verzögerter Integrator (IT_1)

Manchmal sind integrierende Übertragungselemente mit einer zusätzlichen Verzögerung behaftet; dies ist z.B. bei einem bewegten Körper der Fall, wenn der Weg s Ausgangsgröße ist und die als Eingangsgröße wirkende Geschwindigkeit v wegen der bewegten Masse nur verzögert verändert werden kann.

Bild 3.23 zeigt das Blockschaltbild eines verzögerten Integrators; die Reihenfolge der Funktionsblöcke kann bei rückwirkungsfreier Verknüpfung umgekehrt werden.

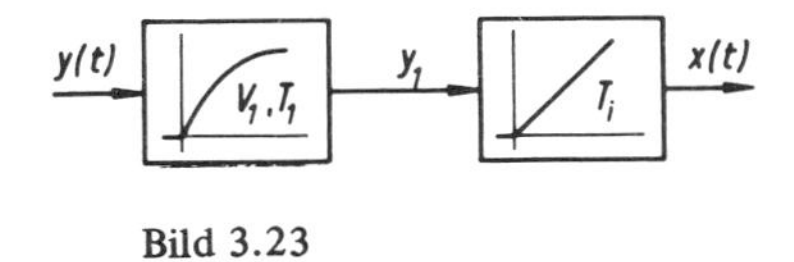

Bild 3.23

Die Differentialgleichungen lauten

$$T_1 y_1' + y_1 = V_1 y,$$

$$T_i x' = y_1 \quad .$$

Daraus folgt durch Elimination von y_1

$$T_1 T_i x'' + T_i x' = V_1 y \ .$$

Daß es sich trotz der Verzögerung um einen Integrator handelt, zeigt das Verschwinden des Koeffizienten a_0 bei $b_0 \neq 0$. Die Sprungantwort errechnet sich am einfachsten durch Integration der Sprungantwort des PT_1-Gliedes.

$$x(t) = w(t) = \frac{1}{T_i} \int_0^t V_1 (1 - e^{-\tau/T_1}) d\tau = V_1 \left[\frac{t}{T_i} - \frac{T_1}{T_i} (1 - e^{-t/T_1}) \right] \ .$$

Man erhält einen verzögerten Anstieg; sobald sich y_1 jedoch seinem Endwert nähert, läuft die Sprungantwort parallel zu der des unverzögerten Integrators (Bild 3.24).
Die Übertragungsfunktion des verzögerten Integrators entsteht durch Multiplikation der Einzel-Übertragungsfunktionen

$$F(p) = \frac{X}{Y}(p) = \frac{V_1}{(T_1 p + 1) T_i p} = \frac{V_1}{T_1 T_i p^2 + T_i p} \ .$$

Die zugehörige Ortskurve für $p = j\omega$ liegt im dritten Quadranten (Bild 3.25).
Die Asymptote für $\omega \to 0$ folgt durch eine Reihenentwicklung.

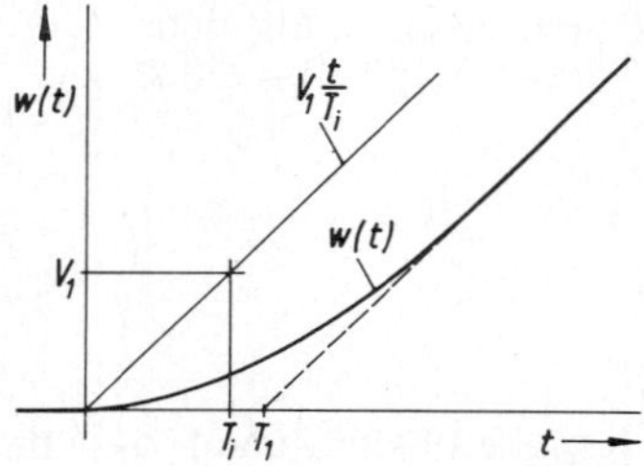

Bild 3.24

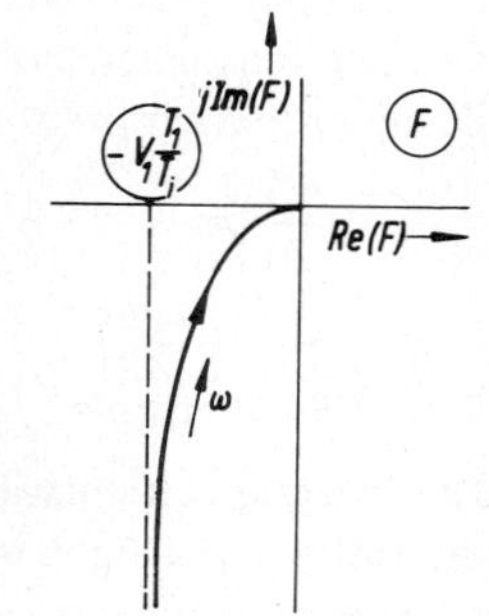

Bild 3.25

3.3.3. Doppelter Integrator (I_2)

Falls Verstärkung V_1 und Zeitkonstante T_1 des Verzögerungsgliedes wieder gleichzeitig gegen Unendlich streben, entsteht die Kettenschaltung zweier Integratoren (Bild 3.26). Dieser Fall liegt vor, wenn bei dem in Bild 3.21 skizzierten Beispiel die Beschleunigung b als Eingangsgröße wirkt, während der Weg s die Ausgangsgröße darstellt.

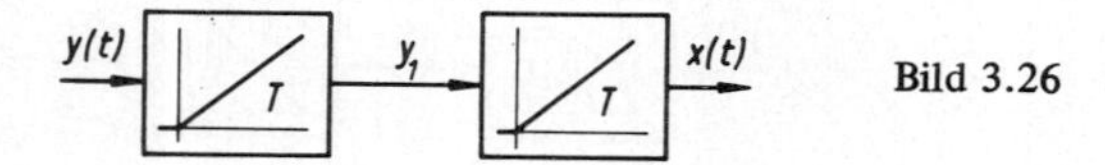

Bild 3.26

Die Differentialgleichungen

$$\frac{v_0}{b_0}\,\frac{d\left(\frac{v}{v_0}\right)}{dt} = \frac{b}{b_0} \quad ,$$

$$\frac{s_0}{v_0}\,\frac{d\left(\frac{s}{s_0}\right)}{dt} = \frac{v}{v_0}$$

liefern, nach Elimination von v/v_0,

$$\frac{s_0}{b_0}\,\frac{d^2\left(\frac{s}{s_0}\right)}{dt^2} = \frac{b}{b_0} \qquad \text{oder} \qquad T^2\frac{d^2x}{dt^2} = y \ .$$

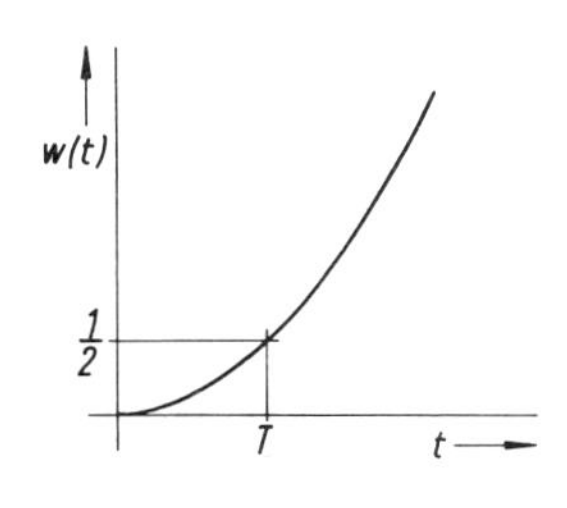

Bild 3.27

Daraus folgt die parabolische Sprungantwort (Bild 3.27)

$$x(t) = w(t) = \frac{1}{2}\left(\frac{t}{T}\right)^2 \ .$$

Die Übertragungsfunktion lautet

$$F(p) = \frac{1}{(Tp)^2} \ ;$$

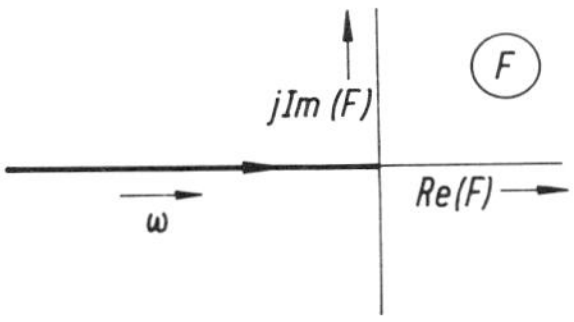

Bild 3.28

die Ortskurve für $p = j\omega$ fällt also mit der negativen reellen Achse zusammen (Bild 3.28).

3.4. Laufzeitglied

Bei Übertragungselementen, bei denen ein Signal, eine physikalische Größe oder Material mit endlicher Geschwindigkeit transportiert wird, erscheint eine Änderung der Eingangsgröße erst nach einer bestimmten „Laufzeit" am Ausgang. Bild 3.29 zeigt als Beispiel das Modell eines Förderbandes, das feinkörniges Material mit einer konstanten Geschwindigkeit v_0 über die Entfernung s_0 zur Abwurfstelle transportiert. Bei Veränderung des Zulaufes $y(t)$ entsteht auf dem Band ein Materialprofil $z(s, t)$, das sich gleichförmig zum Ausgang bewegt. Man hat also im Gegensatz zu den bisher behandelten Fällen eine kontinuierlich verteilte Speicherwirkung. Das bewegte Materialprofil z läßt sich, als Funktion von Ort s und Zeit t, durch die partielle Differentialgleichung

$$\frac{\partial z(s,t)}{\partial t} = -v_0\,\frac{\partial z(s,t)}{\partial s}$$

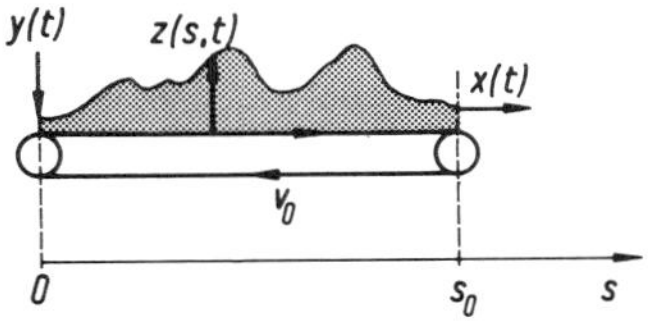

Bild 3.29

beschreiben. Als Lösung interessieren hier nur die Werte am Anfang und Ende des Förderbandes

$$x(t) \equiv z(s_0, t) = z(0, t - \frac{s_0}{v_0}) \equiv y(t - \frac{s_0}{v_0})$$

oder mit der Laufzeit $T_L = s_0/v_0$,

$$x(t) \equiv y(t - T_L) \; .$$

Das Laufzeitglied bewirkt also eine einfache zeitliche Verschiebung um T_L. In Bild 3.30 ist die Sprungantwort $w(t) = s(t - T_L)$ aufgetragen.

Die Übertragungsfunktion entsteht wieder durch Einsetzen der Exponentialschwingung für $y(t)$,

$$F(p) = \frac{X(p)}{Y(p)} = e^{-T_L p} \; .$$

Im Gegensatz zu den bisher behandelten Fällen ist die Übertragungsfunktion transzendent. Der Grund hierfür liegt in der kontinuierlich verteilten Speicherwirkung des Förderbandes.

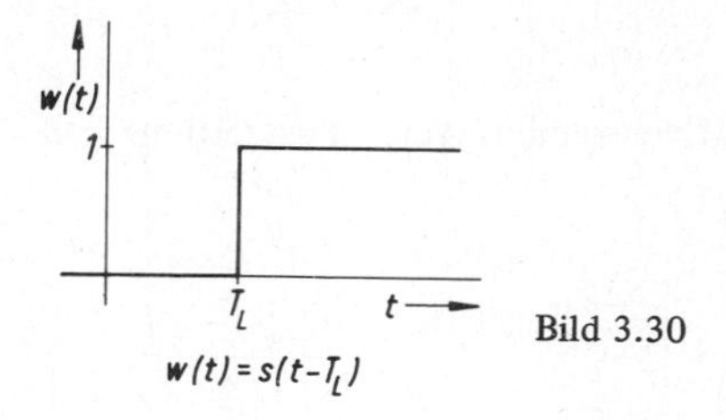

Bild 3.30

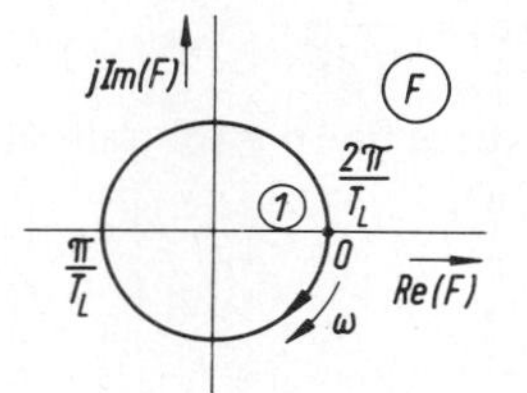

Bild 3.31

Die Ortskurve ist der mit der Kreis-Frequenz $\omega = 2\pi/T_L$ periodisch durchlaufene Einheitskreis (Bild 3.31). Die Periodizitäts-Eigenschaft ist leicht verständlich, da das Übertragungsmedium bei unbegrenzt steigender Eingangsfrequenz ja beliebig viele Perioden der Eingangsgröße zu speichern vermag.

Andere Beispiele für Laufzeitglieder sind Magnetbandgeräte (Laufzeit zwischen Schreib- und Lesespalt), Strömungsvorgänge in Rohrleitungen, Wärmeübertragung, Produktionsvorgänge (Papiermaschine, Walzwerk), lange elektrische Leitungen.

Die Annahme einer verzerrungsfreien Übertragung [z.B. 30] ist dabei meistens nicht erfüllt, jedoch kann eine Verzerrung durch Kettenschaltung zusätzlicher Übertragungselemente berücksichtigt werden.

4. Berechnung der Systemantwort bei verschiedenen Anregungsfunktionen

Im vorigen Abschnitt wurde die Sprungantwort als eine für das dynamische Verhalten eines linearen Übertragungselementes typische Kennfunktion hervorgehoben. Die Sprungantwort ist jedoch nur eine von mehreren häufig verwendeten Kennfunktionen, die auseinander hervorgehen und vollständig äquivalent sind. In diesem Abschnitt werden weitere Kennfunktionen behandelt; außerdem wird gezeigt, daß sich die Antwort auf eine beliebige Anregung, d.h. die Lösung der Differentialgleichung bei beliebiger Störfunktion, auf diese Kennfunktionen zurückführen läßt.

4.1. Impulsfunktion und Impulsantwort

In Bild 4.1 ist ein lineares Übertragungselement mit der Übertragungsfunktion $F(p)$ angedeutet, das durch die Anregungsfunktion $y(t)$ ausgelenkt wird und dabei die Antwortfunktion $x(t)$ erzeugt. Wegen der Linearität der Differentialgleichung kann die Anregungsfunktion auch aus mehreren Teilen bestehen, deren Einzelantworten am Ausgang linear überlagert werden. Bild 4.2 zeigt als Beispiel ein kurzdauerndes Signal $y(t)$, das sich aus zwei Schaltfunktionen zusammensetzt,

$$y(t) = y_0(s(t) - s(t-T)) = y_0 T \cdot \frac{s(t) - s(t-T)}{T}$$

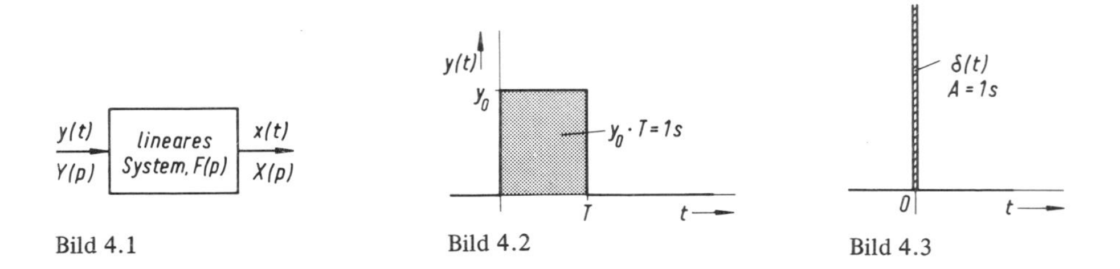

Bild 4.1

Bild 4.2

Bild 4.3

Die Fläche des Kurzzeit-Signals ist ein Maß für seine Intensität; zur Normierung sei $y_0 T = 1\,s$ gesetzt. Verkürzt man die Zeitdauer T, so muß sich die Amplitude y_0 des Signals erhöhen, so daß die Flächenbedingung erhalten bleibt. Im Grenzfall $T \to 0$ entsteht ein unendlich schmaler und unendlich hoher Impuls der Fläche $1\,s$, ein sogenannter Dirac-Impuls (Bild 4.3).

$T \to 0$:

$$y(t) = 1\,s\ \frac{s(t) - s(t-T)}{T} \to \delta(t)\,.$$

Man kann den Dirac-Impuls somit formal als Ableitung der (nicht differenzierbaren) Sprungfunktion interpretieren.

Der Impuls ist wegen der unendlich hohen Amplitude nur angenähert realisierbar; außerdem kann die Zulässigkeit seiner Anwendung bei nur bereichsweise linearen Regelstrecken zweifelhaft sein. Für theoretische Überlegungen ist der Dirac-Impuls jedoch von großer Bedeutung.

Die Antwort auf die in Bild 4.2 skizzierte Anregung entsteht durch Überlagerung zweier verschobener Sprungantworten,

$$x(t) = 1\,s\,\frac{w(t) - w(t-T)}{T} \quad .$$

Im Grenzfall wird daraus die Impulsantwort [z.B. 30]

$$g(t) = 1\,s \lim_{T \to 0} \frac{w(t) - w(t-T)}{T} \quad .$$

Wenn $w(t)$ bei $t = 0$ differenzierbar ist, gilt $g(t) = 1\,s \cdot w'(t)$;
die Impulsantwort ist also die Ableitung der Sprungantwort (z.B. Bild 4.4).
Falls jedoch $w(t)$ bei $t = 0$ eine Unstetigkeitsstelle aufweist, enthält die Impulsantwort zusätzlich einen Impuls der Fläche $w(+0) \cdot 1s$,

$$g(t) = w(+0) \cdot \delta(t) + 1\,s\; w'(t) \quad .$$

Man kann sich $F(p)$ ja gemäß

$$F(p) = F(\infty) + (F(p) - F(\infty)) = w(+0) + (F(p) - F(\infty))$$

durch eine Parallelschaltung zweier Kanäle ersetzt denken. Der erste stellt dabei ein unverzögertes Proportionalglied dar, das den Impuls überträgt, während der zweite eine differenzierbare Sprungantwort besitzt (z.B. Bild 4.5).

In jedem Fall gilt $w(t) = \frac{1}{1\,s} \int\limits_0^t g(\tau)\,d\tau$.

Die Impulsantwort wird auch als Gewichtsfunktion bezeichnet. Sie wird nun anhand einiger Beispiele betrachtet.

I-Glied: $F = \frac{1}{T_i p}$, $w(t) = \frac{t}{T_i}$, $t \geqslant 0$, $g(t) = \frac{1\,s}{T_i} s(t)$.

Wegen der unendlich hoch angenommenen Amplitude der Anregungsfunktion verläuft die Impulsantwort bei $t = 0$ unstetig.

PT_1-Glied:

$$F = \frac{V}{T_1 p + 1}, \quad w(t) = V(1 - e^{-t/T_1}), \qquad g(t) = V\,\frac{1s}{T_1}\,e^{-t/T_1}, \quad \text{Bild 4.4.}$$

PT_1D_1-Glied:

$$F = V\frac{T_2 p + 1}{T_1 p + 1}, w(t) = V\left(1 - \frac{T_1 - T_2}{T_1}\,e^{-t/T_1}\right), g(t) = V\,\frac{T_2}{T_1}\,\delta(t) + V\,\frac{T_1 - T_2}{T_1^2}\,1s\,e^{-t/T_1},$$

Bild 4.5.

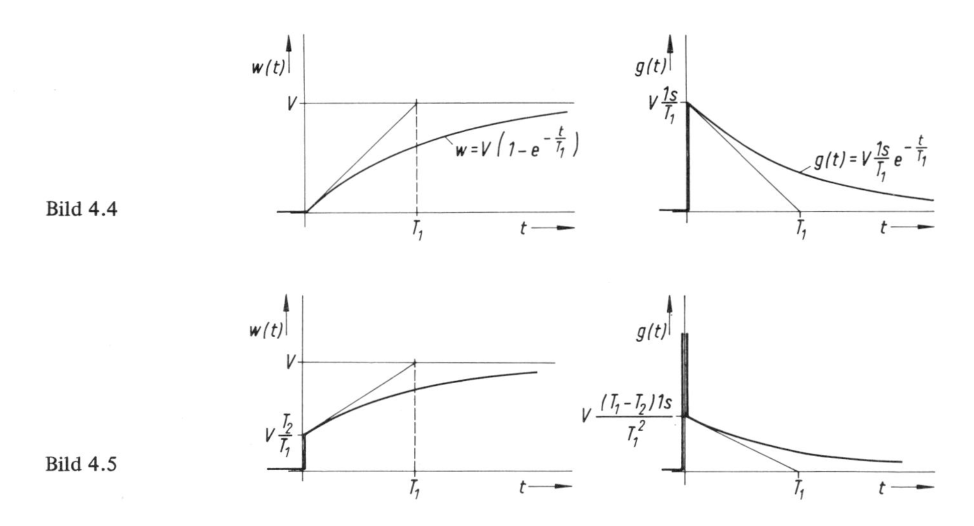

Bild 4.4

Bild 4.5

Transformiert man die Anregungs- und Antwortfunktion des in Bild 4.1 gezeigten linearen Systems in den Bildbereich, so gilt für $y(t) = \delta(t)$

$$L(\delta(t)) = 1\,s \;,$$

$$L(g(t)) = G(p) = F(p) \cdot 1\,s \,.$$

Die Bildfunktion der Impulsantwort ist also, abgesehen von einem Dimensionsfaktor, gleich der Übertragungsfunktion.

Falls die Zeit infolge Normierung dimensionslos ist, werden die Fläche des Dirac-Impulses und seine Bildfunktion Eins.

4.2. Anstiegsfunktion (Rampe) und Anstiegsantwort

Neben $\delta(t)$ und

$$s(t) = \frac{1}{1\,s} \int_0^t \delta(\tau)\,d\tau$$

werden auch höhere Integrale der Impulsfunktion als Testsignale verwendet, z.B. die Anstiegs- oder Rampen-Funktion

$$r(t) = \frac{1}{1\,s} \int_0^t s(\tau)\,d\tau = \frac{t}{1\,s} \;.$$

$r(t)$ entspricht also der Sprungantwort eines Integrators mit der Integrierzeit $T_i = 1\,s$.

Die Reaktion eines bei t = 0 in Ruhe befindlichen linearen Systems auf eine Anstiegsfunktion wird sinngemäß als Anstiegsantwort v(t) bezeichnet. Man erhält sie als Sprungantwort des gemäß Bild 4.6 durch einen Integrator mit der Zeitkonstante 1s ergänzten Systems.

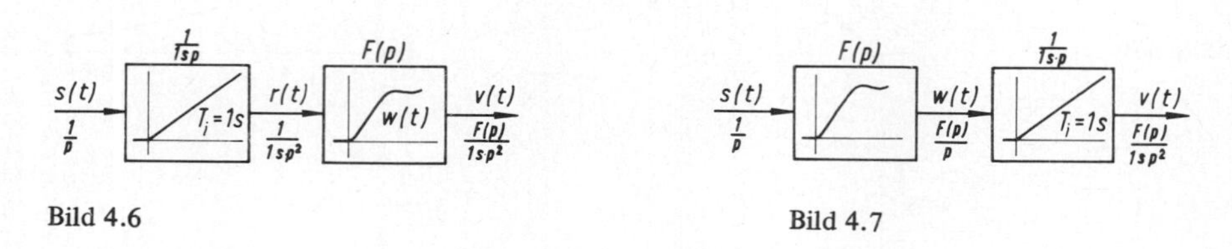

Bild 4.6

Bild 4.7

Da die Reihenfolge der Blöcke vertauschbar ist, sind die in Bild 4.6, 4.7 gezeigten Blockschaltbilder gleichwertig. Daraus folgt aber

$$v(t) = \frac{1}{1s} \int_0^t w(\tau) d\tau \ .$$

Die Anstiegsantwort ist also das Integral der Sprungantwort.

PT_1-Glied: Infolge der Vertauschbarkeit stimmt die Anstiegsantwort eines PT_1-Gliedes mit der Sprungantwort eines verzögerten Integrators überein (Bilder 3.23, 3.24 mit $T_i = 1s$).

PD_1-Glied: Die Differentialgleichung $x(t) = V(Ty' + y)$

liefert mit der Anregung $y(t) = r(t) = \frac{t}{1s}$

die Anstiegsantwort $x(t) = v(t) = V\left(\frac{T}{1s} + \frac{t}{1s}\right)$.

Die Kurve ist in Bild 4.8 skizziert.

Wegen der Beziehung,[11],

$$L(r(t)) = R(p) = \frac{1}{p^2 \, 1s}$$

wird die Laplace-Transformierte der Anstiegsantwort

$$L(v(t)) = V(p) = \frac{F(p)}{p^2 \, 1s} \ .$$

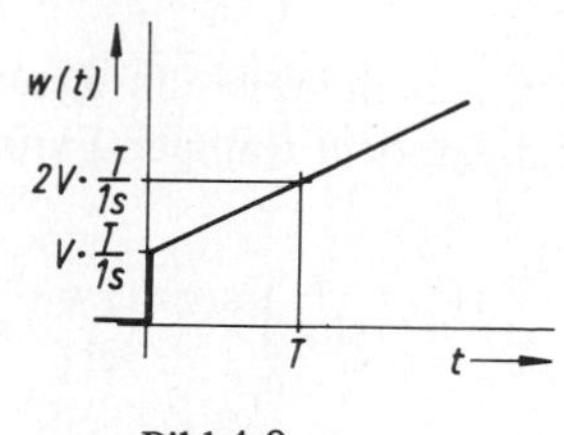

Bild 4.8

Mit diesen Ergebnissen folgt durch Vertauschung das in Bild 4.9 gezeigte Schema

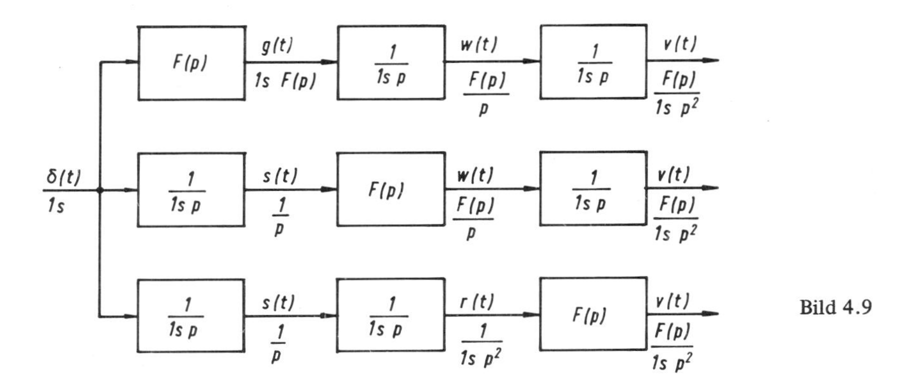

Bild 4.9

4.3. Berechnung der Antwort einer linearen Übertragungsstrecke bei beliebigem Verlauf der Anregungsfunktion

Die Kenntnis der Antwortfunktion bei einer speziellen Prüfstörung, etwa einer Impuls- oder Schaltfunktion, genügt für die Anwendung natürlich noch nicht, da die Regelstrecke in Wirklichkeit ja irgendwelchen anderen Anregungen $y(t)$ ausgesetzt sein wird. Es ist deshalb notwendig, einen Zusammenhang zwischen den besprochenen Prüffunktionen $\delta(t)$, $s(t)$, $r(t)$ und einer allgemeinen Anregung $y(t)$ herzustellen, so daß die zu $y(t)$ gehörige Antwortfunktion $x(t)$ aufgrund der Kenntnis von $g(t)$, $w(t)$ oder $v(t)$ durch Integration im Zeitbereich bestimmt werden kann.

Die, abgesehen von der Einschränkung $y(t \leqslant 0) \equiv 0$, beliebig verlaufende Anregung $y(t)$ läßt sich gemäß Bild 4.10 in eine Folge von angenäherten Impulsen der Fläche $y(\tau)\,\Delta\tau$ aufspalten, von denen jeder am Ausgang näherungsweise einen der Impulsantwort proportionalen Beitrag liefert; infolge der Linearität der Übertragungsstrecke werden die einzelnen Beiträge unter Berücksichtigung ihrer zeitlichen Verschiebung überlagert. Mit der Annahme, daß sich das System bei $t = 0$ im Ruhezustand befindet, gilt

$$x(t) \approx \sum_{\nu=0}^{n=t/\Delta\tau} \frac{y(\tau)\,\Delta\tau}{1\text{s}}\; g(t-\tau)\,, \quad \tau = \nu\,\Delta\tau\,.$$

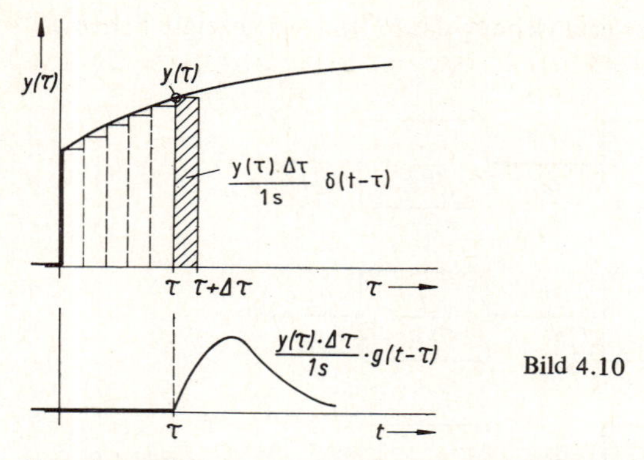

Bild 4.10

Der Grenzübergang $\Delta\tau \to d\tau$ ergibt das Faltungsintegral, auch Duhamelsches Integral genannt,

$$x(t) = \frac{1}{1\,s}\int_0^t y(\tau)\, g(t-\tau)\, d\tau = \frac{1}{1\,s}\int_0^t g(\sigma)\, y(t-\sigma)\, d\sigma\,, \quad \sigma = t-\tau\,,$$

das es gestattet, die Antwort $x(t)$ bei beliebiger Anregung $y(t)$ aus der Impulsantwort zu berechnen. $y(t)$ kann dabei z.B. graphisch oder analytisch gegeben sein.

Das Faltungsintegral stellt eine gewichtete Mittelwertbildung dar, daher die Bezeichnung Gewichtsfunktion für $g(t)$.

Die Integrationsgrenzen 0, t lassen sich auch erweitern, da für $\tau < 0$ der eine und für $\tau > t$ der andere Faktor des Integranden verschwindet. Man kann also z. B. auch schreiben

$$x(t) = \frac{1}{1s}\int_{-\infty}^{\infty} y(\tau)\, g(t-\tau)\, d\tau,$$

ohne daß das Ergebnis sich dadurch ändert.

Bildet man nun auf beiden Seiten die Laplace-Transformierte,

$$L(x(t)) = X(p) = \int_0^\infty \left(\frac{1}{1s}\int_0^\infty y(\tau)\, g(t-\tau)\, d\tau\right) e^{-pt}\, dt\ ,$$

so folgt nach einer Umstellung der Integrale

$$X(p) = \int_0^\infty y(\tau)\left(\frac{1}{1s}\int_0^\infty g(t-\tau)\, e^{-pt}\, dt\right) d\tau\ .$$

Die Klammer unter dem äußeren Integralzeichen enthält die Laplace-Transformierte der um τ verschobenen Impulsantwort; nach dem Verschiebungssatz der Laplace-Transformation gilt, z.B. [30],

$$\frac{1}{1\mathrm{s}} L(g(t-\tau)) = \frac{1}{1\mathrm{s}} G(p)\, e^{-p\tau} = F(p)\, e^{-p\tau} \ .$$

Damit folgt schließlich

$$X(p) = F(p) \int_0^\infty y(\tau)\, e^{-p\tau}\, d\tau = F(p)\, Y(p) = \frac{1}{1\mathrm{s}} G(p) \cdot Y(p) \ ,$$

ein nicht unerwartetes Ergebnis.

Das Faltungsintegral erscheint also im Unterbereich als Produkt der Bildfunktionen $G(p)$ und $Y(p)$.

In Bild 4.11 ist der Fall skizziert, daß die Anregungsfunktion $y(t)$, mit der das Übertragungsglied 2 ausgelenkt wird, selbst eine Impulsantwort ist, d.h. $y(t) = g_1(t)$. Die Impulsantwort der so entstehenden Kettenschaltung ist damit

$$g(t) = \frac{1}{1\mathrm{s}} \int_0^t g_1(\tau)\, g_2(t-\tau)\, d\tau \ .$$

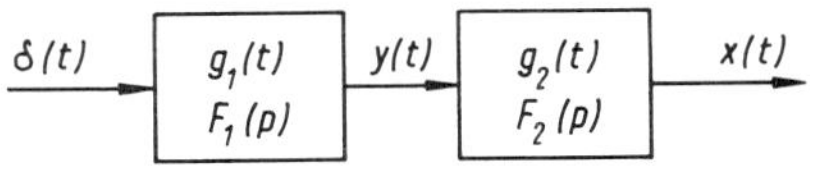

$\delta(t)$ → [$g_1(t)$, $F_1(p)$] → $y(t)$ → [$g_2(t)$, $F_2(p)$] → $x(t)$

Bild 4.11

Die entsprechende Beziehung im Bildbereich lautet

$$G(p) = F_1(p)\, F_2(p) \cdot 1\mathrm{s} \ .$$

Mit dem in Abschnitt 4.1 abgeleiteten Zusammenhang zwischen Impulsantwort $g(t)$ und Sprungantwort $w(t)$ läßt sich das Faltungsintegral auch in folgender Form schreiben,

$$x(t) = w(+0) \cdot y(t) + \int_0^t y(\tau)\, w'(t-\tau)\, d\tau = y(0)\, w(t) + \int_0^t y'(\tau)\, w(t-\tau)\, d\tau \ .$$

Eine ähnliche Beziehung gilt für die Anstiegsantwort.

4.4. Anstiegsfehler und Steuerfläche

4.4.1. Anstiegsfehler

Proportional wirkende Übertragungsglieder ($a_0, b_0 \neq 0$), in Form offener Steuerketten oder geschlossener Regelkreise, werden manchmal mit zeitlich linear veränderlichen Steuergrößen angeregt. Solche Fälle treten z.B. bei der Lageregelung einer Kopierfräsmaschine oder der Nachlaufregelung einer Radarantenne bei der Flugabwehr auf. Für die Beurteilung der Systemeigenschaften interessiert dann der sich in dieser Betriebsweise einstellende dynamische Fehler (Anstiegsfehler); er entspricht dem Lagefehler des Fräsers bei einer ansteigenden Bahnkurve oder dem Winkelfehler der Antenne bei gleichförmig veränderlichem Zielwinkel.

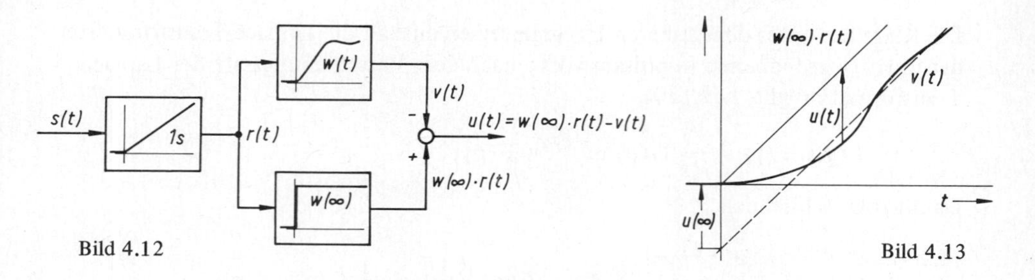

Bild 4.12

Bild 4.13

Bild 4.12 zeigt ein Schema der gedachten Meßschaltung und Bild 4.13 ein Beispiel für den zeitlichen Verlauf.

Die Berechnung des Anstiegsfehlers

$$u(t) = w(\infty)\, r(t) - v(t)$$

kann auf einfache Weise mithilfe der Laplace-Transformation erfolgen,

$$L(u(t)) = U(p) = (w(\infty) - F(p))\, R(p) \; .$$

Wegen $w(\infty) = F(0)$ und $R(p) = \frac{1}{p^2 \cdot 1s}$ ist

$$U(p) = \frac{F(0) - F(p)}{p^2 \cdot 1s} \; .$$

Bei der Annahme einer allgemeinen PT_nD_m-Übertragungsfunktion

$$F(p) = V \frac{b'_m p^m + \ldots + b'_1 p + 1}{a'_n p^n + \ldots + a'_1 p + 1}$$

mit den Abkürzungen $b_0/a_0 = V$, $b_\mu/b_0 = b'_\mu$, $a_\nu/a_0 = a'_\nu$ wird

$$U(p) = \frac{V}{p \cdot 1s} \; \frac{a'_n p^{n-1} + \ldots + (a'_m - b'_m)\, p^{m-1} + \ldots + a'_1 - b'_1}{a'_n p^n + \ldots + a'_m p^m + \ldots + a'_1\, p + 1} \; .$$

In vielen Fällen interessiert nur der stationäre Wert des Anstiegsfehlers, der nach Abklingen der Einschwingvorgänge zurückbleibt.

$$\lim_{t \to \infty} u(t) = u(\infty) = \lim_{p \to 0} p\, U(p) = V \frac{a'_1 - b'_1}{1s} \; .$$

Der stationäre Endwert hängt also nur von der Verstärkung V und den Koeffizienten a'_1, b'_1 der linearen Glieder in p ab.

Falls die proportional wirkende Übertragungsstrecke eine zusätzliche Laufzeit enthält,

$$F_1(p) = F(p)\, e^{-T_L p} \; ,$$

verschiebt sich die Anstiegsantwort $v(t)$ zeitlich um den Betrag der Laufzeit,

$$v_1(t) \equiv 0 \; , \qquad t < T_L \; ,$$
$$v_1(t) = v(t - T_L), \qquad t > T_L \; ,$$

so daß der auch als Schleppfehler bezeichnete stationäre Anstiegsfehler den Wert

$$u(\infty) = V \frac{a_1' - b_1' + T_L}{1s}$$

annimmt.

Analog zum Anstiegsfehler läßt sich auch ein Beschleunigungsfehler definieren.

4.4.2. Steuerfläche (Regelfläche)

Vertauscht man die Reihenfolge der rückwirkungsfreien Funktionsblöcke im Bild 4.12, so ändert sich das Ergebnis nicht (Bild 4.14). Somit gilt auch

$$u(t) = \frac{1}{1s} \int_0^t (w(\infty) - w(\tau))d\tau$$

entsprechend der in Bild 4.15 schraffierten Fläche. Der Wert $1s\,u(\infty)$ wird als Steuerfläche (Regelfläche) bezeichnet; er kann unter bestimmten Einschränkungen als Entwurfskriterium für die Einstellung eines Regelkreises verwendet werden.

Der Endwert $u(\infty)$ von Anstiegsfehler und Regelfläche ist ein Maß für die gesamte mittlere Verzögerung des Übertragungsgliedes (siehe Abschnitt 15.1).

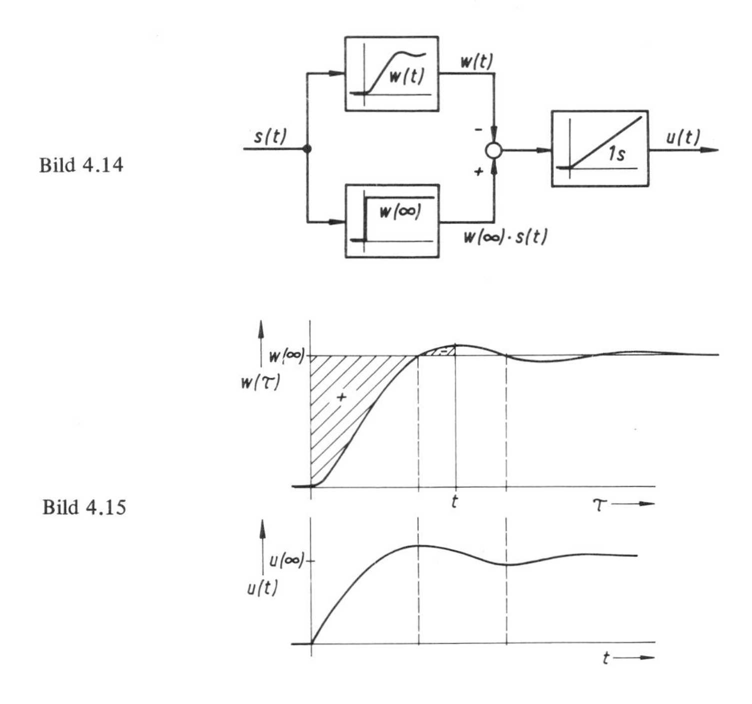

Bild 4.14

Bild 4.15

5. Die Übertragungsfunktion

5.1. Eigenschaften und komplexe Darstellung rationaler Funktionen

5.1.1. Pole und Nullstellen

Lineare Systeme mit konzentrierten Speichern können wahlweise durch eine gewöhnliche Differentialgleichung mit der unabhängigen Variablen t (Zeitbereich) oder durch eine rationale Übertragungsfunktion in p (Frequenzbereich) beschrieben werden.

Wenn $Y(p)$ die Laplace-Transformierte der Anregungs- und $X(p)$ die der Antwortfunktion ist, so gilt

$$\frac{X(p)}{Y(p)} = F(p) = \frac{b_m p^m + \dots + b_1 p + b_0}{a_n p^n + \dots + a_1 p + a_0} = \frac{Z(p)}{N(p)} = |F(p)|\, e^{j\varphi(p)} ,$$

$$p = \sigma + j\omega, \quad m \leqslant n .$$

Enthält die Übertragungsstrecke außerdem eine Laufzeit, so tritt ein transzendenter Faktor $e^{-T_L p}$ hinzu. Dieser Fall bleibt vorerst außer Betracht.

Die Koeffizienten b_μ, a_ν sind reell; für reelle p ist somit $F(p)$ reell.

Nach dem Fundamentalsatz der Algebra lassen sich die Zähler- und Nennerpolynome $Z(p), N(p)$ in Linearfaktoren zerlegen,

$$F(p) = \frac{b_m}{a_n} \frac{\prod_1^m (p - q_\mu)}{\prod_1^n (p - p_\nu)} .$$

q_μ werden die Nullstellen und p_ν die Pole von $F(p)$ genannt. $F(p)$ ist also bis auf einen konstanten Faktor b_m/a_n durch Pole und Nullstellen bestimmt.

Wegen der reellen Koeffizienten können die Nullstellen und Pole nur reell oder paarweise konjugiert komplex sein; sie können in beliebiger Vielfachheit auftreten.

Da die Pole von $F(p)$ bekanntlich die Eigenwerte, d.h. die Lösungen der charakteristischen Gleichung, sind und somit die Einschwingvorgänge bestimmen, liegen sie bei einem stabilen System in der linken Hälfte der p-Ebene. Bild 5.1 zeigt die Pol-Nullstellen-Verteilung eines stabilen Systems.

Die Übertragungsfunktion ist für beliebige $p = \sigma + j\omega$ definiert, doch interessiert vor allem der leicht meßbare Frequenzgang $F(j\omega)$ für imaginäre $p = j\omega$, d.h. reelle Kreisfrequenzen ω.

Die Abbildung der imaginären p-Achse auf die F-Ebene ist die Ortskurve des Frequenzganges; sie trägt eine ω-Bezifferung. Wegen der reellen Koeffizienten ist $F(\overline{p}) = \overline{F(p)}$,

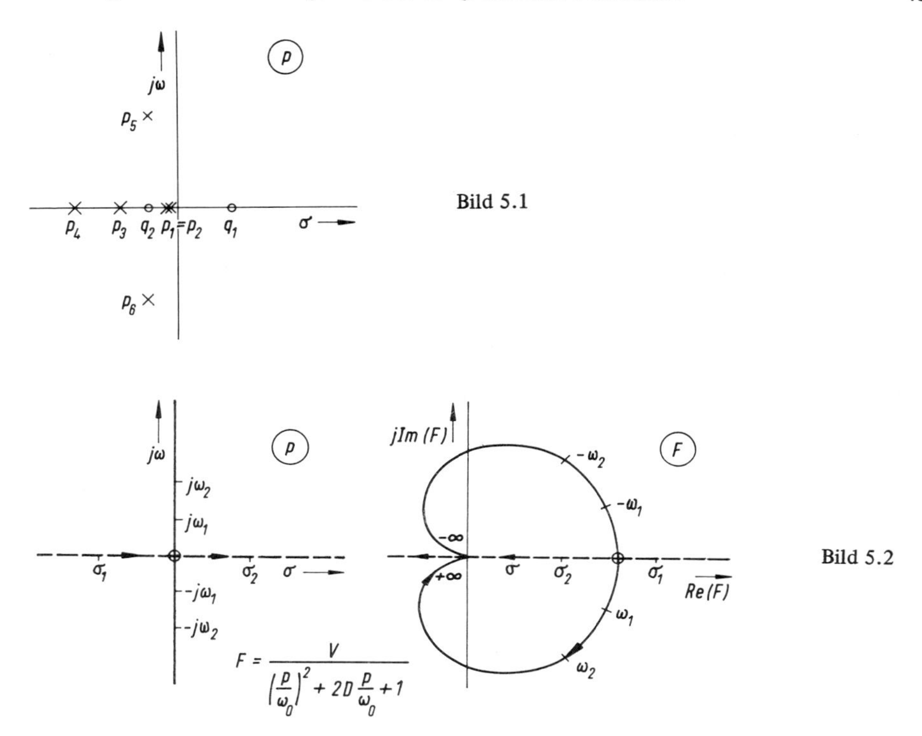

Bild 5.1

Bild 5.2

d.h. auch $F(-j\omega) = \overline{F(j\omega)}$. Die (physikalisch nicht sinnvolle) negative imaginäre p-Halbachse wird also auf eine Ortskurve abgebildet, die aus der anderen Hälfte durch Spiegelung an der reellen Achse hervorgeht. In Bild 5.2 ist als Beispiel die Ortskurve eines Verzögerungsgliedes 2. Ordnung skizziert. In der F-Ebene ist auch das Bild der reellen p-Achse eingetragen; es liegt nach dem vorher gesagten zwar ebenfalls in der reellen F-Achse, jedoch mit unterschiedlicher Bezifferung.

Da F(p) eine sogenannte analytische Funktion ist, gelten für den Zusammenhang zwischen p-Ebene und F-Ebene die Eigenschaften der konformen Abbildung. Hierzu gehört die „Ähnlichkeit im Kleinen", in Bild 5.3 am Beispiel eines Ausschnittes der imaginären Achse und einer Kurve konstanter relativer Dämpfung gezeigt.

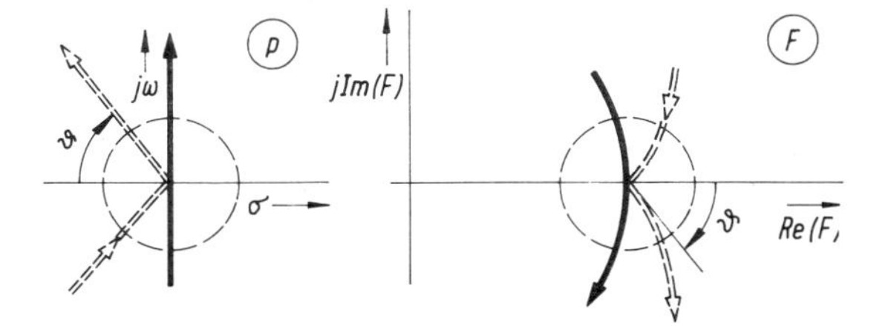

Bild 5.3

Bei mehrdeutigen Funktionen ist es notwendig, den Begriff der Riemannschen Fläche einzuführen, um den Verlauf der Kurven als eindeutig und kreuzungsfrei interpretieren zu können. Dies ist in Bild 5.4 an einem Beispiel erläutert. Die Ortskurve läuft für $-\infty < \omega < +\infty$ durch den Winkelbereich $+3\pi/2 > \varphi > -3\pi/2$, d.h. die Kurve schneidet sich selbst auf der negativen reellen Achse. Um zu erreichen, daß sich jeder Bildpunkt eindeutig dem zugehörigen Ursprungspunkt zuordnen läßt, denkt man sich die F-Ebene längs der negativen reellen Achse aufgeschnitten und die freien Kanten

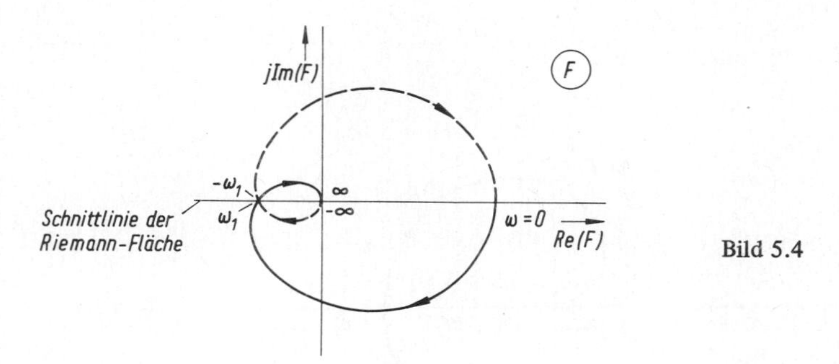

Bild 5.4

in darüber- und darunterliegenden Ebenen, sogenannten Blättern einer Riemann-Fläche, kontinuierlich fortgesetzt. Dadurch wird vermieden, daß sich die Ortskurve in Bild 5.4 bei $\pm j\omega_1$ schneidet; die Kurve liegt dann ja für

$$-\infty < \omega \leqslant -\omega_1 \quad \text{und} \quad \omega_1 \leqslant \omega < \infty$$

auf zwei verschiedenen Blättern der Riemann-Fläche.

Diese Erläuterung genüge für die hier vorkommenden Funktionen; bei anderen Funktionen kann es erforderlich sein, andere Riemann-Flächen zu verwenden.

5.1.2. Abbildung durch ein Polynom

Als Bestandteil einer gebrochenen rationalen Funktion wird zunächst das Polynom

$$N(p) = a_n p^n + \ldots + a_1 p + a_0 = a_n \prod_1^n (p - p_\nu)$$

betrachtet. Die Linearfaktoren $(p - p_\nu)$ lassen sich nach Bild 5.5 durch Verbindungsgerade von den Punkten p_ν zum Aufpunkt, z.B. $p = j\omega$, kennzeichnen. Wegen

$$N(j\omega) = |N(j\omega)| e^{j\psi(\omega)} = a_n \prod_1^n |j\omega - p_\nu| e^{j\sum_1^n \alpha_\nu(\omega)}$$

sind die Längen der Geradenstücke zu multiplizieren, die Winkel α_ν zu addieren, um den Wert des Polynoms an der Stelle $p = j\omega$ zu erhalten.

Beim Durchlaufen der imaginären Achse von $p = 0$ bis zu großen Werten von $p = j\omega$ ändert sich $N(j\omega)$ längs einer Ortskurve von $N(0) = a_0$ gegen die Asymptote $N(j\omega) \to a_n(j\omega)^n$; die Kurve läuft also für großes ω in Richtung einer der Achsen gegen Unendlich.

Betrachtet man den Verlauf der Teilwinkel $\alpha_\nu(\omega)$ bei zunehmender Frequenz $0 \leqslant \omega < \infty$, so stellt man fest, daß dieser vor allem durch den Realteil $\sigma_\nu = \mathrm{Re}(p_\nu)$ der zugehörigen Nullstelle p_ν bestimmt wird.

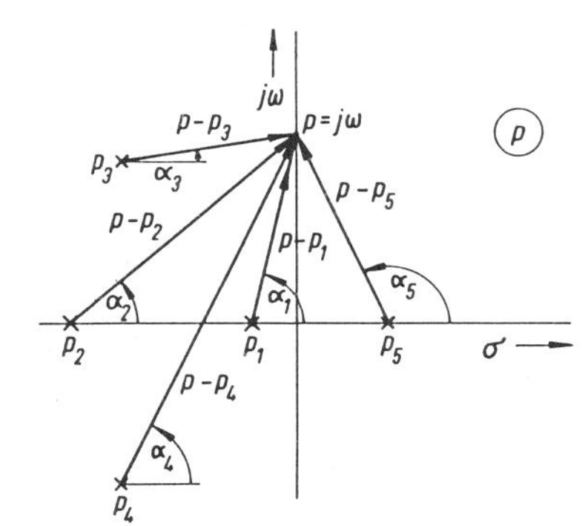

Bild 5.5

Im Fall einer negativ reellen Nullstelle $p_1 = \sigma_1 < 0$ ist $\alpha_1 = \arctan \frac{\omega}{|p_1|}$, der Teilwinkel wächst also mit ω monoton von $\alpha_1 = 0$ bis $\alpha_1 = +\pi/2$,

$$\int_{\omega=0}^{\infty} d\alpha_1 \equiv \Delta\alpha_1 = \alpha_1(\infty) - \alpha_1(0) = \frac{\pi}{2}.$$

Bei einer positiven Nullstelle $p_5 = \sigma_5 > 0$ nimmt der Teilwinkel monoton von π nach $\pi/2$ ab,

$$\int_{\omega=0}^{\infty} d\alpha_5 \equiv \Delta\alpha_5 = \alpha_5(\infty) - \alpha_5(0) = -\frac{\pi}{2}.$$

Bei konjugiert komplexen Nullstellen $p_\nu, p_{\nu+1} = \overline{p_\nu}$ sind die Verhältnisse ähnlich; eine Betrachtung der Grenzfälle $\omega = 0, \infty$ führt auf

$$\Delta\alpha_\nu + \Delta\alpha_{\nu+1} = (\alpha_\nu(\infty) - \alpha_\nu(0)) + (\alpha_{\nu+1}(\infty) - \alpha_{\nu+1}(0)) = \pm\pi.$$

Das Pluszeichen gilt für $\sigma_\nu < 0$, das Minuszeichen für $\sigma_\nu > 0$. Im Mittel trägt also jede der links liegenden Nullstellen den Winkelzuwachs $\Delta\alpha_\nu = \pi/2$ und jede rechts liegende Nullstelle den Winkelzuwachs $\Delta\alpha_\nu = -\pi/2$ bei. Der Summenwinkel $\psi(\omega) = \sum_1^n \alpha_\nu(\omega)$ wächst monoton, wenn alle Nullstellen in der linken Halbebene liegen.

Der Winkelbereich wird bei zunehmender Frequenz um so schneller durchlaufen, je dichter die Nullstelle der imaginären Achse benachbart ist. Liegt ein Nullstellenpaar auf der imaginären Achse, so ändert sich die Phase $\alpha_\nu + \alpha_{\nu+1}$ beim Passieren der Nullstelle abrupt um $\pm\pi$; der Phasensprung kann dabei wahlweise positiv oder negativ gezählt werden.

Im Fall einer Nullstelle im Ursprung, $p_\nu = 0$, findet ein Phasensprung bei $\omega = 0$ statt, im Bereich $0 < \omega < \infty$ tritt keine zusätzliche Winkeländerung auf, es gilt also $\Delta\alpha_\nu = 0$. Schließt man den Fall imaginärer Nullstellenpaare und einer oder mehrerer Nullstellen im Ursprung zunächst aus, so folgt aus dieser Überlegung ein Satz über die Phasendrehung der Ortskurve,

$$\int_{\omega=0}^{\infty} d\psi \equiv \Delta\psi = \int_{\omega=0}^{\infty} \sum_{\nu=1}^{n} d\alpha_\nu = \sum_{\nu=1}^{n} \Delta\alpha_\nu = (n-i)\frac{\pi}{2} - i\frac{\pi}{2} = (\frac{n}{2} - i)\pi \, .$$

Dabei ist n der Grad des Polynoms und i die Anzahl der Nullstellen rechts der imaginären Achse. Das Integral ist auf der Riemannschen Fläche auszuwerten; $\Delta\psi$ kann also ein Vielfaches von 2π sein.

Ist der Verlauf der Ortskurve $N(j\omega)$, nicht dagegen die Lage der Nullstellen p_ν bekannt – dies erfordert ja die Auflösung einer Gleichung n-ten Grades – so läßt sich anhand der Phasendrehung $\Delta\psi$ im Bereich $0 < \omega < \infty$ die Zahl der Nullstellen auf der rechten Seite der imaginären Achse bestimmen,

$$i = \frac{n}{2} - \frac{\Delta\psi}{\pi} \quad .$$

Dies kann zur Stabilitätsprüfung verwendet werden, wenn das charakteristische Polynom $N(p)$ und der ungefähre Verlauf der Ortskurve $N(j\omega)$ bekannt sind [53, 54]. Stabilität erfordert $i = 0$, d.h. $\Delta\psi = n \cdot \pi/2$. Die Ortskurve $N(j\omega)$ muß also für $0 < \omega < \infty$ genau n Quadranten durchlaufen, d.h. $\psi(\omega)$ muß monoton zunehmen. Bild 5.6 zeigt als Beispiel die Ortskurve $N(j\omega)$ eines stabilen und eines instabilen Polynoms 5. Grades.

Um die Phasendrehung $\Delta\psi$ festzustellen, ist es nicht notwendig, die Ortskurve zu zeichnen; es genügt vielmehr, die Achsenschnittpunkte $\mathrm{Re}(N(j\omega)) = 0$ und $\mathrm{Im}(N(j\omega)) = 0$ zu kennen. Dadurch läßt sich die Stabilitätsprüfung bei Polynomen bis zum 5. Grad $(n = 5)$ auf die Lösung quadratischer Gleichungen reduzieren. Anhand eines Beispiels wird dies anschließend erläutert.

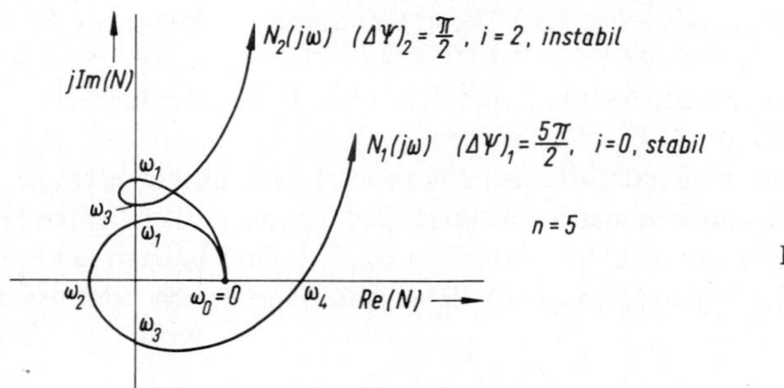

Bild 5.6

Vorher ist noch der Fall zu erörtern, daß Nullstellen von $N(p)$ auf der imaginären Achse liegen. Eine Nullstelle $p = 0$ ist wegen $a_0 = 0$ sofort erkennbar. Abspalten eines Faktors p, d.h. Untersuchung von $N(j\omega)/j\omega$, führt das Problem auf den vorherigen Fall zurück. Entsprechend wird bei einer mehrfachen Nullstelle bei $p = 0$ verfahren.

Im Fall eines imaginären Nullstellenpaares $p_{\nu,\nu+1} = \pm j\omega_\nu$ läuft die Ortskurve $N(j\omega)$ bei ω_ν durch den Ursprung; damit fallen auch die zu den Achsenabschnitten gehörigen Frequenzen mit ω_ν zusammen. Gleichzeitig tritt der vorher erwähnte Phasensprung um $\pm\pi$ auf. Auch dieser Fall läßt sich also sofort erkennen.

Anhand eines Beispiels wird die Anwendung dieses Stabilitätskriteriums genauer betrachtet. Gegeben sei das Polynom

$$N(p) = a_5 p^5 + a_4 p^4 + a_3 p^3 + a_2 p^2 + a_1 p + a_0 , \qquad a_\nu \text{ reell}, > 0.$$

Gleiches Vorzeichen der Koeffizienten a_ν ist eine notwendige Voraussetzung für Stabilität.

Für $p = j\omega$ folgt daraus

$$N(j\omega) = (a_4\omega^4 - a_2\omega^2 + a_0) + j\omega(a_5\omega^4 - a_3\omega^2 + a_1)$$
$$= \mathrm{Re}(N(j\omega)) + j\,\mathrm{Im}(N(j\omega)) \ .$$

Um die Forderung $i = 0$, d.h. $\Delta\psi = 5\frac{\pi}{2}$ zu erfüllen, muß die Ortskurve $N(j\omega)$, von $\omega = 0$ ausgehend, bei den Kreisfrequenzen

$$\omega_0 = 0 < \omega_1 < \omega_2 < \omega_3 < \omega_4 \tag{1}$$

nacheinander die Koordinatenachsen schneiden und schließlich unter dem Winkel $5\frac{\pi}{2}$ gegen Unendlich verlaufen.

Die Schnittfrequenzen $\omega_1, \dots, \omega_4$ folgen aus (Bild 5.6)

$$\mathrm{Re}(N(j\omega)) = a_4\omega^4 - a_2\omega^2 + a_0 = 0 , \tag{2}$$

einer biquadratischen Gleichung mit den Lösungen $\pm\omega_1, \pm\omega_3$ [1]), und

$$\mathrm{Im}(N(j\omega)) = \omega(a_5\omega^4 - a_3\omega^2 + a_1) = 0 , \tag{3}$$

einer biquadratischen Gleichung mit den Lösungen $\omega_0 = 0$, $\pm\omega_2$, $\pm\omega_4$.

Die Stabilitätsbedingung ist nur erfüllbar, wenn die Gln. (2), (3) ausschließlich reelle Lösungen aufweisen, die der Ungleichung (1) genügen. Falls einzelne oder alle der Lösungen komplex sind, hat die Ortskurve nicht die erforderliche Zahl von Achsenschnittpunkten (z.B. Ortskurve N_2 in Bild 5.6) und es gilt $i > 0$.

Im vorliegenden Fall sind nach der Substitution $\omega^2 = x$ die beiden quadratischen Gleichungen (2) und (3) zu lösen. Für $n > 5$ kann irgendein numerisches Verfahren, z.B. ein Hornersches Schema,verwendet werden, um die reellen Schnittfrequenzen zu

---

[1]) Der negative Wert rührt von dem symmetrisch zur reellen Achse liegenden Ast $N(-j\omega)$ her und ist ohne Bedeutung.

finden. Eine erhebliche Vereinfachung gegenüber der Lösung der charakteristischen Gleichung $N(p) = 0$ besteht in der Tatsache, daß die Schnittfrequenzen reell sein müssen und daß es sich um zwei Gleichungen vom Grade $n/2$ oder $(n-1)/2$ handelt.

Bild 5.7 zeigt Beispiele für Ortskurven eines Polynoms 3. Grades, die den Einfluß der Koeffizienten gut erkennen lassen. Ein wachsender Wert für a_0 bedeutet z.B. eine Verschiebung der Ortskurve nach rechts und damit Gefahr der Instabilität; ähnlich wirkt ein größerer Wert von a_3, der die Kurve in Richtung der negativen imaginären Achse drängt. Das Ortskurvenkriterium läßt sich mit zusätzlichem Rechenaufwand auch auf relative Stabilität erweitern [55].

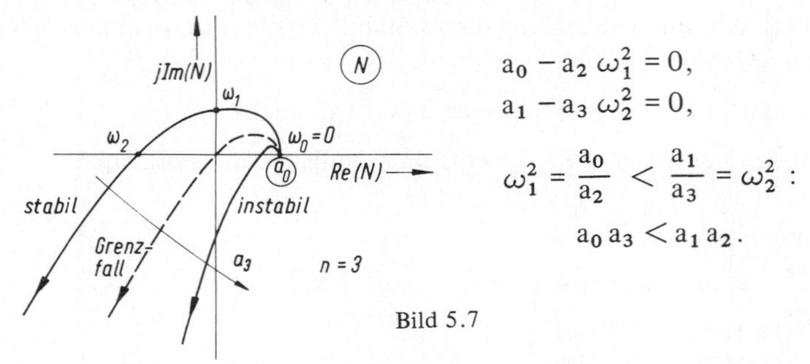

$$a_0 - a_2\,\omega_1^2 = 0,$$
$$a_1 - a_3\,\omega_2^2 = 0,$$
$$\omega_1^2 = \frac{a_0}{a_2} < \frac{a_1}{a_3} = \omega_2^2 :$$
$$a_0\,a_3 < a_1\,a_2 .$$

Bild 5.7

5.1.3. Abbildung durch ein reziprokes Polynom

Die Übertragungsfunktion eines Verzögerungsgliedes n-ter Ordnung (Tiefpaß) ist ein reziprokes Polynom

$$F(p) = \frac{1}{N(p)} = \frac{1}{a_n p^n + \ldots + a_1 p + a_0}$$

oder mit

$$N(p) = |N(p)|\,e^{j\psi(p)},$$

$$F(p) = \frac{1}{|N(p)|}\,e^{-j\psi(p)} .$$

Die zugehörige Ortskurve $F(j\omega)$ entspricht der am Einheitskreis gespiegelten Ortskurve $N(j\omega)$ des vorher behandelten Polynoms.

Bild 5.8 zeigt eine Gegenüberstellung zusammengehöriger Ortskurven $N(j\omega)$ und $F(j\omega)$ für verschiedene n.

Falls das Übertragungsglied einen Integrator mit Verzögerung höherer Ordnung darstellt, ist $a_0 = 0$, so daß der Anfang der Ortskurve $N(j\omega)$ in den Ursprung verschoben wird. Die Ortskurve $F(j\omega)$ kommt dann für kleine Werte von ω aus der Richtung der negativen imaginären Achse aus dem Unendlichen (Bild 5.9). Durch eine Reihenentwicklung läßt sich zeigen, daß die Gerade $\mathrm{Re}(F) = -a_2/a_1^2$ dabei für beliebiges $n \geqslant 2$ eine Asymptote darstellt. Bei mehrfachen Integratoren mit Verzögerung wird der Verlauf der Ortskurve auf entsprechende Weise bestimmt.

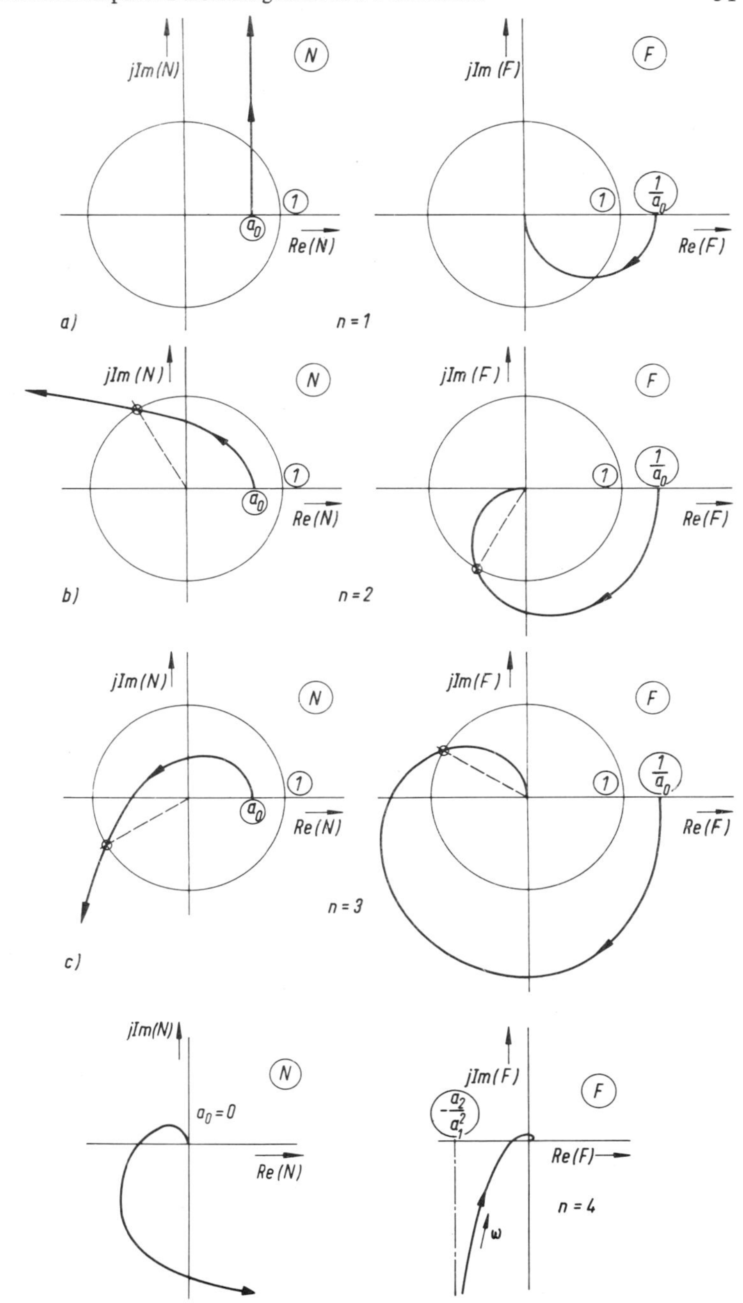

Bild 5.8

Bild 5.9

5.1.4. Gebrochene rationale Funktion

Im allgemeinen Fall wird ein lineares System mit konzentrierten Speichern durch die gebrochene rationale Funktion

$$F(p) = \frac{Z(p)}{N(p)} = \frac{\sum_{\mu=0}^{m} b_\mu p^\mu}{\sum_{\nu=0}^{n} a_\nu p^\nu} = |F(p)|\, e^{j\varphi(p)}$$

beschrieben. Zähler- und Nennerpolynom werden in Linearfaktoren zerlegt,

$$F(p) = \frac{b_m}{a_n} \frac{\prod_{\mu=1}^{m} (p - q_\mu)}{\prod_{\nu=1}^{n} (p - p_\nu)} \quad .$$

q_μ sind die reellen oder konjugiert komplexen Nullstellen, p_ν die Pole. Bei einem stabilen System liegen alle Pole in der linken Halbebene, dagegen können Nullstellen auch positive Realteile haben.

In Bild 5.10 sind die Linearfaktoren wieder als Verbindungsgerade zwischen den Polen und Nullstellen einerseits und dem imaginär angenommenen Aufpunkt $p = j\omega$ andererseits eingetragen. $F(p)$ berechnet sich aus den Zeigern nach der Vorschrift

$$|F(p)| = \frac{b_m}{a_n} \frac{\prod_{1}^{m} |p - q_\mu|}{\prod_{1}^{n} |p - p_\nu|} ,$$

$$\varphi(p) = \sum_{1}^{m} \beta_\mu - \sum_{1}^{n} \alpha_\nu \; .$$

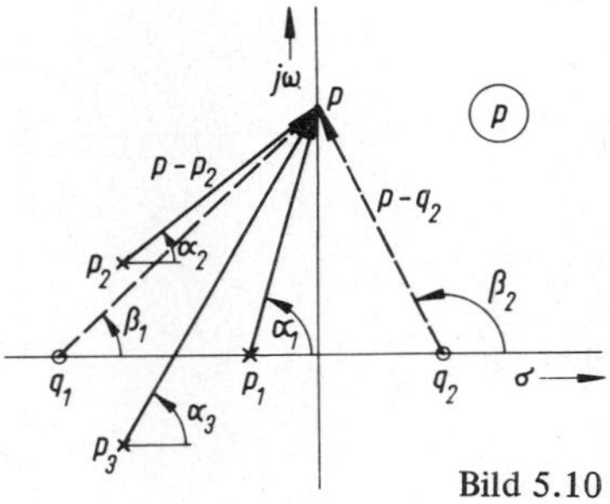

Bild 5.10

Die Zeiger der beiden Polynome sind also zu überlagern. Die Ortskurven von gebrochenen rationalen Funktionen können deshalb, abhängig von Zahl und Lage der Pole und Nullstellen, einen völlig verschiedenartigen Verlauf haben. Allgemeine Aussagen sind, abgesehen von Sonderfällen, nicht mehr möglich.

Der Verlauf für $\omega \to 0$ und $\omega \to \infty$ kann, wie vorher besprochen, aufgrund der Asymptoten bestimmt werden. Dabei ist allerdings zu beachten, auf welchem Blatt der Riemannschen Fläche sich die Asymptote befindet.

An einem einfachen Beispiel sei der Verlauf einer derartigen Ortskurve betrachtet. Die Übertragungsfunktion des in Bild 5.11 gezeigten, sekundär leerlaufenden RC-Vierpols läßt sich mit Hilfe der komplexen Rechnung sofort anschreiben,

$$F(p) = \frac{U_2(p)}{U_1(p)} = \frac{R_2 + \frac{1}{pC}}{R_1 + R_2 + \frac{1}{pC}} = \frac{R_2 Cp + 1}{(R_1 + R_2) Cp + 1} = \frac{T_2 p + 1}{T_{12} p + 1}, \quad T_2 < T_{12} .$$

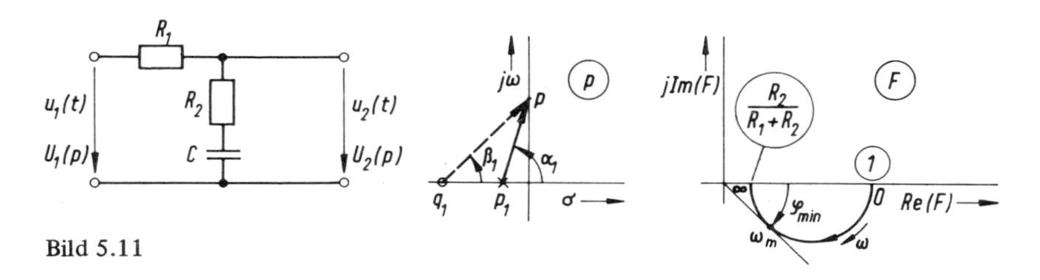

Bild 5.11

Man erhält eine lineare gebrochene Funktion, deren Nullstelle bei $q_1 = -1/T_2$ und deren Pol bei $p_1 = -1/T_{12}$ liegt.

Die Ortskurve dieses PT_1D_1-Gliedes hat für $0 < \omega < \infty$ die Form eines Halbkreises im 4. Quadranten.

Die Phase der Übertragungsfunktion ist

$$\varphi = \beta_1 - \alpha_1 = \arctan \omega T_2 - \arctan \omega T_{12} =$$

$$= -\arctan \left(\frac{\omega(T_{12} - T_2)}{1 + \omega^2 T_{12} T_2} \right) .$$

Das Phasenminimum liegt bei

$$\omega_m = \frac{1}{\sqrt{T_{12} T_2}} ;$$

es hat den Wert

$$\varphi_{min} = -\arctan \frac{1}{2} \left(\sqrt{\frac{T_{12}}{T_2}} - \sqrt{\frac{T_2}{T_{12}}} \right) .$$

Übertragungsglieder dieser Art werden als Teil von Reglern häufig benötigt.

Im nächsten Abschnitt wird eine andere Form der Darstellung erörtert, die auch bei komplizierten Funktionen einen guten Überblick gestattet. Damit wird es möglich, auch Syntheseprobleme zu behandeln, d.h. Funktionen mit freien Parametern so zu verändern, daß ein bestimmter wünschenswerter Betrags- und Phasenverlauf der Ortskurve entsteht. Diese Aufgabe stellt ein Grundproblem der Regelungs- sowie der Filter- und Siebschaltungstechnik dar.

5.2. Logarithmische Frequenzkennlinien

5.2.1. Bode-Diagramm

Bei dem Verfahren von *Bode* [35] wird $F(j\omega)$ nicht als komplexe Ortskurve mit Frequenzbezifferung, sondern Betrag $|F(j\omega)|$ und Phase $\varphi(\omega) = \arg(F(j\omega))$ werden für sich über der Frequenz aufgetragen. Diese Methode eignet sich hauptsächlich für rationale Funktionen, deren Zähler und Nenner in faktorieller Form vorliegen.

Durch Umformung der Übertragungsfunktion folgt für den Fall eines PT_nD_m-Gliedes

$$F(p) = |F(p)|e^{j\varphi(p)} = \frac{\sum\limits_{\mu=0}^{m} b_\mu p^\mu}{\sum\limits_{\nu=0}^{n} a_\nu p^\nu} = \frac{b_m}{a_n} \cdot \frac{\prod\limits_{\mu=1}^{m} (p - q_\mu)}{\prod\limits_{\nu=1}^{n} (p - p_\nu)} =$$

$$= \frac{b_0}{a_0} \cdot \frac{\prod\limits_{1}^{m} \left(\frac{p}{-q_\mu} + 1\right)}{\prod\limits_{1}^{n} \left(\frac{p}{-p_\nu} + 1\right)} . \tag{1}$$

Mit den Abkürzungen

$$\frac{b_0}{a_0} = V ,$$

$$\frac{p}{-q_\mu} + 1 = F_\mu = |F_\mu| e^{j\beta_\mu} ,$$

$$\frac{1}{\frac{p}{-p_\nu} + 1} = F_\nu = |F_\nu| e^{-j\alpha_\nu} = |F_\nu| e^{j\gamma_\nu}$$

gilt

$$F(p) = V \prod_{\mu=1}^{m} F_\mu \prod_{\nu=1}^{n} F_\nu = \overbrace{V\left(\prod_{\mu=1}^{m} |F_\mu| \prod_{\nu=1}^{n} |F_\nu|\right)}^{|F|} e^{\underbrace{j\left(\sum\limits_{1}^{m} \beta_\mu + \sum\limits_{1}^{n} \gamma_\nu\right)}_{\varphi}} . \tag{2}$$

Durch beidseitiges Logarithmieren folgt

$$\ln F(p) = \ln |F(p)| + j\varphi(p) , \tag{3}$$

d.h. es gilt

$$\ln |F(p)| = \ln |V| + \sum_{\mu=1}^{m} \ln |F_\mu| + \sum_{\nu=1}^{n} \ln |F_\nu| , \tag{3a}$$

$$\varphi(p) = \sum_{\mu=1}^{m} \beta_\mu + \sum_{\nu=1}^{n} \gamma_\nu . \tag{3b}$$

Die logarithmische Schreibweise hat zur Folge, daß das Produkt in eine Summe zerlegt wird. Die Beträge und Phasen der einzelnen Teilfunktionen F_μ, F_ν erscheinen nun als Summanden im Real- und Imaginärteil der logarithmierten Übertragungsfunktion. Sie sind damit einer einfacheren Darstellung zugänglich.

Die weiteren Überlegungen beschränken sich auf den Sonderfall $p = j\omega$, d.h. den Verlauf des Frequenzganges.

Ein reeller negativer Einfach-Pol $p_\nu = \sigma_\nu < 0$ liefert folgenden Beitrag:

$$|F_\nu| = \left| \frac{1}{\frac{j\omega}{-\sigma_\nu} + 1} \right| = \frac{1}{\sqrt{(\frac{\omega}{\sigma_\nu})^2 + 1}} \quad ,$$

$$\gamma_\nu = -\arg\left(\frac{j\omega}{-\sigma_\nu} + 1\right) = -\arctan\left(\frac{\omega}{-\sigma_\nu}\right) \quad .$$

Beide Funktionen lassen sich durch ihre Asymptoten kennzeichnen

$\frac{\omega}{-\sigma_\nu} \ll 1$	$\frac{\omega}{-\sigma_\nu} \gg 1$
$\lvert F_\nu \rvert \approx 1$	$\lvert F_\nu \rvert \approx \frac{-\sigma_\nu}{\omega}$
$\gamma_\nu \approx 0$	$\gamma_\nu \approx -\frac{\pi}{2}$

Zeichnet man die Betragsfunktion zusammen mit ihren Asymptoten in doppelt logarithmischem Maßstab, dann erhält man den in Bild 5.12a gezeigten Verlauf. Die Asymptoten stellen Gerade mit den Steigungen Null und -1 dar; sie schneiden sich bei $\omega = -\sigma_\nu$, die auch Grenz- oder Eckfrequenz genannt wird; der genaue Wert der Funktion an dieser Stelle ist $|F_\nu(-j\sigma_\nu)| = 1/\sqrt{2}$.

Der zugehörige Phasenverlauf ist in Bild 5.12b linear über der gleichen logarithmischen Frequenzskala aufgetragen. Im mittleren Frequenzbereich ist die Abweichung von den Asymptoten wesentlich stärker als bei der Betragsfunktion. Wegen des logarithmischen Frequenzmaßstabes ist der Punkt $\omega = -\sigma_\nu$, $\gamma_\nu = -\pi/4$ ein Symmetriepunkt der Phasenkurve.

Man bezeichnet die Kurven in Bild 5.12a,b als logarithmische Frequenzkennlinien oder Bode-Diagramm der Teilfunktion $F_\nu(p)$.

Ihre praktische Bedeutung beruht auf den folgenden Tatsachen:

a) Die logarithmische Frequenzskala entspricht den praktischen Erfordernissen bei Verstärkern und Regelkreisen, wo häufig das Verhalten von Übertragungsstrecken in einem weiten Frequenzbereich interessiert.

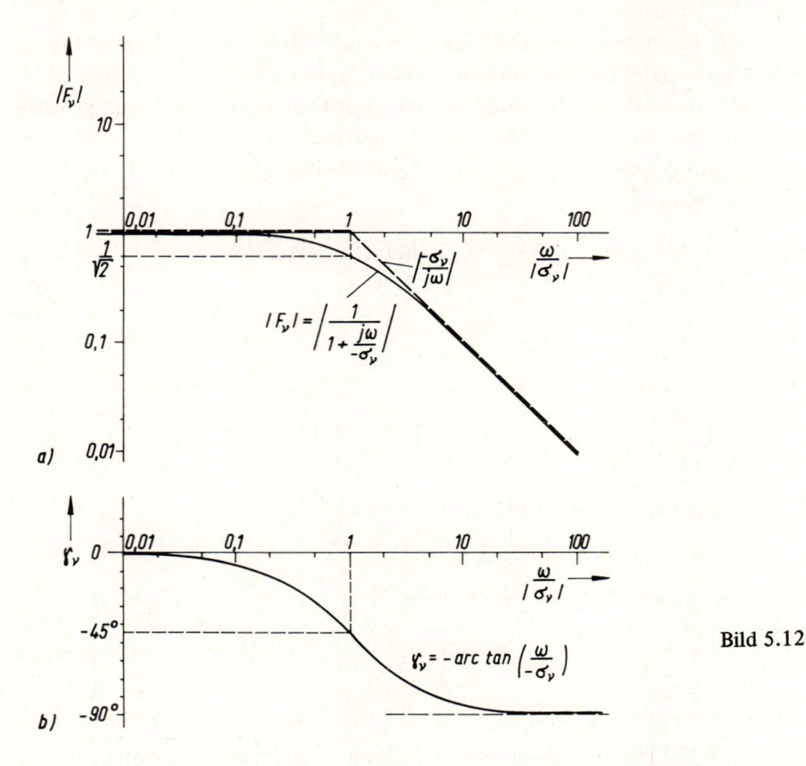

Bild 5.12

b) Bei einer Änderung der Lage des reellen Poles ändern die Kennlinien ihre Form nicht; sie werden lediglich längs der nicht normierten Frequenzachse verschoben.

c) Die Frequenzkennlinien einer Nullstellen-Teilfunktion

$$F_\mu = \frac{j\omega}{-q_\mu} + 1 = 1 + j\omega T_\mu$$

gehen aus Bild 5.12 auf einfache Weise hervor:
Bei einer reellen positiven Nullstelle $q_\mu = \sigma_\mu > 0$ ist der Phasenverlauf unverändert, während der Betragsverlauf an der Frequenzachse nach oben gespiegelt erscheint,

$$|F_\mu| = \frac{1}{|F_\nu|} \quad .$$

Bei einer reellen negativen Nullstelle wird zusätzlich auch der Phasenverlauf umgekehrt.

Die zugehörigen Asymptoten sind in Bild 5.13a, b skizziert.

d) Der instabile Fall mit einem positiven reellen Pol folgt aus Bild 5.12 durch Umkehrung des Phasenverlaufes.

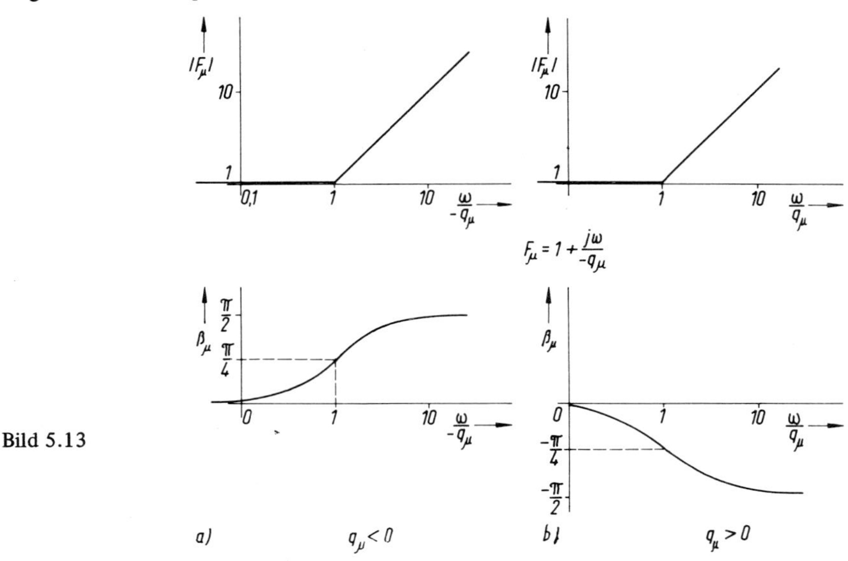

Bild 5.13

e) Nachdem die Frequenzkennlinien aller Linearfaktoren F_μ, F_ν nach Betrag und Phase in ein doppelt-, bzw. halblogarithmisches Blatt eingetragen sind, werden die Teilbeiträge nach Gl. (3a, b) graphisch addiert. Daraus entsteht der Summenwinkel und – wegen des logarithmischen Betragsmaßstabes – das Produkt der Beträge. In vielen Fällen genügt es, die Asymptoten heranzuziehen; der Betragsverlauf besteht dann aus einem Polygonzug, der an den Ecken durch einen gekrümmten Kurvenzug angenähert korrigiert werden kann. Eine andere Möglichkeit besteht in der Verwendung einer Schablone für die Teilbeträge und -phasen, die nach Bedarf längs der Frequenzachse verschoben werden kann. Die Summenkurve entsteht daraus wieder durch graphische Addition.

Das Bode-Diagramm eignet sich also ausgezeichnet, um auf einfache Weise einen Überblick über den Betrags- und Phasenverlauf auch komplizierter rationaler Funktionen zu erhalten. Nach Wunsch können die Frequenzkennlinien anschließend punktweise in die Form einer komplexen Ortskurve übertragen werden, doch erübrigt sich dies in den meisten Fällen.

Bevor dieses Verfahren an einem Beispiel erprobt wird, sind noch einige Sonderfälle nachzutragen.

Falls die zu untersuchende Übertragungsstrecke einen Integrator enthält, liegt einer der Pole im Ursprung, $p_\nu = 0$. Die zugehörige Frequenzkennlinie erhält man somit einfach durch unbegrenzte Verlängerung der Hochfrequenzasymptoten in Bild 5.12 zu tiefen Frequenzen hin; somit gilt für alle Frequenzen (nach einer passenden Normierung) $|F_\nu| = 1/\omega T_i$, $\gamma_\nu = -\pi/2$. Der Schnittpunkt der Betragskurve $|F_\nu|$ mit der ω-Achse liegt bei $\omega = 1/T_i$ (Bild 5.14).

Entsprechend wird verfahren, wenn $F(p)$ eine Nullstelle im Ursprung, d.h. ein Differenzierglied, enthält. In diesem Fall ist $|F_\mu| = \omega T_D$ eine Gerade mit der Steigung Eins und $\beta_\mu = \pi/2$.

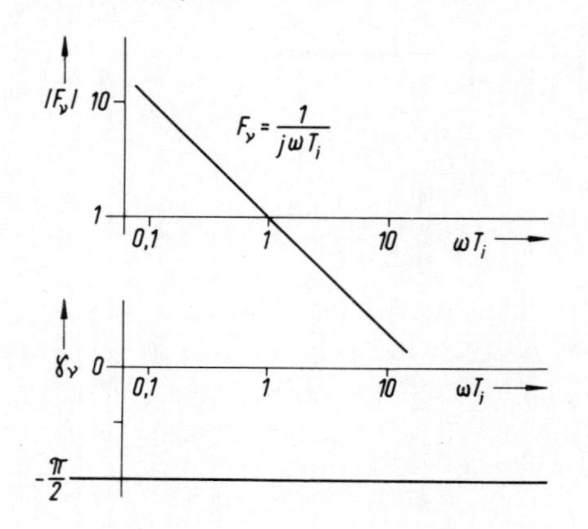

Bild 5.14

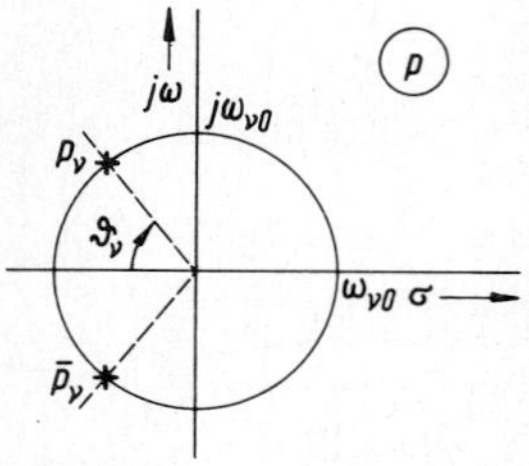

Bild 5.15

Als nächstes interessieren die Frequenzkennlinien bei komplexen Pol- und Nullstellenpaaren. Sie werden meistens paarweise zusammengefaßt, da dann reelle Koeffizienten entstehen. Die zu zwei konjugiert komplexen Polen $p_\nu, \overline{p_\nu}$ gehörigen Linearfaktoren lauten

$$F_\nu \cdot F_{\nu+1} = \frac{1}{(\frac{p}{-p_\nu} + 1)\,(\frac{p}{-\overline{p}_\nu} + 1)} = \frac{1}{(\frac{p}{\omega_{\nu 0}})^2 + 2\,D_\nu \frac{p}{\omega_{\nu 0}} + 1}.$$

Daraus folgt mit

$$p_\nu = -\,\omega_{\nu 0}\, e^{-j\,\vartheta_\nu}, \qquad \overline{p_\nu} = -\,\omega_{\nu 0}\, e^{j\,\vartheta_\nu}, \qquad \text{(Bild 5.15)}$$

$$D_\nu = \cos\vartheta_\nu$$

und

$$p = j\omega$$

nach einer Zwischenrechnung

$$F_\nu F_{\nu+1} = \frac{1}{1 - (\frac{\omega}{\omega_{\nu 0}})^2 + j\,2D_\nu \frac{\omega}{\omega_{\nu 0}}}.$$

Betrag und Phase sind also

$$|F_\nu F_{\nu+1}| = \frac{1}{\sqrt{\left(1 - (\frac{\omega}{\omega_{\nu 0}})^2\right)^2 + 4D_\nu^2\,(\frac{\omega}{\omega_{\nu 0}})^2}}$$

und

$$\arg(F_\nu F_{\nu+1}) = \gamma_\nu + \gamma_{\nu+1} = -\arctan\frac{2D_\nu \cdot \frac{\omega}{\omega_{\nu 0}}}{1 - (\frac{\omega}{\omega_{\nu 0}})^2}.$$

Diese Funktionen sind in Bild 5.16 für verschiedene Werte des Dämpfungsfaktors D_ν aufgetragen. Es handelt sich dabei um Resonanzkurven, wie sie von Schwingkreisen her bekannt sind.

Die Asymptoten sind nun

$\frac{\omega}{\omega_{\nu 0}} \ll 1$	$\frac{\omega}{\omega_{\nu 0}} \gg 1$
$\lvert F_\nu F_{\nu+1} \rvert \approx 1$	$\lvert F_\nu F_{\nu+1} \rvert \approx \frac{1}{(\omega/\omega_{\nu 0})^2}$
$\gamma_\nu + \gamma_{\nu+1} \approx 0$	$\gamma_\nu + \gamma_{\nu+1} \approx -\pi$.

Bei hohen Frequenzen hat die Betragskurve im logarithmischen Maßstab also die Steigung -2.

In der Nähe der Eigenfrequenz $\omega_{\nu 0}$ weicht die Betragskurve stark vom asymptotischen Verlauf ab. Dies gilt insbesondere für kleine Werte des Dämpfungsfaktors D_ν, da sich dort eine starke Resonanzüberhöhung einstellt.

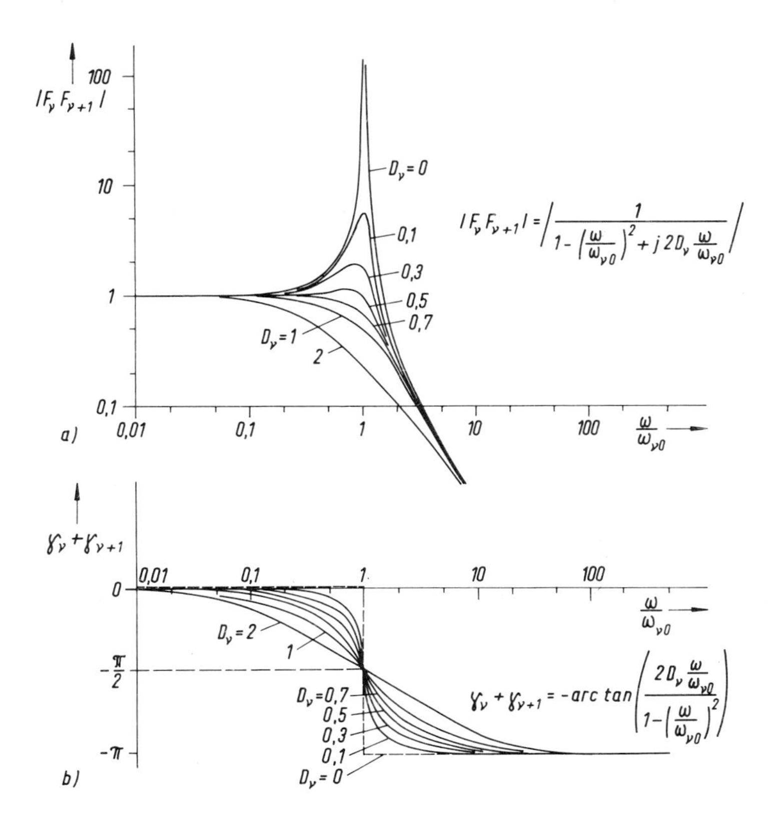

Bild 5.16

Der Maximalwert der Verstärkung liegt bei

$$\frac{\omega_{\nu m}}{\omega_{\nu 0}} = \sqrt{1 - 2D_\nu^2}$$

in Höhe von

$$|F_\nu F_{\nu+1}|_{max} = \frac{1}{2D_\nu \sqrt{1 - D_\nu^2}} .$$

Für $D_\nu > 1/\sqrt{2}$ fällt der Betrag von $\omega = 0$ aus monoton ab.

Die Phase durchläuft ihren Bereich um so rascher, je kleiner die Dämpfung ist. Der Wert $\gamma_\nu + \gamma_{\nu+1} = -\pi/2$ bei $\omega = \omega_{\nu 0}$ bleibt unabhängig von der Dämpfung erhalten. Die für ein komplexes Polpaar abgeleiteten Ergebnisse lassen sich wiederum sofort auf komplexe Nullstellen übertragen.

Bei einem konjugiert komplexen Nullstellenpaar wird der Reziprokwert des Betrages gebildet, d.h. die Verstärkung hat in der Nähe der „Resonanzfrequenz" ein Minimum. Wenn die Nullstellen in der linken Halbebene sind, wird außerdem die Phase umgekehrt, d.h. sie liegt nun im Bereich $0 \leq \beta_\mu + \beta_{\mu+1} \leq \pi$.

In dem seltenen Fall eines komplexen Nullstellenpaares in der rechten p-Halbebene wird nur der Reziprokwert des Betrages gebildet, während der Phasenverlauf derselbe ist wie bei dem komplexen Polpaar links. In Bild 5.17 sind diese Verhältnisse skizziert.

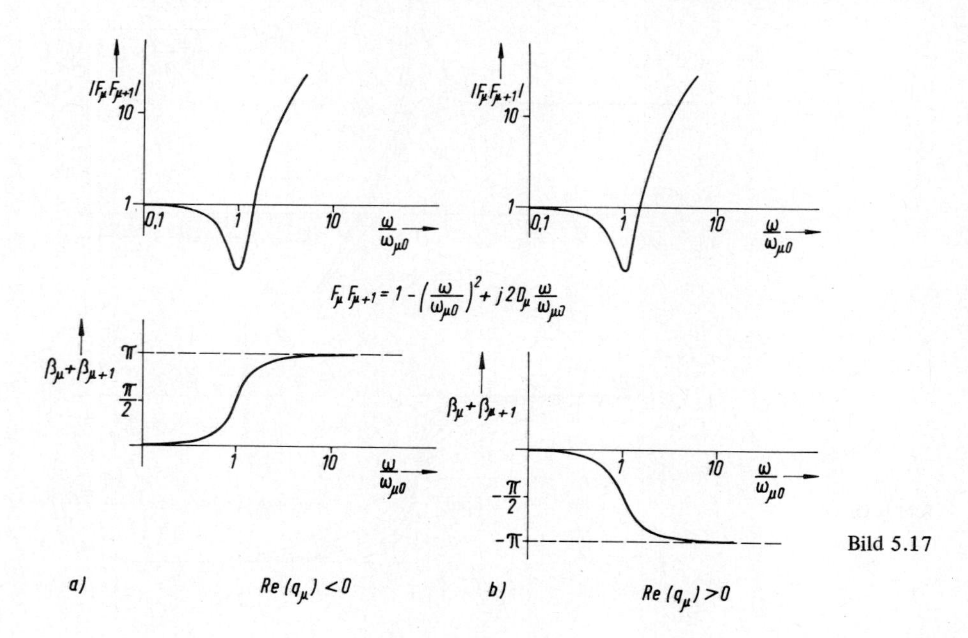

Bild 5.17

Es genügt somit, einen einzigen Satz von Schablonen für Betrag und Phase bei verschiedenen Werten von D bereitzuhalten und sie, je nach Bedarf, längs der Frequenzachse zu verschieben bzw. sie umzukehren.

Auch die transzendente Übertragungsfunktion $F(p) = e^{-T_L p}$ eines Laufzeitgliedes läßt sich durch Frequenzkennlinien für Betrag und Phase darstellen.

Mit $p = j\omega$ folgt

$$F(j\omega) = e^{-j\omega T_L} = e^{j\varphi(\omega)}$$

oder

$$|F(j\omega)| = 1 , \qquad \varphi(\omega) = -\omega T_L = -e^{\ln(\omega T_L)} .$$

Die Verstärkung ist also frequenzunabhängig, während die Phasennacheilung mit der Frequenz unbegrenzt zunimmt. Wegen des logarithmischen Frequenzmaßstabes erscheint die lineare Phasenkennlinie im Bode-Diagramm als Exponentialfunktion (Bild 5.18).

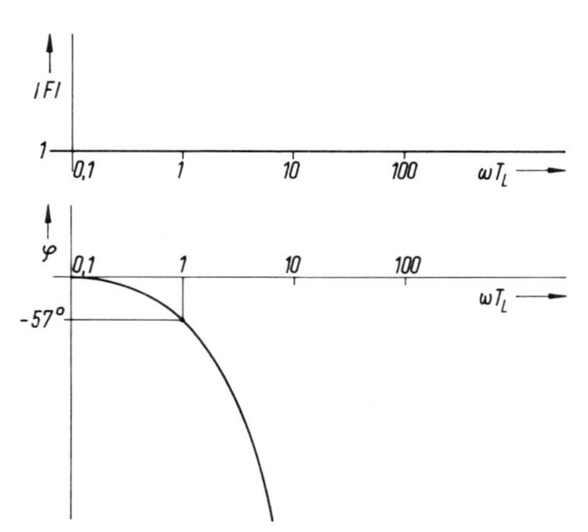

Bild 5.18

5.2.2. Beispiel

Anhand des in Abschnitt 5.1.4 betrachteten einfachen Beispiels (Bild 5.11) soll nun die Konstruktion eines Bode-Diagrammes erläutert werden. Für $p = j\omega$ lautet die Übertragungsfunktion (Frequenzgang)

$$F(j\omega) = \frac{1 + j\omega T_2}{1 + j\omega T_{12}} , \qquad T_2 < T_{12} .$$

Somit gilt

$$q_1 = -\frac{1}{T_2} , \quad p_1 = -\frac{1}{T_{12}} .$$

In Bild 5.19 sind die Betrags-Asymptoten des Zähler- und Nennergliedes gezeichnet. Die beiden Kurven werden graphisch addiert, so daß ein aus drei Geraden bestehender Polygonzug entsteht. Die genaue Kurve schmiegt sich an die Asymptoten an und kann nach Berechnung von zwei Stützpunkten überschlägig skizziert werden. Falls ein zusätzlicher Verstärkungsfaktor $V \lesseqgtr 1$ hinzukommt, wird die Betragskurve als Ganzes nach oben oder unten verschoben, während die Phasenkurve unverändert bleibt. Diese entsteht ebenfalls durch Überlagerung der beiden entgegengesetzt formgleichen, verschobenen Kurven. Das Phasenminimum tritt, wie vorher gefunden, beim geometrischen Mittel der beiden Eckfrequenzen auf. Der Vierpol bewirkt also insgesamt eine frequenzabhängige begrenzte Verstärkungsabsenkung, ohne daß bei hohen Frequenzen eine Phasennacheilung auftritt.

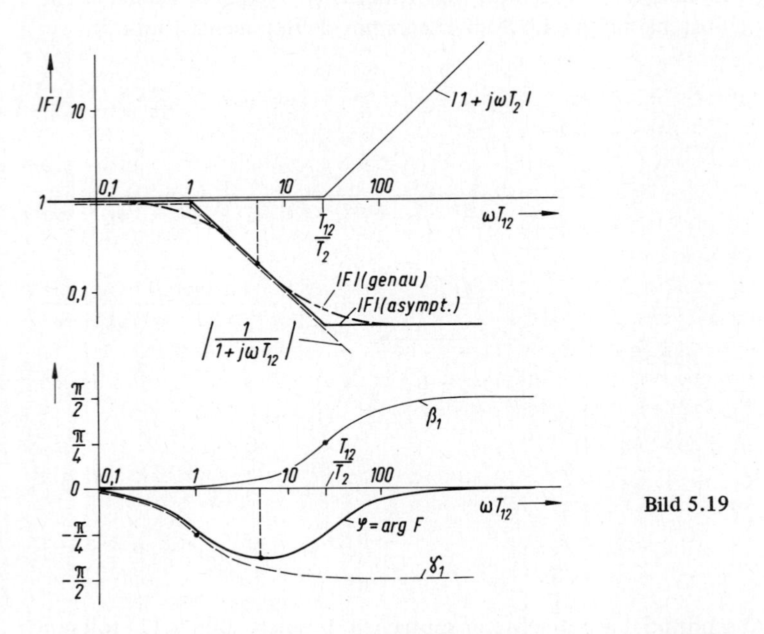

Bild 5.19

Diese Konstruktion mag zunächst umständlich erscheinen, wenn man sie mit der halbkreisförmigen Ortskurve in Abschnitt 5.1.4 vergleicht. Dabei ist aber zu beachten, daß es sich hier um ein einfaches Demonstrationsbeispiel handelt. Das Bode-Diagramm ermöglicht auch bei Funktionen beliebiger Ordnung einen schnellen Überblick, so daß die Auswirkung jeder Parameteränderung verfolgt werden kann. Dagegen kann die direkte Berechnung der Ortskurve bei komplizierteren Funktionen nur zahlenmäßig erfolgen; der Einfluß einzelner Parameter ist dabei nicht mehr erkennbar.

Bei der Konstruktion des Bode-Diagrammes wurde der Betrag des Frequenzganges (frequenzabhängige Verstärkung) in einem logarithmischen Maßstab aufgetragen. Man kann auch anders vorgehen und den Logarithmus vom Betrag des Frequenzganges in einem linearen Maßstab auftragen. Dies hat zunächst den Vorzug, daß für Betrag und Phase das gleiche „halblogarithmische" Papier verwendet werden kann. Nachteilig ist allerdings, daß ein logarithmisches Verstärkungsmaß v eingeführt werden muß; in der Nachrichtentechnik ist dies definiert durch

$$\frac{v}{db} = 20\ {}^{10}\lg|F| \ .$$

Dabei ist db (Dezibel) die dimensionslose Einheit des logarithmischen Verstärkungsmaßes (1 Dezibel = 0,1 Bell). Die Verwendung von v erfordert zusätzliche Umrechnungen beim Auftragen und Ablesen der Kurven; einfache Aussagen wie z.B. „$|F|$ proportional $1/\omega$" erhalten dann die merkwürdige Form „Verstärkungsabfall von 20 db/Dekade oder 6 db/Oktave" usw.

Da bei nicht ganz einfachen Übertragungsstrecken die Betrags- und Phasendiagramme ohnehin meistens überladen sind, bietet die Auftragung beider Kurven auf einem gemeinsamen Blatt keinen Vorteil, der die Verwendung dieser Maßeinheit rechtfertigen würde. Es erscheint für unsere Zwecke günstiger, das Logarithmieren und Delogarithmieren dem logarithmischen Papier zu überlassen und mit natürlichen Verstärkungswerten zu arbeiten.

Bei der Ableitung des Bode-Diagrammes wurde schon darauf hingewiesen, daß es sich hauptsächlich zur Darstellung von Übertragungsfunktionen in Produktform eignet, wie sie z.B. bei Kettenschaltungen auftreten. Sobald andere Verknüpfungen, z.B. Parallelschaltung, vorliegen, die zu Summen von Teilübertragungsfunktionen führen, bietet die Darstellung durch das Bode-Diagramm keine Vorteile mehr.

Das Bode-Diagramm kann auch für komplexes $p = \sigma + j\omega$ ausgewertet werden, was für die Beurteilung der Dämpfung von Interesse ist [56]. Es verliert dann jedoch viel von seiner Einfachheit.

Außer Ortskurve und Bode-Diagramm gibt es weitere Möglichkeiten, komplexe Übertragungsfunktionen darzustellen, etwa das sogenannte Nichols-Diagramm, wo $\ln F(j\omega) = \ln|F(j\omega)| + j\varphi(\omega)$ als komplexe Ortskurve aufgetragen wird. Da der grundsätzliche Sachverhalt bei allen diesen Darstellungsformen der gleiche ist und keine neuen Gesichtspunkte hinzukommen, wird auf eine Behandlung verzichtet.

6. Gegenkopplung und Regelung

6.1. Rückkopplung

Eine *Rückkopplung* liegt vor, wenn die Ausgangsgröße $x_2(t)$ einer Übertragungsstrecke (Bild 6.1), eventuell nach einer dynamischen Verformung als $x_4(t)$, dem Eingang der gleichen Übertragungsstrecke additiv zugeführt wird. Je nach dem Vorzeichen der Rückkopplung unterscheidet man zwischen *Mit-* und *Gegen-*Kopplung.

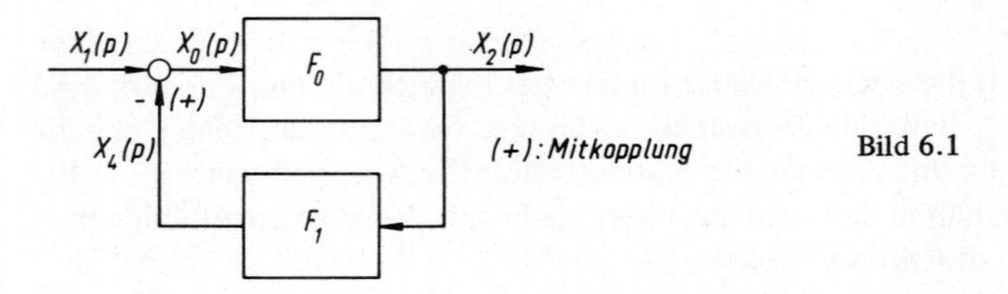

Bild 6.1

Kennzeichnet man die Übertragungsstrecke durch die Übertragungsfunktion $F_0(p)$ und die dynamische Verformung der Rückkoppelgröße durch die Übertragungsfunktion $F_1(p)$, dann gelten zwischen den Laplace-Transformierten der Variablen folgende Beziehungen:

$$X_2(p) = F_0(p)\,X_0(p) = F_0(p)\,[X_1(p) \overset{-}{(+)} X_4(p)]\,,$$
$$X_4(p) = F_1(p)\,X_2(p)\,.$$

Daraus folgt

$$X_2(p) = \frac{F_0(p)}{1 \overset{+}{(-)} F_0 F_1(p)}\,X_1(p)\,.$$

Die eingeklammerten Vorzeichen gelten dabei für Mitkopplung.

Da Rückkopplung vor allem bei Verstärkern angewendet wird, läßt sich stets ein Nutzfrequenzbereich $\omega_1 \leqslant \omega \leqslant \omega_2$ definieren, der bei Gleichspannungsverstärkern und Regelsystemen auch die Frequenz $\omega_1 = 0$, d.h. zeitlich konstante Größen, umfassen kann. Um die Zusammenhänge eindeutig zu definieren, wird vorausgesetzt

$$F_0 F_1(\omega) \approx \text{reell} > 0\,, \qquad \text{für} \quad \omega_1 \leqslant \omega \leqslant \omega_2 \quad .$$

Damit erklärt sich die Bezeichnung Mit- und Gegenkopplung. Im ersten Falle unterstützt die Rückkoppelgröße $x_4(t)$ die Eingangsgröße $x_1(t)$, so daß sich die Verstärkung gegenüber dem Fall ohne Rückkopplung erhöht; im zweiten Fall wirkt sie der Eingangsgröße entgegen. Man erkennt jedoch, daß wegen der komplexen *Kreis-Übertragungsfunktion* $F_k = F_0 F_1$ eine phasenreine Mit- oder Gegenkopplung nur in Sonderfällen möglich ist.

Stellt man die Fälle des ungekoppelten (offenen) und des gegengekoppelten Verstärkers einander gegenüber, so gilt:

Keine Rückkopplung

$$F_1 = 0, \text{ d.h. } X_4 = 0$$
$$X_1 = X_0 \; .$$
$$\frac{X_2}{X_1}(p) = F_0(p)$$

Gegenkopplung

$$\frac{X_2}{X_1}(p) = \frac{F_0}{1 + F_0 F_1} = \frac{F_0}{1 + F_k} = F_g(p) \; .$$

Die Gegenkopplung bewirkt also einen zusätzlichen Faktor $1/(1 + F_k)$ bei der Übertragungsfunktion. Bei großer Kreisverstärkung, $|F_k| \gg 1$, gilt

$$F_g = \frac{F_0}{1 + F_0 F_1} \approx \frac{1}{F_1} \; ;$$

die Übertragungsfunktion $F_g(p)$ des geschlossenen Kreises wird dann praktisch nur noch von der Übertragungsfunktion des Gegenkopplungszweiges bestimmt. Die Eingangsgröße $x_1(t)$ dient in diesem Fall zum kleinsten Teil zur Aussteuerung der Übertragungsstrecke (F_0); der größte Teil wird zur Kompensation von $x_4(t)$ benötigt. Obwohl die Verstärkung dadurch stark zurückgeht, kann eine solche Schaltung wesentliche Vorteile gegenüber einem offenen Verstärker aufweisen:

a) Verstärkende (aktive) Bauelemente sind Änderungen infolge von Temperatur-, Alterungs- und sonstigen Einflüssen besonders stark ausgesetzt, während die entsprechenden Auswirkungen bei passiven Elementen meistens wesentlich geringer sind. Führt man den Gegenkopplungszweig (F_1) vorwiegend mit passiven Bauteilen aus und beschränkt aktive Bauteile auf den Vorwärtszweig (F_0), so nimmt der geschlossene Kreis die günstigen Eigenschaften des Rückkoppelzweiges an. Störungseinflüsse im Vorwärtszweig wirken sich also auf die Übertragungseigenschaften des gegengekoppelten Verstärkers nur noch abgeschwächt aus.
b) Durch Wahl einer bestimmten Frequenzabhängigkeit für F_1 kann dem gegengekoppelten Verstärker eine gewünschte Frequenzabhängigkeit aufgeprägt werden.

Voraussetzung ist dabei natürlich stets, daß der Verstärker durch die Gegenkopplung nicht instabil wird. Dies kann geschehen, wenn außerhalb des Nutzfrequenzbereiches, etwa bei $\omega > \omega_2$, die Phasendrehung der Kreis-Übertragungsfunktion die Gegenkopplung in eine Mitkopplung verwandelt.

Bei einer Regelung verfolgt man ähnliche Ziele wie bei der Gegenkopplung eines Verstärkers. Nach Bild 6.1 gilt

$$X_1 - X_4 = X_1 - F_k X_0 = X_0 \; ,$$

oder, nach X_0 aufgelöst,

$$X_0 = \frac{X_1}{1 + F_k} \; .$$

Setzt man im Nutzfrequenzbereich wieder

$$|F_k| \gg 1 \ ,$$

so folgt

$$|X_0| \ll |X_1| \ ,$$

d.h.

$$X_4 \approx X_1 \ .$$

Am Eingang des Vorwärtszweiges (F_0) findet somit ein Abgleich von X_1 und X_4 statt. Wegen der angenommenen hohen Kreisverstärkung $|F_k|$ genügt der kleine Bruchteil $x_0(t)$ der Eingangsgröße $x_1(t)$, um die Übertragungsstrecke auszusteuern. Interpretiert man nun F_1 als Übertragungsfunktion eines Meßgliedes zur Messung oder Umformung von $x_2(t)$, ferner $x_0(t)$ als Regelabweichung und F_0 als Übertragungsfunktion von Regler und Regelstrecke, dann entsteht aus Bild 6.1 gerade das Blockschaltbild eines Regelkreises.

Die vorstehende Betrachtung zeigt, daß es sich bei der Gegenkopplung in der Verstärkertechnik um ein Regelverfahren handelt. Beim Aufbau praktischer Regelkreise kommt eine weitere enge Verbindung dadurch zustande, daß als Regler häufig Verstärker verwendet werden, denen man mithilfe einer frequenzabhängigen Gegenkopplung ein günstiges dynamisches Verhalten gibt.

Die Verwendung einer *absichtlichen* Mitkopplung ist vor allem auf Fälle beschränkt, in denen man einen Verstärker in einen (instabilen) Oszillator umwandeln möchte, der bei einer bestimmten Frequenz schwingen und bestimmte Eigenschaften, etwa gute Frequenz- und Amplitudenkonstanz, aufweisen soll. Diese Anwendungen liegen außerhalb des hier interessierenden Themenkreises.

6.2. Beispiele

Die verschiedenen Eigenschaften eines gegengekoppelten Verstärkers sollen nun anhand von einigen konkreten Beispielen erläutert werden.

6.2.1. Magnetischer Gleichstromverstärker

Ein magnetischer Gleichstromverstärker, dessen interne Wirkungsweise hier nicht näher untersucht werden soll, werde mit der in Bild 6.2 gezeigten Schaltung betrieben. Dabei wird mithilfe eines niederohmigen Spannungsteilers (R_p) ein Teil der Ausgangsspannung, $u_4 = au_2$, abgegriffen und als Gegenkoppelspannung in den Steuerkreis eingeführt. In Bild 6.3a ist die Kennlinie $u_2(u_0)$ des ungekoppelten Verstärkers dargestellt; vorerst interessieren nur die Verhältnisse im stationären Zustand. Für kleine Abweichungen von einem Arbeitspunkt kann man schreiben

$$\Delta u_2 = V_0 \Delta u_0 \ ; \qquad (1)$$

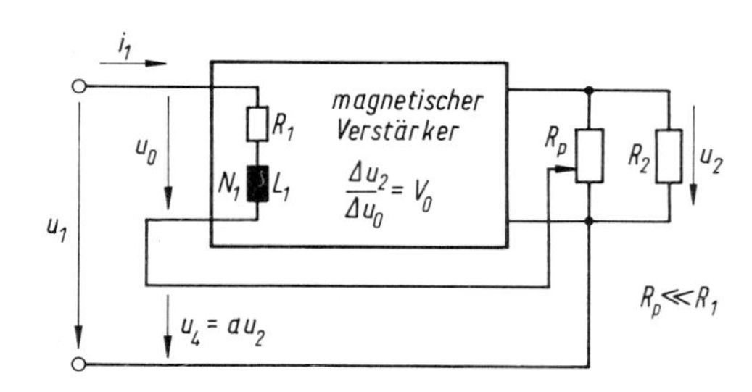

Bild 6.2

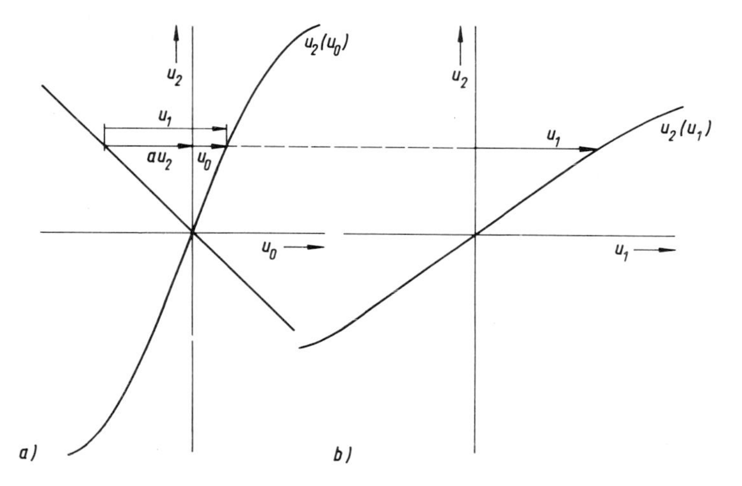

Bild 6.3

dabei ist V_0 die arbeitspunkt- und netzspannungsabhängige Verstärkungsziffer des offenen Verstärkers. Die Maschengleichung im Steuerkreis liefert

$$\Delta u_1 = \Delta u_0 + \Delta u_4 = \Delta u_0 + a\,\Delta u_2 \quad , \tag{2}$$

oder mit Gl. (1)

$$\Delta u_1 = \left(\frac{1}{V_0} + a\right) \Delta u_2 \quad .$$

Daraus folgt die Verstärkung V_g des gegengekoppelten Verstärkers

$$\frac{\Delta u_2}{\Delta u_1} = V_g = \frac{V_0}{1 + a V_0} \quad .$$

$a V_0$ hat hier die Bedeutung der Kreisverstärkung, auch Verstärkung des aufgeschnittenen Kreises genannt,

$$V_k = a V_0 = \frac{\Delta u_4}{\Delta u_0} \quad .$$

Dabei ist $0 \leqslant a \leqslant 1$. Mit der Annahme hoher Verstärkung im Vorwärtszweig, $V_0 \ggg 1$, läßt sich für $a \neq 0$ auch die Bedingung $V_k \gg 1$ erfüllen. Daraus folgt

$$\frac{\Delta u_2}{\Delta u_1} = V_g \approx \frac{1}{a} ,$$

d.h. die Verstärkung des geschlossenen Kreises wird im wesentlichen vom Ohmschen Spannungsteiler bestimmt, dessen Abgriffsverhältnis a bei Verwendung guter Bauelemente sehr genau festliegt. Bild 6.3a,b zeigt eine graphische Konstruktion der Kennlinie des gegengekoppelten Verstärkers. Die Gegenkopplung bewirkt im wesentlichen eine Scherung der nichtlinearen Kennlinie $u_2(u_0)$ des Verstärkers durch die exakt lineare Kennlinie $u_4(u_2) = a u_2$ des Spannungsteilers. Die Folge ist eine Verstärkerkennlinie mit reduzierter Verstärkung, aber verbesserter Linearität.

Um quantitative Ergebnisse zu erhalten, geht man von der differentiellen Verstärkung des gegengekoppelten Verstärkers aus,

$$\frac{\Delta u_2}{\Delta u_1} = V_g = \frac{V_0}{1 + a V_0} .$$

Durch Logarithmieren und Differenzieren folgt nach einer Zwischenrechnung der Einfluß einer bezogenen Änderung $\Delta V_0 / V_0$ auf die Verstärkung des gegengekoppelten Verstärkers,

$$\frac{\Delta V_g}{V_g} = \frac{1}{1 + a V_0} \frac{\Delta V_0}{V_0} = \frac{V_g}{V_0} \frac{\Delta V_0}{V_0} .$$

Die Ursache der Änderung ΔV_0 ist dabei gleichgültig; es kann sich auch um eine aussteuerungsabhängige Verstärkung, d.h. eine nichtlineare Kennlinie $u_2(u_0)$ handeln.

Man erkennt, daß die Auswirkung eines relativen Verstärkungsfehlers $\Delta V_0 / V_0$ durch die Gegenkopplung in gleichem Maße reduziert wird, wie die Verstärkung selbst zurückgeht. Ein Linearitätsfehler $\Delta V_0 / V_0 = 10^{-2}$ wird durch eine Gegenkopplung mit $V_g / V_0 = 0{,}1$ also auf den Wert $\Delta V_g / V_g = 10^{-3}$ reduziert. Meßverstärker sind stets mit einer starken Gegenkopplung versehen, die ihre Kennlinie linearisiert; man nimmt dabei häufig einen Verstärkungsverlust um mehrere Größenordnungen in Kauf.

Wird die Spannung u_4 in Bild 6.2 mit umgekehrter Polarität in den Steuerkreis eingekoppelt, so entsteht eine Mitkopplung, bei der ein Teil der Steuerspannung u_0 vom Ausgang geliefert wird. Aus einer zu Bild 6.3 analogen Konstruktion ist zu entnehmen, daß sich die Verstärkung dann erhöht; die Nichtlinearität der Kennlinie $u_2(u_0)$ wird dadurch betont. Die Mitkopplung ist auf $a V_0 < 1$ begrenzt; bei Überschreitung dieses Wertes verliert der Verstärker seine kontinuierliche Steuerbarkeit, er wird instabil.

Die Gegenkopplung hat neben der Linearisierung der Kennlinie weitere wichtige Eigenschaften.

Wird die Ausgangsspannung des linear angenommenen Verstärkers durch irgendeine Fehlerspannung u_z, etwa den Spannungsabfall bei Belastung des Ausganges, beeinflußt,

$$u_2 = V_0 u_0 + u_z \quad ,$$

so gilt nach Einführung der Gegenkopplung

$$u_2 = \frac{V_0}{1 + a V_0} u_1 + \frac{1}{1 + a V_0} u_z \quad .$$

Auch die Fehlerspannung u_z wird also um den Faktor $1/1+V_k$ geschwächt. Der Verstärker hat also bei Anwendung der in Bild 6.2 gezeigten Gegenkopplungsschaltung und $V_k \gg 1$ die Eigenschaft einer steuerbaren Spannungsquelle mit einer nahezu eingeprägten Spannung u_2.

Bei der in Bild 6.4 gezeichneten Schaltungsvariante wird die Gegenkoppelspannung u_4 über einen Widerstand R_N vom Laststrom i_2 abgeleitet. Falls der Abgriff rückwirkungsfrei erfolgt, d.h.

$$R_N \ll R_1, R_2 \qquad i_1 \ll i_2 \; ,$$

gelten wieder folgende Beziehungen:

$$\Delta u_1 \approx \Delta u_0 + R_N \Delta i_2 \quad ,$$

$$\Delta u_2 \approx R_2 \cdot \Delta i_2 = V_0 \Delta u_0 \quad .$$

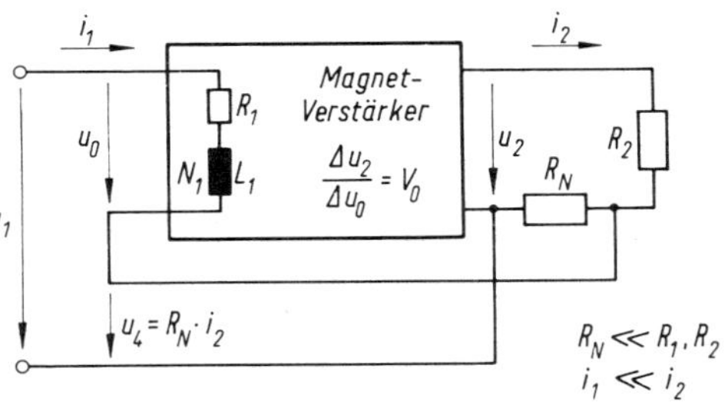

Elimination von Δu_0 liefert

$$\frac{R_2 \cdot \Delta i_2}{\Delta u_1} = \frac{V_0}{1 + \frac{R_N}{R_2} V_0} \quad .$$

Für

$$\frac{R_N}{R_2} V_0 \gg 1$$

folgt wieder die Näherung

$$\frac{R_2 \Delta i_2}{\Delta u_1} \approx \frac{R_2}{R_N} \qquad \text{oder} \qquad \frac{\Delta i_2}{\Delta u_1} \approx \frac{1}{R_N} \quad .$$

Bild 6.4

Die Schaltung stellt also im stationären Zustand eine eingeprägte, steuerbare Stromquelle dar. Die Schaltung läßt sich auch als Stromregelung mit dem veränderlichen Sollwert u_1/R_N deuten.

Bei den in Bild 6.2 und Bild 6.4 gezeigten Schaltungen wird die Gegenkoppelspannung u_4 in Reihe zur Steuerspannung u_1 eingespeist. Dadurch ändert sich auch der wirksame Eingangswiderstand der Schaltung.

Während ohne Gegenkopplung $(u_4 = 0)$ der stationäre Eingangswiderstand

$$\frac{\Delta u_0}{\Delta i_1} = \frac{u_0}{i_1} = R_1$$

ist, gilt bei Gegenkopplung, z.B. nach Bild 6.2 ,

$$\frac{\Delta u_1}{\Delta i_1} = \frac{\Delta u_0 + a\Delta u_2}{\Delta i_1} = \left(1 + a\frac{\Delta u_2}{\Delta u_0}\right)\frac{\Delta u_0}{\Delta i_1} = (1 + a V_0)R_1 \quad .$$

Der Eingangswiderstand erhöht sich also mit zunehmender Gegenkopplung. Dabei ist allerdings zu beachten, daß die Erhöhung des Widerstandes eine Folge der Spannungskompensation ist und nur im stationären Zustand gilt. Bei dynamischen Vorgängen entfällt wegen der Verzögerung des magnetischen Verstärkers der Einfluß der Gegenkopplung, so daß im wesentlichen nur noch die Impedanz der Steuerwicklung wirksam ist.

Die Erhöhung des Eingangswiderstandes ist nicht zwangsläufig. Wird die Rückkoppelgröße als Strom parallel zur Steuerquelle eingespeist, ist eine Erniedrigung des stationären Eingangswiderstandes die Folge.

Bei Magnetverstärkern, Generatoren und ähnlichen durchflutungsgesteuerten Verstärkern besteht außerdem die Möglichkeit, die Rückkoppelgröße gemäß Bild 6.5 in eine zweite Steuerwicklung einzuspeisen, d.h. Eingangs- und Rückkopplungsdurchflutung magnetisch zu überlagern. Der stationäre Eingangswiderstand wird hierbei durch die Gegenkopplung nicht verändert, was die Leistungsverstärkung weiter herabsetzt; dagegen hat diese Schaltung den Vorteil einer galvanischen Trennung von Steuer- und Laststromkreis.

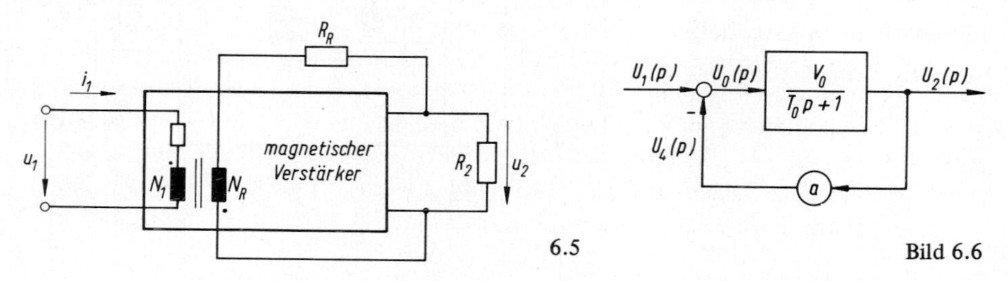

6.5 Bild 6.6

Ein weiterer Aspekt der Gegenkopplung wird sichtbar, wenn man auch das dynamische Verhalten betrachtet. Ein einstufiger magnetischer Verstärker nach Bild 6.2 kann wegen des induktiven Eingangs-Stromkreises in erster Näherung als ein PT_1-Glied mit der Spannungsverstärkung V_0 und der Verzögerung $T_0 = L_1/R_1$, d.h. mit der Übertragungsfunktion

$$\frac{U_2}{U_0}(p) = F_0(p) = \frac{V_0}{T_0 p + 1}$$

betrachtet werden. Damit folgt das in Bild 6.6 gezeigte Blockschaltbild des gegengekoppelten Verstärkers. Die Übertragungsfunktion ist

$$F_g(p) = \frac{F_0(p)}{1 + aF_0(p)} = \frac{V_0}{T_0 p + 1 + aV_0} = \frac{V_0}{1 + aV_0}\,\frac{1}{\frac{T_0}{1+aV_0}\,p + 1} = \frac{V_g}{T_g p + 1} \; ,$$

d.h. man erhält wieder ein PT_1-Glied, jedoch mit veränderter Verstärkung und Zeitkonstante,

$$V_g = \frac{V_0}{1 + V_k} ,$$

$$T_g = \frac{T_0}{1 + V_k}$$

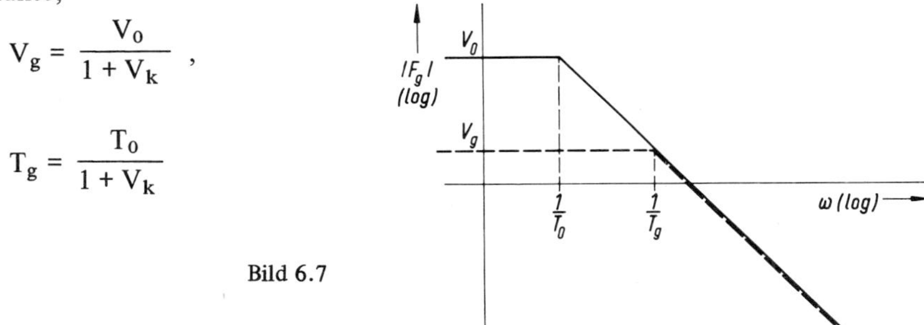

Bild 6.7

Beide Größen werden also in gleicher Weise reduziert. Der Rückgang der Verstärkung wurde bereits vorher gesondert betrachtet,die Verkleinerung der Zeitkonstanten kommt neu hinzu. Bild 6.7 zeigt die Betrags-Asymptoten des zugehörigen Bode-Diagrammes. Die Asymptote für hohe Frequenzen wird durch die Gegenkopplung nicht verändert. Das Produkt Verstärkung (V_g) mal Bandbreite ($\omega_g = 1/T_g$) ist also vom Grad der Gegenkopplung unabhängig. Diese Aussage gilt jedoch nur unter ganz bestimmten vereinfachenden Annahmen, insbesondere auch nur bei einem System 1. Ordnung.

Die Verkleinerung der Zeitkonstanten ist eine Folge der Spannungskompensation im Steuerkreis des gegengekoppelten Verstärkers. Da die Ausgangsspannung $u_2(t)$ einer Änderung der Steuerspannung $u_0(t)$ mit der Zeitkonstanten T_0 verzögert folgt, ist nach einer Änderung von $u_1(t)$ vorübergehend eine erheblich größere Steuerspannung wirksam, die erst allmählich auf den stationären Wert zurückgeht. Ein zusätzlicher Widerstand in Reihe mit der Steuerwicklung würde die Zeitkonstante in gleicher Weise herabsetzen, ohne allerdings die übrigen Vorteile der Gegenkopplung, wie Linearisierung der Kennlinie usw. zu bieten.

6.2.2. Elektronischer Rechenverstärker mit frequenzabhängiger Gegenkopplung

Gegengekoppelte elektronische Breitbandverstärker sind das Kernstück elektronischer Regler und Analogrechner. Dabei wird einem gleichstromgekoppelten Transistorverstärker (z.B. in Form eines integrierten Festkörper-Verstärkers) mit sehr hoher Verstärkung (V_0 bis 10^5) und sehr hoher Bandbreite (verstärkungsfähig von Gleichspannung bis zum MHz-Bereich) durch eine frequenzabhängige Gegenkopplung ein bestimmtes dynamisches Verhalten gegeben, das im interessierenden Betriebsbereich nur noch durch das Gegenkopplungsnetzwerk und nicht mehr durch den Verstärker selbst bestimmt wird. Der gegengekoppelte Verstärker kann dann mit guter Genauigkeit durch eine Differentialgleichung beschrieben und z.B. in einem Analogrechner bei der Nachbildung irgendeines dynamischen Systems, etwa der Federung eines Kraftwagens oder der Spannungsregelung eines Generators, verwendet werden.

Man bezeichnet solche vielseitig verwendbaren Verstärker deshalb auch als Rechenverstärker. In Analogrechnern werden sie auch als Koppelverstärker verwendet; die Verstärkung kann dann bei Eins oder auch darunter liegen.

Aufbau und Wirkungsweise der Rechenverstärker werden in einem Praktikum genauer untersucht. Sie enthalten meistens mehrere Verstärkerstufen, von denen wenigstens eine zur Verringerung der Drift und zur Unterdrückung gleichphasiger Signalanteile als Differenzstufe ausgebildet ist. Hier interessieren nur die durch Gegenkopplung erzielbaren Wirkungen. Bild 6.8 zeigt das Prinzipschaltbild eines Rechenverstärkers; er ist als Dreipol mit einem gemeinsamen Bezugspunkt O für Eingang und Ausgang ausgeführt. Zum Zweck der einfachen Gegenkopplung kehrt der Verstärker das Vorzeichen um; ansteigendes Potential an Klemme 1 hat also abfallendes Potential an Klemme 2 zur Folge. Der für die Aussteuerung im linearen Bereich, z.B. $-10\,\text{V} < u_2 < 10\,\text{V}$, benötigte Steuerstrom ist bei guten Verstärkern äußerst klein, z.B. $-0{,}1\,\mu\text{A} < i_0 < 0{,}1\,\mu\text{A}$. Der offene Verstärker hat also die in Bild 6.8 gezeichnete Kennlinie $u_2(i_0)$, die sich, z.B. abhängig von der Temperatur, auch etwas verschieben kann. Die zugehörige Steuerspannung u_0 liegt meist bei 1 mV oder darunter.

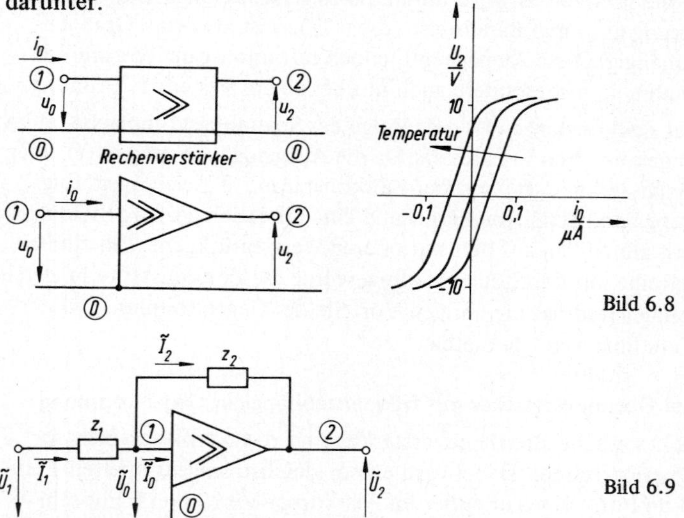

Bild 6.8

Bild 6.9

In Bild 6.9 ist der nun mit einer Eingangsimpedanz z_1 und einer Gegenkoppel-Impedanz z_2 versehene Verstärker dargestellt. Die Gegenkopplung erfolgt durch Strom-Summation an der Eingangsklemme 1 des Verstärkers. Bei sinusförmiger Anregung gelten folgende Zeigergleichungen:

$$\tilde{I}_1 = \frac{\tilde{U}_1 - \tilde{U}_0}{z_1}\ , \qquad \tilde{I}_2 = \frac{\tilde{U}_2 + \tilde{U}_0}{z_2}\ , \qquad \tilde{I}_1 - \tilde{I}_2 = \tilde{I}_0\ , \qquad \tilde{U}_0 = z_0 \tilde{I}_0\ .$$

Bei der angenommenen hohen Verstärkung können $\tilde{I}_0$ und $\tilde{U}_0$ vernachlässigt werden; damit gilt

$$\tilde{I}_1 \approx \frac{\tilde{U}_1}{z_1} \quad , \qquad \tilde{I}_2 \approx \frac{\tilde{U}_2}{z_2}$$

und $$\tilde{I}_1 \approx \tilde{I}_2 \quad ;$$

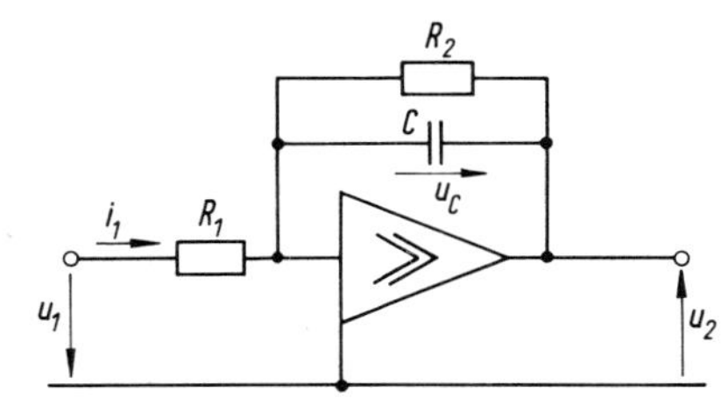

Bild 6.10

somit wird

$$\frac{\tilde{U}_2}{\tilde{U}_1} = F(j\omega) \approx \frac{z_2}{z_1} \quad .$$

Der Frequenzgang wird also nur durch die beiden Impedanzen bestimmt. Da der Frequenzgang einen Sonderfall $(p = j\omega)$ der Übertragungsfunktion darstellt, ist auch diese gefunden.

Der Eingangsstrom $\tilde{I}_1$ fließt in nahezu voller Größe durch z_2 zum Ausgang des Verstärkers, wo die erforderliche treibende Spannung erzeugt wird. Der Verstärker verändert seine Ausgangsspannung dank der hohen Verstärkung und Bandbreite also in jedem Augenblick gerade so, daß Eingangsspannung $\tilde{U}_0$ und Eingangsstrom $\tilde{I}_0$ ihre vernachlässigbar kleinen Werte beibehalten. Dies gilt natürlich nur, solange der Verstärker im Bereich hoher Verstärkung arbeitet, d.h. nicht übersteuert wird.

Anhand einiger Beispiele soll dieses einfache Ergebnis diskutiert werden.

Bei der in Bild 6.10 gezeigten Schaltung ist

$$z_1 = R_1 \; , \qquad z_2 = \frac{R_2 \frac{1}{Cp}}{R_2 + \frac{1}{Cp}} = \frac{R_2}{R_2 Cp + 1} \; .$$

Damit wird die Übertragungsfunktion

$$\frac{U_2}{U_1}(p) = F(p) = \frac{z_2}{z_1} = \frac{R_2}{R_1} \frac{1}{R_2 Cp + 1} = \frac{V}{Tp + 1} \; ;$$

man erhält also ein PT_1-Glied mit der Verstärkung $V = R_2/R_1$ und der Zeitkonstanten $T = R_2 C$. Für $C = 0$ entsteht – innerhalb des Frequenzbereiches, in dem die verwendeten Näherungen gelten – ein unverzögertes Proportionalglied mit der Verstärkung $V = R_2/R_1$.

Andererseits hat eine Vergrößerung von R_2 eine gleichzeitige Erhöhung von Verstärkung und Zeitkonstante zur Folge; entfernt man R_2 vollständig $(R_2 \to \infty)$, so nimmt die Schaltung die Eigenschaften eines Integrators an,

$$\frac{U_2}{U_1}(p) = F(p) = \frac{1}{R_1 Cp} = \frac{1}{T_i p} \quad .$$

Man kann sich die integrierende Wirkung anschaulich machen, indem man sich für $R_2 \to \infty$ den Eingangsstrom i_1 über den Summierpunkt zum Kondensator fließend denkt; somit gilt

$$u_2(t) \approx u_c(t) = u_c(0) + \frac{1}{C}\int_0^t i_1 \, d\tau = u_c(0) + \frac{1}{R_1 C}\int_0^t u_1 \, d\tau \; .$$

Bild 6.11 zeigt ein anderes Beispiel, wo der Gegenkoppelzweig die Reihenschaltung eines Widerstandes und eines Kondensators enthält. Die Übertragungsfunktion wird

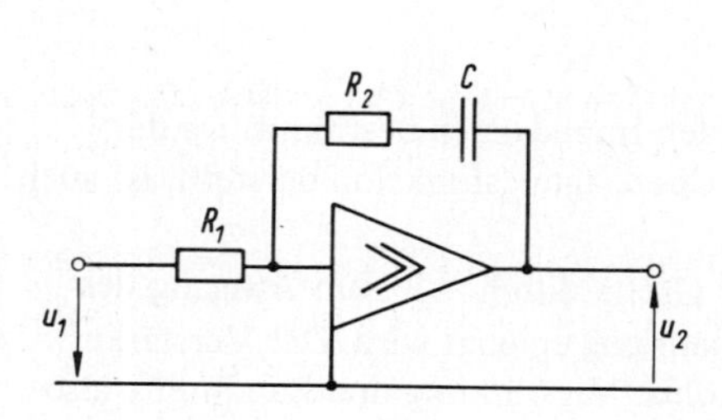

Bild 6.11

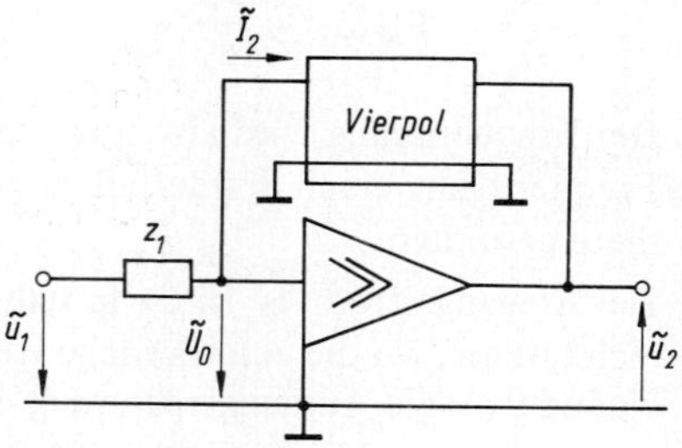

Bild 6.12

$$\frac{U_2}{U_1}(p) = F(p) = \frac{R_2 + \frac{1}{Cp}}{R_1} = \frac{R_2}{R_1} \cdot \frac{R_2 Cp + 1}{R_2 Cp}$$

oder mit

$$\frac{R_2}{R_1} = V \, , \qquad R_2 C = T_i$$

$$F(p) = V \cdot \frac{T_i p + 1}{T_i p} \; .$$

Dieser Fall entspricht dem später noch genauer zu untersuchenden „PI"-Glied. Für $R_2 = 0$ entsteht auch hier der Sonderfall des Integrators.

In den bisher betrachteten Beispielen erfolgte die Gegenkopplung durch einen Zweipol. In manchen Fällen ist es vorteilhaft oder notwendig, passive oder (seltener) aktive Vierpole zu verwenden (Bild 6.12). Da der Vierpol an seinem dem Verstärkereingang zugewendeten Ausgang wegen $U_0 \approx 0$ im Kurzschluß betrieben wird, ist anstelle von z_2 die Übertragungsimpedanz des Vierpols bei sekundärem Kurzschluß,

$$z_{\ddot{u}k} = \left. \frac{\tilde{U}_2}{\tilde{I}_2} \right|_{\tilde{U}_0 = 0} ,$$

in die Gleichung für die Übertragungsfunktion einzusetzen. In Bild 6.13 ist das Beispiel eines aktiven PDT-Gliedes gezeichnet. Die komplexe Rechnung liefert nach einigen Umformungen

$$F(p) = \frac{U_2}{U_1}(p) = \frac{z_{ük}}{R_1} = \frac{R_2}{R_1} \frac{(\frac{R_2}{4} + R_3)Cp + 1}{R_3Cp + 1}$$

oder mit

$$\frac{R_2}{R_1} = V, \quad \left(\frac{R_2}{4} + R_3\right) C = T_2, \quad R_3C = T_3$$

$$F(p) = V \cdot \frac{T_2 p + 1}{T_3 p + 1}, \quad T_3 < T_2 .$$

Die Impedanz z_2 bzw. $z_{ük}$ darf nicht beliebig gewählt werden, da auch für den gegengekoppelten Verstärker die Gefahr der Instabilität besteht, auch wenn der Rechenverstärker selbst ideale Eigenschaften hätte.

Manchmal kann es vorteilhaft sein, auch die Eingangsimpedanz als frequenzabhängigen Zweipol oder Vierpol auszuführen. Bild 6.14 zeigt zwei Beispiele; im ersten Fall erhält man einen zusätzlichen Verzögerungsfaktor

$$\frac{1}{\frac{R_1}{4} Cp + 1},$$

im zweiten Fall ein zusätzliches PDT-Glied $\frac{Tp + 1}{T'p + 1}$.

Dabei ist $T = R_1C$;

$$T' = \frac{T}{1 + \frac{R_1}{R_i}}$$

ist eine vom Innenwiderstand der Spannungsquelle und dem Eingangswiderstand des Verstärkers abhängige, unvermeidliche parasitäre Verzögerung.

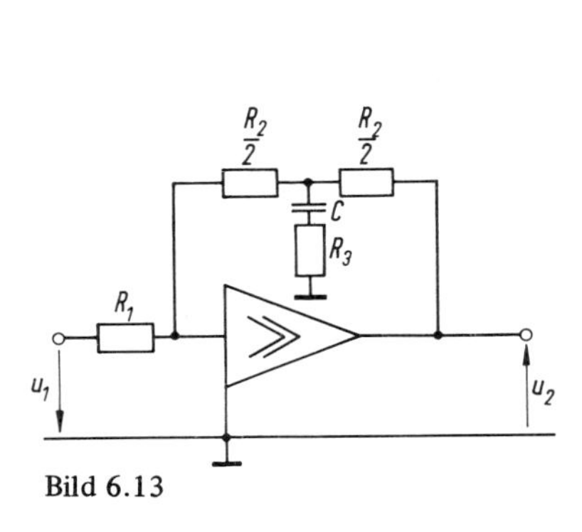

Bild 6.13

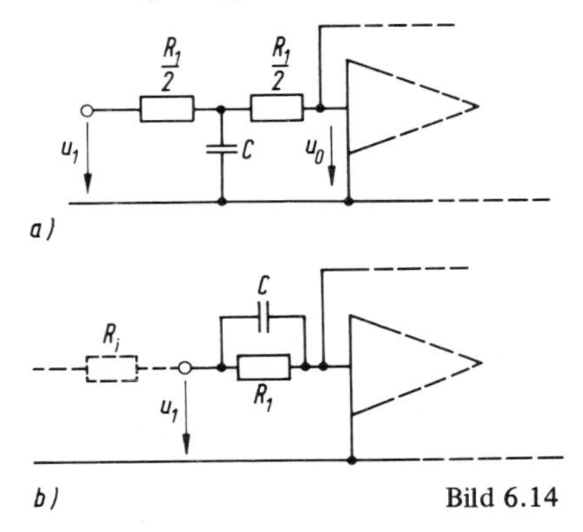

Bild 6.14

Bei integrierten Verstärkern mit Feldeffekt-Transistoren in der Eingangsstufe ist das Potential der Eingangsklemmen nicht mehr an das Bezugspotential gebunden. Damit ist die in Bild 6.15 gezeigte nicht-invertierende Verstärkerschaltung mit Spannungsrückkopplung ausführbar. Analog zu Bild 6.2 gilt dann mit $u_0 \approx 0$, $i_0 \approx 0$

$$\frac{U_2}{U_1}(p) = F(p) \approx \frac{z_1 + z_2}{z_2}.$$

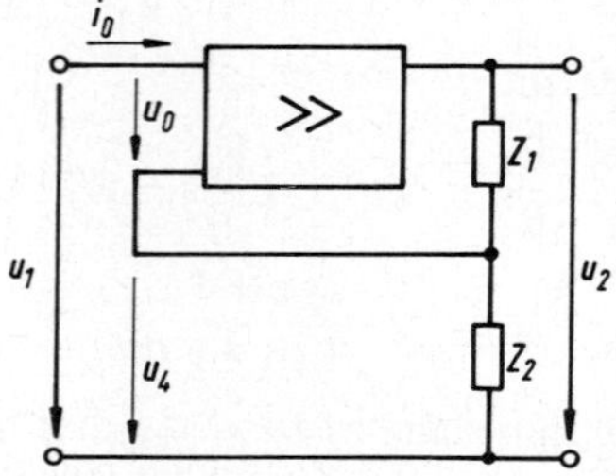

Bild 6.15

Auch hier ist die Übertragungsfunktion nur durch die passiven Impedanzen z_1, z_2 bestimmt.

6.2.3. Hydraulischer Stellmotor mit „Rückführung"

Um deutlich zu machen, daß die Gegenkopplung nicht auf elektrische Verstärker begrenzt ist, soll noch das in Bild 6.16 skizzierte Beispiel eines hydraulischen Verstärkers erörtert werden. Stellmotoren dieser Art werden z. B. bei der Servolenkung von Fahrzeugen oder für die Betätigung der Leitschaufeln bei Turbinen verwendet, wo große Verstellkräfte erforderlich sind. Es handelt sich dabei allerdings meistens um mehrstufige Anordnungen. Die Skizze soll nur das Prinzip wiedergeben; der wirkliche Aufbau kann völlig anders sein.

Das Steuerventil SV ergibt bei Auslenkung des Steuerschiebers um Δx_0 Steueröffnungen frei, die Drucköl auf die eine Seite eines Arbeitskolbens Ak lenken; gleichzeitig wird der Abfluß des auf der anderen Seite verdrängten Öls freigegeben, so daß sich der Arbeitskolben um die Strecke Δx_2 bewegen kann.

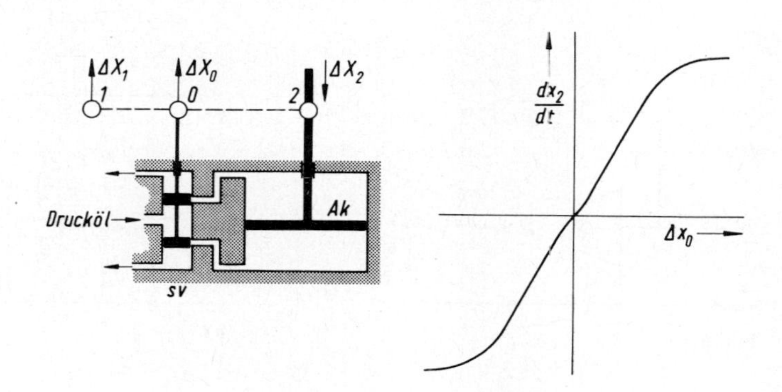

Bild 6.16

Man sieht ein, daß die Verstellgeschwindigkeit $v_2 = dx_2/dt$ durch geeignete Ausführung der Steueröffnungen der Auslenkung Δx_0 des Steuerschiebers etwa proportional gemacht werden kann. Betrachtet man Δx_0 als Eingangs- und Δx_2 als Ausgangsgröße, so heißt dies, daß der Stellmotor näherungsweise wie ein Integrator wirkt. Da ein Proportionalglied für viele Anwendungen besser geeignet ist, wird der Stellmotor mit einer Gegenkopplung versehen. Es handelt sich dabei um die in Bild 6.16 gestrichelt eingetragene Hebelverbindung, die Δx_0 und Δx_2 linear mit einer Steuerbewegung Δx_1 verknüpft. Bei einer Auslenkung Δx_1 wird – da Punkt 2 im ersten Augenblick als Festpunkt zu betrachten ist – der Steuerschieber nach Maßgabe der Hebellängen verstellt, so daß der Arbeitskolben sich bewegt. Er nimmt dabei den Steuerschieber in Richtung auf dessen Ruhelage mit; sobald sie erreicht ist, bleibt der Arbeitskolben stehen. Wegen der Hebelwirkung gehört also nun zu jeder Auslenkung Δx_1 eine bestimmte Ruhelage des Arbeitskolbens, nämlich die, bei der sich der Steuerschieber gerade in Mittelstellung befindet. Der integrierende Stellmotor ist durch die mechanische Gegenkopplung also zu einem Proportionalglied geworden. Er hat nun die Eigenschaften eines mechanischen Verstärkers, der kleine Verstellkräfte in große Kräfte übersetzt und dabei ein bestimmtes einstellbares Verhältnis von Steuerungs- zu Arbeitsweg besitzt.

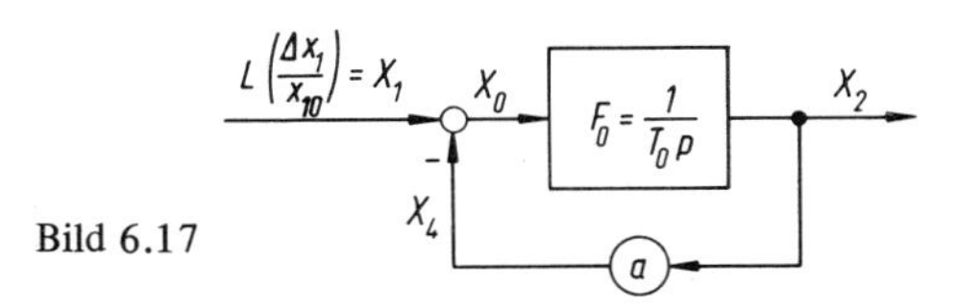

Bild 6.17

Bild 6.17 zeigt das zugehörige Blockschaltbild; ein Integrator mit der Übertragungsfunktion $F_0 = 1/T_0 p$ wird mit einer proportional wirkenden Gegenkopplung der Verstärkung a versehen. Die Übertragungsfunktion des geschlossenen Kreises ist dann

$$F_g = \frac{X_2}{X_1} = \frac{F_0}{1 + aF_0} = \frac{1}{Tp + a} = \frac{\frac{1}{a}}{\frac{T}{a}p + 1};$$

man erhält also ein PT_1-Glied mit einer von der Gegenkopplung abhängigen Verstärkung und Zeitkonstanten.

Bei einer mechanischen Gegenkopplung spricht man auch von Rückführung, im vorliegenden Fall von einer starren Rückführung. Sie kann unter Verwendung von Dämpfungskolben und Federn auch nachgebend ausgeführt sein, was dann dem Fall einer frequenzabhängigen Gegenkopplung entspricht.

6.3. Stabilität

Bei dem in Abschnitt 6.2.1 betrachteten Beispiel einer Gegenkopplung (z.B. Bild 6.2) wurde der Einfachheit halber angenommen, daß der offene Verstärker (F_0) als Verzögerungsglied 1. Ordnung betrachtet werden kann. Dies ist nur bei den einfachsten Schaltungen, und auch dort nur angenähert, zulässig. Praktische Verstärker enthalten meistens mehrere Stufen, so daß zusätzliche Energiespeicher zum Tragen kommen; der Verstärker stellt dann einen Tiefpaß höherer Ordnung dar.

Bild 6.18 zeigt den prinzipiellen Verlauf der Ortskurve des Kreisfrequenzganges

$$F_k(j\omega) = \frac{\tilde{U}_4}{\tilde{U}_0} = a\,F_0(j\omega)$$

für den Fall eines dreistufigen Verstärkers.

Der Betragsverlauf ist dabei stark verzerrt aufgetragen, um bei großen und kleinen Werten von ω das Wesentliche deutlich zu machen. Man könnte hierzu beispielsweise eine heuristische Abbildungsfunktion

$$F'_k(j\omega) = \sqrt[n]{|F_k(\omega)|}\; e^{j\varphi_k(\omega)}\;, \quad \text{n Stufenzahl,}$$

verwenden, wo $F_k(j\omega) = |F_k|\,e^{j\varphi_k}$ der wirkliche und $F'_k(j\omega)$ der aufgetragene Wert des Kreisfrequenzganges ist. Der Anfangswert $F_k(0) = a\,V_0$ könnte z.B. den Wert 100 haben.

Der Frequenzbereich $0 < \omega < \omega_2$ ist als Nutzfrequenzbereich zu bezeichnen; hier gelten die in Abschnitt 6.2.1 angestellten Überlegungen wenigstens angenähert. Anders ist es bei $\omega_3 < \omega < \omega_4$, d.h. oberhalb des Nutzfrequenzbereiches. Bei diesen Frequenzen ist die Gegenkopplung durch die Phasendrehung der Ortskurve allmählich zu einer Mitkopplung geworden; gleichzeitig ist allerdings auch der Betrag stark zurückgegangen.

Falls die Ortskurve $F_k(j\omega)$ bei einer Kreisfrequenz ω_0 die negative reelle Achse im Punkt -1 schneidet, bedeutet dies, daß die äußere Anregung $\tilde{U}_1$ entfernt werden kann und der Verstärker mit dieser Frequenz im Zustand der Selbsterregung weiterschwingt. Dies ist der Stabilitätsgrenzfall. Falls die Verstärkung bei ω_0 größer als Eins ist, verlaufen die Schwingungen aufklingend, im anderen Fall gedämpft.

Daraus ist zu erkennen, daß es darauf ankommt – wenn eine Phasendrehung um mehr als $\varphi_k = -\pi$ schon unvermeidbar ist – den Betrag in diesem Frequenzbereich soweit abzusenken, daß keine Selbsterregung eintritt. Die Betragsabsenkung darf jedoch nicht pauschal für alle Frequenzen erfolgen, da im Nutzfrequenzbereich ein möglichst großer Betrag $|F_k|$ ja gerade erwünscht ist. Dies bedeutet, daß die Ortskurve im gefährdeten Bereich verformt werden muß, etwa wie dies in Bild 6.18 gestrichelt eingetragen ist ($F_{k\,1}$).

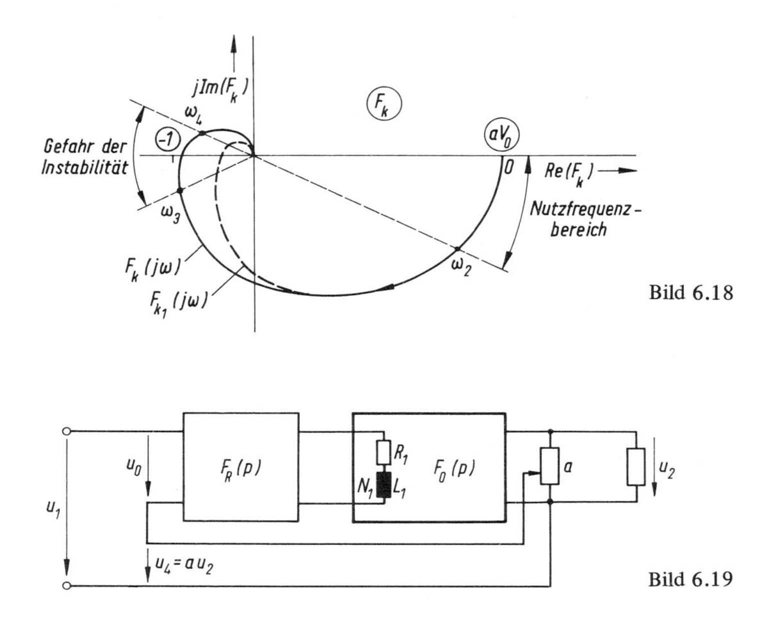

Bild 6.18

Bild 6.19

Die Verformung der Ortskurve läßt sich durch geeignete frequenzabhängige Netzwerke erreichen. Man gelangt dadurch zu der Anordnung in Bild 6.19, wo die Fehlerspannung $u_0 = u_1 - u_4$ zunächst ein Stabilisierungs-Netzwerk durchläuft, bevor sie der Steuerwicklung des Verstärkers zugeführt wird. Das Netzwerk wird durch eine Übertragungsfunktion $F_R(p)$ beschrieben, es kann aktiv oder passiv sein. Die Kreisübertragungsfunktion, d.h. die Übertragungsfunktion des aufgeschnittenen Kreises, lautet nun

$$F_{k1}(p) = \frac{U_4}{U_0}(p) = a\,F_0 F_R \;.$$

Bei vorgegebenem Verlauf der verformten Ortskurve kann hieraus die Übertragungsfunktion des Stabilisierungsnetzwerkes bestimmt werden. Es ist auch möglich, das stabilisierende Netzwerk im Gegenkopplungszweig anzuordnen, d.h. auf eine Verformung der Eingangsspannung u_1 zu verzichten. Die Kreisübertragungsfunktion, die allein die Stabilität bestimmt, bleibt davon unberührt.

Nachdem mit Hilfe dieser anschaulichen Beispiele die engen Beziehungen zwischen dem Gegenkopplungsproblem der Nachrichtentechnik und der Aufgabenstellung der Regelungstechnik offenbar geworden sind, wird nun die Frage der Stabilität analytisch genauer untersucht.

7. Stabilität eines Regelkreises

7.1. Stabilität und Dämpfung

Die Möglichkeit der Instabilität eines Regelkreises ist, wie zuvor begründet, eine Folge der durch die Speicher der Regelstrecke bewirkten Verzögerungen und der Signalverstärkung im geschlossenen Kreis.

Bei linearen Regelkreisen läßt sich die Stabilität aufgrund der Lage der Pole der Übertragungsfunktion des geschlossenen Kreises $(F_g(p))$ beurteilen. Bei einem stabilen System haben die Pole von F_g (Eigenwerte des Systems) negative Realteile, d.h. sie liegen in der linken Hälfte der p-Ebene.

Neben der *absoluten* Stabilität, die sicherstellt, daß das System nach einer Auslenkung überhaupt wieder zur Ruhe kommt, interessiert aber auch die *relative* Stabilität oder Dämpfung, die angibt, nach welcher Zeit oder nach wieviel Schwingungsperioden eine Anfangsauslenkung auf einen bestimmten Bruchteil abgeklungen ist.

Die Übertragungsfunktion des nur konzentrierte Speicher enthaltenden geschlossenen Kreises hat die Form einer rationalen Funktion,

$$F_g(p) = \frac{Z_g(p)}{N_g(p)} = \frac{Z_g(p)}{a_n \prod\limits_{1}^{n} (p - p_\nu)} = \sum_{\nu=1}^{n} \frac{R_\nu}{p - p_\nu}, \qquad m < n,$$

wobei $Z_g(p)$ und $N_g(p)$ Polynome sind. Der Ausgleichsvorgang nach irgendeiner vorübergehenden Störung lautet dann

$$x(t) = \sum_{\nu=1}^{n} C_\nu \, e^{p_\nu t}, \qquad C_\nu = 1 \, s R_\nu = \text{const};$$

er ist also eine Überlagerung aller möglichen Lösungen der homogenen Differentialgleichung für den geschlossenen Regelkreis. p_ν sind dabei die sämtlich verschieden angenommenen Pole von $F_g(p)$.

Die zu einem komplexen Polpaar $p_\nu, p_{\nu+1} = \overline{p}_\nu$ gehörenden Teilvorgänge werden mit $p_\nu = \sigma_\nu + j\omega_\nu$ und $C_\nu = |C_\nu| e^{j\epsilon_\nu}$ zusammengefaßt,

$$x_\nu(t) + x_{\nu+1}(t) = C_\nu \, e^{p_\nu t} + \overline{C}_\nu \, e^{\overline{p}_\nu t} = 2 |C_\nu| e^{\sigma_\nu t} \cos(\omega_\nu t + \epsilon_\nu) \,.$$

Man erhält also eine gedämpfte Schwingung mit der Kreisfrequenz ω_ν und der Abklingzeitkonstanten $T_\nu = -1/\sigma_\nu$.

Bild 7.1 zeigt den prinzipiellen Verlauf eines solchen Vorganges, wenn man die Pole $p_\nu, \overline{p}_\nu$ längs einer Parallelen zur imaginären Achse verschiebt. Die Vorgänge klingen gleich schnell ab, doch würde man subjektiv Fall 2 als schlechter gedämpft bezeichnen, da eine bestimmte Amplitudenabnahme eine größere Anzahl von Schwingungen

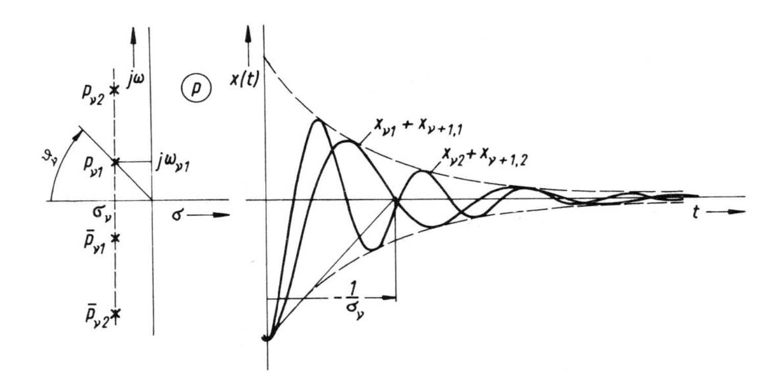

Bild 7.1

erfordert. Für den subjektiven Eindruck ist offenbar das Verhältnis von σ_ν und ω_ν, d.h. die Winkellage des Pols p_ν entscheidend. Mit der Normierung

$$\sigma_\nu = -D_\nu \omega_0 = -\omega_0 \cos\vartheta_\nu ,$$

$$\omega_\nu = \sqrt{1-D^2}\,\omega_0 = \omega_0 \sin\vartheta_\nu ,$$

d.h.

$$|p_\nu| = \sqrt{\sigma_\nu^2 + \omega_\nu^2} = \omega_0 , \qquad D_\nu = \cos\vartheta_\nu ,$$

kann man schreiben

$$x_\nu + x_{\nu+1} = 2|C_\nu|\,e^{-D_\nu \omega_0 t} \cos\left(\sqrt{1-D_\nu^2}\,\omega_0 t + \epsilon_\nu\right) .$$

Daraus folgt schließlich mit der Zeit-Normierung $\omega_0 t = \tau$

$$x_\nu + x_{\nu+1} = 2|C_\nu|\,e^{-D_\nu \tau} \cos\left(\sqrt{1-D_\nu^2}\,\tau + \epsilon_\nu\right) .$$

Die Form des Ausgleichsvorganges, d.h. die vorliegende Dämpfung, wird hierbei nur noch durch den Dämpfungsfaktor D_ν gekennzeichnet (Bild 7.2).

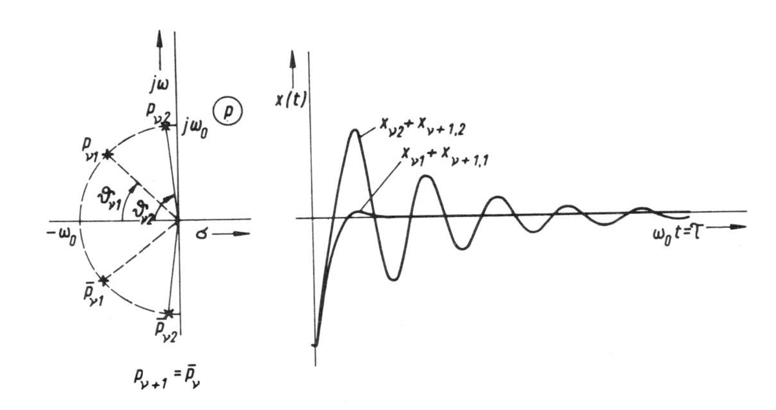

Bild 7.2

Um den Verlauf des Einschwingvorganges vorzuschreiben, gibt es also verschiedene Möglichkeiten. Fordert man (Bild 7.3a), daß alle Pole im Bereich $\mathrm{Re}(p) = \sigma < \sigma_0$ liegen, so gilt für die Abklingzeitkonstanten T_ν aller Teilvorgänge

$$T_\nu < T_0 = -\frac{1}{\sigma_0} \quad , \qquad \sigma_0 < 0 .$$

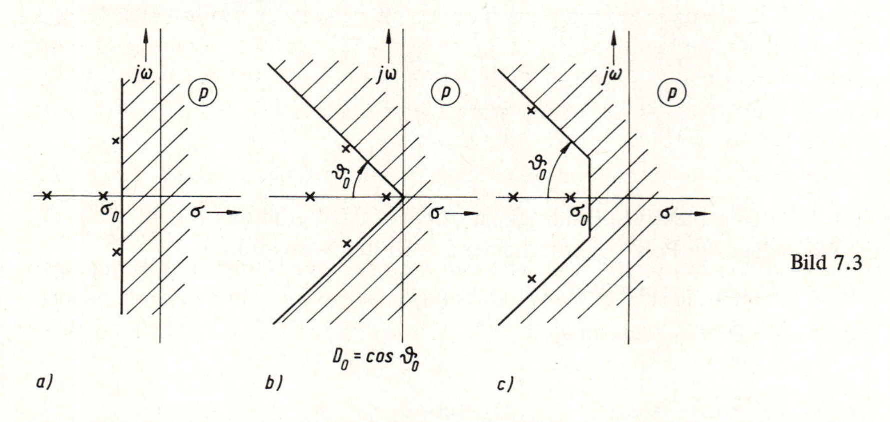

Bild 7.3

Die Teilamplituden verringern sich also in einem gegebenen Zeitabschnitt T_0 mindestens um den Faktor e^{-1}, jedoch ist es möglich, daß einzelne Komponenten in diesem Zeitabschnitt viele Schwingungen ausführen.

Um dies zu vermeiden, kann man verlangen, daß alle Pole in dem in Bild 7.3b gezeichneten Winkelsektor $\vartheta < \vartheta_0$ liegen, so daß wegen $D = \cos\vartheta$

$$D > D_0 = \cos\vartheta_0 .$$

Die Abgrenzung des Sektors entspricht also der Vorgabe eines minimalen Dämpfungsfaktors; jede Teilschwingung weist eine von ihrer Frequenz abhängige maximale Abkling-Zeitkonstante auf. Dadurch erfährt jede Schwingung während einer Periodendauer einen Amplitudenrückgang mindestens um den Faktor

$$e^{-2\pi \frac{D_0}{\sqrt{1 - D_0^2}}}$$

Bei dieser Festlegung verlaufen die Ausgleichsvorgänge zwar gut gedämpft, jedoch können sie sehr lange dauern. Dies ist der Fall, wenn ein reeller Einzelpol oder ein konjugiert komplexes Polpaar im zugelassenen Winkelbereich in unmittelbarer Nähe des Ursprungs liegt. Um auch diesen Fall auszuschließen, kann man die in Bild 7.3c gezeichnete kombinierte Grenzkurve

$$\sigma_\nu < \sigma_0 \; , \qquad D > D_0$$

verwenden. Die Vorgabe einer derartigen Stabilitäts-Grenzkurve hat natürlich erhöhten Rechenaufwand zur Folge.

Bei einem System höherer Ordnung ist normalerweise die Dämpfung der einzelnen Anteile unterschiedlich; man kann also nur eine bestimmte Minimal-Dämpfung D_0 angeben. Ferner sind die Amplituden der einzelnen Teilvorgänge, d.h. die $|C_\nu|$ von Bedeutung. Von der Berechnung der Einschwingvorgänge in linearen Netzwerken [30] ist bekannt, daß die Residuen von Polen, die dicht beim Ursprung liegen, meistens größer sind als an entfernt liegenden Polen. Der Einschwingvorgang wird also im wesentlichen durch die betragsmäßig kleinsten Pole charakterisiert. Für eine näherungsweise Berechnung des Einschwingvorganges genügt es in vielen Fällen, nur diese sogenannten dominierenden Pole heranzuziehen und im übrigen darauf zu achten, daß alle anderen Pole im vorgegebenen Winkelsektor liegen.

Es gibt eine große Zahl von Stabilitätskriterien für lineare Systeme, die es gestatten, entweder aufgrund der Koeffizienten der charakteristischen Gleichung, d.h. des Nennerpolynoms $N_g(p)$, oder aufgrund des Verlaufes der Frequenzgangortskurve zu erkennen, ob das System stabil ist und den vorgegebenen Dämpfungsbedingungen genügt. Die Anwendung solcher Stabilitätskriterien ist natürlich nur sinnvoll, wenn der damit verbundene Arbeitsaufwand den zur numerischen Lösung der charakteristischen Gleichung

$$N_g(p) = 0$$

erforderlichen wesentlich unterschreitet.

Von besonderem Interesse sind Verfahren, die den Einfluß bestimmter Regelkreis-Parameter erkennen lassen, so daß sie für die Synthese, etwa bei vorgeschriebener Mindestdämpfung, verwendbar sind.

7.2. Numerische Stabilitätskriterien

Numerische Kriterien für die Lage der Nullstellen eines Polynoms

$$N_g(p) = a_n p^n + \ldots + a_1 p + a_0 \qquad (1)$$

wurden erstmals von *Routh* [51] und *Hurwitz* [52] angegeben. Im ersten Fall handelt es sich um einen schrittweisen Abbau des Polynoms, wobei bestimmte Vorzeichen der Koeffizienten zu beachten sind und im zweiten Fall um die Bildung der sogenannten Hurwitz-Determinanten aus den Koeffizienten a_ν, wobei es wiederum auf die Vorzeichen ankommt. Die beiden Verfahren sind vollständig äquivalent. Eine notwendige Bedingung lautet z. B., daß alle Koeffizienten a_ν ungleich Null sein und gleiches Vorzeichen haben müssen.

Beide Verfahren lassen sich auch zur Prüfung der relativen Stabilität verwenden, wie aus folgenden Überlegungen hervorgeht.

Die in Bild 7.3a angenommene Grenzkurve entspricht einer Verschiebung der p-Ebene. Mit $q = p - \sigma_0$ entsteht aus Gl. (1) ein Polynom in q,

$$N_g(p) = N_{g1}(q) = a_n(q+\sigma_0)^n + \ldots + a_1(q+\sigma_0) + a_0$$
$$= a_n' q^n + \ldots + a_1' q + a_0' \ ,$$

das der Prüfung auf absolute Stabilität zu unterwerfen ist.

Wünscht man anstelle der maximalen Abklingzeitkonstanten eine bestimmte Mindestdämpfung, d.h. sollen die Nullstellen von $N_g(p)$ in dem in Bild 7.3b dargestellten Sektor der p-Ebene liegen, so wird die p-Ebene zunächst in eine um den Ursprung gedrehte q-Ebene abgebildet,

$$q = \frac{p}{\alpha}\ , \qquad \alpha = e^{j(\frac{\pi}{2}-\vartheta)} \ .$$

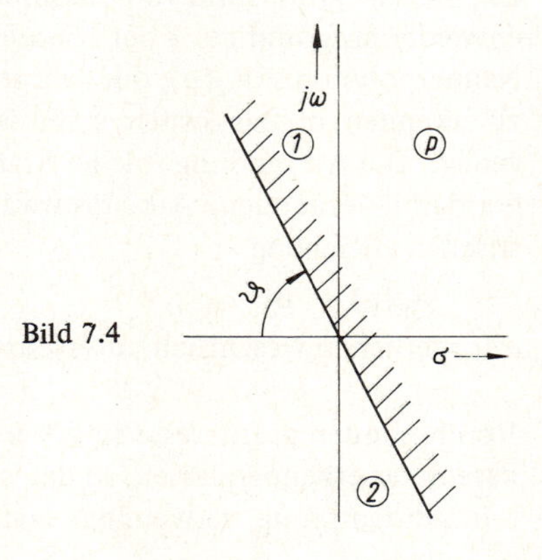

Bild 7.4

Dadurch geht der in Bild 7.4 schraffiert gezeichnete Rand in die imaginäre Achse der q-Ebene über und auf das Polynom

$$N_g(p) = N_{g2}'(q) = a_n \alpha^n q^n + \ldots + a_1 \alpha q + a_0$$

kann das Stabilitätskriterium angewendet werden. Falls das Polynom $N_g(p)$ Nullstellen im Sektor 1 hatte, wird die Stabilitätsbedingung für $N_{g2}'(q)$ verletzt. Dabei wird vorausgesetzt, daß das Polynom $N_g(p)$ keine Nullstellen im Sektor 2 hat; die Bedingung absoluter Stabilität muß natürlich erfüllt sein, bevor die weitergehende Forderung nach relativer Stabilität erhoben werden kann.

Bei der Stabilitätsprüfung von $N_{g2}'(q)$ kommt als Komplikation hinzu, daß die Koeffizienten komplex werden. Aus diesem Grund wird auch die konjugiert komplexe Verdrehung

$$q = \frac{p}{\overline{\alpha}}\ , \qquad \overline{\alpha} = e^{-j(\frac{\pi}{2}-\vartheta)}$$

vorgenommen und das Polynom

$$N_{g2}''(q) = a_n \overline{\alpha}^n q^n + \ldots + a_1 \overline{\alpha} q + a_0$$

gebildet [57]. Auf das Produkt $N_{g2}'(q) \cdot N_{g2}''(q)$, dessen Nullstellen die der beiden Teilpolynome sind, wird dann das Stabilitätskriterium angewendet.

Nach einer Zwischenrechnung erhält man

$$N'_{g2}(q)\,N''_{g2}(q) = a_n^2 q^{2n} + a_n a_{n-1}(\alpha + \bar{\alpha})q^{2n-1} +$$

$$+\left[a_{n-1}^2 + a_n a_{n-2}\left(\alpha^2 + \bar{\alpha}^2\right)\right] q^{2n-2} + \ldots + a_1 a_0(\alpha + \bar{\alpha})q + a_0^2 =$$

$$= a_n^2 q^{2n} + (2 a_n a_{n-1} \sin\vartheta) q^{2n-1} + \left[a_{n-1}^2 - 2 a_n a_{n-2} \cos 2\vartheta\right] q^{2n-2} + \ldots$$

$$\ldots + (2 a_1 a_0 \sin\vartheta) q + a_0^2 \ ,$$

ein Polynom vom Grade $2n$ mit reellen Koeffizienten. Falls dieses Polynom keine Nullstellen in der rechten q-Halbebene hat, liegen die Nullstellen von $N_g(p)$ im vorgeschriebenen Sektor.

Die numerischen Stabilitätskriterien sind für beliebige n gültig; sie haben jedoch den Nachteil, unanschaulich zu sein. Außerdem liefern sie keine Auskunft, wie im Fall der Instabilität einzelne Regelkreis-Parameter verändert werden müssen, um Stabilität zu erreichen oder wie weit man im Fall der Stabilität von der Gefahrenzone entfernt ist. Die zweite Auskunft ist nur durch Variation von ϑ, d.h. durch Absuchen verschiedener Winkelsektoren zu erhalten; der Rechenaufwand ist also beträchtlich. Man wird es deshalb in vielen Fällen vorziehen, mit Hilfe eines Digitalrechners die Gleichung $N_g(p) = 0$ numerisch zu lösen, d.h. die Lage der Nullstellen explizit zu berechnen.

Aus diesem Grunde werden numerische Stabilitätskriterien heute seltener angewendet; sie werden deshalb hier nicht ausführlicher behandelt. Eine genaue Darstellung wird z.B. in [43, 59] gegeben.

Graphische Stabilitätskriterien, die sich entweder auf das charakteristische Polynom oder auf meßbare Ortskurven stützen, sind einfacher in der Anwendung und auch anschaulicher, da sie den Einfluß bestimmter Regelkreis-Parameter unmittelbar erkennen lassen.

7.3. Graphische Stabilitätsprüfung anhand der charakteristischen Gleichung

7.3.1. Phasenintegral

Der Kern aller graphischen Stabilitätskriterien ist der Phasenverlauf von komplexwertigen Übertragungsfunktionen oder Teilen davon. Aus diesem Grund soll eine allgemeine Betrachtung vorangestellt werden.

Gegeben sei eine Funktion $H(p)$, die in einem bestimmten Bereich der p-Ebene einzelne singuläre Stellen haben kann, sonst aber überall stetig und differenzierbar ist. In den meisten Fällen ist $H(p)$ eine rationale Funktion, doch werden später auch bestimmte Exponentialanteile zugelassen.

Damit ist

$$H(p) = |H(p)|\, e^{j\varphi(p)} = \frac{b_m}{a_n} \frac{\prod_1^m (p - q_\mu)}{\prod_1^n (p - p_\nu)} \quad ;$$

p_ν und q_μ sind die ein- oder mehrfachen Pole und Nullstellen. Für die Phase $\varphi(p)$ kann man schreiben

$$\varphi(p) = \sum_1^m \beta_\mu - \sum_1^n \alpha_\nu \ ,$$

wobei

$$\beta_\mu = \arg(p - q_\mu) \ ,$$

$$\alpha_\nu = \arg(p - p_\nu) \ .$$

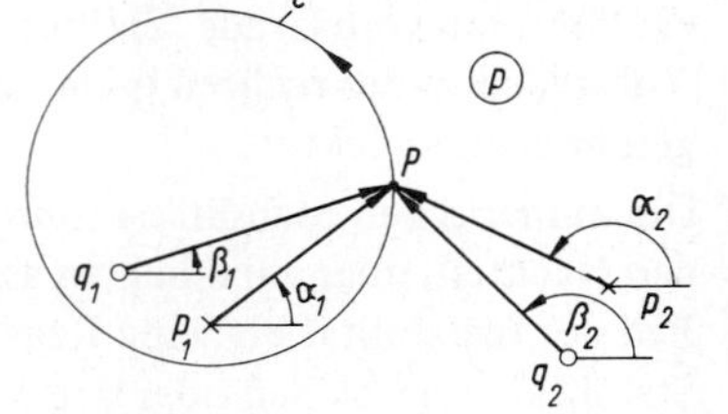

Bild 7.5

In Bild 7.5 sind die Linearfaktoren des Zählers und Nenners in der p-Ebene skizziert. Ändert sich p in positivem Sinne längs einer einfach geschlossenen Kurve C, die einen Teil der Nullstellen und Pole umfaßt, so wird die gesamte Phasendrehung

$$\oint^C d\varphi = \sum_1^m \oint d\beta_\mu - \sum_1^n \oint d\alpha_\nu \ .$$

Bei einem geschlossenen Umlauf liefern nur die umfahrenen Nullstellen und Pole einen Beitrag; somit ist

$$\oint^C d\varphi = \sum_{\mu=1}^{K_0} \oint d\beta_\mu - \sum_{\nu=1}^{K_p} \oint d\alpha_\nu = 2\pi(K_0 - K_p).$$

Dabei ist K_0, K_p die Zahl der durch C eingeschlossenen Nullstellen bzw. Pole; mehrfache Nullstellen und Pole zählen dabei gemäß ihrer Vielfachheit. Dieses Ergebnis läßt sich auch mit dem Residuensatz der Funktionentheorie beweisen.

Man kann $\oint^C d\varphi$ als Phasenintegral von $H(p)$ bezüglich der Randkurve C bezeichnen.

Bei einem Regelkreis, dessen Struktur und Parameter vollständig bekannt sind, wird man für Stabilitätsuntersuchungen von der charakteristischen Gleichung

$$N_g(p) = 0$$

ausgehen. Man erhält diese Gleichung am einfachsten durch Berechnung der Übertragungsfunktion des geschlossenen Kreises. Z.B. gilt für das in Bild 7.6 gezeichnete Blockschaltbild

$$F_g(p) = \frac{X_2}{X_1}(p) = \frac{F_0(p)}{1 + F_0 F_1(p)} \ ,$$

oder mit

$$F_0 = \frac{Z_0(p)}{N_0(p)}\,, \qquad F_1 = \frac{Z_1(p)}{N_1(p)}\,,$$

$$F_g = \frac{Z_0 N_1}{Z_0 Z_1 + N_0 N_1} = \frac{Z_g(p)}{N_g(p)}\,.$$

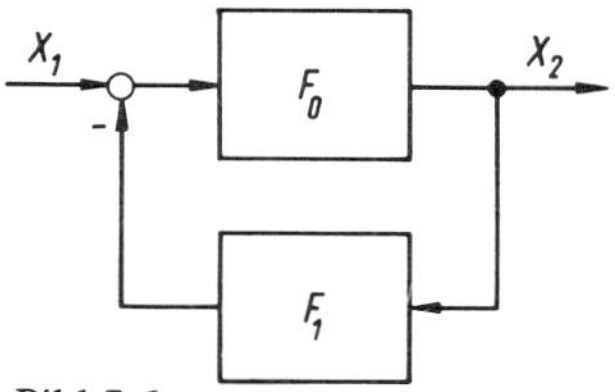

Bild 7.6

Die charakteristische Gleichung des geschlossenen Kreises lautet also

$$N_g(p) = Z_0 Z_1 + N_0 N_1 = 0\,.$$

7.3.2. $N_g(p)$ ist Polynom

In den meisten Fällen ist $F_g(p)$ eine rationale Funktion, d.h. $N_g(p)$ ein Polynom. Wendet man nun die Überlegungen zum Phasenintegral auf die Funktion

$$H(p) \equiv N_g(p) = a_n p^n + \ldots + a_1 p + a_0$$

und die in Bild 7.7 gezeichnete halbkreisförmige Randkurve C an, so gilt wegen des negativen Umlaufsinnes

$$^{c}\oint d\varphi = -\oint d\varphi = -2\pi(K_0 - K_p)\,.$$

Da $N_g(p)$ ein Polynom ist, gibt es keine Pole in der endlichen p-Ebene, $K_p = 0$. Damit ist die Zahl der Nullstellen im umfahrenen Bereich

$$K_0 = -\frac{1}{2\pi}\oint d\varphi\,.$$

Für $R \to \infty$ wird der Halbkreis C auf die ganze rechte Halbebene aufgeweitet, so daß K_0 gleich der Anzahl i der instabilen Eigenwerte in der rechten Hälfte der p-Ebene wird.

Die Integration wird in zwei Abschnitten ausgeführt,

$$\oint d\varphi = \curvearrowright\!\!\int d\varphi + \uparrow\!\int d\varphi\,.$$

Der Beitrag auf dem großen Halbkreis liefert mit $p = R\,e^{j\rho}$, $R \to \infty$ wegen

$$N_g(p)\Big|_{R\to\infty} \to a_n R^n e^{jn\rho}$$

den Wert

$$\curvearrowright\!\!\int d\varphi = n\int_{\pi/2}^{-\pi/2} d\rho = -n\pi\,,$$

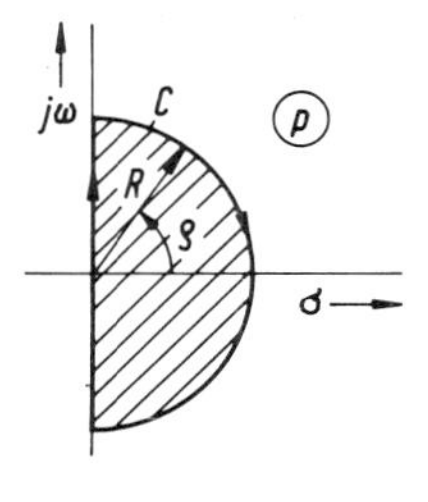

Bild 7.7

während der Beitrag auf der imaginären Achse wegen der reellen Koeffizienten a_ν auf die positive imaginäre p-Achse (reelle Frequenzachse) reduziert werden kann,

$$\uparrow\int d\varphi = \int_{p=-j\infty}^{j\infty} d\varphi = 2\int_{\omega=0}^{\infty} d\varphi = 2\,\Delta\varphi\ .$$

$\Delta\varphi$ ist dabei die gesamte Phasendrehung der Ortskurve $N_g(j\omega)$ von $\omega = 0$ bis ∞. Damit folgt die Anzahl der instabilen Eigenwerte

$$K_0 = i = \frac{n}{2} - \frac{\Delta\varphi}{\pi}$$

aus dem Grad n und der Phasendrehung $\Delta\varphi$ der Ortskurve $N_g(j\omega)$. Das gleiche Ergebnis wurde in Abschnitt 5.1.2 auf andere Weise abgeleitet. Dort wurden auch Möglichkeiten diskutiert, die Phasendrehung der Ortskurve (Umschlingungswinkel) zu bestimmen, ohne die Ortskurve selbst zu berechnen.

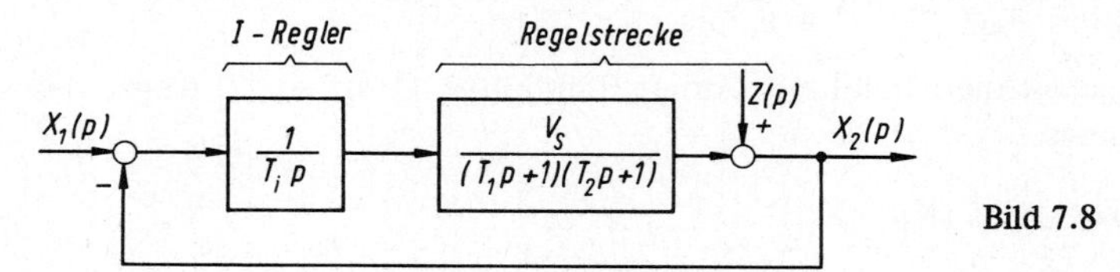

Bild 7.8

Anhand eines ganz einfachen Beispiels soll die Anwendung dieses Kriteriums gezeigt werden. In Bild 7.8 ist ein Regelkreis dargestellt, der ein Verzögerungsglied 2. Ordnung als Regelstrecke und einen Integralregler enthält. Der Regler hat die Aufgabe, den Einfluß der Störgröße z(t) zu beseitigen, so daß im stationären Zustand $x_2 = x_1$ gilt. Die Übertragungsfunktion des Meßgliedes ist dabei Eins gesetzt (oder in der Übertragungsfunktion der Regelstrecke enthalten; in diesem Falle ist $x_2(t)$ der dem Meßglied entnommene „Istwert").

Die Übertragungsfunktion des geschlossenen Kreises lautet mit $F_1 = 1$, d.h. $F_0 = F_k$

$$F_g(p) = \frac{X_2}{X_1}(p) = \frac{F_k}{1+F_k} = \frac{\dfrac{V_s}{T_i p(T_1 p+1)(T_2 p+1)}}{1+\dfrac{V_s}{T_i p(T_1 p+1)(T_2 p+1)}} =$$

$$= \frac{V_s}{T_i p(T_1 p+1)(T_2 p+1)+V_s} = \frac{V_s}{N_g(p)}\ .$$

Das charakteristische Polynom hat somit die Form

$$N_g(p) = T_i T_1 T_2 p^3 + T_i(T_1 + T_2)p^2 + T_i p + V_s\ .$$

Dabei ist die Integrierzeit T_i noch unbestimmt.

Die Ortskurve $N_g(j\omega)$ muß, um die für $i = 0$ erforderliche Phasendrehung $\Delta\varphi = 3\pi/2$ aufzuweisen, den in Bild 7.9 skizzierten Verlauf haben. Die Schnittfrequenzen folgen aus

$$\mathrm{Re}\ N_g(j\omega_1) = a_0 - a_2\omega_1^2 = 0$$

$$\mathrm{Im}\ N_g(j\omega_2) = \omega_2\left(a_1 - a_3\omega_2^2\right) = 0$$

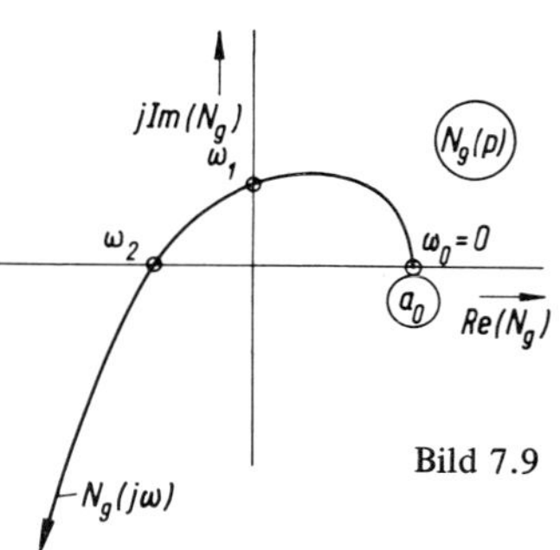

Bild 7.9

zu

$$\omega_1^2 = \frac{a_0}{a_2}, \qquad \omega_2^2 = \frac{a_1}{a_3}.$$

Die Stabilitätsbedingung lautet also, neben $a_0, a_1, a_2, a_3 > 0$,

$$\omega_1 < \omega_2 \qquad \text{oder} \qquad a_0 a_3 < a_1 a_2 .$$

Mit den vorher berechneten Koeffizienten folgt daraus

$$V_s T_i T_1 T_2 < T_i^2 (T_1 + T_2) ,$$

oder, nach T_i aufgelöst,

$$T_i > T_{i\,min} = V_s \frac{T_1 T_2}{T_1 + T_2} .$$

Die mit der Kreisverstärkung normierte Integrierzeit $T_{ik} = T_i/V_s$ wird manchmal auch Kreis-Integrierzeit genannt.

Bei der Wahl $T_i = T_{i\,min}$ befindet sich das System an der Stabilitätsgrenze. Es ist damit natürlich noch nicht brauchbar. Um ausreichende Dämpfung zu erhalten, muß T_i größer gewählt werden, z.B. $T_i = (2 \div 4)\,T_{i\,min}$.

Das Stabilitätskriterium läßt sich auch bei vorgeschriebener Minimaldämpfung verwenden. Hierfür wird der in Bild 7.10 skizzierte Sperrbereich für Eigenwerte definiert, der für $R \to \infty$ gerade den linken Sektor offenläßt. Ein dem vorigen analoger Ansatz für das Phasenintegral längs der Randkurve C liefert als Anzahl i der Eigenwerte im Sperrbereich den Wert

$$i = n\left(1 - \frac{\vartheta}{\pi}\right) - \frac{1}{\pi}\left(\nwarrow\int_{R=0}^{\infty} d\varphi\right).$$

Dabei ist $\nwarrow\int_{R=0}^{\infty} d\varphi$ die Phasendrehung der Ortskurve $N_g(p)$ für den Fahrstrahl

$$p = Re^{j(\pi-\vartheta)}, \qquad 0 \leqslant R < \infty .$$

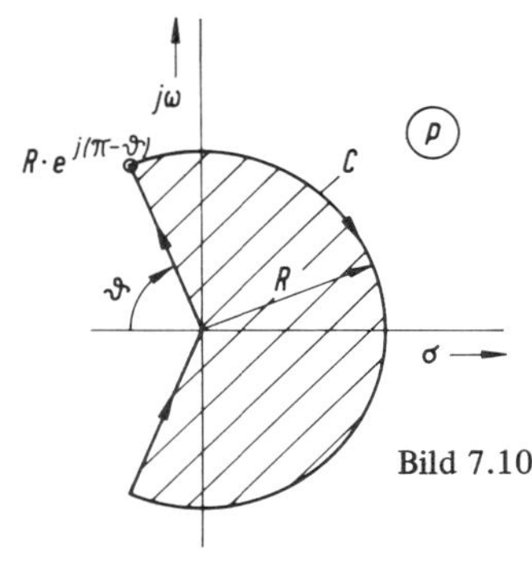

Bild 7.10

Falls alle Eigenwerte in dem links ausgesparten Sektor liegen sollen (i = 0), muß somit gelten

$$\curvearrowleft \int_{R=0}^{\infty} d\varphi = n(\pi - \vartheta) \quad .$$

Für $\vartheta = \pi/2$ geht diese Bedingung in jene für absolute Stabilität über.

Da es für die Prüfung der Dämpfung notwendig ist, die Phasendrehung der Ortskurve bei den komplexen Werten von $p = Re^{j(\pi-\vartheta)}$ zu berechnen, verliert das Ortskurvenverfahren seine ursprüngliche Einfachheit. Eine Messung der Ortskurve für komplexe Werte von p ist nicht möglich.

7.3.3. $N_g(p)$ ist eine spezielle ganze Funktion

Es wurde vorher bereits darauf hingewiesen, daß das besprochene graphische Stabilitätskriterium auch bei bestimmten transzendenten Funktionen anwendbar ist.

Bei einem Regelkreis, der ein Laufzeitglied enthält, kann der Nenner der Übertragungsfunktion des geschlossenen Kreises z.B. folgende Form haben:

$$N_g(p) = \sum_{\nu=0}^{n} a_\nu p^\nu + e^{-T_L p} \sum_{\mu=0}^{m} b_\mu p^\mu, \qquad m < n \; .$$

Hier handelt es sich, ebenso wie bei einem rationalen Polynom, um eine „ganze Funktion“, die in der gesamten endlichen p-Ebene keine Pole aufweist. Dagegen hat diese Funktion wegen der Periodizität des Exponentialanteils unendlich viele Nullstellen. Das zugehörige System ist wieder nur dann stabil, wenn keine dieser Nullstellen in der rechten p-Halbebene liegt.

Für die Stabilitätsprüfung wird wieder der Integrationsweg C von Bild 7.7 verwendet, der für $R \to \infty$ die rechte Halbebene zum Sperrgebiet erklärt. Die Integration der Phasenänderung erfolgt auch hier in zwei Abschnitten. Auf dem großen Halbkreis rechts verschwindet wegen $|e^{-T_L p}| = e^{-T_L \sigma}$ und $m < n$ der Exponentialterm und die Funktion strebt wie vorher der Asymptote

$$N_g(p)\Big|_{R\to\infty} \to a_n p^n$$

zu. Somit gilt wieder

$$\curvearrowright \int d\varphi = -n\pi \; .$$

Da $N_g(p)$ keine Pole im Endlichen hat, $K_p = 0$, kann die Stabilitätsbedingung von Abschnitt 7.3.2 unverändert übernommen werden. Das System ist also nur dann stabil, i = 0, wenn die Ortskurve $N_g(j\omega)$ für $0 \leqslant \omega < \infty$ den Winkel $\Delta\varphi = n\,\frac{\pi}{2}$ überstreicht.

Auch dieser Fall soll an einem Beispiel erläutert werden. Bild 7.11 zeigt einen Elementar-Regelkreis, bei dem eine Laufzeitstrecke mit einem Integralregler geregelt wird. Auch hier soll die Integrierzeitkonstante T_{imin} im Stabilitätsgrenzfall bestimmt werden.

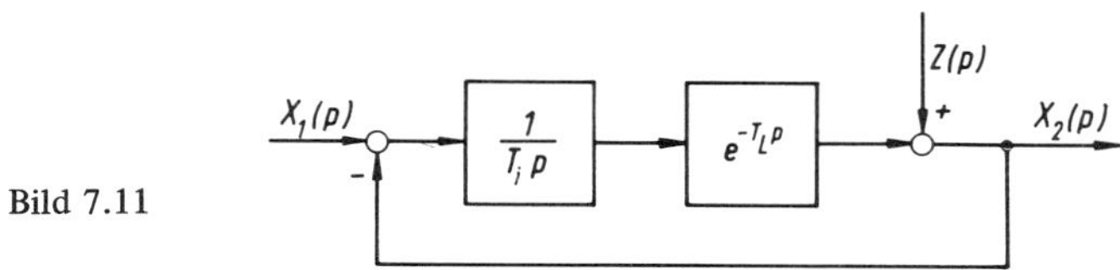

Bild 7.11

Die Übertragungsfunktion des geschlossenen Kreises ist

$$F_g(p) = \frac{X_2}{X_1}(p) = \frac{e^{-T_L p}}{T_i p + e^{-T_L p}} \quad ; \quad \text{somit wird}$$

$$N_g(p) = T_i p + e^{-T_L p} \quad .$$

Die Ortskurve $N_g(j\omega)$ läßt sich auf einfache Weise konstruieren. Der erste Anteil entspricht der linear mit ω bezifferten imaginären Achse, der zweite Beitrag dem periodisch durchlaufenen Einheitskreis. Insgesamt ergibt sich also eine Zykloide längs der imaginären Achse, die in Bild 7.12 für zwei verschiedene Werte der Integrierzeit skizziert ist. Im Fall a) gilt $\Delta\varphi = \pi/2$, oder wegen $n = 1$: $i = 0$; das System ist also stabil. Im Fall b) ist $\Delta\varphi = -3\pi/2$, $i = 2$; da zwei Eigenwerte rechts der imaginären Achse liegen, ist der Regelkreis instabil. Eine genauere Untersuchung zeigt, daß eine angefachte Schwingung entsteht, deren Kreisfrequenz wegen der Nachbarschaft des kritischen Punktes in der Nähe von ω_1 liegt.

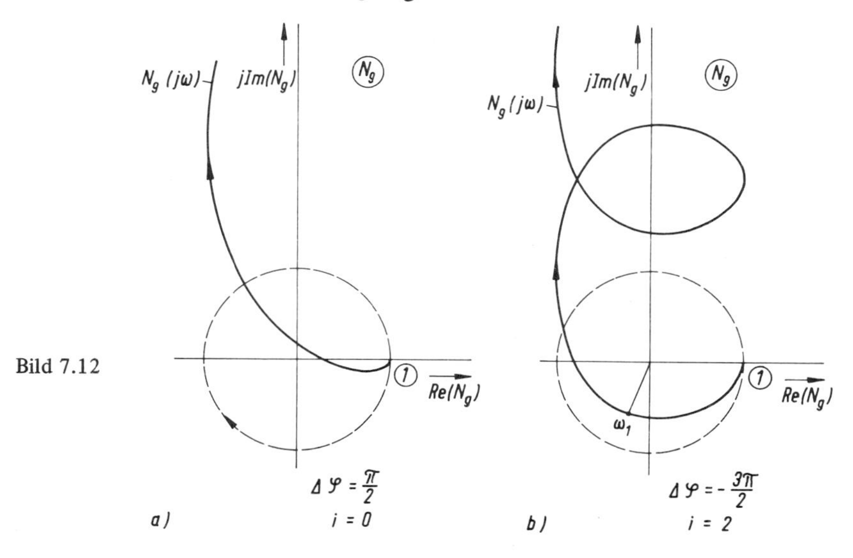

Bild 7.12

Der Stabilitätsgrenzfall läßt sich auf einfache Weise bestimmen, wenn man den Zustand betrachtet, in dem die Ortskurve bei der Kreisfrequenz ω_0 durch den Ursprung läuft,

$$N_g(j\omega_0) = j\omega_0 T_i + e^{-j\omega_0 T_L} = 0 \ .$$

Diese Gleichung kann nur erfüllt werden, wenn der Exponentialanteil negativ imaginär ist, d.h. $\omega_0 T_L = \pi/2$ oder $\omega_0 = \pi/2T_L$.

Aus der Betragsbedingung folgt dann

$$\frac{\pi}{2} \cdot \frac{T_i}{T_L} = 1 \ .$$

Die Stabilitätsbedingung lautet also

$$T_i > T_{i\,min} = \frac{2}{\pi} T_L \ .$$

Die Erweiterung auf vorgegebene Mindestdämpfung ist im Prinzip auch hier möglich. Die Ortskurve $N_g(p)$ für $p = Re^{j(\pi-\vartheta)}$ und veränderliches R entsteht als Überlagerung einer Geraden und einer logarithmischen Spirale. Die Konstruktion ist jedoch ziemlich umständlich, deshalb soll hier darauf verzichtet werden.

Bei Regelkreisen mit Laufzeitgliedern ist man fast immer auf Näherungen angewiesen; wegen der unendlich vielen Eigenwerte ist eine Beschränkung auf die dominierenden unumgänglich. Es ist jedoch notwendig, sich zu vergewissern, daß die übrigen Anteile den Dämpfungsforderungen entsprechen.

7.4. Stabilitätsprüfung anhand der Ortskurve des Kreisfrequenzganges (Nyquist)

Dieses Verfahren unterscheidet sich von den vorher behandelten, da die zu untersuchende Funktion nun auch graphisch, etwa als gemessene Ortskurve, gegeben sein kann. Bild 7.13 zeigt ein Blockschaltbild des betrachteten Regelkreises. Dabei ist $F_k(p) = X_2/X_3(p)$ die rationale oder transzendente Kreisübertragungsfunktion (Übertragungsfunktion des aufgeschnittenen Kreises); die Übertragungsfunktionen von Regler und Regelstrecke einschließlich des Meßgliedes sind in F_k enthalten.

Die Übertragungsfunktion des geschlossenen Kreises ist damit

$$F_g(p) = \frac{X_2}{X_1}(p) = \frac{F_k}{1 + F_k} \ ; \qquad (1)$$

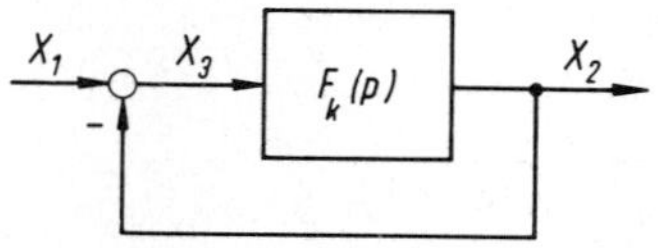

Bild 7.13

F_g ist also durch F_k vollständig bestimmt.

Die Pole von $F_g(p)$ müssen sämtlich in der linken p-Halbebene liegen, um Stabilität des Systems zu sichern.

Beim Entwurf eines Reglers oder des Gegenkopplungsnetzwerkes für einen Verstärker kann es vorteilhaft sein, das Problem in folgender Weise zu formulieren:
Wie muß die Ortskurve $F_k(j\omega)$ beschaffen sein, damit der Regelkreis stabil und hinreichend gut gedämpft ist?
Gemäß Gl. (1) sind die Pole von $F_g(p)$ identisch mit den Nullstellen von $1 + F_k(p)$; die Pole von $F_k(p)$ sind keine Pole von $F_g(p)$. Die Stabilität wird also durch die Nullstellen der Funktion

$$H(p) = |H(p)| e^{j\varphi(p)} = 1 + F_k(p)$$

bestimmt. Dabei ist jedoch zu beachten, daß F_k möglicherweise nur als Ortskurve $F_k(j\omega)$ vorliegt, während der analytische Ausdruck nicht oder nur teilweise bekannt ist. Für die Funktion $H(p)$ wird nun wieder das Phasenintegral bei einem Umlauf gemäß Bild 7.7 gebildet, der für $R \to \infty$ die gesamte rechte p-Halbebene umfaßt,

$$\frac{1}{2\pi} \oint d\varphi = K_p - K_0 \quad .$$

Der Integrationsweg wird wie vorher in zwei Teile aufgespalten,

$$\oint d\varphi = \curvearrowright\!\!\int d\varphi + \uparrow \int d\varphi \quad .$$

Bei allen praktisch vorkommenden und realisierbaren Funktionen gilt $(m \leqslant n)$

$$\lim_{p \to \infty} F_k(p) = F_k(\infty) = \text{const.},$$

wobei in den meisten Fällen $F_k(\infty) = 0$ ist.
Dies bedeutet einfach, daß keine bei hohen Frequenzen unbegrenzt zunehmende Übertragungsfunktion verwirklicht werden kann. Damit wird aber für $R \to \infty$ der gesamte Halbkreis in einen Punkt $H(\infty) = 1 + F_k(\infty)$ abgebildet; der zugehörige Phasenbeitrag ist Null,

$$\curvearrowright\!\!\int d\varphi = 0 \quad .$$

Verwirklichbare Übertragungsfunktionen haben stets reelle Koeffizienten. Damit wird $H(\overline{j\omega}) = \overline{H(j\omega)}$, d.h. die Ortskurven für positive und (physikalisch nicht sinnvolle) negative Frequenzen sind konjugiert komplex. Daraus folgt

$$\int_{p=-j\infty}^{j\infty} d\varphi = 2 \int_{p=0}^{p=j\infty} d\varphi = 2 \int_{\omega=0}^{\infty} d\varphi = 2\Delta\varphi \quad .$$

$\Delta\varphi$ ist wieder die gesamte Phasendrehung der Ortskurve $H(j\omega)$ von $\omega = 0$ bis $\omega \to \infty$.

Damit lautet die Phasenbilanz

$$K_p - K_0 = \frac{1}{2\pi} \oint d\varphi = \frac{\Delta\varphi}{\pi} \, .$$

Im folgenden wird zunächst angenommen, daß der offene Kreis stabil ist, d.h.,daß in der rechten Halbebene keine Pole von $F_k(p)$ liegen. Da die Pole von $H(p)$ wegen $H = 1 + F_k$ mit denen von $F_k(p)$ identisch sind, hat dann auch $H(p)$ keine Pole rechts; somit $K_p = 0$.
Die Stabilitätsbedingung lautet also

$$K_0 = -\frac{\Delta\varphi}{\pi} \overset{!}{=} 0 \ .$$

Die Phasendrehung der Ortskurve $H(j\omega) = 1 + F_k(j\omega)$ zwischen $\omega = 0$ und ∞ muß also insgesamt Null sein, wenn der geschlossene Regelkreis stabil sein soll. Da die F_k- und die $H = (1 + F_k)$-Ebenen durch einfache Verschiebung auseinander hervorgehen (Bild 7.14a, b), läßt sich diese Bedingung auch sofort für $F_k(j\omega)$ formulieren [58]:

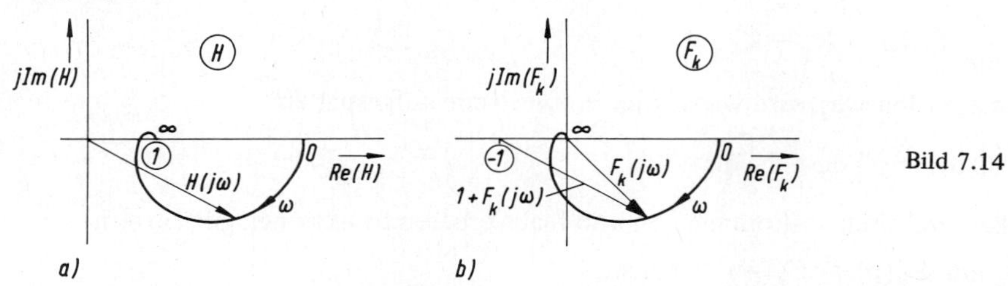

Bild 7.14

Ein im offenen Zustand stabiles Übertragungssystem mit der Kreisübertragungsfunktion $F_k(p)$ (Bild 7.13) ist auch im geschlossenen Zustand stabil, wenn der vom Punkt $F_k = -1$ an die Ortskurve gelegte Fahrstrahl $1 + F_k(j\omega)$ zwischen $\omega = 0$ und ∞ den Gesamtwinkel $\int\limits_{\omega=0}^{\infty} d\varphi = 0$ überstreicht .

Weitere, nicht immer eindeutige Fassungen dieses sogenannten Nyquist-Kriteriums lauten z.B.:

> Die Ortskurve $F_k(j\omega)$ darf den Punkt -1 nicht umschlingen,
> oder
> der Punkt -1 muß außerhalb der $F_k(j\omega)$-Ortskurve liegen.

Es genügt also, z.B. den gemessenen Verlauf der Ortskurve zu kennen; die Kenntnis der Funktion $F_k(p)$ selbst ist nicht erforderlich.

7.5. Beispiele zum Nyquist-Kriterium, Sonderfälle

7.5.1. Proportional wirkender Kreis

In Bild 7.15 ist die Ortskurve des Kreisfrequenzganges $F_{k1}(j\omega)$ eines proportional wirkenden Regelkreises skizziert. Der Drehwinkel des Fahrstrahls $1 + F_{k1}(j\omega)$ ist Null, d.h. $K_0 = 0$; das geschlossene System ist also stabil.

Erhöht man nun die Verstärkung des Reglers, $F_{k2} = V F_{k1}$, so wird die Ortskurve mit V gedehnt; wird dabei V zu groß gewählt, so entsteht der gestrichelt gezeichnete Fall, wobei $\Delta\varphi = -2\pi$, d.h. $K_0 = 2$. Der geschlossene Kreis hat also zwei instabile Eigenwerte. Im vorliegenden Beispiel sind diese Eigenwerte konjugiert komplex, so daß eine angefachte Schwingung entsteht, die zwar schließlich durch irgendeine Übersteuerung (Nichtlinearität) in der Amplitude begrenzt wird, aber die Regelung unbrauchbar macht.

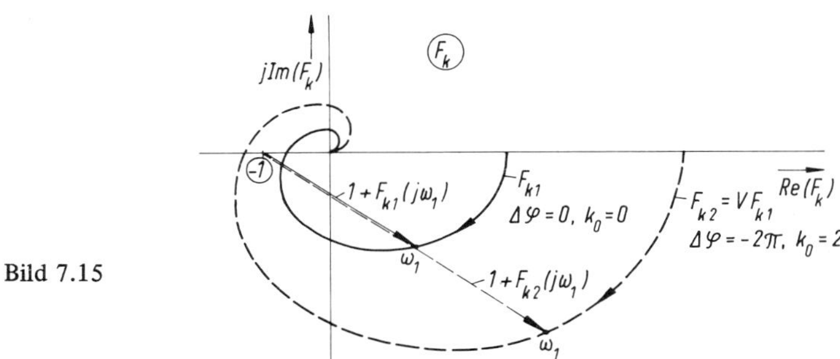

Bild 7.15

7.5.2. Integrierender Kreis

Der offene Regelkreis hat häufig infolge eines in der Strecke oder im Regler enthaltenen Integrators integrierende Wirkung, z.B. Bild 7.8. Falls nicht zufällig gleichzeitig ein differenzierender Einfluß vorhanden ist, hat dann die Kreisübertragungsfunktion einen Pol bei $p = 0$, so daß die Ortskurve im Unendlichen beginnt; die Phasendrehung wird damit unbestimmt. Um diese Schwierigkeit zu vermeiden, wird der Integrationsweg C gemäß Bild 7.16 verformt. Dabei wird der Pol bei $p = 0$ mit einem kleinen Halbkreis rechts umgangen, so daß auch für die neue Randkurve wieder $K_p = 0$ gilt.

Der zu dem kleinen Halbkreis gehörige Ortskurventeil wird durch eine Reihenentwicklung abgeschätzt. Bei einem einfachen Pol gilt für $p \approx 0$ ja als Teil einer Partialbruchreihe

$$F_k = \frac{k_1}{p} + \text{Rest (endlich bei } p = 0\text{)};$$

mit

$$p = r e^{j\rho}, \qquad r \to 0$$

erhält man

$$F_k = \frac{k_1}{r} e^{-j\rho} + \text{Rest},$$

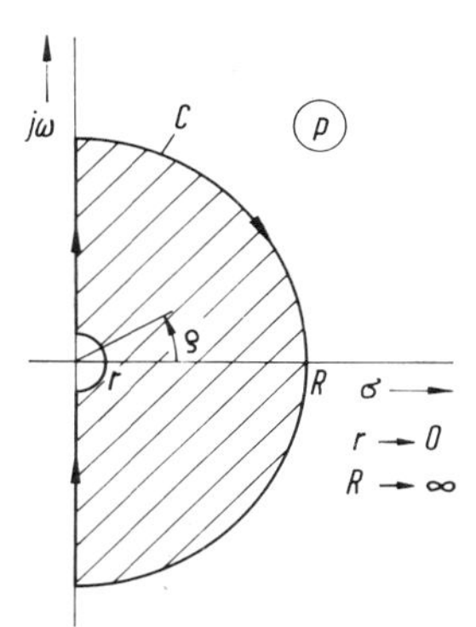

Bild 7.16

entsprechend einem großen Halbkreis in der F_k-Ebene, der in negativem Sinn durchlaufen wird. In Bild 7.17 ist die Ortskurve für $F_k(j\omega)$ bei $p \approx 0$ durch das Bild des kleinen Umgehungsbogens $(0 < \rho < \pi/2)$ ergänzt, so daß eine eindeutige Bestimmung der Phasendrehung möglich ist. Die untere Hälfte des Integrationsweges geht wieder in die konjugiert komplexe Ortskurve über.

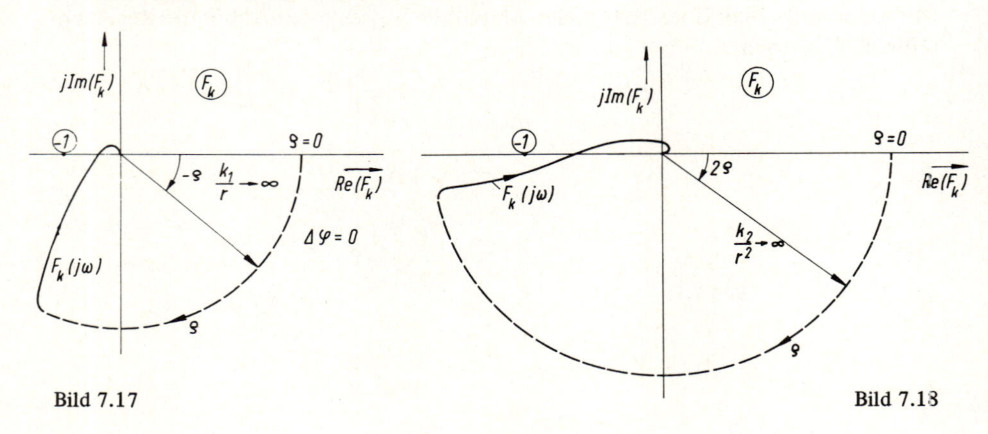

Bild 7.17

Bild 7.18

Im gezeichneten Fall ist $\Delta\varphi = 0$, d.h. der geschlossene Regelkreis ist stabil. Entsprechend wird bei einem Mehrfachpol bei $p = 0$ verfahren. Ein Doppelpol kommt manchmal vor, wenn eine integrierende Regelstrecke aus Gründen der Genauigkeit durch einen Regler mit Integralanteil geregelt werden soll. Der kleine Kreisbogen des in Bild 7.16 skizzierten Integrationsweges wird dann für $0 < \rho < \pi/2$ in einen großen Halbkreis abgebildet, mit dem die Ortskurve im Unendlichen fortgesetzt zu denken ist. Bild 7.18 zeigt ein solches Beispiel, ebenfalls für einen stabilen Fall. Bei übermäßiger Erhöhung der Verstärkung wird der Regelkreis instabil; der Grenzfall liegt vor, wenn die Ortskurve die reelle Achse im Punkt $F_k = -1$ schneidet.

7.5.3. Bedingt stabile Regelung

Manchmal läßt es sich wegen der Eigenschaften der Regelstrecke nicht vermeiden, daß die $F_k(j\omega)$-Ortskurve die negative reelle Achse mehrmals schneidet. Bild 7.19 zeigt einen Ausschnitt aus einer solchen Ortskurve. Die Verhältnisse bei verschiedener Verstärkung lassen sich am einfachsten beurteilen, wenn man sich den Maßstab der F_k-Ebene veränderlich denkt. Die Ortskurve bleibt dann erhalten, während sich der Punkt $F_k = -1$ verschiebt. Bei niedriger Kreisverstärkung (a) ist $\Delta\varphi = 0$, das System ist stabil; bei Erhöhung der Verstärkung (b) ist $\Delta\varphi = -2\pi$, $K_0 = 2$, was Instabilität anzeigt. Bei weiterer Verstärkungserhöhung (c) wird der Kreis wieder stabil, um dann bei (d) endgültig instabil zu werden. Die Selbsterregung im Falle (d) würde mit einer wesentlich höheren Frequenz erfolgen als bei (b). Bei Betrieb mit der zu (c) gehörigen Verstärkung beobachtet man also das Kuriosum, daß Instabilität nicht nur bei einer Erhöhung der Kreisverstärkung eintritt, was als normal anzusehen ist, sondern auch bei Absenkung der Verstärkung. Nach *Bode* bezeichnet man ein solches System als *bedingt* stabil.

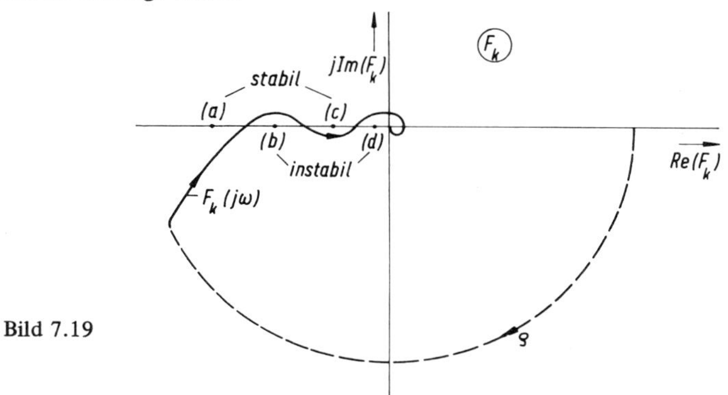

Bild 7.19

7.5.4. Instabilität im offenen Kreis

Schließlich ist noch der vorher ausgeklammerte Sonderfall nachzutragen, daß der offene Kreis für sich instabil ist und durch einen Regelkreis stabilisiert werden soll. Auch dies kommt gelegentlich vor; einige Beispiele werden anschließend diskutiert. Falls F_k und damit $H = 1 + F_k$ Pole in der rechten Halbebene hat, ist $K_p \neq 0$. Damit lautet die in Abschnitt 7.4 abgeleitete Stabilitätsbedingung

$$K_0 = K_p - \frac{\Delta\varphi}{\pi} \stackrel{!}{=} 0$$

oder

$$\Delta\varphi = K_p\pi \ .$$

Der Fahrstrahl vom Punkt -1 zur Ortskurve muß sich also zwischen $\omega = 0$ und ∞ gerade um den Winkel $K_p\pi$ drehen, um Stabilität des geschlossenen Kreises zu sichern. Zur Beurteilung der Stabilität ist also die Kenntnis von K_p erforderlich.

Dieses Ergebnis wird an einigen Beispielen erläutert. Bild 7.20a zeigt einen Elektromagneten, unter dem ein Eisenkörper schwebend aufgehängt werden soll. f_m ist die magnetische Hubkraft, G das Gewicht und x der Abstand des Eisenkörpers von einem festen Bezugspunkt. Bei $x = L$ liegt der Eisenkörper am Magneten an. Die gestellte Aufgabe ist nur mit einer Regelung lösbar, da sich, wie an den Kennlinien in

Bild 7.20b zu sehen und aus der Erfahrung bekannt ist, bei festem Erregerstrom kein stabiler Zustand einstellt. Der Eisenkörper wird bei kleinen Auslenkungen aus der labilen Gleichgewichtslage x_0 entweder an den Magneten herangezogen oder er fällt nach unten.

Anwendungen gibt es z. B. bei magnetischen Lagern oder Schwebefahrzeugen.

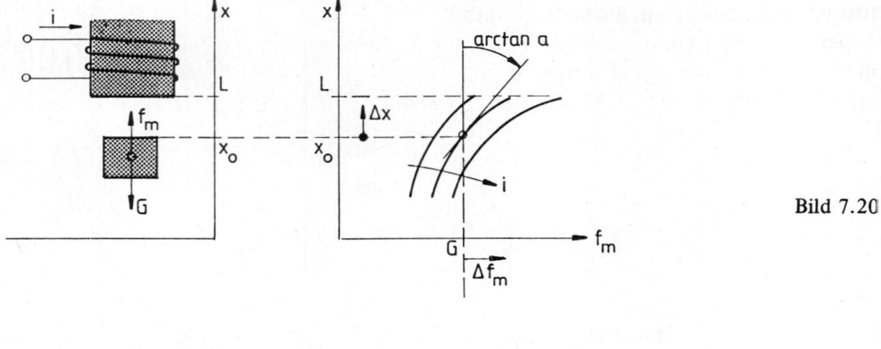

Bild 7.20

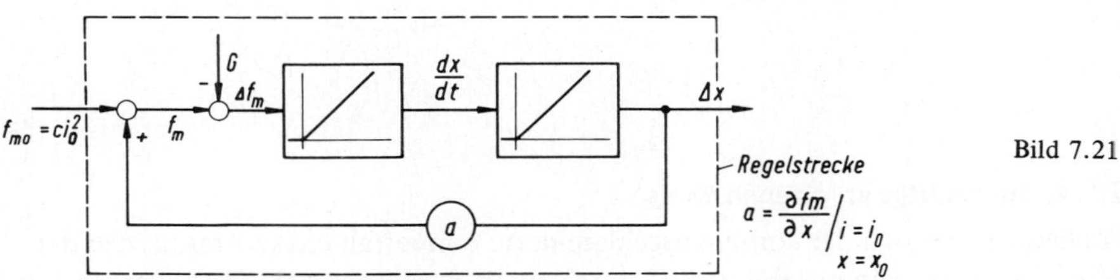

Bild 7.21

Für kleine Auslenkungen und unter verschiedenen Vereinfachungen gilt für die Bewegung des Eisenkörpers das in Bild 7.21 gezeichnete Blockschaltbild. Da die Eingangsgröße eine Kraft, d.h. eine Beschleunigung, und die Ausgangsgröße eine Lage ist, liegt eine doppelte Integration vor (Abschnitt 3.3.3); außerdem ist die Lageabhängigkeit der Hubkraft als Mitkopplung wirksam.

Nach einer passenden Normierung läßt sich die Übertragungsfunktion des in Bild 7.21 als Regelstrecke bezeichneten Gebildes in folgender Form schreiben:

$$\frac{X}{F_{m0}}(p) = \frac{V}{(Tp + 1)(Tp - 1)} \ .$$

Man erhält also ein instabiles System mit zwei symmetrisch zur imaginären Achse liegenden reellen Polen; also ist $K_p = 1$.

Diese Regelstrecke wird nun durch Vorschaltung eines Reglers und eines Stellgliedes zu einem Lage-Regelkreis ergänzt. Dabei wird dem Reglereingang die Abweichung der Lage x von einem vorgegebenen Sollwert x_s zugeführt; der Regler erzeugt daraus eine Korrekturgröße, die über ein Stellglied den Erregerstrom i entsprechend steuert.

Bei Verwendung eines Reglers mit geeignetem dynamischen Verhalten (PID-Regler, Abschnitt 14.1) erhält man die in Bild 7.22 skizzierte Ortskurve des Kreisfrequenzganges $F_k(j\omega)$. Die Phasendrehung des Fahrstrahls von Punkt -1 an die Ortskurve hat nur dann den von der Stabilitätsbedingung geforderten Wert $\Delta\varphi = \pi$, wenn der Punkt -1 im Bereich (b) ist; bei Erhöhung der Verstärkung (c) beginnt der Eisenkörper mit einer hohen Frequenz zu schwingen und auch bei Verstärkungs-Absenkung tritt Instabilität ein. Dies überrascht nicht, da die Strecke ja auch ohne Regler ($V_k \to 0$) instabil war. Die instabile Regelstrecke liefert also einen bedingt stabilen Regelkreis.

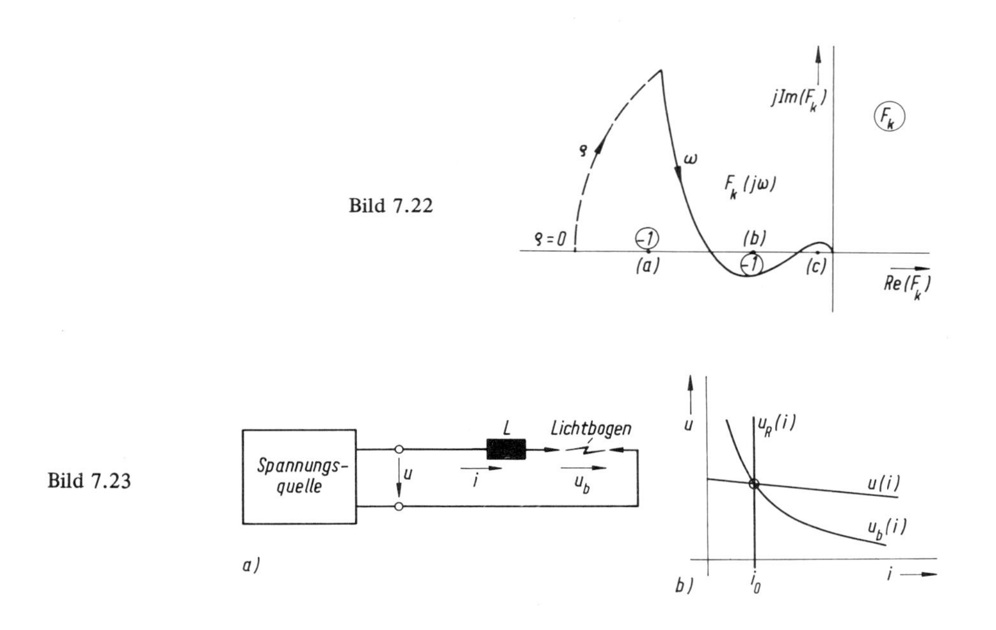

Bild 7.22

Bild 7.23

In Bild 7.23 ist ein anderes Beispiel einer instabilen Regelstrecke, die Stromregelung eines Gleichstrom-Lichtbogens, gezeigt. Wegen der fallenden Lichtbogenkennlinie $u_b(i)$ ist der Betriebspunkt i_0 bei Speisung aus einer Spannungsquelle mit einem geringen Innenwiderstand nicht stabil. Die Übertragungsfunktion $\frac{I}{U}$ (p) enthält wieder einen positiven reellen Pol, dessen Lage durch die Neigung der Kennlinien $u_b(i)$, $u(i)$ und die Induktivität L bestimmt ist. Der Betriebspunkt kann entweder durch einen großen Vorwiderstand mit entsprechenden Leistungsverlusten oder durch eine Stromregelung stabilisiert werden. Die Spannungsquelle mit Stromregelung hat dann die Kennlinie $u_R(i)$, d.h. sie liefert einen eingeprägten Strom.

Bild 7.24 zeigt schließlich das Prinzip eines thermisch instabilen chemischen Reaktors. ϑ sei die mittlere Reaktortemperatur und $Q_i(\vartheta)$ der bei einer temperaturabhängigen exothermen Reaktion freiwerdende Wärmefluß, der durch eine Kühleinrichtung aus dem Reaktor entfernt wird. Q_0 ist der bei konstantem Kühlwasserdurchsatz abgeführte Wärmefluß.

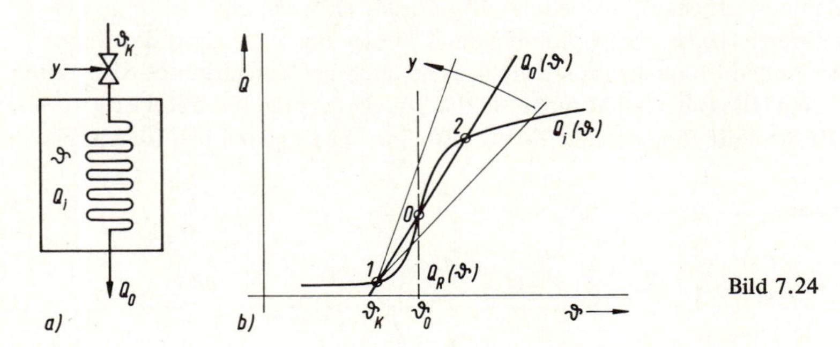

Bild 7.24

Bei der gezeichneten Form der Kennlinien ist der Betriebspunkt 0 instabil, der Reaktor „kippt“ in einen der stabilen Zustände 1 oder 2. Im einen Fall ist die Reaktionsgeschwindigkeit zu gering, im anderen wird möglicherweise die zulässige Temperatur überschritten. Um den Betriebspunkt ϑ_0 zu stabilisieren, kann eine Temperaturregelung verwendet werden, die den Kühlwasserdurchsatz y laufend dem Bedarf anpaßt, so daß für die abgeführte Wärme die Regelkennlinie Q_R entsteht.

Als weiteres Beispiel einer instabilen Regelstrecke ist ein stark kapazitiv belasteter Drehstromgenerator, etwa im Prüffeldbetrieb, zu nennen, wobei infolge der Ankerrückwirkung Selbsterregung eintritt. Auch diese Regelstrecke läßt sich mit Hilfe einer Regelung stabilisieren.

Aus den Beispielen ist ersichtlich, daß gelegentlich auch instabile Regelstrecken geregelt werden müssen und daß die Regelung in solchen Fällen überhaupt eine Voraussetzung für einen ordnungsgemäßen Betrieb sein kann. Die Regelung einer instabilen Strecke erfordert im allgemeinen einen dynamisch höherwertigen Regler als bei einer stabilen Regelstrecke nötig wäre. Außerdem sind in solchen Fällen natürlich besonders strenge Maßstäbe an die gerätetechnische Betriebssicherheit anzulegen.

8. Anwendung des Nyquist-Kriteriums zur Festlegung freier Regler-Parameter

8.1. Betrags- und Phasenabstand

Das Nyquist-Kriterium in der bisher verwendeten Form zeigt an, ob ein Kreisfrequenzgang, dessen Ortskurve $F_k(j\omega)$ vorliegt, einen stabilen Regelkreis erwarten läßt oder nicht und wie viele Eigenwerte sich gegebenenfalls in der rechten p-Halbebene befinden. Es wurde aber schon darauf hingewiesen, daß ein Regelkreis, um brauchbar zu sein, nicht nur absolut stabil, sondern auch hinreichend gut gedämpft sein muß.

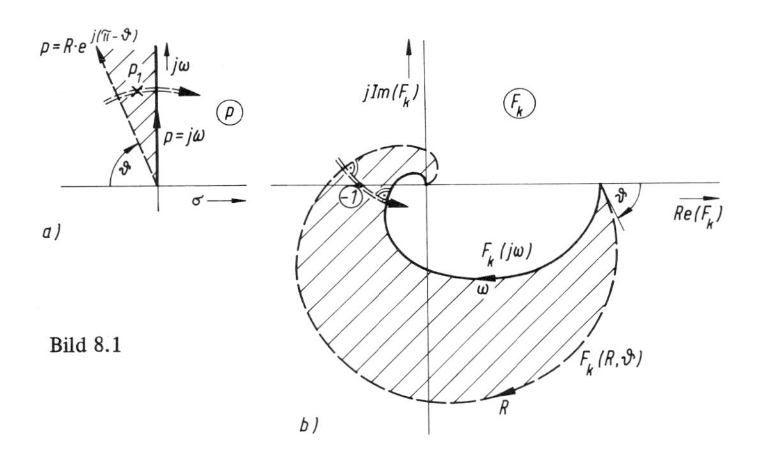

Bild 8.1

Das Nyquist-Diagramm läßt sich im Prinzip auch auf relative Stabilität erweitern, indem man die Ortskurve $F_k(p)$ für komplexes p aufträgt und auf diese Weise bestimmte Konturen der p-Ebene abbildet. Dieses Verfahren ist allerdings nur anwendbar, wenn $F_k(p)$ analytisch gegeben ist, da eine Messung bei komplexen Frequenzen praktisch nicht möglich ist. Bild 8.1 zeigt zwei zusammengehörige Kurvenpaare in der p- und F_k-Ebene. Die eine ist die Ortskurve $F_k(j\omega)$ als Bild der positiven imaginären Achse, die andere das Bild des Fahrstrahls $p = R\,e^{j(\pi-\vartheta)}$, $0 \leqslant R < \infty$, der einen Sektor mit bestimmtem Dämpfungsfaktor $D = \cos\vartheta$ eingrenzt. Nach den Regeln der konformen Abbildung werden die schraffierten Flächen aufeinander abgebildet. Liegt nun der Punkt $F_k = -1$ im schraffierten Bereich der F_k-Ebene, so bedeutet dies, daß ein Pol von $F_g(p)$ im schraffierten Bereich der p-Ebene liegt. Im gezeichneten Fall ist p_1 der Pol mit dem kleinsten Betrag, d.h. er gehört zum dominierenden Polpaar. Die übrigen Pole sind sehr wahrscheinlich gut gedämpft, da sich die Ortskurve $F_k(j\omega)$ dem kritischen Punkt nicht mehr nähert. Man kann nun durch Auftragen der Ortskurven $F_k(p)$ für verschiedene ϑ die Lage der Pole von F_g (Eigenwerte des geschlossenen Regelkreises) eingrenzen, oder umgekehrt, aus einer vorgegebenen Minimaldämpfung $D_0 = \cos \vartheta_0$ Bedingungen für freie Parameter in F_k ableiten. Das Verfahren ist aber ziemlich umständlich und, wie gesagt, nicht anwendbar, wenn F_k nur als Ortskurve gegeben ist.

Wenn, was meistens der Fall ist, qualitative Aussagen über die zu erwartende Dämpfung des geschlossenen Kreises genügen, kann man auf die verallgemeinerten Ortskurven $F_k(R, \vartheta)$ verzichten und sich auf den Verlauf von $F_k(j\omega)$ in der Nähe des Punktes -1 beschränken. Da die Abbildung in Bild 8.1 konform ist, wird ja ein Kreisbogen in der p-Ebene, der mit dem Radius $|p_1|$ um den Ursprung gelegt wird, in ein Kurvenstück der F_k-Ebene abgebildet, das die beiden Orskurven senkrecht schneidet und durch den Punkt -1 geht. Je dichter also die Ortskurve $F_k(j\omega) = |F_k| e^{j\varphi_k}$ den Punkt -1 passiert, desto dichter liegt der Punkt p_1 an der imaginären Achse, d.h. desto schlechter ist der geschlossene Regelkreis gedämpft. Man wird also anstreben, sich mit der Ortskurve $F_k(j\omega)$ dem kritischen Punkt nur bis auf einen bestimmten Mindestabstand zu nähern.

Diese allgemeine Regel läßt sich etwas schärfer fassen, wenn man die Übertragungsfunktion

$$F_g = |F_g| e^{j\varphi_g} = \frac{F_k}{1 + F_k}$$

des geschlossenen Kreises betrachtet.

Für die Asymptoten läßt sich zunächst folgendes sagen:
Im Nutzfrequenzbereich sei $|F_k| \gg 1$, d.h. $|F_g| \approx 1$.

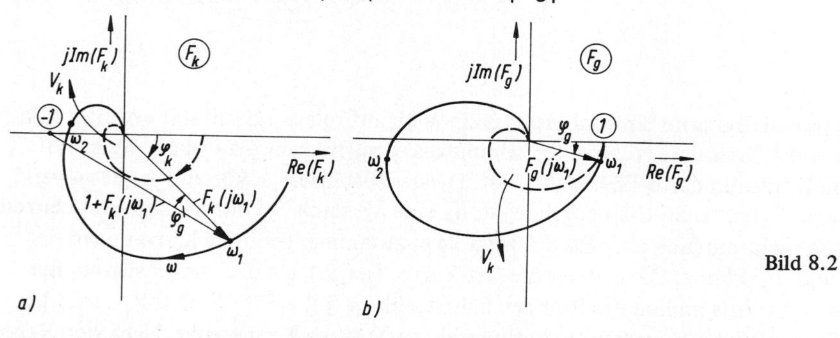

Bild 8.2

Dies entspricht dem gewünschten fehlerfreien Abgleich durch den Regelkreis. Oberhalb des Nutzfrequenzbereiches wird schließlich $|F_k| \ll 1$, d.h. $F_g \approx F_k$; der geschlossene und der offene Regelkreis hat also die gleiche Hochfrequenz-Asymptote.

In Bild 8.2 sind zusammengehörige Ortskurven $F_k(j\omega)$ und $F_g(j\omega)$, wieder stark verzerrt, aufgetragen. Der Betrag

$$|F_g| = \frac{|F_k|}{|1 + F_k|}$$

entsteht als Quotient der eingetragenen Strecken,und auch die Phase kann unmittelbar abgelesen werden, $\varphi_g = \varphi_k - \arg(1 + F_k)$. $|F_k| \gg 1$ hat zur Folge, daß die Strecken $|F_k|$ und $|1 + F_k|$ im Nutzbereich nahezu gleich groß und fast parallel sind. Dadurch wird in diesem Frequenzbereich $\varphi_g \approx 0$ und $|F_g| \approx 1$, was die durch die Regelung (Gegenkopplung) erhöhte Bandbreite widerspiegelt. Oberhalb des Nutzfrequenzbereiches, wo die F_k-Ortskurve in der Nähe des Punktes -1 vorbeiläuft, sind eine schnelle Phasendrehung und eine erhebliche Resonanzüberhöhung, $|F_g(\omega_2)| \gg 1$, möglich. Falls schließlich $F_k(j\omega)$ durch den kritischen Punkt läuft, wird $|F_g|$ unendlich, d.h. F_g hat ein Polpaar auf der imaginären Achse (Stabilitätsgrenzfall).

Die Resonanzüberhöhung $|F_g(j\omega)|_{max}$ läßt sich mit einer einfachen geometrischen Konstruktion bestimmen. Die Lösung der Gleichung

$$|F_g(j\omega)| = \frac{|F_k(j\omega)|}{|1 + F_k(j\omega)|} = \text{const.} \tag{1}$$

ist ein Kreis in der F_k-Ebene, der für verschiedene Werte von $|F_g|$ im Bereich $0 < |F_g| < \infty$ den aus der Elektrostatik bekannten Apollonius-Kreisen angehört (Bild 8.3). Sie entsprechen dort den Äquipotentiallinien zweier paralleler Linienleiter in den Punkten 0 und -1 .

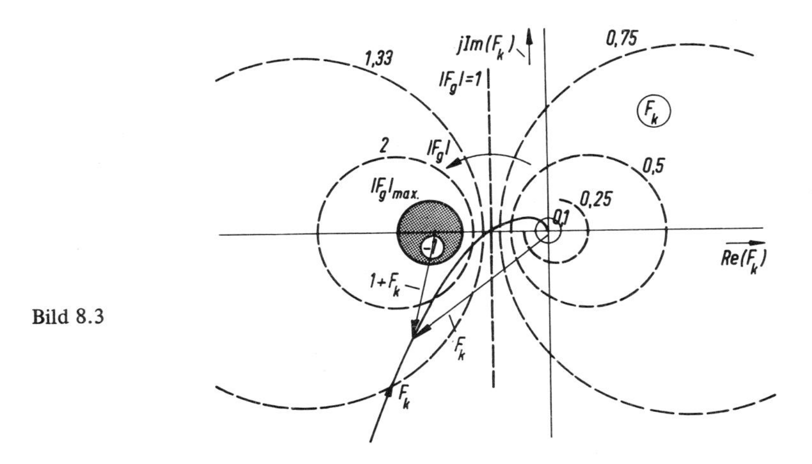

Bild 8.3

Hat man einige dieser Apollonius-Kreise in die F_k-Ebene eingezeichnet, dann läßt sich für jeden Punkt der $F_k(j\omega)$-Ortskurve der zugehörige Wert von $|F_g|$ ablesen. Wenn die Resonanzüberhöhung $|F_g|_{max}$ vorgegeben ist, liegt damit auch eine Kreisscheibe als Sperrgebiet für die Ortskurve $F_k(j\omega)$ fest (Bild 8.3).

Anstelle der Apollonius-Kreise verwendet man häufig auch den Ausdruck für die normierte Resonanzüberhöhung

$$\left|\frac{F_g}{F_k}\right| = \frac{1}{|1 + F_k|} \leqslant \frac{1}{r} \tag{2}$$

als etwas einfacheres Kriterium für ausreichende Dämpfung.

Im Nutzfrequenzbereich ist $|F_g/F_k| \ll 1$; dieses entspricht ja der Verstärkungsabsenkung durch die Gegenkopplung. Außerhalb des Nutzfrequenzbereiches, wenn F_k sein Vorzeichen umkehrt, kann wieder $|F_g/F_k| > 1$ werden. Daher ist auch die normierte Resonanzüberhöhung als qualitatives Dämpfungskriterium verwendbar. Hohe Resonanzüberhöhung bedeutet dabei wieder, daß ein Polpaar von F_g dicht neben der imaginären Achse liegt.

Gl. (2) hat eine einfache geometrische Deutung: $|1 + F_k| = r$ entspricht in der F_k-Ebene einem Kreis mit dem Radius r um den Punkt -1. Soll die Bedingung (2) erfüllt sein, so muß die Ortskurve dieses Sperrgebiet meiden (Bild 8.4).

Da die Apollonius-Kreise und auch die eben besprochenen konzentrischen Kreise nicht ohne weiteres in das Bode-Diagramm übertragbar sind, arbeitet man meistens mit einfachen Ersatzgrößen, die die Ortskurve im interessierenden kritischen Frequenzbereich zwar nicht eindeutig, aber für viele Fälle doch hinreichend genau kennzeichnen (Bild 8.4).

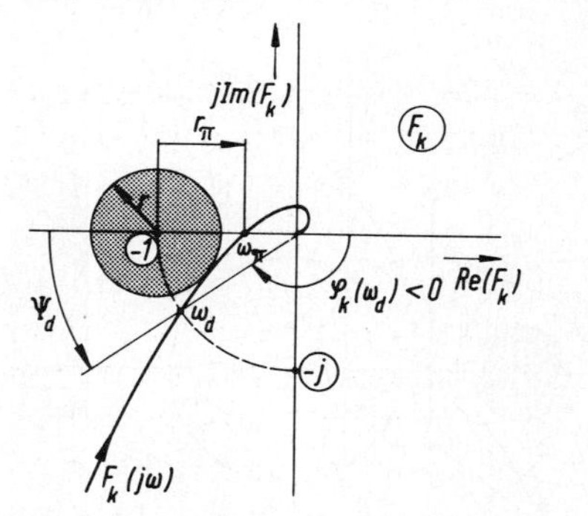

Bild 8.4

a) Betragsabstand

Falls die Ortskurve $F_k(j\omega)$ die negative reelle Achse schneidet, nennt man den Abstand des Schnittpunktes vom Punkt -1 den „Betragsabstand" r_π der Ortskurve,

$$r_\pi = 1 + F_k(j\omega_\pi) \ .$$

Dabei ist ω_π die durch

$$\arg F_k(j\omega_\pi) = -\pi$$

definierte sogenannte 180°-Frequenz.

b) Phasenabstand

Bei der Kreisfrequenz ω_d tritt die Ortskurve $F_k(j\omega)$ in den Einheitskreis ein. Der zwischen der negativ reellen Achse und dem Fahrstrahl vom Ursprung zum Schnittpunkt mit dem Einheitskreis liegende Winkel wird der „Phasenabstand" ψ_d genannt,

$$\psi_d = \pi + \varphi_k(\omega_d) \ .$$

Dabei ist ω_d die durch

$$|F_k(j\omega_d)| = 1$$

definierte Durchtrittsfrequenz.

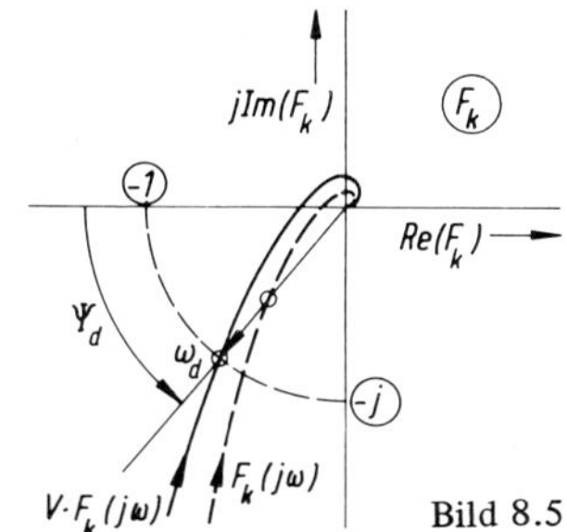

Bild 8.5

Die beiden Größen genügen nur bei einfachen Ortskurven zur Kennzeichnung des Dämpfungsverhaltens. In vielen Fällen führen die Werte

$$0{,}5 < r_\pi < 0{,}85 \ , \quad 30° < \psi_d < 60°$$

zu hinreichender Dämpfung des Regelkreises. Es ist jedoch darauf hinzuweisen, daß dies nur ungefähre Anhaltswerte sind, die auch nicht in jedem Fall Gültigkeit haben müssen.

Bei komplizierteren Ortskurven, etwa von bedingt stabilen Regelkreisen, ist auf jeden Fall eine genauere Prüfung, z.B. mit der vollständigen Kreisscheibe um -1 empfehlenswert.

Bild 8.5 zeigt, wie eine Ortskurve $F_k(j\omega)$, die z.B. den vorgegebenen Phasenabstand ψ_d nicht ausnutzt, durch Dehnung mit einem einstellbaren Verstärkungsfaktor V auf den gewünschten Phasenabstand, d.h. zum Schnitt des Punktes $e^{-j(\pi-\psi_d)}$ gebracht werden kann.

Alle in diesem Abschnitt begründeten Richtlinien für den wünschenswerten Verlauf der Ortskurve $F_k(j\omega)$ in der Nähe des kritischen Punktes sind als qualitative Ersatzkriterien zu betrachten, die dazu dienen, bei der Synthese eines Regelkreises die voraussichtlichen Ergebnisse abzuschätzen. Sobald der vorläufige Entwurf fixiert ist, wird man im Zweifelsfall die Pole von $F_g(p)$, d.h. die Eigenwerte des Regelkreises, berechnen, um eindeutigen Aufschluß über die wirklichen Dämpfungsverhältnisse zu erhalten.

In nicht zu komplizierten Fällen kann es vorteilhaft sein, die Eigenwerte p_ν des geschlossenen Kreises abhängig von irgendwelchen freien Parametern, z.B. der Kreisverstärkung V_k, zu berechnen und als mehrspurige sogenannte Wurzel-Ortskurven $p_\nu(V_k)$, $\nu = 1, 2, \ldots, n$ in der p-Ebene aufzutragen, z.B. [39]. Solche Kurven geben vollständige Auskunft über das Dämpfungsverhalten bei verschiedenen Parameterwerten. Sie erfordern allerdings, von einfachen Fällen abgesehen, beträchtlichen Rechenaufwand; außerdem sind normalerweise nicht ein, sondern mehrere Parameter frei verfügbar. Später wird ein Beispiel einer einfachen Wurzel-Ortskurve diskutiert.

8.2. Übertragung in das Bode-Diagramm

Die im vorigen Abschnitt verwendete Ortskurven-Darstellung eignet sich gut für grundsätzliche Überlegungen, jedoch weniger für die Behandlung konkreter Probleme, etwa bei der Synthese von Regelkreisen. Der Grund hierfür liegt in der Tatsache, daß dabei meistens Übertragungsfunktionen zu multiplizieren sind, was sich in einer frequenzabhängigen Drehstreckung und komplizierten Verformung der Ortskurven äußert. Hierfür ist die Darstellung im Bode-Diagramm erheblich besser geeignet. Es sei aber ausdrücklich darauf hingewiesen, daß es sich dabei um eine einfache Übertragung handelt; die vorher abgeleiteten Bedingungen bleiben vollständig erhalten.
Das Verfahren läßt sich am einfachsten anhand eines Beispiels erläutern.
Für den in Bild 7.8 gezeigten Regelkreis soll die Integrierzeit so bestimmt werden, daß ein gut gedämpftes Einschwingverhalten erzielt wird. Mit der Abkürzung $T_i/V_s = T_{ik}$ lauten die Übertragungsfunktionen des offenen und geschlossenen Kreises:

$$F_k = \frac{X_2}{X_3} = \frac{1}{T_{ik}p(T_1 p + 1)(T_2 p + 1)},$$

$$F_g = \frac{X_2}{X_1} = \frac{F_k}{1 + F_k} = \frac{1}{T_{ik}T_1 T_2 p^3 + T_{ik}(T_1 + T_2)p^2 + T_{ik} p + 1}.$$

Die drei Eigenwerte des Regelkreises, d.h. die Pole von $F_g(p)$, lassen sich nicht geschlossen als Funktion des freien Parameters ausdrücken, so daß auf das im vorigen Abschnitt begründete Näherungsverfahren zurückgegriffen wird. Die drei Faktoren der Kreisübertragungsfunktion

$$F_R = \frac{1}{T_{ik}p}, \quad F_1 = \frac{1}{T_1 p + 1}, \quad F_2 = \frac{1}{T_2 p + 1}$$

werden für $p = j\omega$ im Bode-Diagramm aufgetragen (Bild 8.6). Bei den Beträgen genügen vorerst die Asymptoten, $T_{ik} = T_{ik_0}$ wird zunächst beliebig angenommen. Durch graphische Addition der Betrags- und Phasenanteile entsteht das Bode-Diagramm des Kreis-Frequenzganges $F_k(j\omega)$. Die Betragskurve $|F_k|$ fällt bei hohen Frequenzen wie $1/\omega^3$ ab, entsprechend einer Steigung -3 im logarithmischen Maßstab; die Phasenkurve beginnt wegen des Integrators bei $-\pi/2$ und endet bei $-3\pi/2$.
Nach der Definitionsgleichung

$$\varphi_k(\omega_d) = \psi_d - \pi$$

wird nun von $-\pi$ aus der gewünschte Phasenabstand, z.B. $\psi_d = 60°$, nach oben abgetragen. Der Schnitt mit der Phasenkurve liefert die zugehörige Durchtrittsfrequenz ω_d.
Aus der Definitionsgleichung für die Durchtrittsfrequenz,

$$|F_k(j\omega_d)| = 1,$$

und dem für den angenommenen Wert von T_{ik_0} gezeichneten Betragsverlauf erhält man die gesuchte Zusatzverstärkung $V_k = T_{ik_0}/T_{ik}$, um die die Betragskurve nach oben zu verschieben ist. Sie schneidet dann die Frequenzachse $(|F_k| = 1)$ gerade bei der Durchtrittsfrequenz ω_d.

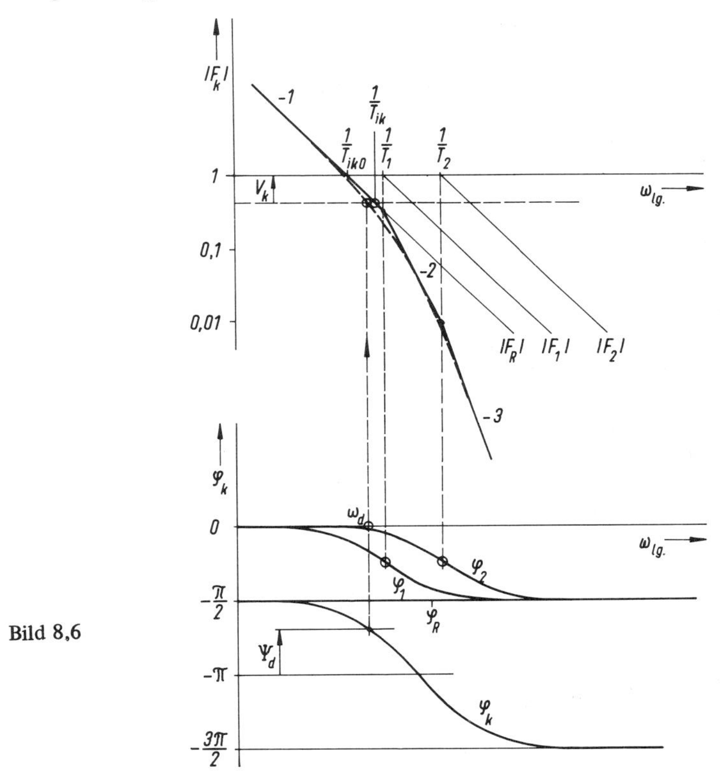

Bild 8,6

Es ist natürlich einfacher, sich die Frequenzachse samt Maßstab nach unten verschoben zu denken. Der Schnittpunkt der verschobenen Frequenzachse (In Bild 8.6. gestrichelt) mit der Betragsasymptote von $F_R = 1/T_{ik}p$ liefert dann den gesuchten Wert der Kreis-Integrierzeit T_{ik}, aus dem mit $T_i = V_s T_{ik}$ die Reglerintegrierzeit folgt.

Es empfiehlt sich für den Anfang, das Bode-Diagramm stufenweise zu skizzieren und jeden Schritt sorgfältig zu durchdenken. Mit etwas Übung läßt sich die Konstruktion später häufig abkürzen.

Im vorliegenden Beispiel war die in T_{ik} implizit enthaltene Verstärkung der einzige wählbare Parameter. Bei praktischen Problemen sind meistens noch weitere Größen, etwa Regler-Zeitkonstanten, zu bestimmen. Sofern deren Festlegung nicht aus anderen Gründen vorab erfolgen kann, muß das Bode-Diagramm u.U. mehrfach, mit entlang der Frequenzachse verschobenen Teilfunktionen, skizziert werden, bis ein befriedigender Betrags- und Phasenverlauf erzielt ist.

Es handelt sich also um ein Probierverfahren, bei dem, wie aus Abschnitt 9 ersichtlich wird, auch gerätetechnische Überlegungen anzustellen sind, die etwas Erfahrung erfordern.

Nachdem eine allseits zufriedenstellende Festlegung der freien Parameter gelungen ist, wird man meistens die dominierenden Pole der Übertragungsfunktion zahlenmäßig überschlägig berechnen, um eine Kontrolle des zu erwartenden Dämpfungszustandes zu haben. Auf die Berechnung des Einschwingverhaltens selbst, etwa der Sprungantwort des Regelkreises bei einer Änderung der Führungsgröße, kann man in den meisten Fällen verzichten. Falls ein Analog- oder Digitalrechner zur Verfügung steht, lassen sich die Einschwingvorgänge jedoch auf einfache Weise experimentell ermitteln.

Dem behandelten Beispiel ist als spezielle Folgerung zu entnehmen, daß jede proportional wirkende Regelstrecke, deren Phase bei Null beginnt, mit einem Integralregler geregelt werden kann. Die Regelgeschwindigkeit, über die bisher noch nicht gesprochen wurde, ist allerdings häufig zu gering.

8.3. Allgemeine Gesichtspunkte für den Entwurf eines Regelkreises

Bild 8.7 zeigt das Blockschaltbild eines linearen Regelkreises; dabei sind X_1, X_2, Z die Laplace-Transformierten von Führungs-, Regel- und Störgröße. Als Regelgröße ist wieder das Ausgangssignal des Meßgliedes anzusehen. $F_s(p)$ ist die Übertragungsfunktion der Regelstrecke einschließlich Meßglied, $F_R(p)$ die des Reglers. Die Störgröße ist zwischen Regler und Regelstrecke angreifend angenommen. In einem praktischen Fall ist die wirkliche Angriffsstelle zu berücksichtigen.

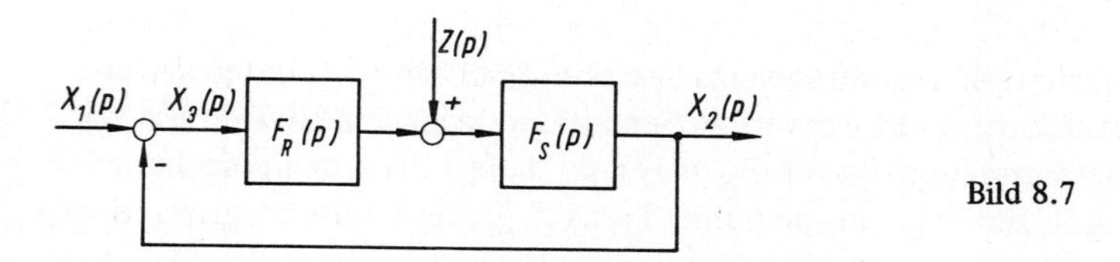

Bild 8.7

Durch Überlagerung der beiden Anregungen $X_1(p)$ und $Z(p)$ findet man die Regelgröße X_2 als Linearkombination,

$$X_2(p) = \frac{F_k}{1 + F_k} X_1(p) + \frac{F_s}{1 + F_k} Z(p) .$$

Dabei ist $F_R F_s = F_k$ gesetzt. Mit $F_g = F_k/1 + F_k$, der sogenannten Führungs-Übertragungsfunktion des Regelkreises, folgt

$$X_2(p) = F_g(p) X_1(p) + \frac{1}{F_R(p)} F_g(p) Z(p) \; .$$

Die Größe

$$\frac{F_g(p)}{F_R(p)} = F_{gz}(p)$$

wird auch Stör-Übertragungsfunktion des Regelkreises genannt.

Der Hauptzweck einer Regelung besteht doch darin, X_2 in einem möglichst großen Nutzfrequenzbereich in Übereinstimmung mit X_1 zu bringen und den Einfluß von Z nach Möglichkeit zu unterdrücken. Dabei ist die Übertragungsfunktion F_s der Strecke meistens vorgegeben, während die des Reglers zu wählen ist.

Die Forderungen lauten also:

a) $|F_g| = \left|\frac{F_k}{1 + F_k}\right| \approx 1$

b) $|F_{gz}| = \left|\frac{F_g}{F_R}\right| \approx 0$

(a, b:) Genauigkeit im Nutzfrequenzbereich

c) Stabilität und ausreichende Dämpfung.

d) Genügende Regelgeschwindigkeit.

Die Forderungen a, b werden erfüllt, wenn im Nutzfrequenzbereich gilt

$$|F_k| \gg 1 \; , \qquad |F_R| \gg 1 \; .$$

Wenn der Nutzfrequenzbereich sich auf die tiefen Frequenzen einschließlich der Frequenz Null erstreckt, was bei Regelungen meistens der Fall ist, lassen sich diese Bedingungen mit einem integrierenden Regler erfüllen, dessen Übertragungsfunktion einen Pol bei Null hat. Sofern $F_s(0) \neq 0$ (keine differenzierende Strecke), folgt mit $F_R(0) \to \infty$:

$$F_g(0) = 1 \; , \qquad F_{gz}(0) = 0 \; .$$

Man kann dieses Ergebnis anschaulich deuten: Falls der Regler integrierend wirkt, kommt das System nach einer Auslenkung, z.B. infolge einer Änderung der Störgröße, erst dann zur Ruhe, wenn die Regelabweichung zu Null geworden ist; $X_2(0) = X_1(0)$, d.h. $x_2(\infty) = x_1(\infty)$.

Der Integralanteil sichert also die Regelgenauigkeit im stationären Zustand bei der Frequenz Null.

Dies gilt für ideale Verhältnisse; technische Integratoren sind natürlich immer mit Fehlern behaftet; ein elektronischer Integrator hat z.B. stets eine gewisse Driftspannung, die durch eine Rest-Regelabweichung kompensiert werden muß.

Es ist zu beachten, daß es nicht genügt, wenn die *Regelstrecke* integrierend wirkt, d.h. wenn $F_s(p)$ einen Pol bei Null hat. In diesem Fall ist zwar die Bedingung a) erfüllt, nicht aber die Bedingung b); dieses Ergebnis kann man auch dem Blockschaltbild entnehmen.

Die genauigkeitsfördernde Wirkung eines integrierenden Reglers läßt sich durch Verwendung eines doppelt integrierenden Reglers noch steigern; man erhält dadurch einen Regelkreis, der, sofern er stabil ist, den stationären Anstiegsfehler Null aufweist. Dies ist bei Nachlaufsystemen von Interesse.

Die Kreisübertragungsfunktion hat dann die Form

$$F_k(p) = \frac{1}{(Tp)^2} \cdot \frac{Z_k(p)}{N_{k1}(p)} ,$$

wo Z_k und N_{k1} Polynome mit $a_0, b_0 \neq 0$ sind. Die Übertragungsfunktion des geschlossenen Kreises wird

$$F_g(p) = \frac{F_k}{1 + F_k} = \frac{Z_k(p)}{Z_k(p) + (Tp)^2 N_{k1}(p)} .$$

Da die Koeffizienten der Glieder 0. und 1. Ordnung in Zähler und Nenner identisch sind, gilt

$F_g(0) = 1$: fehlerfreie stationäre Übertragung bei konstanter Anregung

und nach Abschnitt 4.4

$u(\infty) = 0$: fehlerfreie stationäre Übertragung bei linear ansteigender Anregung. Endwert der linearen Regelfläche ist Null.

Das zweite Ergebnis läßt sich anhand von Bild 8.8 anschaulich begründen. Dabei sind die beiden Integralanteile aus der Kreis-Übertragungsfunktion herausgezogen. Im stationären Zustand sei $x_2 = x_1$, d.h. $x_3 = 0$ angenommen; somit gilt $y_1 = \text{const.}$, während y_2 zeitlich linear ansteigt, um die Regelgröße der Führungsgröße nachzuführen. Damit hat die Anstiegsantwort die in Bild 8.9a skizzierte Form.

Eine entsprechende Überlegung gilt für die lineare Regelfläche, deren Grenzwert für $t \to \infty$ verschwindet (Bild 8.9b).

Die Forderungen a) und b) bezogen sich auf den Nutzfrequenzbereich, d.h. bei den meisten Regelungen auf den stationären Zustand mit der Frequenz Null.

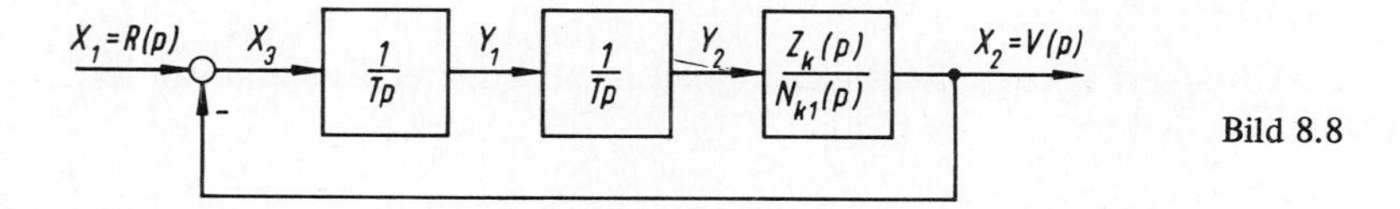

Bild 8.8

Über die Forderung c) nach Stabilität und ausreichender Dämpfung wird dagegen außerhalb des Nutzfrequenzbereiches, im Frequenzbereich der Eigenwerte, entschieden. Durch Verwendung frequenzabhängiger Übertragungsglieder im Regler ist es in den meisten Fällen möglich, die beiden Aspekte weitgehend unabhängig voneinander zu behandeln, d.h. eine hohe Verstärkung im Nutzbereich und eine günstige Form der Ortskurve beim Passieren des kritischen Punktes zu sichern.

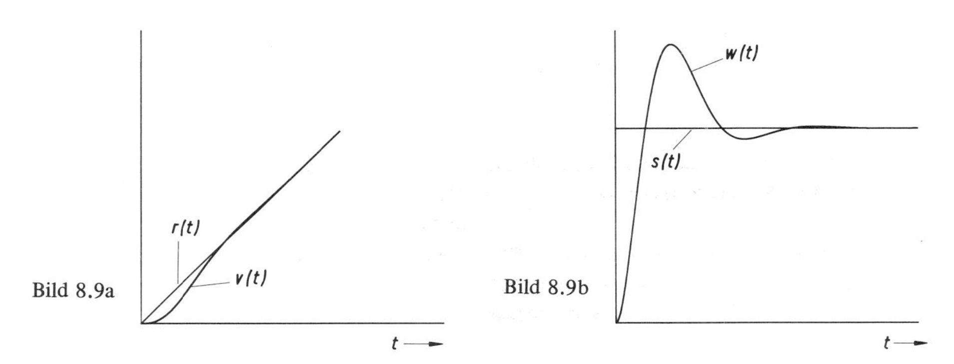

Bild 8.9a

Bild 8.9b

Der Skizze 8.5 und dem in Bild 8.6 gezeichneten Bode-Diagramm ist zu entnehmen, daß bei Erhöhung der Verstärkung, im Bode-Diagramm also bei Verschiebung der Betragskennlinie nach oben, die Durchtrittsfrequenz ω_d gewöhnlich zunimmt und der Phasenabstand ψ_d zurückgeht. Eine Nachprüfung zeigt, daß sich gleichzeitig das dominierende Eigenwertpaar zu höheren Frequenzen und in Richtung zur imaginären Achse verschiebt. Der Regelkreis reagiert also auf Anregungen von der Führungsgröße oder von Störgrößen her schneller, ist aber gleichzeitig schwächer gedämpft.

Diese Beziehung zwischen Durchtrittsfrequenz und Eigenfrequenz (Imaginärteil des dominierenden Eigenwertes) läßt sich anhand konkreter Beispiele nachweisen; daß ein solcher Zusammenhang besteht, wird jedoch auch ohne Rechnung aus Bild 8.10

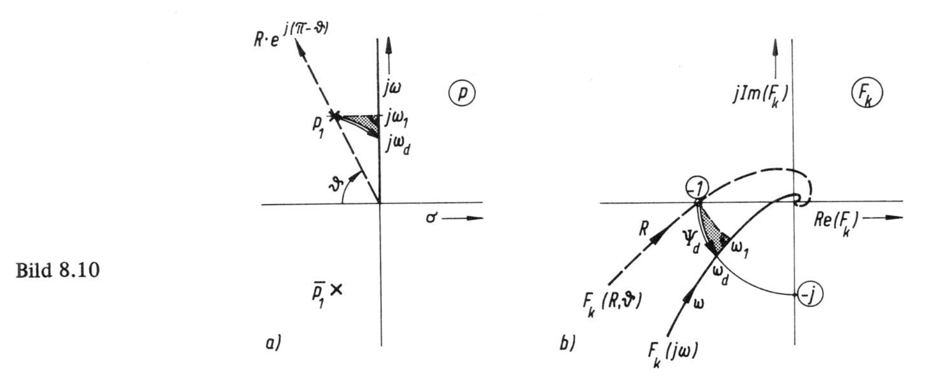

Bild 8.10

offenbar, wo die konforme Abbildung des kritischen Bereiches $|F_k| \approx 1$ noch einmal dargestellt ist. Es ist zu beachten, daß es sich dabei nur um einen kleinen Ausschnitt der F_k-Ebene handelt.

Die beiden schraffierten Flächen werden konform aufeinander abgebildet. Der Phasenabstand ψ_d ist also bei schwacher Dämpfung des dominierenden Eigenwertes ein Maß für die Bogenlänge $p_1 \to j\omega_d$.

Im Stabilitätsgrenzfall sind Durchtrittsfrequenz und Eigenfrequenz identisch.

Die nicht dominierenden Eigenwerte $p_3, p_4, \ldots$ können nur dann gefährlich werden, wenn die Ortskurve des Kreisfrequenzganges nicht monoton im Ursprung versickert, sondern sich bei höheren Frequenzen erneut dem kritischen Punkt nähert. Dies kommt bei schwingungsfähigen oder schlecht gedämpften Regelstrecken gelegentlich vor.

Die Forderung d) nach hoher Regelgeschwindigkeit schließlich hängt mit der Forderung c) nach guter Dämpfung eng zusammen. Während die Dämpfung durch die Lage (ϑ) der dominierenden Pole bestimmt wird, wächst die Regelgeschwindigkeit mit ihrem Betrag ($|p_\nu|$). Durch entsprechende Formung der Ortskurve ist es meistens möglich, den Nutzfrequenzbereich auszudehnen und den Betrag der dominierenden Eigenwerte zu erhöhen. Dabei steigt jedoch der gerätetechnische Aufwand für das Stellglied an.

9. Funktionsbausteine für Regler und Regelstrecken

9.1. Minimalphasen-Funktionen

Die Übertragungsfunktion eines linearen Systems mit konzentrierten Speichern, etwa eines einzelnen Übertragungselementes oder eines aufgeschnittenen oder geschlossenen Regelkreises ohne Laufzeit, ist, wie schon mehrfach festgestellt, eine rationale Funktion in p,

$$F(p) = |F(p)|\, e^{j\varphi(p)} = \frac{b_m}{a_n} \cdot \frac{\prod_1^m (p - q_\mu)}{\prod_1^n (p - p_\nu)}, \qquad m \leqslant n .$$

Betrag und Phase sind also bis auf einen konstanten Faktor durch die Nullstellen q_μ und die Pole p_ν bestimmt.

9.1.1. Pole

Bei einem stabilen System liegen alle Pole p_ν in der linken p-Halbebene. Die zu einem reellen Pol gehörende Teilfunktion

$$F_\nu(p) = \frac{-p_\nu}{p - p_\nu} = \frac{1}{(p/-p_\nu)+1} = \frac{1}{T_\nu p + 1}$$

kann als Übertragungsfunktion eines Verzögerungsgliedes (Tiefpaß) in einer Kette mit weiteren Teilfunktionen gedeutet werden.

Entsprechend ist der zu einem komplexen Polpaar gehörige Funktionsbaustein

$$F_\nu F_{\nu+1}(p) = \frac{p_\nu \bar{p}_\nu}{(p - p_\nu)(p - \bar{p}_\nu)} = \frac{1}{(T_\nu p)^2 + 2DT_\nu p + 1}$$

als Übertragungsfunktion eines schwingungsfähigen gedämpften Teilsystems zu interpretieren. Pole auf der imaginären Achse gehören zu ungedämpften Schwingern.

Einfache und mehrfache Pole bei $p = 0$ entsprechen Integralgliedern; sie treten als Teil von Regelstrecken häufig auf und sind meistens aus Gründen der Genauigkeit auch bei Reglern erwünscht.

Ein Pol in der rechten Halbebene kennzeichnet ein gelegentlich bei Regelstrecken vorkommendes instabiles System (Abschnitt 7.5.4); dieser Fall wird hier ausgeschlossen.

Jeder Pol in der linken Halbebene, ob reell oder komplex, trägt zum Betrag des Frequenzganges $F(j\omega)$ den Asymptoten-Faktor $1/\omega$ und zur Phasendrehung der Ortskurve den Winkel $-\pi/2$ bei.

9.1.2. Nullstellen

Die zu einer Nullstelle gehörige Teilfunktion

$$F_\mu(p) = \frac{1}{-q_\mu}(p - q_\mu) = \frac{p}{-q_\mu} + 1 = T_\mu p + 1$$

läßt sich als Übertragungsfunktion eines Vorhaltgliedes (PD) in einer Kettenschaltung mit weiteren Teilgliedern deuten. Auch Nullstellen können reell oder konjugiert komplex sein. Der zugehörige Funktionsbaustein $F_\mu F_{\mu+1}$ entspricht einem doppelten Vorhalt (PD_2). Jede Nullstelle in der linken Halbebene trägt zum Betrag des Frequenzganges den asymptotischen Faktor ω und zur Phasendrehung der Ortskurve den Winkel $\pi/2$ bei. Nullstellen eignen sich deshalb als Vorhaltterme in Reglerfunktionen, um die nacheilende Phase von Verzögerungsgliedern und Integratoren wenigstens teilweise auszugleichen.

Nullstellen lassen sich gerätetechnisch nur angenähert verwirklichen, da jede Nullstelle wegen der Forderung eines endlichen Grenzwertes $\lim_{\omega \to \infty} F_\mu(j\omega)$ mit mindestens einem parasitischen Pol p'_μ gekoppelt ist. Der realisierbare Funktionsbaustein lautet also

$$F_\mu(p) = \frac{p'_\mu}{q_\mu}\,\frac{p - q_\mu}{p - p'_\mu} = \frac{(p/-q_\mu) + 1}{(p/-p'_\mu) + 1} = \frac{T_\mu p + 1}{T'_\mu p + 1}, \qquad T'_\mu < T_\mu\,,$$

entsprechend einem PDT-Glied.

Der Pol p'_μ liegt in der linken Halbebene, er kommt erst bei höheren Frequenzen zum Tragen und begrenzt dort den Betrag bei gleichzeitiger Rückdrehung der Phase auf Null. Bei aktiven Systemen ist $T'_\mu \ll T_\mu$ möglich.

Bild 9.1 zeigt die zugehörige Ortskurve und das Bode-Diagramm. Der Verlauf der Kurven ist analog dem in Bild 5.19 gezeichneten Fall eines PTD-Gliedes.

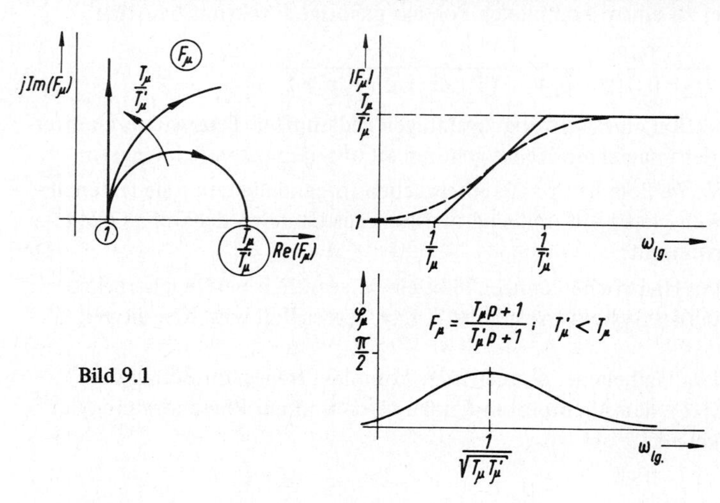

Bild 9.1

In Bild 9.2 ist die Sprungantwort dieses Übertragungselementes dargestellt. Bei Verkleinerung der parasitischen Zeitkonstanten wird die Abklingzeit verkürzt, während sich die Anfangsamplitude erhöht. Im Grenzfall erhält man die Sprungantwort des reinen PD-Gliedes,

$$w(t) = \frac{T_\mu}{1s}\,\delta(t) + s(t) \quad .$$

Ähnliche Verhältnisse liegen bei konjugiert komplexen Nullstellen vor.

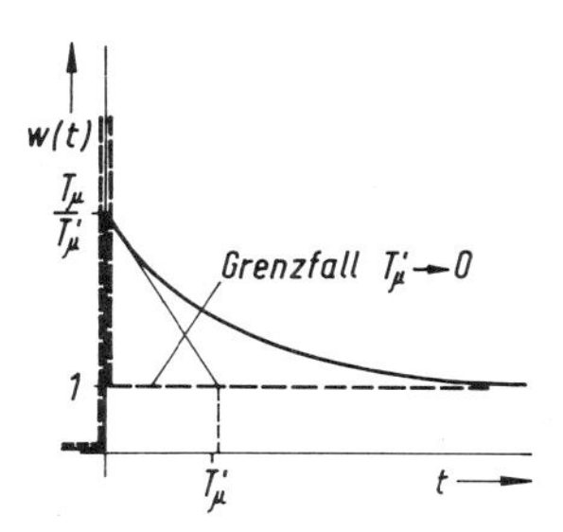

Bild 9.2

Übertragungsglieder mit Vorhalt neigen in Regelkreisen wegen der stets anwesenden Störsignale (z.B. eingestreute Wechselspannungen) zur Übersteuerung; die lineare Rechnung wird dann ungültig. Man kann die Störsignale zwar durch einen Tiefpaß beseitigen, muß hierzu aber einen zusätzlichen Pol einführen, der die gewünschte Wirkung der Nullstelle schwächt.

Der naheliegende Gedanke, einen Pol der Regelstrecke (Verzögerung) durch eine Nullstelle des Reglers (Vorhalt) zu kompensieren, ist deshalb nur bedingt verwirklichbar (siehe Abschnitt 11.3.1). Da Übertragungsglieder mit Vorhalt schon bei kleinen Änderungen des Regelsignals heftig reagieren, werden auch die Regelstrecken stärker beansprucht als manchmal wünschenswert ist. In solchen Fällen ist es nötig, den Vorhalt zu reduzieren oder zu entfernen und eine geringere Regelgeschwindigkeit in Kauf zu nehmen.

9.1.3. Zusammenhang zwischen Betrag und Phase

Bei Übertragungsfunktionen, deren Nullstellen und Pole sämtlich in der linken p-Halbebene liegen, besteht ein eindeutiger Zusammenhang zwischen Betrag und Phase des Frequenzganges, so daß es im Prinzip möglich ist, die Phase aus dem Betrag und den Betrag aus der Phase zu berechnen. Zur eindeutigen Kennzeichnung der Übertragungsfunktion würde es deshalb an sich genügen, nur eine der beiden Kurven des Bode-Diagramms zu zeichnen. *Bode* hat explizite Formeln [35] für den Zusammenhang zwischen Betrag und Phase bei Übertragungsfunktionen, deren Nullstellen und Pole links liegen, angegeben. Sie werden hier nicht benötigt, doch soll an einem Beispiel ihre Existenz plausibel gemacht werden.

Gegeben sei die Übertragungsfunktion

$$F(p) = |F|\, e^{j\varphi} = \frac{\prod\limits_{1}^{m} (T_\mu p + 1)}{(Tp)^i \prod\limits_{1}^{n-i} (T_\nu p + 1)}, \quad m < n$$

mit den reellen negativen Nullstellen $-1/T_\mu$ und Polen $-1/T_\nu$.
Bild 9.3 zeigt in einem stark verzerrten Maßstab eine angenommene Pol-Nullstellen-Verteilung. Zeichnet man das aus den Asymptoten bestehende Bode-Diagramm, so entsteht Bild 9.4. Die Konstruktion kann so erfolgen, daß man, bei $\omega = 0$ beginnend, bei jeder Knickfrequenz sofort die neue Asymptote einträgt.

Ein Vergleich der beiden Kurven im logarithmischen Maßstab zeigt, daß die Phasenkurve gerade ein Maß für die Ableitung der Betragskurve ist. Zu einer Betragsasymptote $(\omega/\omega_0)^a$ gehört nämlich gerade die Phasen-Asymptote $a\frac{\pi}{2}$, wobei a eine ganze Zahl ist. Dieser Zusammenhang gilt aber nur bei Funktionen, deren Nullstellen und Pole links liegen, da jede Nullstelle in der rechten p-Halbebene einen Phasenbeitrag von $-\pi/2$ liefert und somit die Eindeutigkeit stört.

Man bezeichnet Übertragungsfunktionen, deren Pole *und* Nullstellen in der linken p-Halbene liegen, nach *Bode* als Minimalphasen-Funktionen, da sie, von allen stabilen Funktionen, die zu einem bestimmten Betragsverlauf geringstmögliche Phasennacheilung aufweisen.

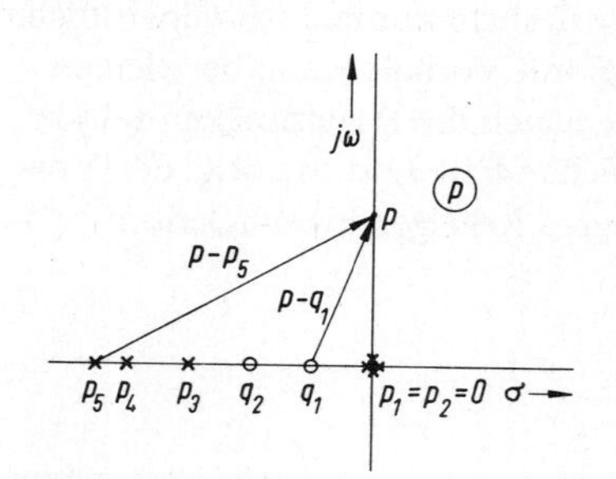

Bild 9.3

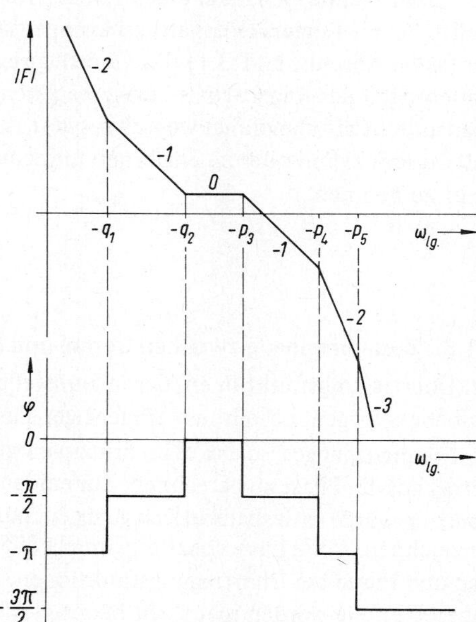

Bild 9.4

9.2. Nicht-Minimalphasen-Funktionen

9.2.1. Allpaß-Funktion 1. Ordnung

Übertragungsfunktionen, bei denen zwar die Pole aus Stabilitätsgründen auf die linke p-Halbebene beschränkt sind, deren Nullstellen jedoch in der gesamten p-Ebene liegen, bezeichnet man analog zur vorherigen Definition als Nicht-Minimalphasen-Funktionen. Da jede Nullstelle rechts der imaginären Achse eine Phasendrehung um $-\pi/2$ zur Folge hat, ist die gesamte Phasennacheilung größer als bei einer Minimalphasen-Funktion, die dadurch entsteht, daß die rechts liegenden Nullstellen an der imaginären Achse gespiegelt werden. Der Betragsverlauf ist bei beiden Funktionen derselbe.

Eine Nicht-Minimalphasen-Funktion läßt sich durch eine einfache Erweiterung in eine Minimalphasen-Funktion und eine sogenannte Allpaß-Funktion zerlegen. Man versteht darunter eine Übertragungsfunktion mit symmetrisch zur imaginären Achse liegenden Polen und Nullstellen. Dies wird am einfachsten an einem Beispiel gezeigt. Gegeben sei die Übertragungsfunktion mit nichtminimaler Phase,

$$F(p) = K \frac{-p + q_1}{\prod_1^3 (p - p_\nu)}, \qquad q_1 \text{ reell} > 0, \quad \mathrm{Re}(p_\nu) < 0 .$$

Bild 9.5

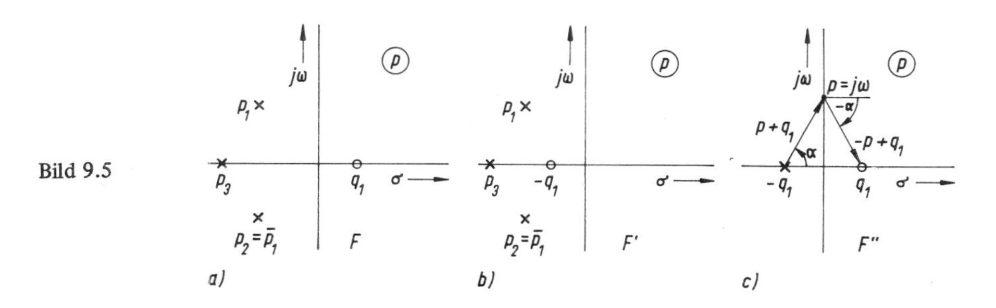

Bild 9.5a zeigt die zugehörige Pol-Nullstellen-Verteilung. Die Funktion ist bei der Frequenz Null reell und positiv. Durch Erweiterung folgt

$$F(p) = K \frac{p + q_1}{\prod_1^3 (p - p_\nu)} \cdot \frac{-p + q_1}{p + q_1} = F' \cdot F''(p) .$$

Die zu F' und F'' gehörigen Pol-Nullstellen-Verteilungen sind in Bild 9.5 b, c skizziert.

$$F'(p) = K \frac{p + q_1}{\prod_1^3 (p - p_\nu)}$$

ist eine Minimalphasen-Funktion mit dem gleichen Betragsverlauf wie F, aber geringerer Phasennacheilung und

$$F''(p) = \frac{-p + q_1}{p + q_1}$$

ist eine Allpaß-Funktion 1. Ordnung.

Die Übertragungseigenschaften der Allpaß-Funktion für $p = j\omega$ sind besonders einfach. Es gilt nämlich

$$|F''(j\omega)| = 1\,, \quad \arg F''(j\omega) = \varphi'' = -2\alpha = -2 \arctan \frac{\omega}{q_1}\,,$$

somit

$$F''(j\omega) = e^{-j2 \arctan \frac{\omega}{q_1}}\,.$$

Die Ortskurve entspricht also der unteren Hälfte des Einheitskreises (Bild 9.6a). Der frequenzunabhängige Betrag zeigt sich auch im Bode-Diagramm (Bild 9.6b). Die Allpaßfunktion verursacht also gerade das Phasendefizit der Funktion mit nichtminimaler Phase.

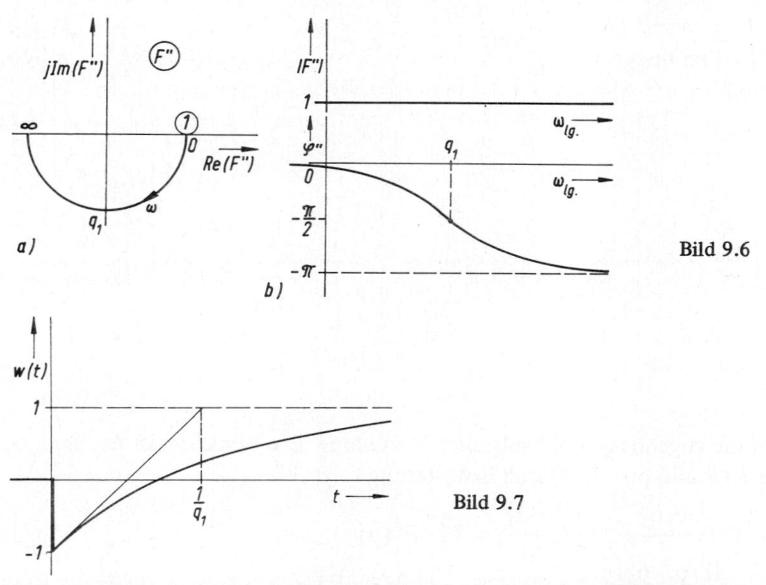

Bild 9.6

Bild 9.7

Bild 9.7 zeigt schließlich die Sprungantwort w(t) eines Übertragungselementes mit der Übertragungsfunktion $F''(p)$. Da nur ein einziger reeller Pol vorhanden ist, hat sie den Verlauf einer Exponentialfunktion. Anfangs- und Endwert folgen aus dem Grenzwertsatz der Laplace-Transformation. Ein besonderes Kennzeichen ist die dem Endwert entgegengesetzte Anfangsauslenkung.

Die Sprungantwort läßt bereits vermuten, daß ein Allpaß-Element nicht geeignet ist, die Stabilitätseigenschaften irgendeines Regelkreises zu verbessern. Zum gleichen Ergebnis gelangt man aufgrund des Phasenverlaufes. Die zusätzliche Phasennacheilung hat eine Verringerung des Phasenabstandes zur Folge, ohne daß ein Vorteil dafür eingetauscht werden kann.

Da Allpaß-Funktionen in Regelstrecken gelegentlich vorkommen, ist es dennoch notwendig, sich damit zu beschäftigen und geeignete Regelverfahren zu entwickeln. Ein Allpaß-Verhalten taucht z.B. bei der Regelung einer Freistrahl-Wasserturbine auf. Infolge der kinetischen Energie des strömenden Wassers in der langen Rohrleitung stellt sich bei einer Verkleinerung des Ventilquerschnittes an der Maschine ein Druckstoß und über die erhöhte Wassergeschwindigkeit ein kurzzeitiger Leistungszuwachs ein [60], der erst allmählich in eine Leistungsminderung übergeht, wenn die Strömungsgeschwindigkeit in der Rohrleitung abgebaut wird. Bei starken Lastabsenkungen wird zur Vermeidung des Druckstoßes vorübergehend mit einem Strahlabweiser gearbeitet, während das Steuerventil langsam geschlossen wird.

Auch bei der Steuerung von Flugzeugen und Schiffen ist häufig Allpaßverhalten zu beobachten. Wenn bei einem horizontal bewegten Flugzeug das Höhenruder ausgelenkt wird, senkt sich das hintere Ende des Flugzeuges zunächst, bevor es sich infolge des beginnenden Steigfluges nach oben bewegt. Bild 9.8 zeigt schließlich eine einfache elektrische Schaltung mit dem in Bild 9.7 beschriebenen Allpaß-Verhalten. Solche Schaltungen sind zur Phaseneinstellung bei sinusförmigen Spannungen gut verwendbar.

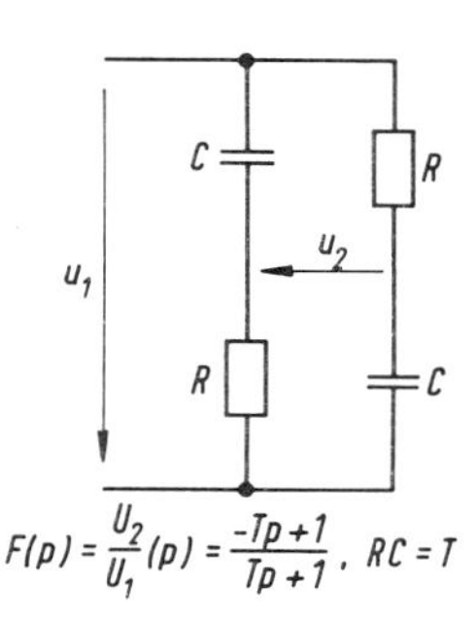

Bild 9.8

$$F(p) = \frac{U_2}{U_1}(p) = \frac{-Tp+1}{Tp+1}, \quad RC = T$$

Ein Allpaßverhalten entsteht häufig durch gegenläufiges Zusammenwirken verschiedener Einflüsse. Die Differenzbildung der Ausgangsgrößen zweier Verzögerungsglieder,

$$\frac{V_1}{T_1 p + 1} - \frac{V_2}{T_2 p + 1} = \frac{(V_1 T_2 - V_2 T_1) p + V_1 - V_2}{(T_1 p + 1)(T_2 p + 1)} =$$

$$= (V_1 - V_2) \frac{\frac{V_1 T_2 - V_2 T_1}{V_1 - V_2} p + 1}{(T_1 p + 1)(T_2 p + 1)},$$

liefert z.B. für $V_1 - V_2 > 0$, $V_1 T_2 - V_2 T_1 < 0$ ein Übertragungsglied mit einer reellen positiven Nullstelle, das in einen Anteil mit minimaler Phasennacheilung und einen Allpaß zerlegt werden kann.

9.2.2. Allpaß-Funktion 2. Ordnung

Eine Allpaß-Funktion 2. Ordnung kann, wie in Bild 9.9 dargestellt, zwei reelle oder komplexe Pol-Nullstellenpaare aufweisen. Da wegen der reellen Koeffizienten die Pole und Nullstellen für sich außerdem konjugiert komplex sein müssen, liegen komplexe Pole oder Nullstellen in den Eckpunkten eines achsenparallelen Rechtecks.

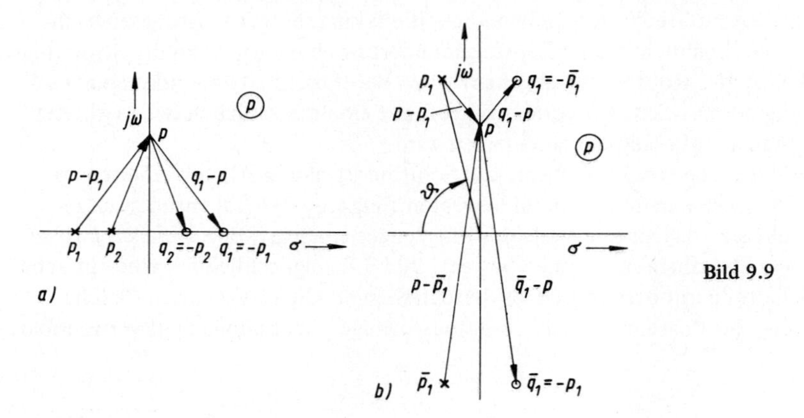

Bild 9.9

Die zum Fall komplexer Pole und Nullstellen gehörende Übertragungsfunktion lautet

$$F(p) = \frac{(-p+q_1)(-p+\bar{q}_1)}{(p-p_1)(p-\bar{p}_1)} = \frac{(p+p_1)(p+\bar{p}_1)}{(p-p_1)(p-\bar{p}_1)}$$

oder mit

$$p_1 = \omega_0 \, e^{j(\pi-\vartheta)}, \qquad D = \cos\vartheta\,,$$

$$F(p) = \frac{\left(\frac{p}{\omega_0}\right)^2 - 2D\frac{p}{\omega_0} + 1}{\left(\frac{p}{\omega_0}\right)^2 + 2D\frac{p}{\omega_0} + 1}\,.$$

Dieses Ergebnis gilt mit

$$D = -\frac{1}{2}\cdot\frac{p_1+p_2}{\sqrt{p_1 p_2}} > 1$$

und $\omega_0 = \sqrt{p_1 p_2}$ auch für den Fall reeller Pole p_1, p_2.

Die Ortskurve ist in beiden Fällen der vollständig durchlaufene Einheitskreis (Bild 9.10). Bild 9.11 zeigt das Bode-Diagramm. Die Sprungantworten schließlich sind in Bild 9.12 skizziert.

Die Regelung einer Regelstrecke wird durch solche Allpaßglieder wesentlich erschwert. Man versetze sich nur in die Lage, eine derartige Regelstrecke von Hand regeln zu wollen. Solche Regelstrecken kommen in der Praxis jedoch gelegentlich vor.

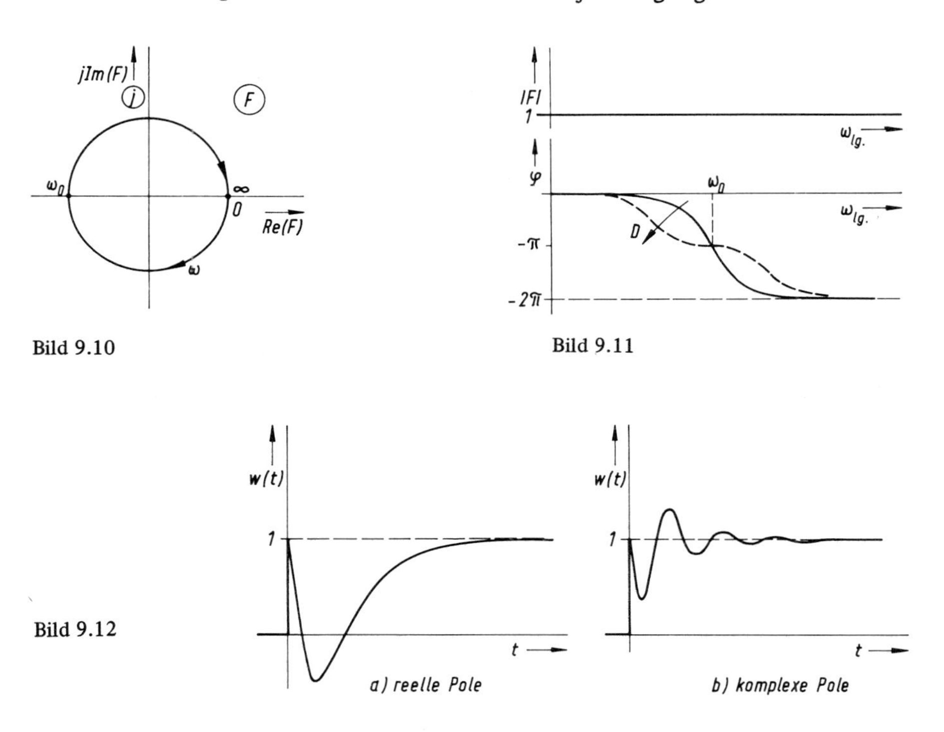

Bild 9.10

Bild 9.11

Bild 9.12

Bei großen Dampfturbinen verwendet man zur besseren Ausnutzung und zur Erhöhung der Sicherheit im nichtstationären Betrieb Einrichtungen zur Begrenzung der mechanischen Spannungen in dem besonders hoch beanspruchten Gehäuse des Hochdruckturbinenteils. Die Beanspruchung setzt sich dabei aus der mechanischen Zugspannung infolge des Dampfdruckes und der thermischen Spannung infolge der nichtstationären Wärmeströmung durch die Gehäusewand zusammen.

Wird, ausgehend vom stationären Zustand, ein Frischdampfventil ein Stück weiter geöffnet, so tritt als Folge des erhöhten Dampfdruckes im Radraum eine zusätzliche Zugspannungskomponente in der Gehäusewand auf. Nun erwärmt sich das Gehäuse langsam von innen her, während die Außenseite des Gehäuses noch die niedrigere Anfangstemperatur hat. Dadurch wirkt auf der sich ausdehnenden Innenseite des

Gehäuses eine Druckspannungskomponente, die ein Mehrfaches der vorher entstandenen Zugspannung infolge des Dampfdruckes betragen kann. Wenn die Wärmeströmung in der Gehäusewand allmählich stationär wird und die Temperatur sich ausgleicht, verschwindet die thermische Druckspannung bis auf einen geringen Rest und die Dampf-Zugspannung bleibt übrig. Dieses Verhalten entspricht in seiner Tendenz genau dem in Bild 9.12a gezeigten Verlauf.

9.2.3. Allpaß-Funktion höherer Ordnung, Laufzeitglied

Nach den bisherigen Ausführungen ist es klar, wie Allpaß-Funktionen höherer Ordnung aufgebaut sind und welche Eigenschaften sie besitzen. Man verwendet solche Übertragungsfunktionen gelegentlich in der Form der sogenannten Padé-Approximationen, um bei Analogrechner-Untersuchungen Laufzeitglieder anzunähern [37]. Die Verwandtschaft von Allpaß-Funktionen mit der Übertragungsfunktion $e^{-T_L p}$ eines Laufzeitgliedes ist besonders auffällig, wenn man die Ortskurven vergleicht. In beiden Fällen erhält man den Einheitskreis, der im Fall eines Allpaß-Gliedes n-ter Ordnung n/2-mal, im Fall des Laufzeitgliedes jedoch periodisch unendlich oft durchlaufen wird. Ein einfacher Ansatz mit einem Grenzübergang macht diese Verwandtschaft vollends deutlich.

Die Übertragungsfunktion

$$F(p) = \left(\frac{-\frac{T}{2n} p + 1}{\frac{T}{2n} p + 1} \right)^n$$

stellt eine Allpaß-Funktion n-ter Ordnung dar; sie weist nämlich einen reellen n-fachen Pol bei $p = -2n/T$ und eine reelle n-fache Nullstelle bei $p = 2n/T$ auf. Diese Übertragungsfunktion ließe sich durch Kettenschaltung von n Allpaßgliedern 1. Ordnung verwirklichen (Bild 9.13).

Der Grenzübergang $n \to \infty$ verschiebt die Pole und Nullstellen nach Unendlich und erhöht gleichzeitig ihre Ordnungszahl auf Unendlich. Außerdem liefert der Grenzübergang in Zähler und Nenner die Exponentialreihe mit dem Ergebnis $\lim_{n\to\infty} F(p) = e^{-T_L p}$, so daß ein Laufzeitglied entsteht. Das Bode-Diagramm des Laufzeitgliedes ist bereits in Bild 5.18 aufgetragen. Der gezeigte Ansatz ist nicht die einzige Möglichkeit, durch einen Grenzübergang eine Laufzeit-Funktion zu erzeugen.

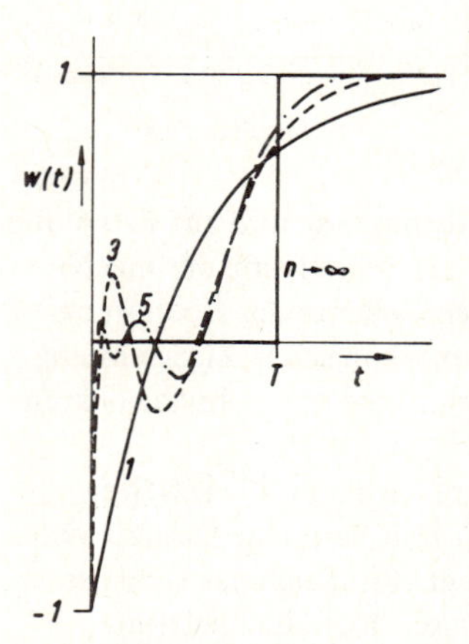

Bild 9.13. Sprungantworten für verschiedenes n

10. Regelung mit proportional wirkendem Regler (P)

10.1. Definition

Der proportional wirkende Regler (P-Regler) stellt die einfachste Form eines Reglers dar, bei dem die Regelabweichung $x_3 = x_1 - x_2$ lediglich verstärkt und ohne dynamische Verformung als Stellgröße

$$y(t) = V x_3(t) = V(x_1(t) - x_2(t)) \quad (1)$$

weitergegeben wird. Bild 10.1 zeigt das zugehörige Blockschaltbild. Die Differenz wird meistens im Regler selbst, manchmal allerdings auch außerhalb des eigentlichen Regelgerätes, gebildet.

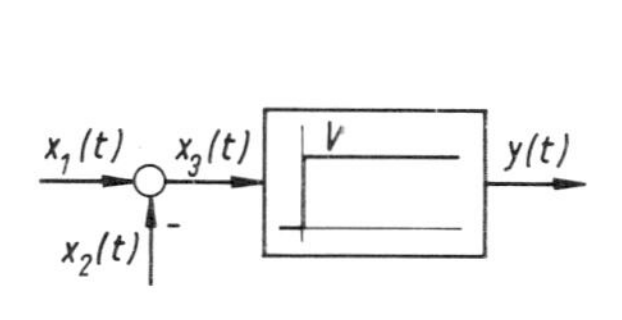

Bild 10.1

Bild 10.2

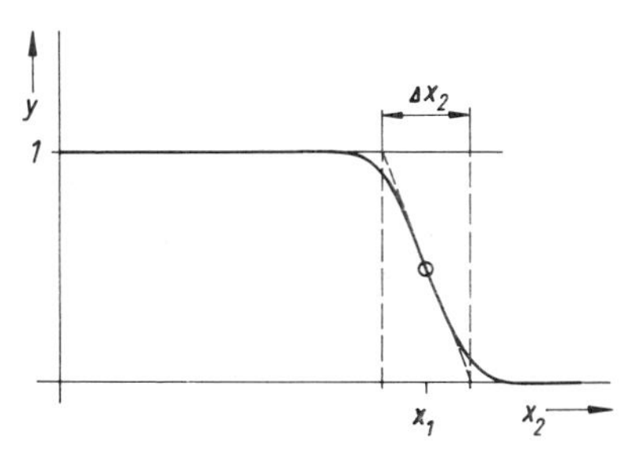

Die Größen x_1, x_2, y im Blockschaltbild sind entweder dimensionsgleich oder durch Normierung dimensionslos gemacht, so daß V eine dimensionslose Verstärkungsziffer darstellt. Bei nichtlinearen Systemen können die Veränderlichen Abweichungen von stationären Ruhewerten sein, die Beziehung (1) gilt dann nur in einem beschränkten Linearitätsbereich.

Bei verfahrenstechnischen Regelungen wird anstelle der Verstärkung auch der Begriff des Proportionalbereiches verwendet. Man versteht darunter die auf den Nennwert der Regelgröße bezogene Regelabweichung, mit der die Stellgröße durch ihren ganzen Hub gesteuert wird. Nach Bild 10.2 gilt für den Proportionalbereich

$$"X_p" = -\frac{dx_2}{dy} = \Delta x_2 = \frac{1}{V} .$$

Einem Proportionalbereich $"X_p" = 5\,\%$ entspricht also eine Verstärkung $V = 20$.

Die Kenngröße Proportionalbereich ist vor allem bei Regelungen mit veränderlicher Führungsgröße unzweckmäßig, wir werden sie weiterhin nicht verwenden.

Proportionalregler sind vielfach mit Verzögerungen behaftet. Anstelle von Gl. (1) gilt dann im einfachsten Fall die Differentialgleichung eines PT_1-Gliedes,

$$Ty' + y = V x_3 ,$$

mit der Übertragungsfunktion

$$\frac{Y}{X_3}(p) = F_R(p) = \frac{V}{Tp + 1}\ .$$

Die zugehörige Ortskurve ist in Bild 3.12 gezeigt ($k_2 = 0$). Daneben kommen natürlich auch Verzögerungen höherer Ordnung vor.

Es hängt von der Anwendung, d.h. vom Zeitverhalten der Regelstrecke ab, ob in einem bestimmten Fall die Verzögerung des Reglers vernachlässigt werden darf. Bei einer Temperaturregelung kann z.B. die Verzögerung eines pneumatischen Regelverstärkers (0,1 – 1 s) fast immer unberücksichtigt bleiben. Bei einem Regelkreis mit Stromrichtern ist dagegen bereits eine Reglerverzögerung von 1 ms entscheidend wichtig. Manchmal, z.B. wenn dem Istwert starke Oberschwingungen überlagert sind, kann es auch wünschenswert sein, den Regler zur Filterung der Signale absichtlich mit einer Verzögerung auszustatten.

10.2. Verwirklichung

10.2.1. Elektrische Regler

Elektrische Regler werden heute meistens mit universell verwendbaren elektronischen Rechenverstärkern aufgebaut, wobei integrierte Schaltungen die Regel sind.

Bild 10.3 zeigt einen als P-Regler geschalteten Rechenverstärker. Soll- und Istwerte werden als Gleichspannungen eingespeist und in Form der Ströme i_1 und i_2 miteinander verglichen. Der Differenzstrom $i_3 = i_1 - i_2$ stellt die Regelabweichung dar und dient als Eingangsstrom des mit einem Widerstand gegengekoppelten Verstärkers. Die Verstärkung wird häufig mit einem einstellbaren Spannungsteiler justiert. Zusätzliche Bauelemente, die dazu dienen können, den gegengekoppelten Verstärker zu stabilisieren, sind in Bild 10.3 weggelassen.

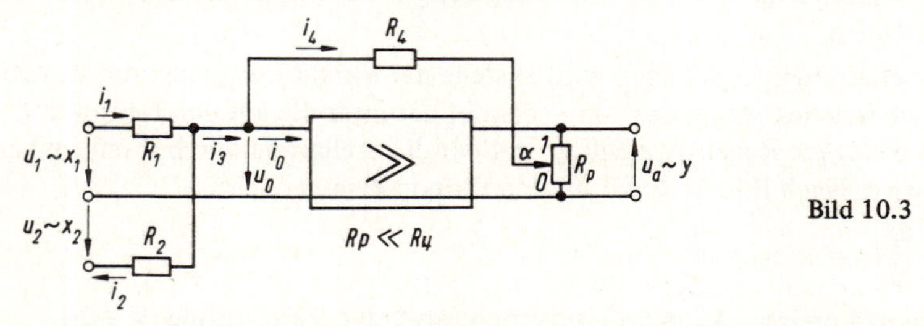

Bild 10.3

Infolge der hohen Empfindlichkeit des offenen Verstärkers gilt wieder (Abschnitt 6.2.2)

$$i_1 - i_2 - i_4 = i_0 \approx 0$$

$$i_1 = \frac{u_1 - u_0}{R_1} \approx \frac{u_1}{R_1}\ , \quad i_2 \approx \frac{u_2}{R_2}\ , \quad i_4 \approx \frac{\alpha u_a}{R_4}\ .$$

Daraus folgt

$$\frac{u_1}{R_1} - \frac{u_2}{R_2} - \frac{\alpha u_a}{R_4} \approx 0$$

oder

$$u_a \approx \frac{1}{\alpha}\,\frac{R_4}{R_1}\,u_1 - \frac{1}{\alpha}\,\frac{R_4}{R_2}\,u_2 = V_1 u_1 - V_2 u_2 \ . \qquad (2)$$

Diese Beziehung ist nur gültig, wenn i_0 und u_0 vernachlässigt werden dürfen ; daraus folgt eine untere Grenze für die zu vergleichenden Ströme (i_1, i_2) und Spannungen (u_1, u_2). Gl. (2) gilt außerdem nur, solange der Verstärker nicht übersteuert ist; außerhalb des linearen Arbeitsbereiches nimmt die Ausgangsspannung ihren maximalen Wert, bei Transistorverstärkern meistens etwa ± 10 V, an. Die vollständige Kennlinie des Reglers ist in Bild 10.4 gezeichnet.

Die für den Regelkreis wesentliche Verstärkung ist

$$V_2 = -\frac{\partial u_a}{\partial u_2} \quad ;$$

dagegen hängt

$$V_1 = \frac{R_2}{R_1}\,V_2$$

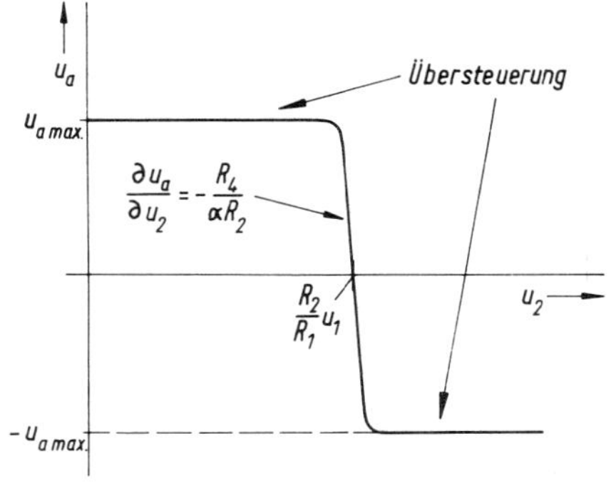

Bild 10.4

von der Wahl der Bezugsspannung u_1 (Vergleichsspannungsquelle) ab und ist für die Regelung unerheblich, solange die Bedingung $u_1 \ggg u_0$ erfüllt bleibt.

Man erkennt, daß die Widerstände R_1, R_2 in die Genauigkeit des Soll-Ist-Vergleichs eingehen. Bei genauen Regelungen ist deshalb auch die Wahl geeigneter, d.h. zeitlich konstanter, passiver Bauelemente von Bedeutung. Dagegen wirkt sich R_4 nur auf die Verstärkung aus.

Bild 10.5 zeigt zwei Schaltungen, in denen der Regler mit einer Verzögerung, z.B. zur Glättung von Oberschwingungen, versehen ist. Im Fall der passiven Glättung, Fall b), ist die Verzögerung nur für den Ist-Kanal wirksam.

Bisher wurde davon ausgegangen, daß die Vorgabe des Sollwertes über eine veränderliche Soll-Spannung u_1 erfolgt. Aus gerätetechnischen Gründen ist es manchmal vorteilhafter, eine konstante Bezugsgröße zu verwenden und die Sollwerteinstellung durch einen veränderlichen Abgriff des Istwertes vorzunehmen. In Bild 10.6 ist als Beispiel eine bei Spannungsregelungen viel verwendete Vergleichsschaltung skizziert, die zwei gleiche Zener-Dioden als Bezugsspannungsquellen (u_{10}) enthält. u_2 ist die

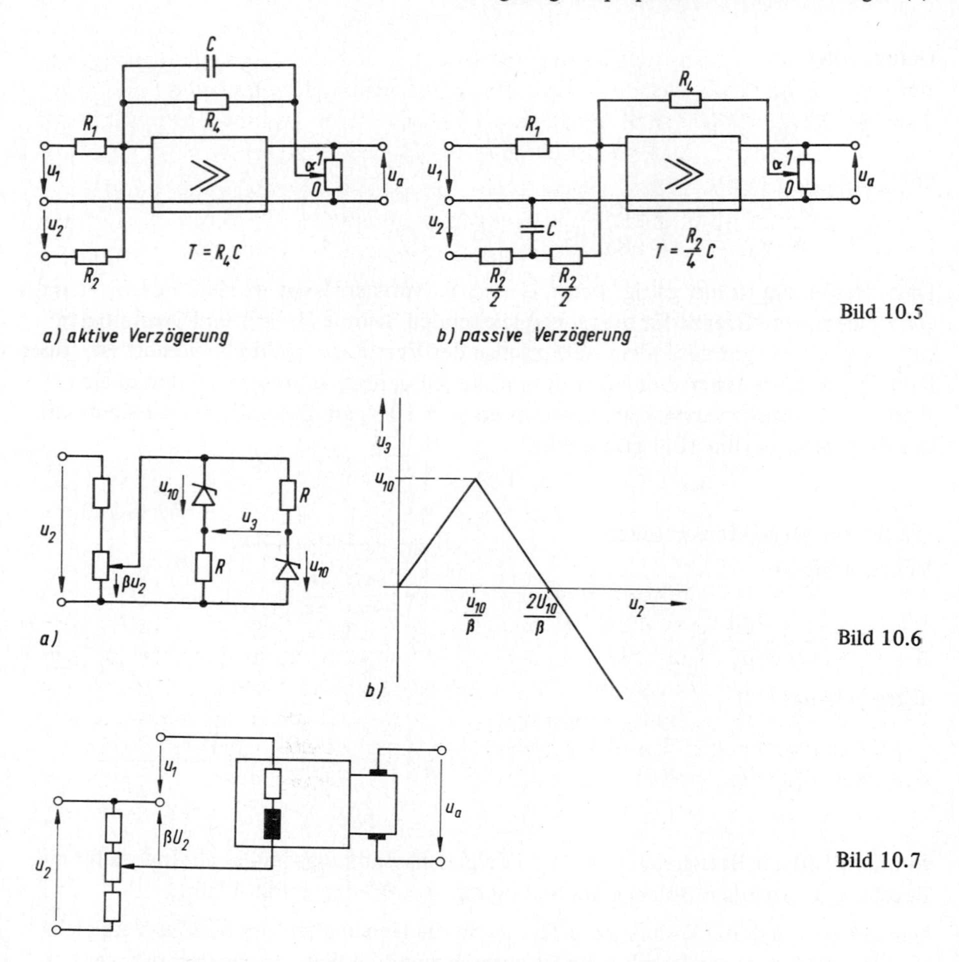

Bild 10.5

Bild 10.6

Bild 10.7

zu regelnde Spannung, u_3 die Eingangsspannung des Regelverstärkers (Regelabweichung). Die mit vereinfachenden Annahmen berechnete Kennlinie $u_3(u_2)$ der Vergleichsschaltung (Bild 10.6b) weist bei $u_2 = 2u_{10}/\beta$ eine als Arbeitspunkt verwendbare Nullstelle auf. Die Sollwertstellung erfolgt durch den Abgriff β; dabei ändert sich aber gleichzeitig die Verstärkung $V = -\partial u_3/\partial u_2$ der Meßschaltung. Aus diesem Grund sind derartige Schaltungen nur für einen kleinen Verstellbereich geeignet, wie er bei Spannungsregelungen auch meistens vorliegt. Anstelle des Spannungsteilers kann auch ein Vorwiderstand verwendet werden.

Bild 10.7 zeigt als weiteres Beispiel eines elektrischen Reglers eine Verstärkermaschine in einer Schaltung mit Spannungsvergleich. Der Spannungsteiler dient dabei zur Einstellung des Betriebspunktes bei Inbetriebnahme der Anlage; außerdem verwendet man solche Widerstandsschaltungen gerne anstelle von Sicherungen, um zu vermeiden, daß nach einem vorübergehenden Kurzschluß der zum Regler führenden Leitung der Istwert fehlt. Dies hätte ja zur Folge, daß der Regler die Regelstrecke unerwarteterweise voll aufsteuert, was bei manchen Regelungen gefährlich sein kann.

Bei Regelungen in der chemischen Industrie, wo die Regelsignale oft über Entfernungen von mehreren hundert Metern zu übertragen sind und der Meßkreis durch Schreiber etc. unterschiedlich belastet sein kann, ist es üblich, die Meßwerte in eingeprägte Ströme abzubilden, so daß der Einfluß des Leitungswiderstandes entfällt. Die Bestimmung der Regelabweichung kann dann durch einen Spannungsvergleich geschehen, Bild 10.8.

Mit $i_3 \approx 0$ gilt

$$u_3 = R_1 i_1 - R_2 i_2 \quad .$$

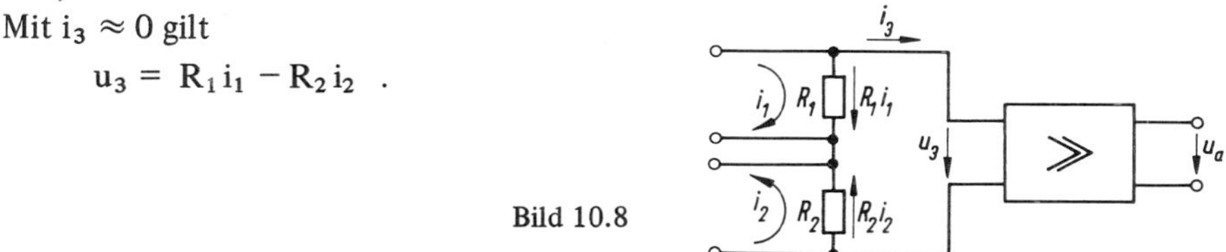

Bild 10.8

10.2.2. Elektromechanische Regler

Bild 10.9 zeigt die Prinzipskizze eines elektromechanischen Reglers mit mechanischem Kraftvergleich. Auf einen federnd gelagerten Eisenanker wirkt eine von der Ist-Spannung u_2 in einem kleinen Bereich linear abhängige Hubkraft, so daß sich für jeden Wert der Spannung u_2 eine bestimmte stationäre Lage des Ankers einstellt; als Bezugsgröße dient die auf den Anker wirkende Schwerkraft. Je nach Art der Regelstrecke ist das dynamische Verhalten des Ankers zu berücksichtigen.

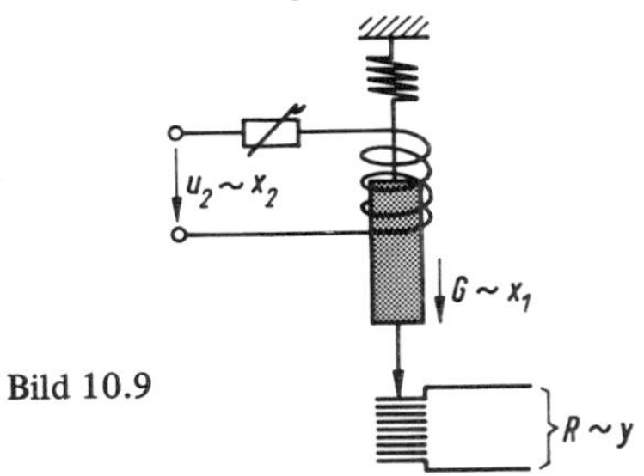

Bild 10.9

Im gezeichneten Beispiel wird ein Stapel von Kohleplättchen durch die Bewegung des Ankers mehr oder weniger stark zusammengedrückt, so daß sich ihr Widerstand ändert und dabei einen Stromkreis beeinflußt (‚Kohledruckregler'). Bei anderen Ausführungen verstellt der Anker über einen Hebelmechanismus z.B. einen Widerstandsabgriff (‚Wälzbügelregler').

Die Sollwertverstellung geschieht entweder durch Vorwiderstand im Istwertzweig oder durch Verschiebung des Aufhängepunktes der Feder. Durch Änderung einer

Hebelübersetzung läßt sich außerdem die Verstärkung auf einen gewünschten Wert justieren. Regler dieser Art sind meistens auch mit Einrichtungen versehen, die es gestatten, ein anderes dynamisches Verhalten als das des P-Reglers zu erreichen. Elektromechanische Regelgeräte waren früher weit verbreitet; heute ist ihre Anwendung auf Fälle beschränkt, in denen sich die mechanische Bewegung nicht umgehen läßt, etwa bei der Steuerung eines hydraulischen Verstärkers.

10.2.3. Pneumatische Regler

In Anlagen der chemischen Verfahrenstechnik bevorzugt man vielfach die pneumatische Signaldarstellung, bei der die Variablen in einen Luftdruck, z.B. im Bereich von 0,1 bis 1 bar, abgebildet sind. Gegenüber der elektrischen Signaldarstellung hat dies den Vorzug des gefahrlosen Betriebes in explosionsgefährdeten Räumen, außerdem lassen sich damit auf einfache Weise pneumatische Stellventile steuern.

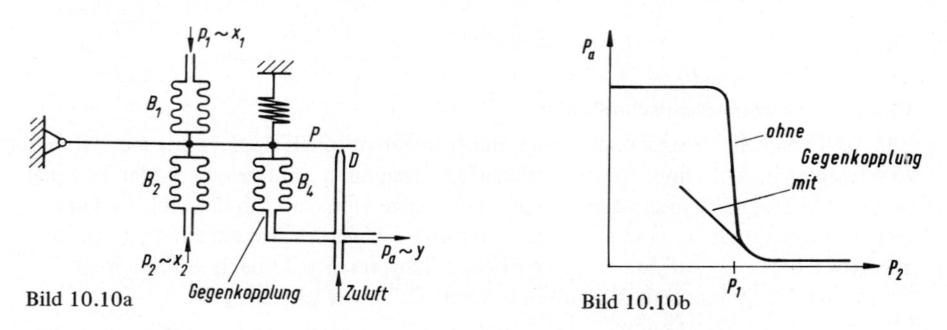

Bild 10.10a Bild 10.10b

Bild 10.10a erläutert das Grundprinzip eines pneumatischen Reglers. Ein federnd gelagertes Metallplättchen P (‚Prallplatte') wird durch zwei entgegengesetzt wirkende Kräfte ausgelenkt, die mit flexiblen Metallbälgen B_1, B_2 aus den zu vergleichenden Drücken p_1, p_2 gebildet werden. Die Platte verändert durch ihre Lage den Ausströmquerschnitt einer mit Zuluft gespeisten Düse D, so daß der Ausströmdruck p_a verändert wird. Dieses „Düse-Prallplatte"-System hat die Eigenschaften eines sehr empfindlichen, allerdings stark nichtlinearen Verstärkers. Eine Linearisierung und Verstärkungseinstellung erfolgt, wie bei elektronischen Verstärkern, durch Gegenkopplung des Ausgangsdruckes p_a mithilfe eines weiteren Balges B_4 (Bild 10.10b). Im stationären Zustand ist die Prallplatte im Gleichgewicht; der Differenzdruck $p_1 - p_2$ wird dann linear in einen Ausgangsdruck p_a abgebildet. Die minimale Verzögerung eines pneumatischen Reglers liegt in der Größenordnung 0,1–1 s.

Durch zusätzliche Maßnahmen im Gegenkopplungszweig können pneumatische Regler auch andere dynamische Eigenschaften, z.B. die eines PI- oder PID-Reglers, erhalten. Die Grenzen pneumatischer Regelverfahren liegen in der geringen zulässigen Übertragungsentfernung und der mangelnden Flexibilität bei der Signalverknüpfung in komplizierteren Regelschaltungen. Außerdem lassen sich die Nachteile der elektrischen Signaldarstellung hinsichtlich der Explosionsgefahr durch die Verwendung sogenannter eigensicherer Schaltungen beseitigen, bei denen die Übertragungsleistung zu gering ist, um explosible Gasgemische zu zünden.

10.3. Anwendung

Proportionalregler haben als einzigen wählbaren Freiheitsgrad die Verstärkung. Sie sollte nach den Überlegungen in Abschnitt 8.3 im Interesse der Genauigkeit so hoch wie möglich sein, wird jedoch durch die Forderung nach Stabilität und ausreichender Dämpfung begrenzt; als Folge der endlichen Verstärkung tritt bei Anwesenheit von Störgrößen eine bleibende Regelabweichung auf. Es hängt dann von der Kreisverstärkung und den Störgrößen ab, ob diese Restabweichung sich in zulässigen Grenzen bewegt.

10.3.1. Berechnung eines Regelkreises 2. Ordnung

Zunächst wird ein einfaches Beispiel behandelt, das sich geschlossen berechnen läßt. In Bild 10.11 ist ein Regelkreis gezeigt, dessen Regelstrecke ein Verzögerungsglied 2. Ordnung mit der normierten Übertragungsfunktion

$$F_s(p) = \frac{V_s}{\left(\frac{p}{\omega_0}\right)^2 + 2D_0 \frac{p}{\omega_0} + 1}$$

darstellt; zusammen mit der Regler-Übertragungsfunktion $F_R = V_R$ erhält man somit die Kreis-Übertragungsfunktion

$$F_k(p) = \frac{V_k}{\left(\frac{p}{\omega_0}\right)^2 + 2D_0 \frac{p}{\omega_0} + 1} .$$

Dabei ist $V_R V_s = V_k$ die zu bestimmende Kreisverstärkung. Die Pole von F_k liegen für $D_0 \geqslant 1$ bei

$$p_{1,2} = \omega_0 \left(-D_0 \pm \sqrt{D_0^2 - 1}\right), \quad p_2 = \frac{\omega_0^2}{p_1}$$

und für $D_0 \leqslant 1$ bei

$$p_{1,2} = \omega_0 \left(-D_0 \pm j\sqrt{1 - D_0^2}\right), \quad p_2 = \overline{p}_1 .$$

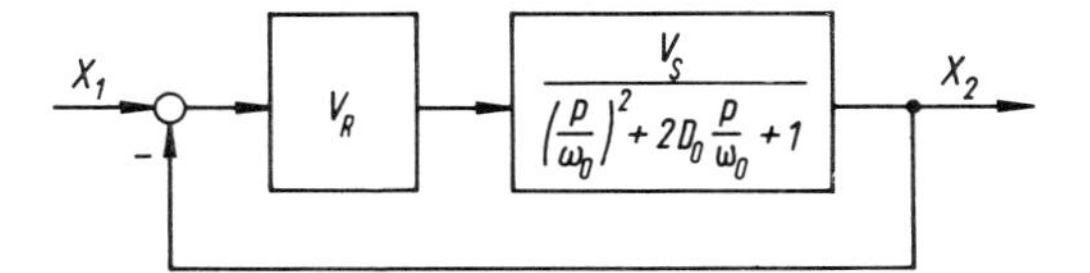

Bild 10.11

Stabilität und Dämpfung des Regelkreises sind durch die Pole der Übertragungsfunktion F_g des geschlossenen Kreises bestimmt,

$$\frac{X_2}{X_1}(p) = F_g(p) = \frac{F_k(p)}{1 + F_k(p)} = \frac{V_k}{\left(\frac{p}{\omega_0}\right)^2 + 2D_0 \frac{p}{\omega_0} + 1 + V_k} =$$

$$= \frac{V_k}{1 + V_k} \cdot \frac{1}{\frac{1}{1+V_k}\left(\frac{p}{\omega_0}\right)^2 + \frac{2D_0}{1+V_k}\frac{p}{\omega_0} + 1} = \frac{V_g}{\left(\frac{p}{\omega_g}\right)^2 + 2D_g \frac{p}{\omega_g} + 1} \, .$$

Es entsteht also wieder eine Übertragungsfunktion 2. Ordnung. Dabei ist $V_g = V_k/(1 + V_k)$ die Führungsverstärkung, $\omega_g = \sqrt{1 + V_k}\,\omega_0$ die Resonanzkreisfrequenz und $D_g = D_0/\sqrt{1 + V_k}$ die Dämpfung des geschlossenen Kreises. Die Pole von F_g sind somit

$$p_{g\,1,2} = \omega_g\left(-D_g \pm \sqrt{D_g^2 - 1}\right) = \omega_0\left(-D_0 \pm \sqrt{D_0^2 - (1 + V_k)}\right) , \qquad (3)$$

oder

$$p_{g\,1,2} = \omega_g\left(-D_g \pm j\sqrt{1 - D_g^2}\right) = \omega_0\left(-D_0 \pm j\sqrt{1 + V_k - D_0^2}\right) . \qquad (4)$$

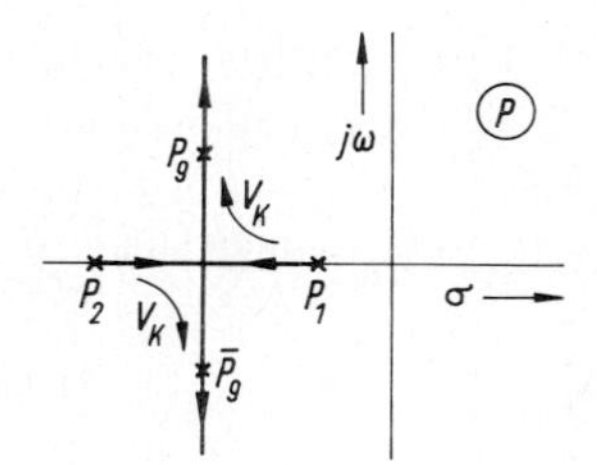

Bild 10.12

Man kann die Eigenwerte des Regelkreises in übersichtlicher Weise als sogenannte Wurzel-Ortskurve mit der Bezifferung V_k auftragen (Bild 10.12). Ausgehend von zwei reellen Eigenwerten p_1, p_2 des offenen Kreises ($D_0 > 1$) bewegen sich die Werte p_{g1}, p_{g2} mit wachsendem V_k zunächst aufeinander zu (Gl. (3)). Für $V_k = D_0^2 - 1$ treffen sie sich in einem Doppelpol bei $p_{g1} = p_{g2} = -D_0\omega_0$, um sich anschließend als konjugiert komplexe Eigenwerte parallel zur imaginären Achse wieder voneinander zu entfernen (Gl. 4). Falls der offene Kreis periodisch gedämpft ist, liegen die Anfangspunkte p_1, p_2 bereits auf den vertikalen Ästen.

Anhand dieser Wurzel-Ortskurven findet man, daß bei Gegenkopplung ($V_k > 0$) die Dämpfung des geschlossenen Kreises auf jeden Fall geringer ist, als die des offenen Kreises. Zwar bleibt der geschlossene Regelkreis auch bei beliebig großer Verstärkung stabil, doch geht die Dämpfung bei $V_k \gg 1$ stark zurück, so daß der Regelkreis praktisch unbrauchbar wird. Gleichzeitig mit dem Rückgang der Dämpfung erhöht sich die Eigenfrequenz $\mathrm{Im}(p_{g1}) = \omega_0 \sqrt{1 + V_k - D_0^2}$ des geschlossenen Kreises; wegen des konstanten Realteiles, $\mathrm{Re}(p_{g1}) = -\omega_0 D_0$, bleibt die Zeitkonstante der Umhüllenden der Sprungantworten bei verschiedenen Werten von V_k unverändert.

Zu einem vorgegebenen Dämpfungsverhältnis des offenen und geschlossenen Kreises gehört eine bestimmte Kreisverstärkung

$$V_k = \left(\frac{D_0}{D_g}\right)^2 - 1 \; .$$

Die zulässigen Werte von V_k sind für praktische Bedürfnisse meistens viel zu klein. Daraus folgt, daß die angenommene Regelstrecke mit einem Proportionalregler nur in sehr unbefriedigender Weise regelbar ist. Bei üblichen Regelstrecken, etwa $D_0 = 1$, und einer wünschenswerten Dämpfung $D_g = 1/\sqrt{2}$ des geschlossenen Kreises wäre z.B. nur eine Kreisverstärkung $V_k = 1$ zu erreichen, was als völlig unzureichend anzusehen ist. Das Problem wird später erneut aufgegriffen.

10.3.2. Berechnung eines Regelkreises 3. Ordnung

Bild 10.13 zeigt das Blockschaltbild eines Regelkreises, der eine proportional wirkende Regelstrecke mit Verzögerung 3. Ordnung (PT_3) und einen Proportionalregler enthält. Die Regelstrecke wird durch eine vor der letzten Verzögerung angreifende Störgröße ausgelenkt.

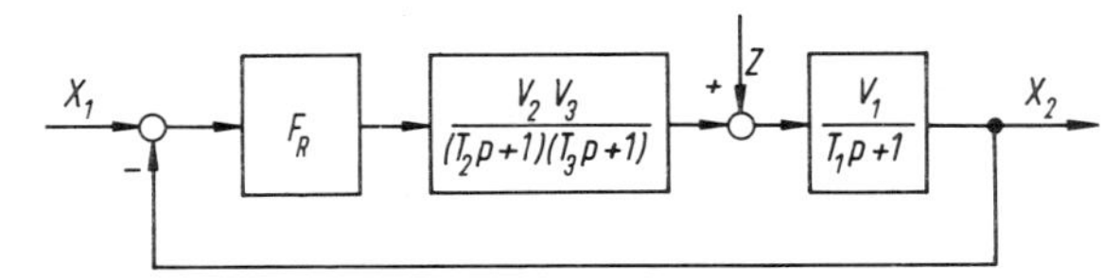

Bild 10.13

Die Kreis-Übertragungsfunktion lautet mit $V_1 V_2 V_3 V_R = V_k$

$$F_k(p) = \frac{V_k}{(T_1p + 1)(T_2p + 1)(T_3p + 1)} \; .$$

Daraus folgen die Übertragungsfunktionen des geschlossenen Kreises für Führung

$$\frac{X_2}{X_1}(p) = F_g(p) = \frac{F_k}{1 + F_k} = \frac{V_k}{(T_1p + 1)(T_2p + 1)(T_3p + 1) + V_k}$$

und Störung

$$\frac{X_2}{Z}(p) = F_{gz}(p) = \frac{V_1}{T_1p + 1}\,\frac{1}{1 + F_k} = \frac{(T_2p + 1)(T_3p + 1)}{V_2 V_3 V_R}\,F_g(p) \; .$$

Die Berechnung der Eigenwerte des Regelkreises erfordert die Lösung einer Gleichung 3. Grades, was nur bei zahlenmäßiger Vorgabe der Parameter möglich ist.
Die in Abschnitt 7.3.2 abgeleitete Stabilitätsbedingung

$$a_0 a_3 < a_1 a_2$$

liefert bei Anwendung auf die Koeffizienten des Nennerpolynoms von F_g oder F_{gz}

$$V_k < V_{k\,max} = \frac{(T_1T_2 + T_2T_3 + T_1T_3)(T_1 + T_2 + T_3)}{T_1T_2T_3} - 1 \ .$$

Dieser Bereich ist jedoch noch wesentlich einzuschränken, um ausreichende Dämpfung zu sichern; anhand der Ortskurve wird dies diskutiert.

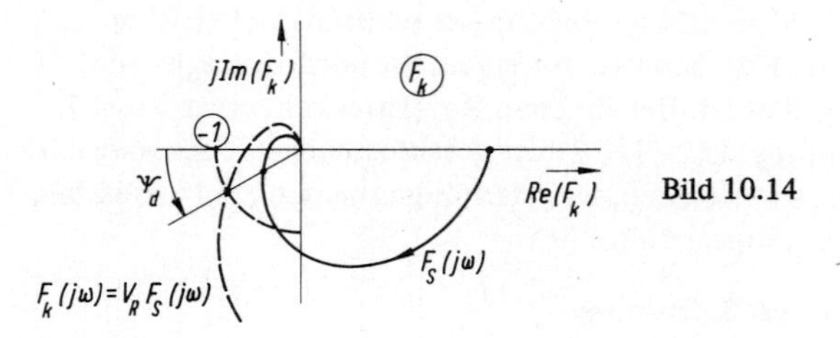

Bild 10.14

In Bild 10.14 ist der prinzipielle Verlauf der Ortskurve des Frequenzganges $F_s(j\omega)$ skizziert. Um einen vorgegebenen Phasenabstand ψ_d zu erhalten, ist die Kurve so zu dehnen, $F_k(j\omega) = V_R F_s(j\omega)$, daß sie den Punkt $e^{-j(\pi-\psi_d)}$ schneidet. Der hierzu gehörige Anfangswert $F_k(0)$ entspricht der gesuchten Kreisverstärkung.

Die Konstruktion wird am einfachsten mit dem Bode-Diagramm ausgeführt; allerdings ist auch hierfür die Annahme bestimmter Regelstrecken-Parameter notwendig. Bild 10.15a, b zeigt die Konstruktion für folgende Zahlenwerte:

$T_1 = 400$ ms, $T_2 = 200$ ms, $T_3 = 50$ ms .

Für verschiedenen Phasenabstand erhält man als Ergebnis folgende Durchtrittsfrequenzen und Kreisverstärkungsziffern:

ψ_d	60°	45°	30°	0° (Stab. Grenze)
$\omega_d \cdot 1s$	4,6	5,8	7,3	12,8
V_k	2,5	3,7	5,6	17
D_g	0,44	0,34	0,23	0

Nachdem die Kreisverstärkung bekannt ist, läßt sich mit der vorgegebenen Streckenverstärkung auch die Verstärkung des Reglers bestimmen,

$$V_R = \frac{V_k}{V_1V_2V_3} \ .$$

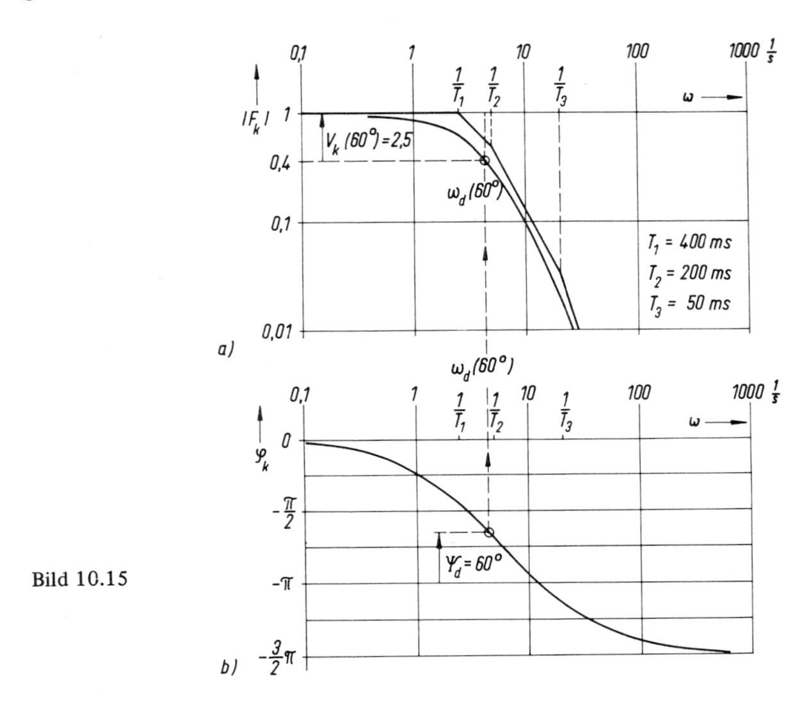

Bild 10.15

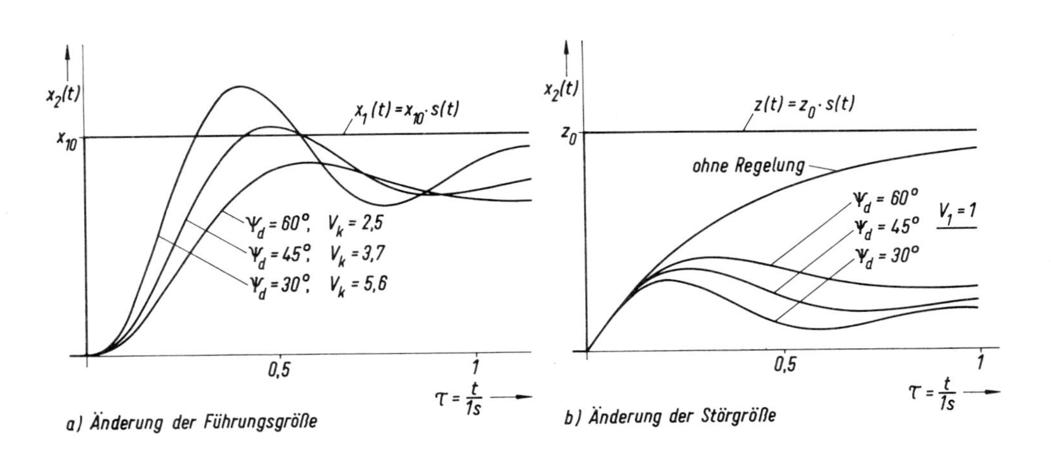

Bild 10.16

Um den qualitativen Zusammenhang zwischen Phasenabstand und Dämpfungsfaktor zu demonstrieren, wurden die zu den drei gefundenen Verstärkungsziffern gehörenden Eigenwerte des Regelkreises berechnet. Mit den angenommenen Parametern stellt sich jeweils ein reeller Wert und ein konjugiert komplexes (dominierendes) Paar ein. Der zu diesem gehörige Dämpfungsfaktor hat die in der vorstehenden Tabelle angegebenen Werte.

In Bild 10.16 sind schließlich die Sprungantworten des Regelkreises bei einer Änderung der Führungsgröße (a) und der Störgröße (b) aufgetragen. Diese Kurven lassen sich aus den Übertragungsfunktionen $F_g(p)$ und $F_{gz}(p)$ berechnen oder mit dem Analogrechner experimentell bestimmen.

Man erkennt, daß das Ziel der Regelung mit einem P-Regler auch nicht annähernd erreicht wird. Weder stimmt die Regelgröße im stationären Zustand mit dem Sollwert überein, noch wird die Störgröße genügend genau ausgeregelt. Es kommt hinzu, daß der Regelkreis für $V_k = 5{,}6$ schon ziemlich schlecht gedämpft ist, so daß er auch aus diesem Grunde für viele Zwecke unbrauchbar wäre.

Die folgenden Abschnitte werden zeigen, daß sich diese unbefriedigenden Ergebnisse durch Verwendung von Reglern mit anderem dynamischen Verhalten wesentlich verbessern lassen.

11. Regelung durch einen Proportionalregler mit Vorhalt (PD)

11.1. Definition

Zur Erhöhung der Regelgeschwindigkeit und der Kreisverstärkung bei gegebener Dämpfung kann man daran denken, die Stellgröße nicht nur durch die Regelabweichung, sondern auch durch deren Ableitung zu beeinflussen. Auf diese Weise entsteht ein Proportional-Differential-Regler (PD). In Bild 11.1 ist das Blockschaltbild des idealen PD-Reglers gezeichnet. Die Differentialgleichung lautet

$$y = V(T_V x_3' + x_3) \; .$$

Die Stellgröße y ist also eine Linearkombination der Regelabweichung und ihres Differentialquotienten; T_V wird Vorhaltzeitkonstante genannt.
Wie in Bild 11.2 für den Fall einer zeitlich linear veränderlichen Regelabweichung dargestellt, hat der Regler die Fähigkeit der linearen Extrapolation; er nimmt nämlich die Stellgröße bereits bei Annäherung an den Abgleich ($x_3 = 0$) zurück, um ein Überschwingen zu vermeiden. Andererseits greift er verstärkt ein, wenn die Regelabweichung sich vergrößert. Bei zeitlich linearer Änderung von x_3 hat T_V die Bedeutung einer zeitlichen Voreilung der Stellgröße.
Die Übertragungsfunktion des idealen PD-Reglers ist

$$\frac{Y}{X_3}(p) = F(p) = V(T_V p + 1) \; ;$$

sie hat eine reelle Nullstelle bei $p = -\frac{1}{T_V}$.

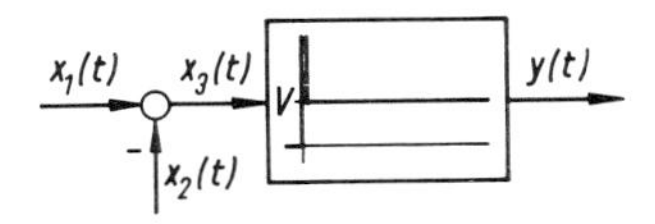

Bild 11.1

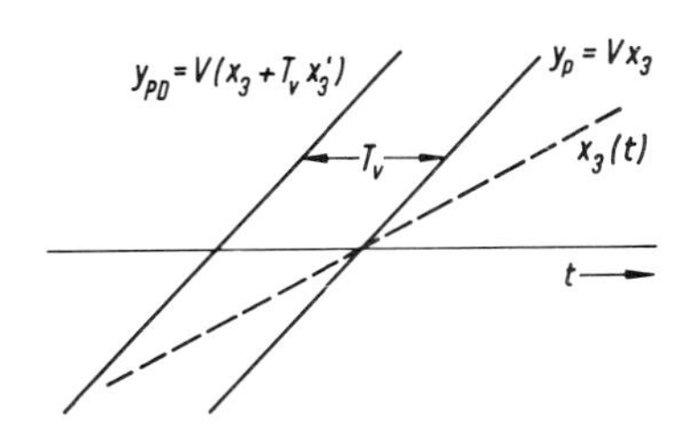

Bild 11.2

Realisierbare PD-Regler weisen stets eine oder mehrere parasitische Verzögerungen auf, die bei aktiven Schaltungen allerdings sehr klein sein können. Die Differentialgleichung eines PD(T)-Reglers mit Verzögerung 1. Ordnung lautet

$$T_V' y' + y = V(T_V x_3' + x_3) \; ,$$

die Übertragungsfunktion ist

$$\frac{Y}{X_3}(p) = F(p) = V \frac{T_V p + 1}{T_V' p + 1} \; .$$

Dies entspricht dem in Abschnitt 9.1.2 behandelten Funktionsbaustein. Ortskurve, Bodediagramm und Sprungantwort sind in Bild 9.1, 9.2 aufgetragen.

Die im mittleren Frequenzbereich auftretende Phasenvoreilung (Maximum bei $1/\sqrt{T_v T_v'}$) kann dazu dienen, die Phasennacheilung der Regelstrecke zu verringern; der in diesem Frequenzbereich ansteigende Betrag ist zu beachten.

11.2. Verwirklichung

Bild 11.3 zeigt ein passives PDT-Glied, wie es z.B. bei mehrstufigen magnetischen Verstärkern früher viel verwendet wurde. u_0 ist die eingeprägte Spannung, u_1 die Ausgangsspannung der Signalquelle, R_i ihr Innenwiderstand. Die Übertragungsfunktion im Leerlauf lautet dann

$$\frac{U_2}{U_0}(p) = \frac{R_2}{R_i + R_2 + \frac{R_1 \; 1/Cp}{R_1 + 1/Cp}} = V \frac{T_v p + 1}{T_v' p + 1} \; .$$

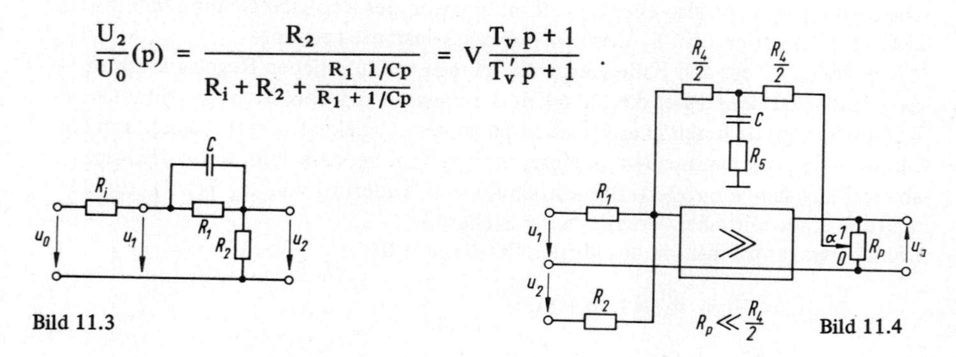

Bild 11.3

Bild 11.4

Dabei ist

$$\frac{R_2}{R_i + R_1 + R_2} = V < 1 \; , \; R_1 C = T_v \; , \; \frac{R_1(R_i + R_2)}{R_i + R_1 + R_2} C = T_v'$$

gesetzt.

Ein großer Wert für T_v/T_v' läßt sich also nur auf Kosten der Verstärkung erzielen $(R_2 + R_i \ll R_1)$.

Ein aktiver elektronischer Verstärker mit PD-Verhalten wurde bereits in Abschnitt 6.2.2 diskutiert (Bild 6.13). Er entsteht durch verzögerte Gegenkopplung, so daß bei einer Änderung der Eingangsgröße im ersten Augenblick die volle Verstärkung wirksam ist. Durch Erweiterung der Eingangsschaltung wird aus dem Verstärker ein Regler (Bild 11.4). Die Parameter V, T_v, T_v' hängen mit den Schaltelementen auf folgende Weise zusammen

$$V = -\frac{U_a}{U_2}(0) = \frac{R_4}{\alpha R_2}, \quad T_v = \left(\frac{R_4}{4} + R_5\right) C \, , \quad T_v' \approx R_5 \cdot C \; .$$

Bei genauerer Untersuchung zeigt sich, daß die parasitische Zeitkonstante T_v' außer von R_5 auch durch die Unvollkommenheit des Verstärkers, z.B. endliche Verstärkung,

Frequenzbereich und Innenwiderstand, beeinflußt wird. Bei Verwendung eines geeigneten Verstärkers ist das erreichbare Verhältnis T_V/T_V' jedoch in den meisten Fällen nicht durch den Regelverstärker, sondern durch die der Stellgröße u_a überlagerten Oberschwingungen begrenzt; bei zu großem Vorhalt besteht die Gefahr der zeitweisen Übersteuerung, wodurch das Übertragungsverhalten nichtlinear wird.

Bild 11.5 zeigt als Beispiel für eine proportional wirkende Regelung mit Vorhalt eine einfache elektromechanische Nachlaufregelung wie sie z.B. bei Rudermaschinen verwendet wird. Die Stellung α_1 des Sollwert-Potentiometers wird in einer Brückenschaltung mit der Stellung α_2 des Istwert-Potentiometers verglichen. Die Regelabweichung $\alpha_1 - \alpha_2$ steuert über einen Verstärker einen Stellmotor, der neben seiner eigentlichen Last das Istwert-Potentiometer solange verstellt, bis die Regelabweichung zu Null geworden ist. Um die Regeleigenschaften zu verbessern, wird der Regelabweichung über einen Tachometer-Generator eine der Verstellgeschwindigkeit $d\alpha_2/dt$ proportionale Komponente hinzugefügt. Der Vorhalt wirkt bei der gezeichneten Schaltung allerdings nur für den Ist-Kanal, was für eine Verbesserung der Dämpfung und mittelbar der Genauigkeit auch ausreicht. Die Sollwert-Verstell-Einrichtung liegt ja außerhalb des Regelkreises.

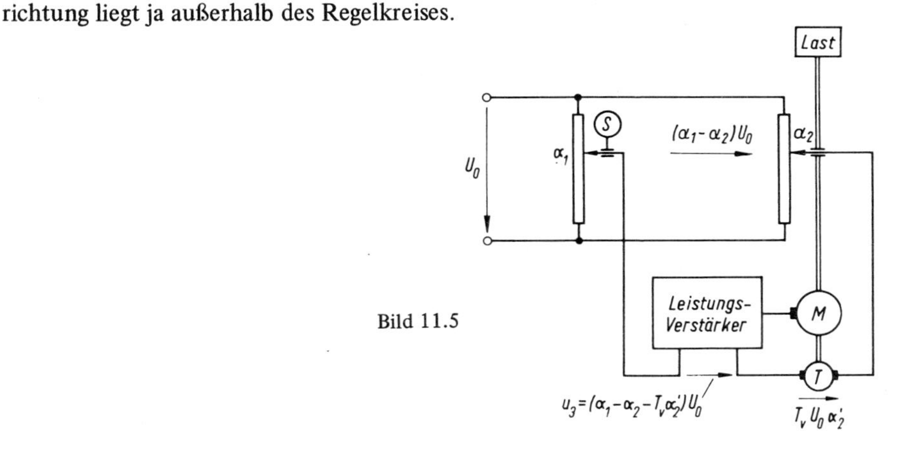

Bild 11.5

In diesem Beispiel scheint es zunächst, als sei eine verzögerungsfreie Differentiation bewerkstelligt worden. Dabei ist jedoch zu bedenken, daß der Abgriff des Differentialquotienten $d\alpha_2/dt$ nur möglich ist, weil die Regelstrecke selbst (Stellmotor mit Last und Ist-Potentiometer) die Eigenschaften eines Integrators aufweist. Die Schwierigkeiten einer Differentiation würden sofort offenbar, wollte man zur Erhöhung der Regelgeschwindigkeit eine zweite Tachometermaschine mit dem Sollwertpotentiometer kuppeln und ihre Spannung ebenfalls in den Differenzkreis einschleifen. Die vorher nahezu kraftfreie Verstellbarkeit und hohe Beweglichkeit des Sollpotentiometers würde nun durch das Trägheitsmoment von Tachogenerator und Getriebe u.U. beträchtlich eingeschränkt.

11.3. Anwendung

11.3.1. ‚Kompensation' einer Verzögerung

Bei Betrachtung des Blockschaltbildes 11.6, das die Kettenschaltung eines PDT-Gliedes und eines PT_1-Gliedes zeigt, liegt die Frage nahe, ob nicht durch die Wahl $T_v = T_1$, d.h. bei Kompensation der Verzögerung durch den Vorhalt, eine Verbesserung der dynamischen Eigenschaften möglich ist; die resultierende Übertragungsstrecke weist dann ja nur noch die parasitische Verzögerung T_v' auf. Diese Vereinfachung ist in der Tat möglich, sie ist jedoch mit erhöhtem gerätetechnischem Aufwand verbunden und deshalb nur in bestimmten Grenzen praktikabel. Anhand eines Beispiels soll dies erläutert werden.

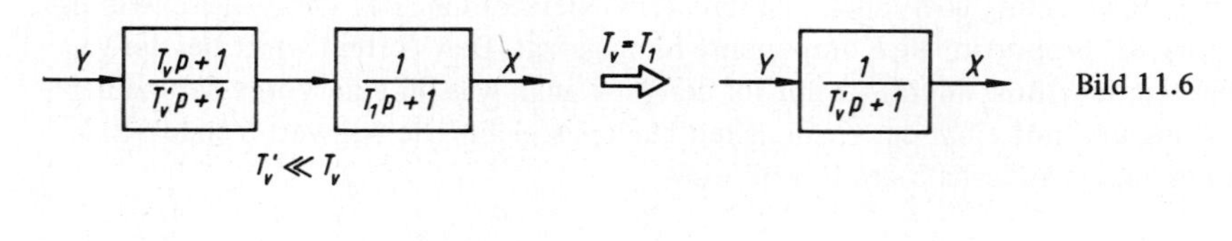

Bild 11.6

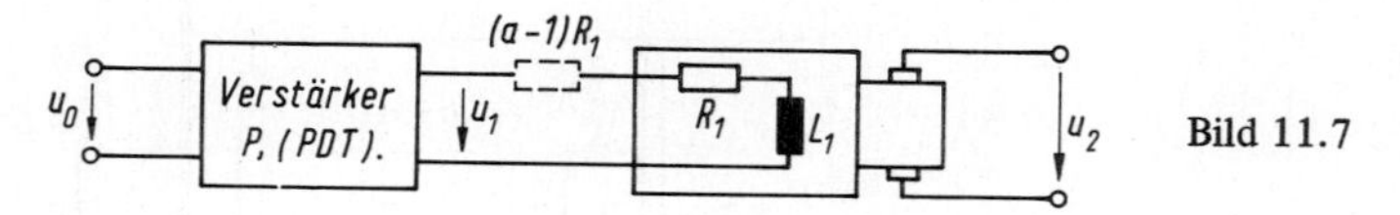

Bild 11.7

In Bild 11.7 ist ein idealer P-Verstärker dargestellt, der einen induktiven Gleichstromkreis, etwa die Erregerwicklung eines Generators, speist. Die Zeitkonstante des Erregerkreises sei $T_1 = L_1/R_1$. Um die Verzögerung zu verringern, kann man in Reihe zur Erregerwicklung einen Vorwiderstand schalten, so daß der Gesamtwiderstand auf $R_1' = a R_1 > R_1$ ansteigt und die Zeitkonstante auf den Wert $T_1' = T_1/a$ zurückgeht. Um den Verstärkungsverlust infolge des Vorwiderstandes auszugleichen, muß die Verstärkung auf den Wert $V' = aV$ angehoben werden. Bei einem elektronischen Verstärker ist dies ohne Mehrkosten möglich. Um jedoch den Generator auch weiterhin voll erregen zu können, ist es außerdem notwendig, die maximale Spannung und, da der erforderliche Strom unverändert ist, die Nenn-Leistung des Verstärkers um den Faktor a zu erhöhen. Die dynamische Verbesserung der Regelstrecke ist also mit erhöhtem Aufwand verbunden. In Bild 11.8 sind die zeitlichen Verläufe der Spannungen bei Annahme einer Sprungfunktion am Eingang dargestellt.

Eine ähnliche Wirkung läßt sich auch ohne Vorwiderstand mit einem PD-Verstärker erzielen. Der Verstärker erhält hierfür die Übertragungsfunktion

$$F(p) = \frac{U_1}{U_0}(p) = V \frac{T_1 p + 1}{\frac{T_1}{a} p + 1} .$$

Bei Anregung mit einer Sprungfunktion erzeugt er einen stoßförmigen Spannungsverlauf $u_1(t)$, der den Generator kurzzeitig übererregt, so daß die gleiche Verkürzung des Einschwingvorganges wie vorher eintritt. Der Unterschied besteht darin, daß der Verstärker zwar kurzzeitig die erhöhte Spannung $au_{1\,max}$, nicht aber die vorher erforderliche erhöhte Dauerleistung aufzubringen hat.

Vollständige Äquivalenz zwischen den Schaltungen mit Vorwiderstand und mit PD-Verstärker liegt übrigens nur vor, wenn die Ausgangsspannung des PD-Verstärkers beide Vorzeichen annehmen kann; anderenfalls wäre eine Übererregung in negativer Richtung nicht möglich.

Falls man darauf verzichtet, den vollen Sprung der Eingangsspannung u_0 linear zu übertragen, lassen sich noch Abstriche am benötigten Spannungshub vornehmen. Man erreicht auf diese Weise eine Verbesserung der Dynamik ‚im kleinen', die bei größerem Signalhub unwirksam wird, da der Verstärker dann übersteuert.

In Bild 11.9 ist der Verlauf der Ausgangsspannung u_2 für diesen Fall skizziert. Bei kleinem Signalhub ist eine Verkürzung der Zeitkonstante zu beobachten, während bei größerer Amplitude, wenn der Verstärker übersteuert wird, die ursprüngliche Verzögerung wieder zum Vorschein kommt.

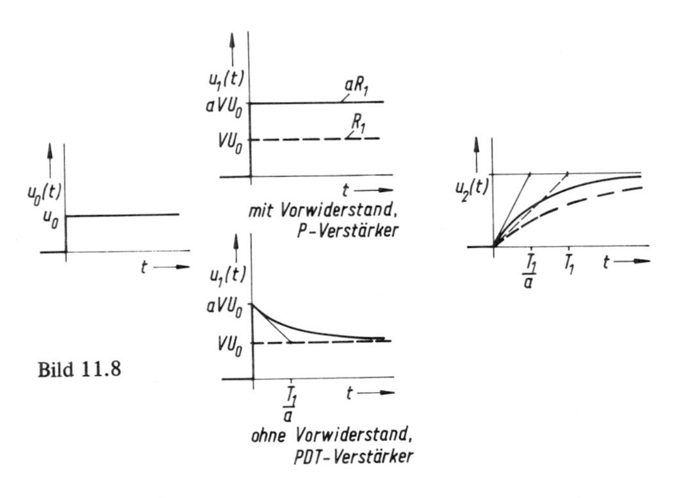

Bild 11.8

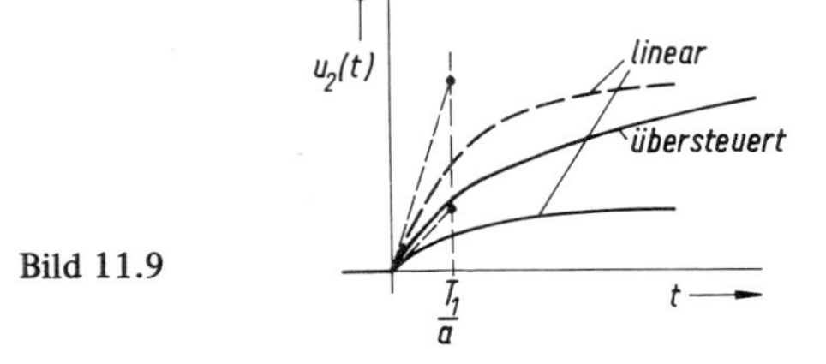

Bild 11.9

11.3.2. Regelstrecke 2. Ordnung

Bei dem in Bild 11.10 gezeichneten Regelkreis liegt es auf der Hand, durch den Vorhalt des Reglers eines der Verzögerungsglieder der Regelstrecke zu beseitigen, um das Problem zu vereinfachen. Dabei ist allerdings noch offen, ob T_v besser an die größere oder kleinere Zeitkonstante der Strecke angepaßt werden soll. Setzt man zunächst einmal, gleichgültig ob T_1 oder T_2 größer ist, $T_v = T_2$, dann lautet die Kreis-Übertragungsfunktion

$$F_k(p) = \frac{V_k}{(T_1 p + 1)(T_v' p + 1)}, \quad V_R V_s = V_k .$$

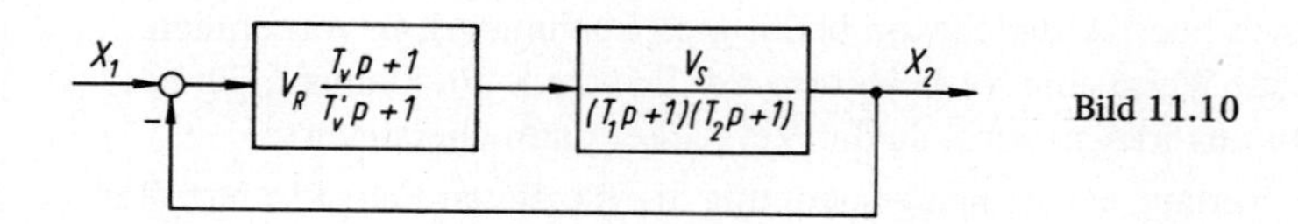

Bild 11.10

Damit wird die Übertragungsfunktion des geschlossenen Kreises

$$\frac{X_2}{X_1}(p) = F_g(p) = \frac{V_k}{(T_1 p + 1)(T_v' p + 1) + V_k} = \frac{V_k}{1 + V_k} \frac{1}{\frac{T_1 T_v'}{1 + V_k} p^2 + \frac{T_1 + T_v'}{1 + V_k} p + 1} .$$

Der Dämpfungsfaktor des geschlossenen Kreises ist

$$D_g = \frac{1}{2} \frac{T_1 + T_v'}{\sqrt{T_1 T_v'}} \frac{1}{\sqrt{1 + V_k}} .$$

Für einen vorgegebenen Wert von D_g folgt daraus die Kreisverstärkung

$$V_k = \frac{1}{4 D_g^2} \left(\sqrt{\frac{T_1}{T_v'}} + \sqrt{\frac{T_v'}{T_1}} \right)^2 - 1 .$$

Für den meistens angestreben Fall $D_g = 1/\sqrt{2}$ läßt sich das Ergebnis vereinfachen,

$$V_k = \frac{1}{2} \left(\frac{T_1}{T_v'} + \frac{T_v'}{T_1} \right) .$$

Diese Funktion ist in Bild 11.11 aufgetragen; sie durchläuft bei $T_1 = T_v'$ ein Minimum und nimmt nach beiden Seiten monoton zu. Die bei $D_g = 1/\sqrt{2}$ erzielbare Kreisverstärkung ist also um so größer, je stärker sich die nach der Vereinfachung verbleibenden Zeitkonstanten unterscheiden. Somit ist

$$T_v = T_2 \qquad \text{bei} \qquad T_2 < T_1$$

die richtige Wahl; es ist also günstiger, die kleinere der beiden Zeitkonstanten T_1, T_2 durch die noch kleinere parasitische Zeitkonstante T_v' zu ersetzen. Für $T_1 \gg T_v'$ gilt die Asymptote $V_k \approx \frac{1}{2} \frac{T_1}{T_v'}$.

Mit der Kreisverstärkung steigt auch die Resonanzfrequenz ω_g, d.h. die Regelgeschwindigkeit des geschlossenen Kreises,

$$\omega_g = \sqrt{\frac{1+V_k}{T_1 T_v'}} = \frac{1}{2D_g}\left(\frac{1}{T_1} + \frac{1}{T_v'}\right) \approx \frac{1}{2D_g T_v'} \neq f(T_1).$$

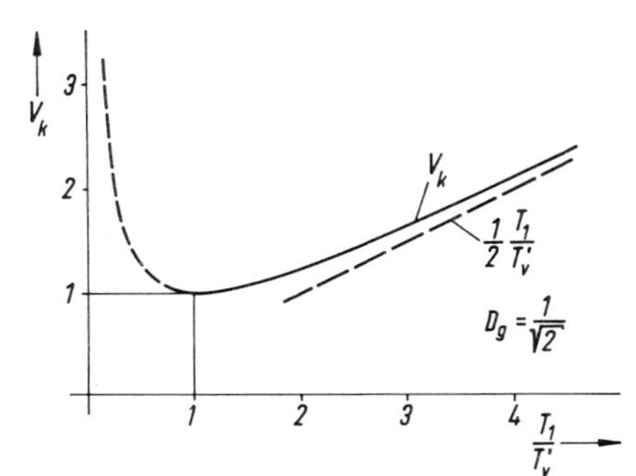

Bild 11.11

Bild 11.12 erläutert die Wirkungsweise des PD-Reglers anhand des Pol-Nullstellenplanes. Die beiden Pole der Regelstrecke, $-1/T_1$, $-1/T_2$ werden durch den Pol $-1/T_v'$ und die Nullstelle $-1/T_v$ des Reglers so ergänzt, daß die beiden Pole $-1/T_1$, $-1/T_v'$ übrigbleiben. Der PDT-Regler wirkt somit als Poltauscher, indem er den Pol bei $-1/T_2$ durch einen bei $-1/T_v'$ ersetzt.

Das im vorigen Abschnitt bezüglich Stell-Leistung und Übersteuerungsbereich Gesagte gilt natürlich auch hier. Dabei ist zu bedenken, daß nicht nur der Regler in der Lage sein muß, ein erhöhtes Stellsignal abzugeben, sondern daß der Leistungsverstärker und die Regelstrecke das Stellsignal auch unverzerrt bis an die Stelle übertragen müssen, an der eine Verzögerung reduziert werden soll.

Bild 11.12

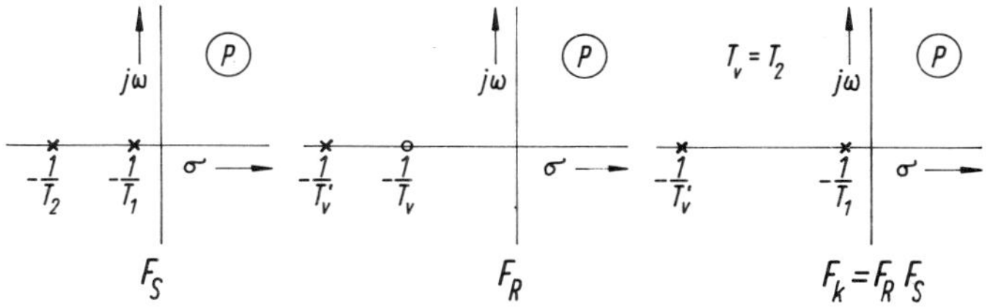

11.3.3. Regelstrecke 3. Ordnung

Um einen Vergleich zwischen den Ergebnissen bei Verwendung eines P- und eines PDT-Reglers zu erhalten, wird nun der in Bild 10.13 dargestellte Regelkreis für $T_3 < T_2 < T_1$ betrachtet.

Mit

$$F_R(p) = V_R \frac{T_v p + 1}{T_v' p + 1} \quad \text{und} \quad V_k = V_R V_1 V_2 V_3$$

gilt

$$F_k(p) = V_k \frac{T_v p + 1}{(T_1 p + 1)(T_2 p + 1)(T_3 p + 1)(T_v' p + 1)} \quad .$$

Es ist wieder naheliegend, wenn auch keineswegs zwingend, mit der Übertragungsfunktion des Reglers einen der drei Pole der Regelstrecke an die Stelle $-1/T_v'$ zu verschieben, um die Kreisübertragungsfunktion zu vereinfachen.

Die drei Möglichkeiten lassen sich qualitativ wie folgt abschätzen:

a) Wählt man $T_v = T_1$, so besteht die Gefahr, daß wegen des begrenzten Wertes von T_v/T_v' die parasitische Zeitkonstante T_v' in die Näne von T_2, T_3 kommt. Die zulässige Verstärkung wäre dann sehr klein.

b) Mit der Festlegung $T_v = T_3$, entsprechend einer Verkleinerung der kleinsten Zeitkonstante ist nicht viel zu gewinnen, da Durchtrittsfrequenz und zulässige Verstärkung im wesentlichen von den beiden größeren Zeitkonstanten bestimmt werden. Das dominierende Polpaar würde sich bei einer Verkleinerung von T_3 nur unwesentlich ändern.

c) Somit bleibt als beste Möglichkeit, die mittlere Zeitkonstante auszutauschen, $T_v = T_2$.

Die vereinfachte Kreis-Übertragungsfunktion lautet dann

$$F_k = \frac{V_k}{(T_1 p + 1)(T_3 p + 1)(T_v' p + 1)} \quad .$$

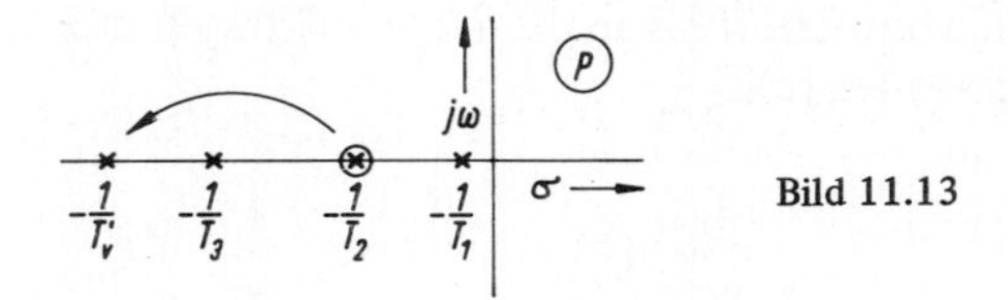

Bild 11.13

Der Vorgang der Polvertauschung ist in Bild 11.13 angedeutet. Das Problem ist damit auf den in Abschnitt 10.3.2 behandelten Fall zurückgeführt. Die Berechnung des zweiten freien Parameters, V_k, ist wieder nicht geschlossen möglich; das Bode-Diagramm ist dagegen stets anwendbar.

Eine andere Möglichkeit besteht in einer Näherungsrechnung, die bei den jetzt vorliegenden Zahlenwerten $T_1 = 400$ ms, $T_3 = 50$ ms brauchbare Ergebnisse liefert.

Es sei $T_v' = 0{,}1\ T_v = 0{,}1\ T_2 = 20$ ms angenommen. Wegen der Verschiebung des mittleren Poles nach links hat sich der Abstand zwischen der größten und der zweitgrößten Zeitkonstante wesentlich erhöht. Daher darf angenommen werden, daß der

Anteil $(1 + j\omega T_1)$ des Nenners in $F_k(j\omega)$ bei der Durchtrittsfrequenz seine Asymptote fast erreicht hat; somit gilt in der Umgebung der Durchtrittsfrequenz die Näherung

$$F_k(j\omega) = |F_k|_{(\omega)}\, e^{j\varphi_k(\omega)} \approx \frac{V_k}{j\omega T_1(1 + j\omega T_3)(1 + j\omega T_v')} \quad .$$

Der durch die Näherung verursachte Fehler liegt auf der sicheren Seite.

Aus der Definition des Phasenabstandes folgt nun

$$\varphi_k(\omega_d) = -\pi + \psi_d \approx -\frac{\pi}{2} - \arctan \omega_d T_3 - \arctan \omega_d T_v'$$

oder umgeformt

$$\tan\left(\frac{\pi}{2} - \psi_d\right) = \frac{1}{\tan \psi_d} = \frac{\omega_d (T_3 + T_v')}{1 - \omega_d^2 T_3 T_v'} \quad ,$$

eine quadratische Gleichung für ω_d. Die Lösung liefert die zum gewählten Phasenabstand gehörige Durchtrittsfrequenz:

$$\omega_d = -\frac{T_3 + T_v'}{2T_3T_v'} \tan \psi_d \; (\pm) \sqrt{\left(\frac{T_3 + T_v'}{2T_3T_v'}\right)^2 \tan^2 \psi_d + \frac{1}{T_3T_v'}} \quad .$$

Damit läßt sich aus der Betragsbedingung $|F_k(j\omega_d)| = 1$ die Kreisverstärkung berechnen,

$$V_k \approx \omega_d T_1 \sqrt{(1 + (\omega_d T_3)^2)(1 + (\omega_d T_v')^2)} \quad .$$

Für verschiedene Werte des Phasenabstandes erhält man folgende Ergebnisse:

ψ_d	60°	45°	30°	0° (Stab. Grenze)
$\omega_d \cdot 1\text{s}$	7,7	12,2	17,3	34,4
V_k	3,4	5,9	9,7	33

Die genauere Konstruktion mit Hilfe des Bode-Diagrammes ergibt z.B. für $\psi_d = 45°$ die Werte

$$\omega_d = 14{,}5\,\frac{1}{s} \quad \text{und} \quad V_k = 7{,}2 \; .$$

Bei Rechnungen dieser Art ist besondere Genauigkeit nicht gerechtfertigt, da die Parameter der Regelstrecken meistens nicht genau bekannt oder veränderlich sind.

Ein Vergleich der Ergebnisse mit denen in Abschnitt 10.3.2 bei Verwendung eines P-Reglers zeigt, daß der Regelkreis durch Verwendung eines PD-Reglers schneller geworden ist, daß die Genauigkeit aber auch jetzt in den meisten Fällen nicht ausreichen wird. Zum gleichen Resultat führt der Vergleich der in Bild 11.14 aufgetragenen Sprungantworten des geschlossenen Regelkreises mit den entsprechenden Vorgängen in Bild 10.16. Für die Oszillogramme wurden die mit Hilfe des Bode-Diagrammes bestimmten genaueren Parameter verwendet.

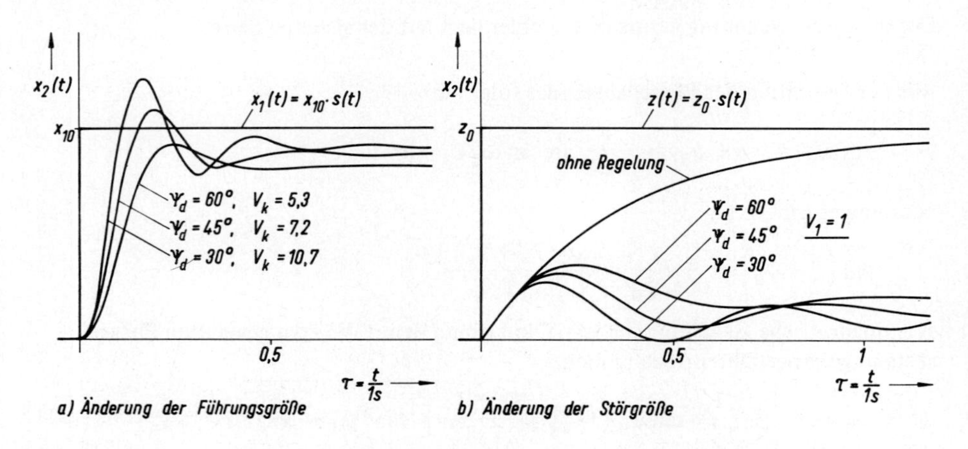

Bild 11.14

12. Regelung mit einem Integralregler (I)

Die bisher untersuchten Regelungen sind vor allem wegen der stationären Regelabweichung unbefriedigend. Wie in Abschnitt 8.3 begründet, läßt sich dieser Mangel durch Verwendung eines integrierenden Reglers beheben, wobei der Integralregler den einfachsten Typ darstellt.

12.1. Definition

Bild 12.1 zeigt das Blockschaltbild eines Integralreglers. Er wird durch die Differentialgleichung

$$T_i y' = x_3 = x_1 - x_2$$

oder die Integralgleichung

$$y(t) = y(0) + \frac{1}{T_i} \int_0^t x_3(\tau)\, d\tau$$

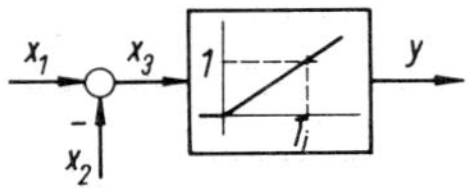

Bild 12.1

beschrieben. Die Regelabweichung ist also ein Maß für die Stellgeschwindigkeit. Nur wenn die Regelabweichung Null ist, bleibt die Stellgröße konstant. Ein Regelkreis mit idealem Integralregler hat also bei konstanten Führungs- und Störgrößen den stationären Regelfehler Null. Andererseits kann ein Integralregler bei endlicher Regelabweichung seine Stellgröße nur stetig verändern, so daß Regelvorgänge bei Verwendung von Integralreglern im allgemeinen langsamer verlaufen als mit proportional wirkenden Reglern.

Die Bedeutung der Integrierzeit wurde schon in Abschnitt 3.3.1 erläutert. Bei sprungartiger Verstellung der Eingangsgröße $x_3(t) = a \cdot s(t)$ ändert sich die Stellgröße y während der Zeit T_i um denselben Wert a.

Die Übertragungsfunktion eines Integralreglers ist

$$\frac{Y}{X_3}(p) = F(p) = \frac{1}{T_i p},$$

die Ortskurve des Frequenzganges entspricht also der negativen imaginären Achse. Das Bode-Diagramm ist in Bild 5.14 dargestellt.

Falls der Integralregler mit einer zusätzlichen Verzögerung behaftet ist, lautet die Differentialgleichung

$$T_i T_1 y'' + T_i y' = x_3(t) \; .$$

Daraus folgt die Übertragungsfunktion

$$\frac{Y}{X_3}(p) = F(p) = \frac{1}{T_i p (T_1 p + 1)} \; .$$

Die zugehörige Sprungantwort und die Ortskurve sind als Sonderfall $(V_1 = 1)$ in Bild 3.24, 3.25 enthalten.

12.2. Verwirklichung

12.2.1. Elektronischer Integrator

Integratoren werden in der Regelungstechnik häufig mit elektronischen Rechenverstärkern ausgeführt. Die Schaltung wurde bereits in Abschnitt 6.2.2 erörtert. Bild 12.2 zeigt die vollständige Schaltung eines elektronischen I-Reglers mit beiden Eingangskanälen und einstellbarer Integrierzeit. Mit der Näherung $i_0 \approx 0$, $u_0 \approx 0$ und der Annahme eines niederohmigen Spannungsteilers gilt

$$u_a(t) \approx u_a(0) + \frac{1}{\alpha C} \int_0^t (i_1 - i_2)\, d\tau \approx$$

$$\approx u_a(0) + \frac{1}{\alpha R_1 C} \int_0^t u_1\, d\tau - \frac{1}{\alpha R_2 C} \int_0^t u_2\, d\tau \;.$$

$\alpha R_2 C = T_i$ ist die für den geschlossenen Kreis interessierende Integrierzeitkonstante.

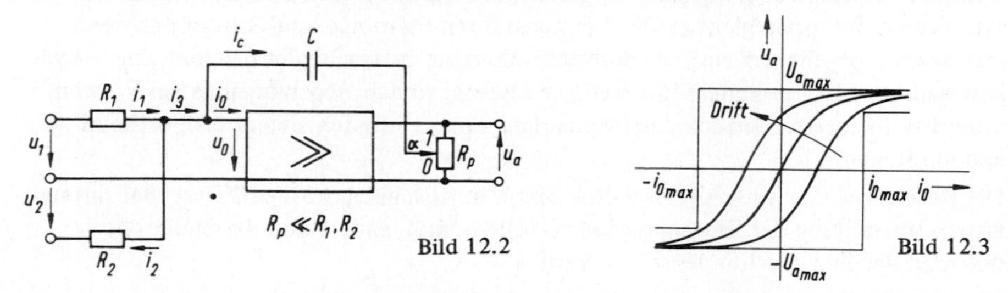

Bild 12.2

Bild 12.3

Der bei einem realen, d.h. unvollkommenen, elektronischen Integrator zu erwartende stationäre Regelfehler läßt sich anhand der Kennlinie $u_a(i_0)$ des offenen Verstärkers abschätzen (Bild 12.3). Solange der Verstärker nicht übersteuert wird, ist der Eingangsstrom i_0 außerordentlich klein, bei Rechenverstärkern weit unterhalb 1 μA; er ist jedoch, z.B. infolge von Temperatur- und Spannungseinflüssen, stark veränderlich, so daß die Kennlinie $u_a(i_0)$ weitgehend undefiniert ist und von Zufälligkeiten abhängt. Man bezeichnet die Verschiebung der Kennlinie als Drift des Verstärkers, genauer als Stromdrift. Der dadurch entstehende Fehler läßt sich abschätzen, indem man das in Bild 12.3 eingetragene durch $i_0 = \pm\, i_{0\,max}$ und $u_a = \pm\, u_{a\,max}$ begrenzte Rechteck als möglichen zugelassenen Betriebsbereich ansieht; dabei ist $i_{0\,max}$ der unter den ungünstigsten Betriebsbedingungen zu erwartende maximale Eingangsstrom des nicht übersteuerten Verstärkers. Von der Kennlinie $u_a(i_0)$ wird lediglich angenommen, daß sie den abgegrenzten Bereich nur durch die angedeuteten Öffnungen verläßt; der tatsächliche augenblickliche Arbeitspunkt kann sich irgendwo innerhalb des Unbestimmtheitsbereiches befinden.

Für die in Bild 12.2 gezeichnete Schaltung eines elektronischen Integrators gilt dann im stationären Zustand (u_a = const.) die Abschätzung

$$|i_1 - i_2 - i_c| < i_{0\,max} \quad .$$

Dabei ist i_c der meistens vernachlässigbare Leckstrom des Kondensators. Durch diese Bedingung wird also eine untere Grenze des Vergleichstrom-Niveaus i_1, i_2 festgelegt. Mit der Annahme $i_{0\,max} = 1\,\mu A$ und $i_1, i_2 = 1$ mA wird somit der mögliche Abgleichfehler infolge Stromdrift $\epsilon_1 < 10^{-3}$.

Ein weiterer Fehler ist infolge der nicht vernachlässigbaren Spannung u_0 des Summierpunktes zu erwarten. Man kann für die Fehlerabschätzung in gleicher Weise verfahren. Mit $|u_0| < u_{0max} = 10$ mV und $u_1, u_2 = 10$ V gilt dann $\epsilon_2 < 10^{-3}$ als Beitrag der Spannungsdrift.

Außerdem sind die Meßgeber und Meßwandler, z.B. Tachometer, Stromwandler, Thermometer, Druckgeber, ferner die Bauelemente der Eingangsschaltung (R_1, R_2) von äußeren und inneren Einflüssen abhängig, so daß hier weitere Fehlerquellen liegen.

Der unter Berücksichtigung aller dieser Einflüsse mögliche stationäre Fehler liegt bei industriellen Regelungen meist in der Gegend von 10^{-2}. Mit großer Sorgfalt und unter Verwendung ausgesuchter Bauteile entworfene Regelungen erreichen einen Langzeit-Gesamtfehler von etwa 10^{-3}. In besonderen Fällen ist es möglich, z.B. mit einer digitalen Regelung oder durch Temperaturstabilisierung der wichtigsten Komponenten, eine wesentlich höhere Genauigkeit zu erreichen. Allerdings ist dabei zu beachten, daß die Kosten der Regeleinrichtung mit der gewünschten Genauigkeit stark ansteigen, so daß man eine erhöhte Genauigkeit nur dort anstrebt, wo übergeordnete Gründe dies erfordern.

12.2.2. Andere Integratoren

Bei großen Werten der Integrierzeitkonstanten werden manchmal auch elektromechanische Integralregler verwendet. Bild 12.4 zeigt eine entsprechende Schaltung, bei der ein Meßmotor über einen Verstärker von der Regelabweichung $u_3 = u_1 - u_2$ gesteuert wird. Die der Spannung u_3 proportionale Drehzahl n wird mechanisch integriert, da der Drehwinkel α ein Maß für das Integral der Drehzahl ist. Die Anlaufzeitkonstante wirkt als zusätzliche Verzögerung, außerdem ist ein kleiner Unempfindlichkeitsbereich infolge der Reibung vorhanden.

In Bild 12.5 ist als Beispiel eines Regelkreises mit Integralregler ein sogenannter Servo-Multiplizierer skizziert, wie er bei Analogrechnern Verwendung findet. Durch den Regelkreis wird die (Ist)-Spannung u_2 der Soll-Spannung u_1 nachgeführt, so daß im abgeglichenen Zustand gilt

$$u_2 = \alpha U_0 = u_1 \qquad \text{oder} \qquad \alpha = \frac{u_1}{U_0} \quad .$$

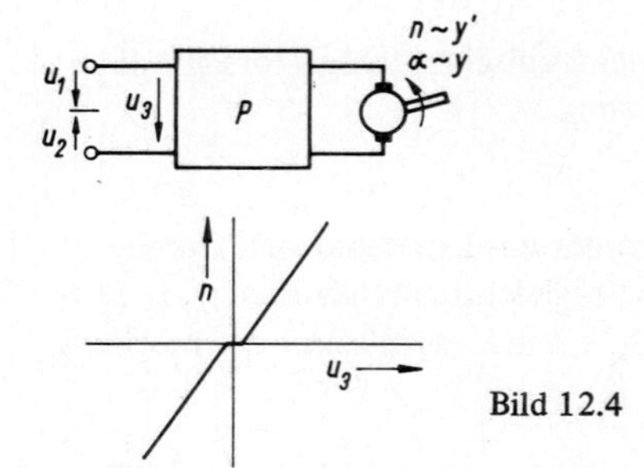

Bild 12.4

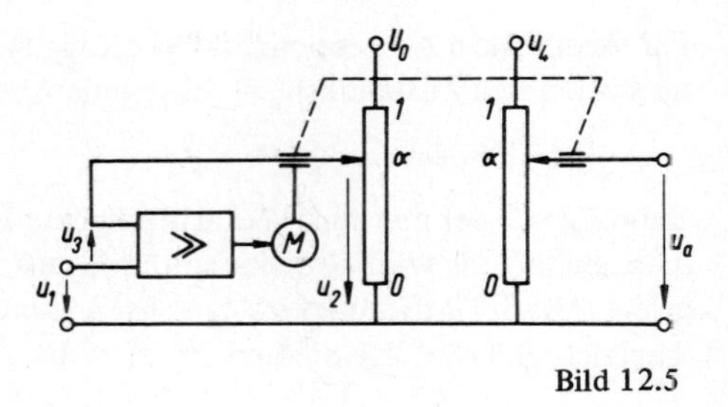

Bild 12.5

Mit Hilfe eines mechanisch gekoppelten Potentiometers wird ein entsprechender Anteil der Spannung u_4 abgegriffen,

$$u_a = \alpha u_4 = \frac{u_1 u_4}{U_0} \quad .$$

Die Spannungen u_1 und U_0 müssen hinreichend langsam veränderlich sein, damit der mechanische Regelkreis den Abgleich herbeiführen kann; die Spannung u_4 kann dagegen auch eine Wechselspannung sein.

Diese Schaltung macht deutlich, daß es manchmal nicht möglich ist, Regler und Regelstrecke gerätemäßig gegeneinander abzugrenzen.

Bei Papiermaschinen, deren Teilantriebe mit genauen Drehzahlen gefahren werden müssen, hat man früher mechanische Integralregler verwendet, die im wesentlichen aus einem Differentialgetriebe bestehen; Bild 12.6 zeigt eine solche Anordnung. Die Gleichstrom-Antriebsmotoren werden dabei über eine Sammelmaschine mit einer einstellbaren Spannung u_s gespeist, so daß sich etwa die gewünschte Drehzahl einstellt.

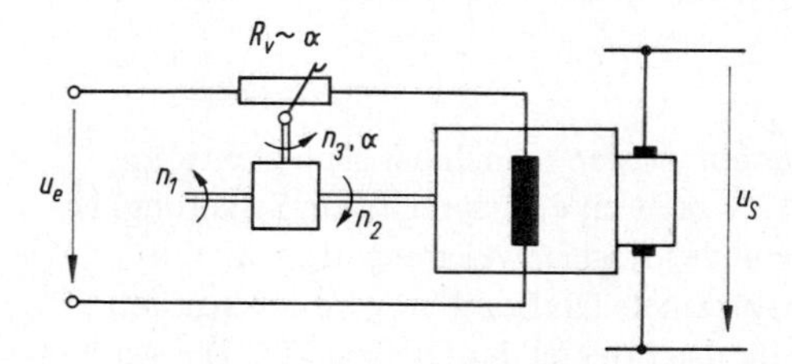

Bild 12.6

Die genaue Regelung der Drehzahl eines jeden Motors erfolgt über den veränderlichen Feldwiderstand R_v, der durch die Abtriebswelle eines Differentialgetriebes verstellt wird. Der Drehwinkel dieser Welle entspricht dem Integral über die Differenz der Soll-Drehzahl n_1 und der Ist-Drehzahl n_2; das Differentialgetriebe wirkt somit als Integralregler.

Die Integrierzeit wird bei einer solchen Anordnung auf folgende Weise bestimmt. Man denkt sich (bei vom Motor getrenntem Differential) eine kleine konstante Drehzahlabweichung $n_1 - n_2 = \Delta n$ vorgegeben, so daß der Vorwiderstand mit konstanter

Geschwindigkeit verstellt wird und die Motordrehzahl, sobald der Einschwingvorgang abgeklungen ist, in einem kleinen Bereich zeitlich linear zunimmt. Die Drehzahl des Motors ändert sich dann während der Integrierzeit T_{ik} gerade um den Wert Δn.

Bild 12.7

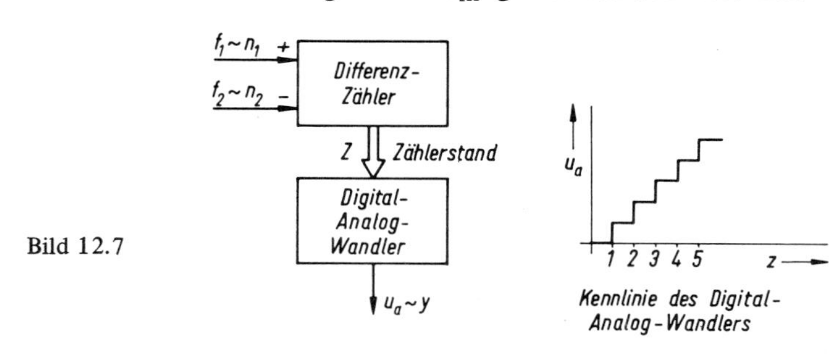

Wegen der komplizierten Erzeugung der Soll-Drehzahlen n_1 und aus anderen Gründen hat man diese mechanischen Regelungsverfahren heute verlassen und ist zu elektrischen Lösungen übergegangen. Bei besonders hohen Ansprüchen an die Genauigkeit wird dabei auch digital gearbeitet; Bild 12.7 zeigt ein elektronisches Äquivalent der mechanischen Integralregelung. Die Drehzahlvorgabe erfolgt dabei über eine hochgenaue und feinstufig einstellbare Soll-Frequenz f_1, die mit einer aus der Drehbewegung des Motors abgeleiteten Ist-Frequenz f_2 zählend, d.h. Periode für Periode, verglichen wird. Die Differenzfrequenz $f_3 = f_1 - f_2$ wird in einem elektronischen Vor-Rückwärts-Zähler aufsummiert, dessen Inhalt zu einem bestimmten Zeitpunkt somit ein Maß für den Winkelfehler der Motorwelle darstellt. Über einen Digital-Analog-Wandler bildet man aus dem Zählerinhalt ein feinstufig veränderliches Signal, das dem Motor über einen Verstärker als Stellgröße zugeführt wird. Hochgenaue Regelungen dieser Art werden meistens nicht allein, sondern in Verbindung mit einfachen Regelungen verwendet, um deren Genauigkeit zu steigern [72].

Auch hydraulische und pneumatische Regler, wie sie in Abschnitt 10.2.3 besprochen wurden, lassen sich nach entsprechender Ausführung der Gegenkopplung als Integralregler verwenden.

12.3. Anwendung

12.3.1. Regelkreis 2. Ordnung

In Bild 12.8 ist ein Elementar-Regelkreis zweiter Ordnung mit Integral-Regler dargestellt, der sich geschlossen berechnen läßt.

Bild 12.8

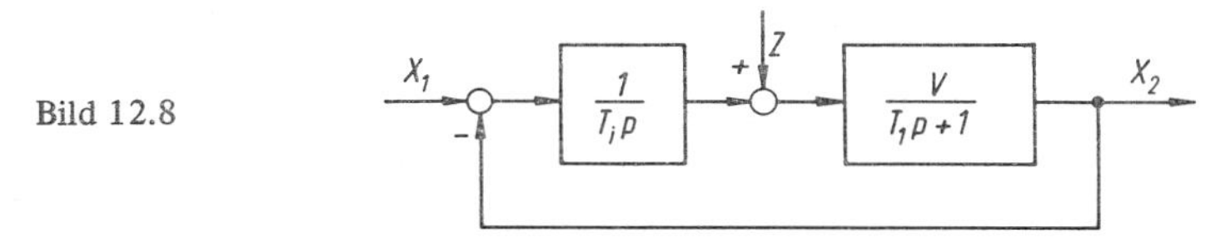

Die Kreis-Übertragungsfunktion $F_k = V/T_i p(T_1 p + 1)$ führt mit der sogenannten Kreis-Integrierzeit $T_{ik} = T_i/V$ auf die Übertragungsfunktionen des geschlossenen Kreises

$$\frac{X_2}{X_1}(p) = F_g(p) = \frac{1}{T_{ik}p(T_1 p + 1) + 1} = \frac{1}{T_{ik}T_1 p^2 + T_{ik} p + 1}$$

und

$$\frac{X_2}{Z}(p) = F_{gz}(p) = \frac{T_i p}{T_{ik} p(T_1 p + 1) + 1} = V \frac{T_{ik} p}{T_{ik}T_1 p^2 + T_{ik} p + 1} .$$

Wegen des Integralreglers ist

$$F_g(0) = 1 \quad \text{und} \quad F_{gz}(0) = 0 ;$$

im stationären Zustand ist also $x_2(\infty) = x_1(\infty)$. Konstante Störgrößen werden vollständig ausgeregelt.

Die Normierung von $F_g(p)$ ergibt wieder

$$F_g(p) = \frac{1}{(\frac{p}{\omega_g})^2 + 2D_g \frac{p}{\omega_g} + 1} .$$

Resonanzkreisfrequenz und Dämpfungsfaktor des geschlossenen Kreises sind

$$\omega_g = \frac{1}{\sqrt{T_{ik}T_1}} , \qquad D_g = \frac{1}{2}\sqrt{\frac{T_{ik}}{T_1}} .$$

Auflösung nach T_{ik} liefert

$$T_{ik} = \frac{T_i}{V} = 4D_g^2 T_1 .$$

Damit gilt

$$\omega_g = \frac{1}{2D_g T_1} .$$

Man hat also wieder zwischen den gegenläufigen Forderungen nach Regelgeschwindigkeit und guter Dämpfung abzuwägen.

$D_g = 1/\sqrt{2}$ führt auf

$$T_{ik} = \frac{T_i}{V} = 2T_1 , \qquad \omega_g = \frac{1}{\sqrt{2}\,T_1} .$$

Für aperiodische Dämpfung, $D_g = 1$, gilt

$$T_{ik} = 4T_1 , \qquad \omega_g = \frac{1}{2T_1} .$$

Bild 12.9 zeigt einige Sprungantworten des Regelkreises für verschiedene Kreisintegrierzeit bei Anregung durch die Führungsgröße und die Störgröße.

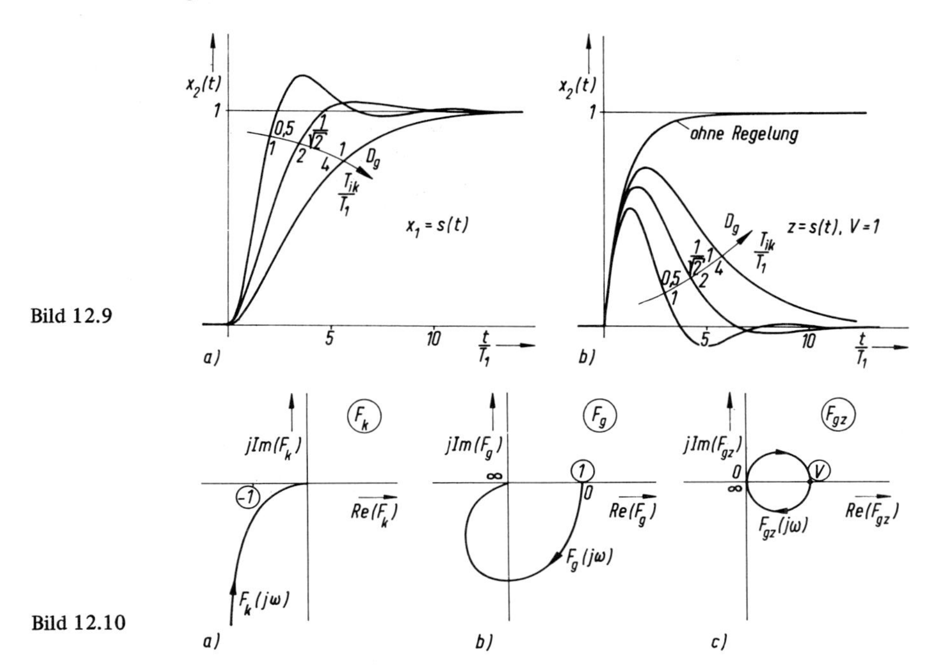

Bild 12.9

Bild 12.10

In Bild 12.10 sind noch die Ortskurven $F_k(j\omega)$, $F_g(j\omega)$ und $F_{gz}(j\omega)$ skizziert. Ein Vergleich von $F_{gz}(j\omega)$ mit der Ortskurve der Regelstrecke (Bild 3.12) zeigt, daß die Regelung im oberen Frequenzbereich keine Verbesserung bringt; sie wirkt sich sogar schädlich aus, indem sie die Störanregung anfacht.

12.3.2. Regelkreis höherer Ordnung

Zum Vergleich wird nun wieder der in Bild 10.13 gezeigte Regelkreis, diesmal mit Integralregler, betrachtet. Die Kreisübertragungsfunktion lautet mit $T_i/V_1V_2V_3 = T_{ik}$

$$F_k(p) = \frac{1}{T_{ik}\,p(T_1p+1)(T_2p+1)(T_3p+1)}\,, \quad T_3 < T_2 < T_1 \;.$$

Die Wahl des einzigen freien Parameters T_{ik} kann wieder mit Hilfe des Bode-Diagrammes erfolgen, wie in Bild 8.6 bereits gezeigt wurde.

Das Ergebnis der Konstruktion für verschiedene Werte des Phasen-Abstandes ist bei den angenommenen Zahlenwerten:

ψ_d	60°	45°	30°	0° (Stab. Grenze)
$\omega_d \cdot 1s$	0,8	1,25	1,75	3,01
$T_{ik}/1s$	1,25	0,80	0,57	0,23

Die stationäre Regelabweichung ist nun verschwunden, dafür ist der Regelkreis sehr viel langsamer geworden. Die Durchtrittsfrequenz wird wegen des Anfangswinkels $\varphi_k(0) = -\pi/2$ im wesentlichen durch T_1 und T_2 als den größten Zeitkonstanten bestimmt und somit gegenüber der Regelung mit P- und PD-Regler stark reduziert. Aus diesem Grund ist hier wieder eine näherungsweise Berechnung möglich; setzt man nämlich in der Nähe der Durchtrittsfrequenz $1 + j\omega T_3 \approx 1$, so wird die Rechnung auf den in Abschnitt 11.3.3 geschilderten Fall zurückgeführt; es sind lediglich die Indizes zu vertauschen.

In Bild 12.11 sind zum Vergleich mit Bild 10.16 und 11.14 die am Analogrechner aufgenommenen Sprungantworten des geschlossenen Regelkreises gezeigt; der veränderte Zeitmaßstab ist zu beachten.

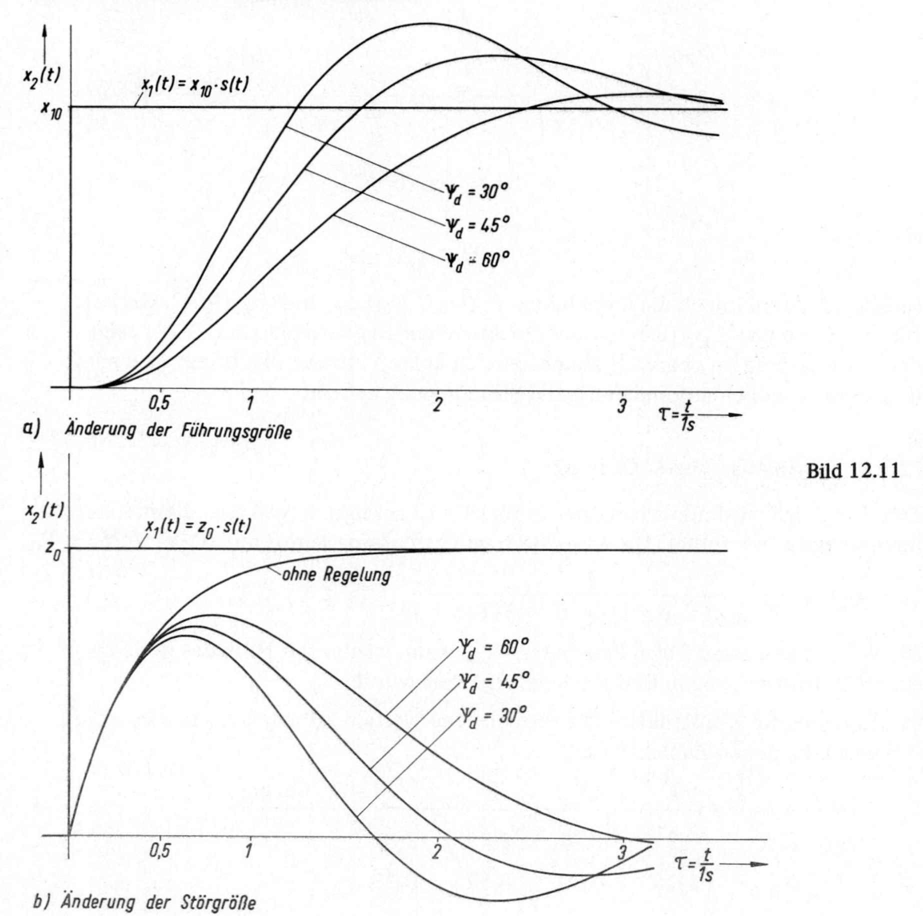

Bild 12.11

13. Regelkreis mit Proportional-Integral-Regler (PI)

Die bisherigen Überlegungen ergaben bei den proportional wirkenden Regelungen annehmbare Regelgeschwindigkeit bei ungenügender Genauigkeit und bei der Integralregelung gute Genauigkeit, jedoch stark reduzierte Regelgeschwindigkeit. Somit stellt sich die Frage, ob die Vorzüge der beiden Lösungen nicht vereinigt werden können; der Proportional-Integral-Regler stellt eine solche Kombination dar.

13.1. Definition

Bild 13.1 zeigt das Blockschaltbild; die zugehörige Differentialgleichung lautet

$$T_i y' = V(T_i x_3' + x_3).$$

Nach Integration gilt

$$y(t) = V\left[x_3(t) + \frac{1}{T_i}\int_{-\infty}^{t} x_3\, d\tau\right].$$

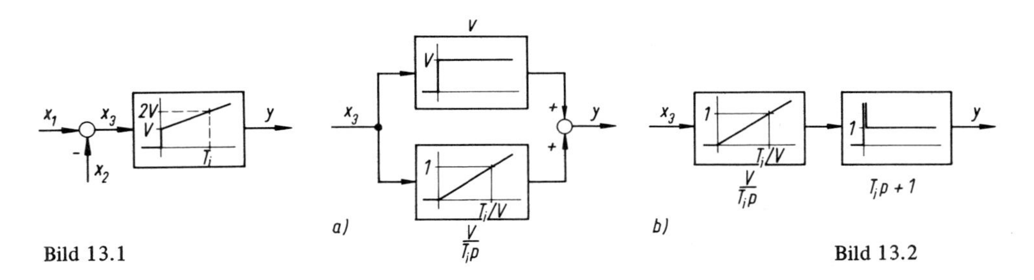

Bild 13.1

Bild 13.2

Dies entspricht der Parallelschaltung eines Proportionalreglers mit der Verstärkung V und eines Integralreglers mit der Integrierzeit T_i/V (Bild 13.2a). Die Übertragungsfunktion ist damit

$$\frac{Y}{X_3}(p) = F(p) = V\,\frac{T_i p + 1}{T_i p}\;.$$

Der PI-Regler hat also einen Pol bei $p = 0$ und eine Nullstelle bei $p = -1/T_i$. Dies führt auf eine zweite Ersatzschaltung (Bild 13.2b), bei der ein Integrator und ein PD-Glied hintereinander geschaltet sind. Man kann den PI-Regler somit als Proportionalregler betrachten, dessen Genauigkeit durch einen parallelgeschalteten I-Kanal verbessert wird, oder als einen Integralregler mit einem durch ein Vorhaltglied verbesserten dynamischen Verhalten. Er ist der in der Praxis am häufigsten verwendete Reglertyp.

Der PI-Regler wird manchmal als Grenzfall eines PTD-Gliedes mit der Übertragungsfunktion

$$F(p) = V \frac{T_i p + 1}{T_i p + \epsilon}, \qquad \epsilon \to 0$$

verwirklicht. Ortskurve, Pol-Nullstellen-Verteilung und Bode-Diagramm sind in Bild 13.3 und 13.4 dargestellt. Der PI-Regler $(\epsilon \to 0)$ verhält sich demnach bei tiefen Frequenzen wie ein Integrator, so daß eine gute stationäre Genauigkeit resultiert; bei höheren Frequenzen, wo über die Eigenwerte entschieden wird, verhält er sich dagegen wie ein Proportionalregler.

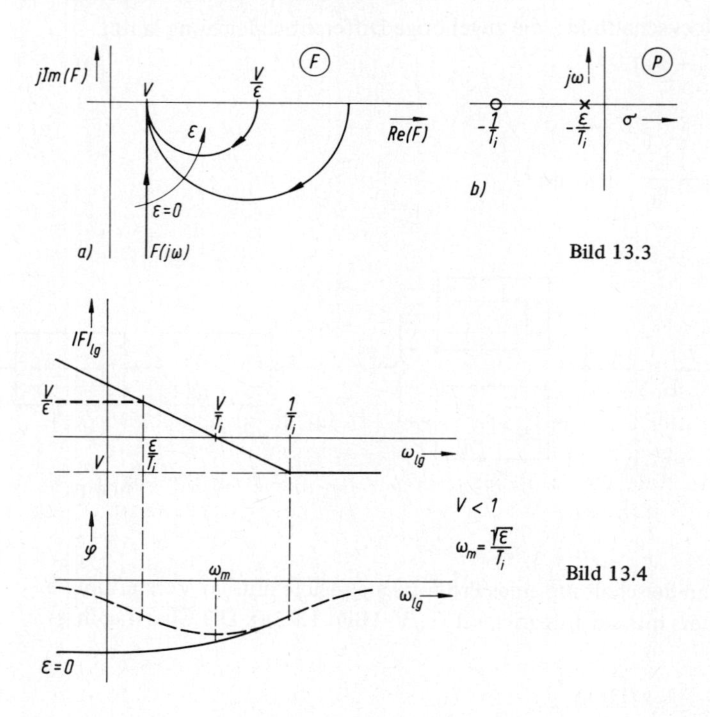

Bild 13.3

Bild 13.4

13.2. Verwirklichung

Ein elektronischer PI-Regler entsteht durch differenzierende Gegenkopplung eines Rechenverstärkers (Bild 13.5). Die Übertragungsfunktion wurde bereits in Abschnitt 6.2.2 abgeleitet,

$$U_a(p) \approx V_1 \frac{T_i p + 1}{T_i p} U_1(p) - V_2 \frac{T_i p + 1}{T_i p} U_2(p).$$

Dabei ist

$$T_i = R_4C, \qquad V_1 = \frac{R_4}{\alpha R_1}, \qquad V_2 = \frac{R_4}{\alpha R_2} \quad ;$$

die im geschlossenen Kreis wirksame Verstärkung ist V_2.
In Abschnitt 5.1.4, Bild 5.11, wurde eine passive Schaltung untersucht, die für

$$\frac{R_2}{R_1 + R_2} = \epsilon = V \rightarrow 0 ,$$

allerdings auf Kosten der Verstärkungsziffer, das Übertragungsverhalten eines PI-Gliedes annähert.

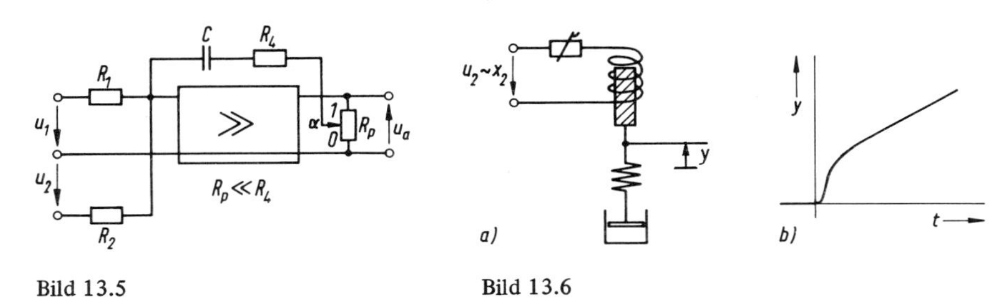

Bild 13.5

Bild 13.6

Auch elektromechanische, pneumatische und hydraulische Regler können, wenigstens näherungsweise, zu PI-Regler umgestaltet werden. Als Beispiel zeigt Bild 13.6a eine elektromechanische Anordnung mit Hubmagnet und Feder, die nun im Unterschied zu Bild 10.9 an einem beweglichen Dämpfungskolben befestigt ist.
Bei entsprechender Abstimmung der Bauteile erhält man nach einem Sprung von $u_2(t)$ den in Bild 13.6b skizzierten Verlauf $y(t)$, der sich näherungsweise als Sprungantwort eines PI-Reglers deuten läßt. Durch die magnetische Kraftwirkung wird zunächst die Feder gedehnt; anschließend bewegt sich der Dämpfungskolben gleichförmig. Induktivität der Spule und Masse des Ankers bewirken eine zusätzliche Anfangsverzögerung.
Ersetzt man die Feder durch eine starre Verbindung, so entfällt der Anfangssprung; der Regler zeigt dann I-Verhalten. Arretiert man dagegen den Dämpfungskolben, so entsteht der bereits in Bild 10.9 betrachtete P-Regler.
Wegen der Art der Gegenkopplung bei mechanischen oder hydraulischen PI-Reglern bezeichnet man diese auch als Regler mit „nachgebender Rückführung“.

13.3. Anwendung

Die Anwendung des PI-Reglers im Regelkreis soll wieder an einigen Beispielen gezeigt werden.

13.3.1. Proportional wirkende Regelstrecke 2. Ordnung

Eine proportional wirkende Regelstrecke mit Verzögerung 2. Ordnung,

$$F_s(p) = \frac{V_s}{(T_1 p + 1)(T_2 p + 1)} ,$$

soll durch einen PI-Regler geregelt werden. Die Kreis-Übertragungsfunktion lautet

$$F_k(p) = V_R \frac{T_i p + 1}{T_i p} \frac{V_s}{(T_1 p + 1)(T_2 p + 1)} .$$

Um zu einem einfach berechenbaren System 2. Ordnung zu gelangen, liegt es wieder nahe, eine der Verzögerungen durch den Vorhalt des Reglers zu beseitigen, z.B. $T_i = T_1$. Daraus folgt mit

$$\frac{T_i}{V_R V_s} = \frac{T_1}{V_R V_s} = T_{ik}$$

$$F_k(p) = \frac{1}{T_{ik}\, p(T_2 p + 1)} .$$

Der Pol der Regelstrecke bei $p = -1/T_1$ wird also durch einen Pol bei $p = 0$ ersetzt (Bild 13.7). Diese Pol-Verschiebung zum Nullpunkt hin unterscheidet sich wesentlich von der Polverschiebung vom Nullpunkt weg, wie sie durch ein PDT-Glied bewirkt wird (Bild 11.6). Sie hat nicht die dort beobachteten Konsequenzen bezüglich des erforderlichen Stellhubes.

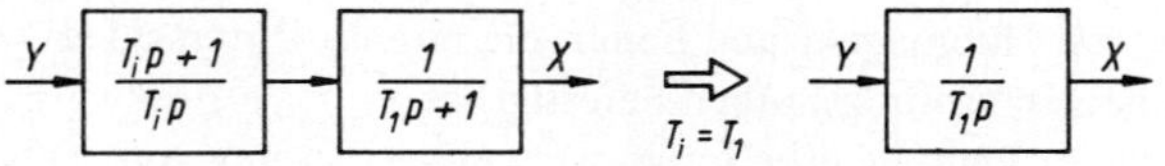

Y → $\frac{T_i p + 1}{T_i p}$ → $\frac{1}{T_1 p + 1}$ → X ⇒ ($T_i = T_1$) Y → $\frac{1}{T_1 p}$ → X

Bild 13.7

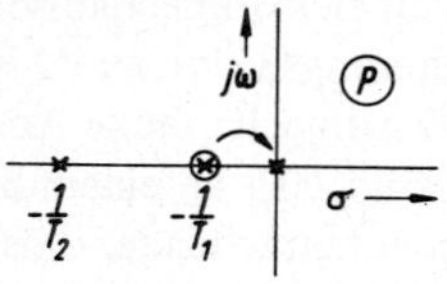

$j\omega$, (P), $-\frac{1}{T_2}$, $-\frac{1}{T_1}$, σ

Bild 13.8

Durch die Vereinfachung ist das Problem auf den in Abschnitt 12.3.1 behandelten Fall zurückgeführt. Die Vorgabe des Dämpfungsfaktors $D_g = 1/\sqrt{2}$ für den geschlossenen Kreis führt auf

$$T_{ik} = \frac{T_1}{V_R V_s} = 2 T_2 , \text{ d.h., } V_R = \frac{1}{V_s} \cdot \frac{T_1}{2 T_2} .$$

Die Resonanzkreisfrequenz des Regelkreises ist

$$\omega_g = \frac{1}{\sqrt{2}\, T_2} .$$

Der Regelkreis ist also desto schneller, je kleiner T_2 ist. Es ist somit vorteilhafter, den dem Ursprung benachbarten Pol (größere Zeitkonstante) in den Ursprung zu verschieben, d.h. $T_i = T_1 > T_2$. In Bild 13.8 ist dieser Vorgang erläutert.

13.3.2. Verzögerter Integrator als Regelstrecke

Manchmal, z.B. bei Winkel- oder Lageregelungen, enthält die Regelstrecke selbst einen Integrator,

$$F_s(p) = \frac{1}{T_1 p(T_2 p + 1)} \quad .$$

Wie in Abschnitt 8.3 ausgeführt, ist ein Integralterm im Regler wegen der angreifenden Störgrößen für die Genauigkeit dennoch nicht entbehrlich, so daß die Kreis-Übertragungsfunktion einen doppelten Pol bei $p = 0$ aufweist.
Um dieses System überhaupt stabilisieren zu können, ist der Vorhalt des PI-Reglers notwendig,

$$F_R(p) = V_R \frac{T_i p + 1}{T_i p} \quad .$$

Die Kreisübertragungsfunktion ist somit

$$F_k = F_R F_s = V_R \frac{T_i p + 1}{T_i p} \frac{1}{T_1 p(T_2 p + 1)} =$$

$$= \frac{V_R}{T_i T_1 p^2} \frac{T_i p + 1}{T_2 p + 1} = |F_k| e^{j\varphi_k} \quad .$$

Dieses System ist nur für $T_i > T_2$ stabilisierbar, da anderenfalls überall $\varphi_k < -\pi$ ist.
Der PDT-Anteil

$$F_0 = \frac{T_i p + 1}{T_2 p + 1} = |F_0| e^{j\varphi_0}$$

wurde bereits in Abschnitt 9.1.2 diskutiert. Seine Ortskurve ist ein Halbkreis im 1. Quadranten. Das Phasenmaximum bei

$$\omega_m = \frac{1}{\sqrt{T_2 T_i}}$$

hat den Wert

$$\varphi_{0\,max} = \arctan \sqrt{\frac{T_i}{T_2}} - \arctan \sqrt{\frac{T_2}{T_i}} \quad .$$

Wählt man die Durchtrittsfrequenz von F_k an der Stelle ω_m, $\omega_m = \omega_d$,

$$|F_k(j\omega_m)| = 1 \quad ,$$

so hat der Phasenabstand den maximal möglichen Wert. Wegen $\varphi_k = \varphi_0 - \pi$ gilt dann

$$\psi_d = \varphi_k(\omega_d) + \pi = \varphi_0(\omega_m) \quad .$$

Bei maximalem Phasenabstand sind optimale Dämpfungsbedingungen zu erwarten.
Bild 13.9 zeigt das Bode-Diagramm und die Ortskurve bei dieser Wahl der Parameter.

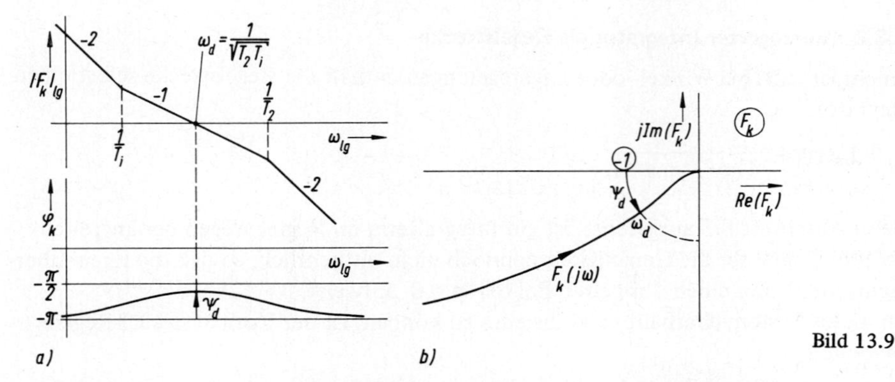

Bild 13.9

Die Betrags- und Phasenkennlinien verlaufen symmetrisch bezüglich der Durchtrittsfrequenz ω_d. Obwohl es sich um ein System 3. Ordnung handelt, ist es wegen der Symmetrie der Übertragungsfunktion möglich, die freien Parameter rechnerisch zu bestimmen. Mit der Normierung

$$T_i = a^2 T_2$$

wird die Durchtrittsfrequenz $\omega_d = 1/aT_2$. Außerdem gilt für den Phasenabstand

$$\psi_d = \arctan a - \arctan \frac{1}{a}$$

oder

$$\tan \psi_d = \frac{1}{2}\left(a - \frac{1}{a}\right) \quad ,$$

eine quadratische Gleichung in a. Für vorgegebenen Phasenabstand ψ_d folgt daraus der Parameter

$$a = \tan \psi_d + \frac{1}{\cos \psi_d} = \frac{1 + \sin \psi_d}{\cos \psi_d} \quad .$$

Die Integrierzeit des Reglers wird also durch den angenommenen Phasenabstand festgelegt,

$$T_i = a^2(\psi_d) \cdot T_2 \quad .$$

Die Reglerverstärkung V_R wird aus der Betragsbedingung bei der Durchtrittsfrequenz ermittelt,

$$|F_k(j\omega_d)| = 1$$

oder

$$\frac{V_R}{T_i T_1 \omega_d^2} \sqrt{\frac{1 + (\omega_d T_i)^2}{1 + (\omega_d T_2)^2}} = 1 \quad .$$

Daraus folgt das einfache Ergebnis

$$V_R = \frac{1}{a}\frac{T_1}{T_2} \quad .$$

Der Phasenabstand geht wegen der Form der Phasenkurve bei einer Erhöhung oder Erniedrigung der Verstärkung zurück, in beiden Fällen wird die Dämpfung schlechter. Setzt man den berechneten Wert von V_k in die Gleichung der Kreisübertragungsfunktion ein, so gilt

$$F_k(p) = \frac{1}{a^3(T_2 p)^2}\,\frac{a^2 T_2 p + 1}{T_2 p + 1}$$

oder nach Normierung mit

$$a T_2 p = \frac{p}{\omega_d} = q \quad ,$$

$$F_k(q) = \frac{1}{a q^2} \cdot \frac{aq+1}{\frac{q}{a} + 1} \quad .$$

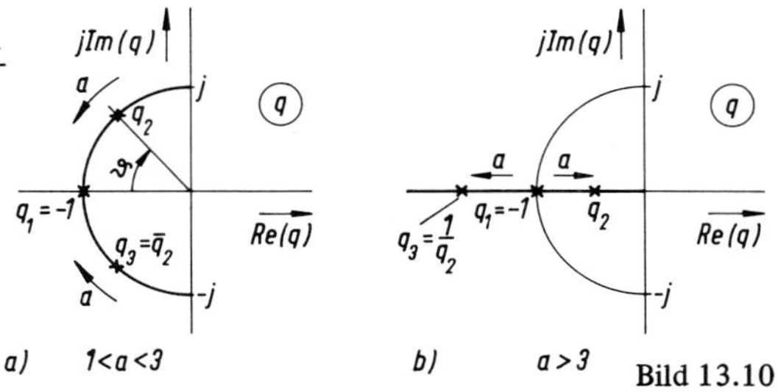

a) $1<a<3$ b) $a>3$ Bild 13.10

Wie schon am Bode-Diagramm ersichtlich, hat diese Funktion die Symmetrieeigenschaft

$$F_k\left(\frac{1}{q}\right) = \frac{1}{F_k(q)}$$

bzw.

$$\left|F_k\left(j\frac{\omega_d}{\omega}\right)\right| = \frac{1}{\left|F_k(j\frac{\omega}{\omega_d})\right|} \quad \text{und} \quad \varphi_k\left(\frac{\omega_d}{\omega}\right) = \varphi_k\left(\frac{\omega}{\omega_d}\right) \quad .$$

Die Übertragungsfunktion des geschlossenen Kreises lautet

$$\frac{X_2}{X_1}(q) = F_g(q) = \frac{F_k}{1+F_k} = \frac{aq+1}{q^3 + aq^2 + aq + 1} \quad .$$

Da die Koeffizienten des linearen Gliedes in Zähler und Nenner übereinstimmen, ist der Endwert der linearen Regelfläche Null; die Ursache hierfür liegt im doppelten Pol von $F_k(p)$ bei $p = 0$ (Abschnitt 8.3).

Die Pole von F_g, d.h. die Eigenwerte des geschlossenen Kreises, lassen sich in diesem Sonderfall explizit berechnen. Es gilt nämlich

$$q^3 + aq^2 + aq + 1 = (q+1)(q^2 + (a-1)q + 1) \quad .$$

Die Pole (Bild 13.10) sind somit

$$q_1 = -1 \quad \text{und} \quad q_{2,3} = -\frac{a-1}{2} \pm \sqrt{\left(\frac{a-1}{2}\right)^2 - 1}\,, \quad q_3 = \frac{1}{q_2}\,, \quad a \geqslant 3$$

oder

$$q_{2,3} = -\frac{a-1}{2} \pm j\sqrt{1-\left(\frac{a-1}{2}\right)^2} = e^{\pm j(\pi-\vartheta)}, \qquad 1 < a < 3 .$$

Dabei ist $\vartheta = \arccos D = \arccos \frac{a-1}{2}$.

Für $a = 3$ entsteht ein dreifacher Pol bei $q = -1$.

Da es wegen der Symmetrie-Eigenschaften von $F_k(p)$ möglich ist, die Pole allgemein zu berechnen, ist die Vorgabe eines Phasenabstandes als Entwurfskriterium überflüssig geworden; allerdings wurde der symmetrische Ansatz erst durch eine Betrachtung des Phasenverlaufes motiviert.

Fordert man für den periodischen Vorgang wieder $D = 1/\sqrt{2}$, so folgt daraus

$$a = 1 + \sqrt{2} \approx 2{,}4 \quad \text{und} \quad T_i = 5{,}8\,T_2 , \quad V_R = \frac{1}{2{,}4}\frac{T_1}{T_2} ;$$

für $D = 1/2$ erhält man

$$a = 2 , \quad T_i = 4\,T_2 , \quad V_R = \frac{1}{2}\frac{T_1}{T_2} .$$

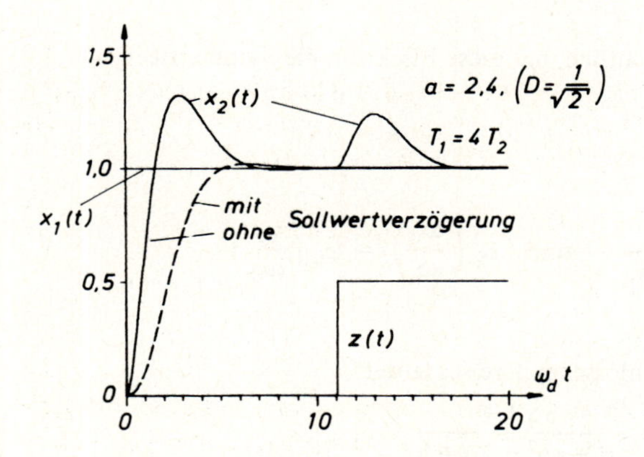

Bild 13.11

In Bild 13.11 ist für den Fall $D = 1/\sqrt{2}$ die Sprungantwort des Regelkreises bei einer Änderung der Führungsgrößen und einer am Eingang der Strecke angenommenen Störgröße im normierten Zeitmaßstab $\tau = \omega_d t = t/aT_2$ aufgetragen. Das zu beobachtende starke Überschwingen ist auf die verschwindende Regelfläche, d.h. das Zählerpolynom in $F_g(q)$ zurückzuführen. Dies läßt sich durch Vorschalten eines Verzögerungsgliedes mit der Übertragungsfunktion $1/(aq + 1)$ vor den Führungsgrößen-Eingang des Reglers, d.h. außerhalb des Regelkreises, beseitigen. Falls der Regler wie in Bild 13.5 ausgeführt ist, kann die Sollwert-Verzögerung am Eingangswiderstand passiv erfolgen, (Bild 6.14a). Die mit dieser Sollwert-Verzögerung erhaltene Sprungantwort ist ebenfalls in Bild 13.11 eingetragen.

Das vorstehend beschriebene Dimensionisierungsverfahren wird als „Symmetrisches Optimum" bezeichnet [62, 63].

13.3.3. Regelstrecke 3. Ordnung

Um die dynamische Verbesserung durch den PI-Regler gegenüber einem I-Regler zu erkennen, wird wieder der in Bild 10.13 dargestellte Fall betrachtet.
Die Kreis-Übertragungsfunktion lautet nun

$$F_k(p) = V_R \frac{T_i p + 1}{T_i p} \cdot \frac{V_1 V_2 V_3}{(T_1 p + 1)(T_2 p + 1)(T_3 p + 1)}, \quad T_3 < T_2 < T_1 \; .$$

Ebenso wie in Abschnitt 13.3.1 ist es auch hier im Interesse einer möglichst großen Durchtrittsfrequenz am besten, mit dem Regler den Pol $-1/T_1$ in den Ursprung zu rücken, $T_i = T_1$ (Bild 13.12).
Mit der Abkürzung

$$\frac{T_1}{V_R V_1 V_2 V_3} = \frac{T_1}{V_k} = T_{ik}$$

gilt dann

$$F_k(p) = \frac{1}{T_{ik}\, p\,(T_2 p + 1)(T_3 p + 1)} \; .$$

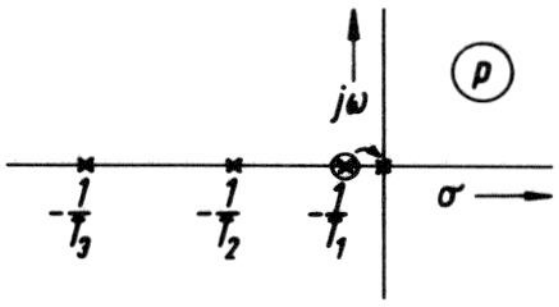

Bild 13.12

Damit ist das Problem auf den in Abschnitt 11.3.3 behandelten Fall zurückgeführt, wobei lediglich die Indizes zu vertauschen sind. Die dort beschriebene Rechnung und die Konstruktion mit dem Bode-Diagramm liefern hier das Ergebnis:

ψ_d	60°	45°	30°	0° (Stab. Grenze)
$\omega_d \cdot 1s$	2,2	3,5	5,1	10
V_k	0,97	1,74	3	10

Wie zu erwarten, ist der Regelkreis gegenüber dem Fall mit einem einfachen Integralregler erheblich schneller geworden. Die zugehörigen Sprungantworten bei Sollwert- und Störwert-Anregung sind in Bild 13.13 aufgetragen.

Ein Sonderfall liegt vor, wenn die größte Zeitkonstante sehr viel größer als die nächstfolgenden ist, $T_1 \gg T_2, T_3$. Der PI-Regler hat dann nach den vorhergehenden Überlegungen die Übertragungsfunktion

$$F_R = V_R \frac{T_1 p + 1}{T_1 p} \; .$$

Für die Stör-Übertragungsfunktion des geschlossenen Kreises

$$F_{gz}(p) = \frac{1}{F_R} \frac{(T_2 p + 1)(T_3 p + 1)}{V_2 V_3} F_g(p), \quad \text{(Abschnitt 10.3.2)},$$

bedeutet der Faktor $\frac{1}{F_R}(p)$ einen zusätzlichen Pol, $-1/T_1$, der wegen der Größe von T_1 einen sehr langsam abklingenden Ausgleichsvorgang zur Folge hat. Um die Ausregelung der Störgröße zu beschleunigen, kann es also vorteilhaft sein, die Vorhaltzeitkonstante des Reglers zu reduzieren, $T_i < T_1$. Das zu erwartende Ergebnis läßt sich anhand einer Näherungsrechnung abschätzen.

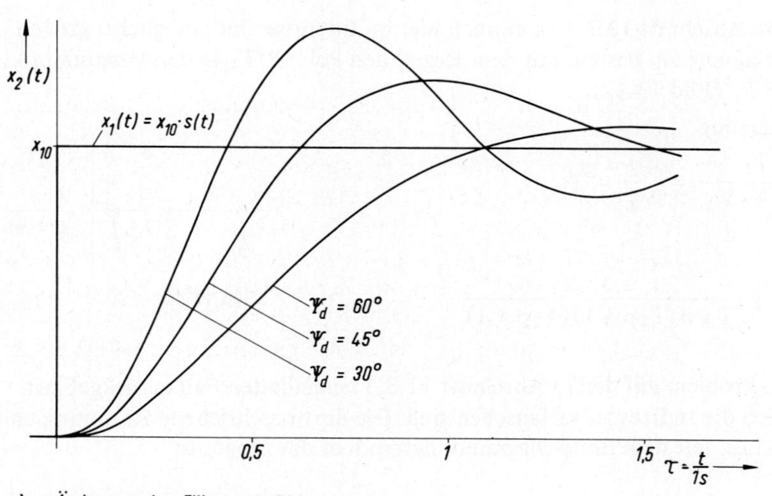

a) Änderung der Führungsgröße

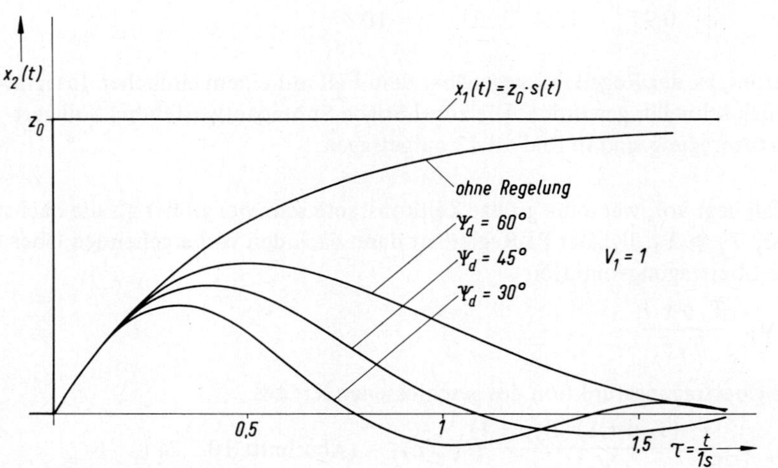

Bild 13.13

b) Änderung der Störgröße

Wegen $T_1 \gg T_2, T_3$ gilt in der Nähe der Durchtrittsfrequenz $1 + j\omega_d T_1 \approx j\omega_d T_1$, somit

$$F_k \approx V_R \frac{T_i p + 1}{T_i p} \frac{V_1 V_2 V_3}{T_1 p (T_2 p + 1)(T_3 p + 1)}, \quad T_3 < T_2 \ll T_1 \quad ;$$

man erhält also angenähert wieder eine Kreis-Übertragungsfunktion mit doppeltem Integrator. Um sie stabilisieren zu können, muß $T_i > T_2, T_3$ sein. Die Integrierzeit kann sich also nur im Bereich

$$T_2 < T_i < T_1$$

bewegen. Eine Festlegung kann wieder mit dem Bode-Diagramm durch Vorgabe des Phasenabstandes erfolgen.

Einen ersten Näherungswert gewinnt man durch Vernachlässigung von T_3 in der Nähe der Durchtrittsfrequenz. Damit wird nämlich die Übertragungsfunktion auf den in Abschnitt 13.3.2 mit dem „symmetrischen Optimum" behandelten Fall zurückgeführt. Diese Näherung liefert gleichzeitig einen Anhalt über das Verhältnis T_1/T_2, bei dem die Reduktion des Reglervorhalts zur Verbesserung des Störverhaltens lohnend ist. Das symmetrische Optimum erfordert ja $T_i = a^2 T_2$, z.B. $T_i \approx 6 T_2$.

Um also bei der Ausregelung einer in der Regelstrecke angreifenden Störgröße einen dynamischen Vorteil gegenüber der einfachen Polverschiebung $(T_i = T_1)$ zu erzielen, muß $T_1 > 6 T_2$ sein.

14. Regelung mit Proportional-Integral-Differential-Regler (PID)

14.1. Definition

Der PID-Regler stellt eine weitere dynamische Verbesserung gegenüber dem I- und PI-Regler dar. Die Differentialgleichung lautet

$$T_1 y' = V(T_1 T_2 x_3'' + T_1 x_3' + x_3), \qquad x_3 = x_1 - x_2,$$

oder nach einmaliger Integration

$$y(t) = V\left[x_3 + \frac{1}{T_1}\int_{-\infty}^{t} x_3 \, d\tau + T_2 x_3'\right].$$

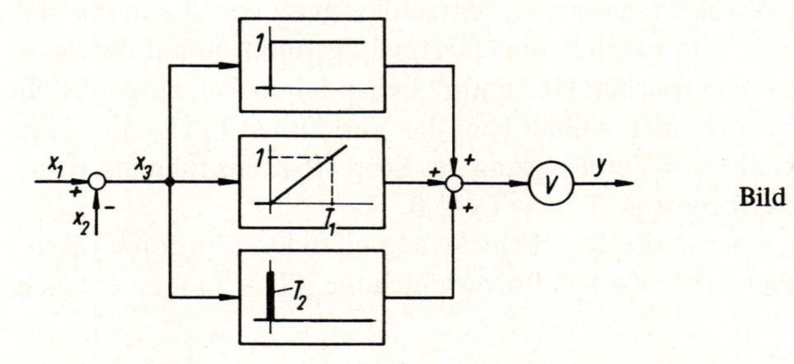

Bild 14.1

Man kann somit den PID-Regler gemäß Bild 14.1 durch Parallelschaltung eines P-, I- und D-Kanals aufbauen. Die zugehörige Übertragungsfunktion lautet

$$\frac{Y}{X_3}(p) = F(p) = V\left(T_2 p + 1 + \frac{1}{T_1 p}\right) = V\,\frac{T_1 T_2 p^2 + T_1 p + 1}{T_1 p}.$$

Die beiden Nullstellen liegen bei

$$p_{1,2} = \frac{1}{2T_2}\left(-1 \pm \sqrt{1 - \frac{4T_2}{T_1}}\right) \quad ;$$

sie sind reell für $T_1 > 4T_2$.

Da die praktisch verwendeten PID-Regler in den meisten Fällen reelle Nullstellen aufweisen, wird die Schreibweise der Übertragungsfunktion auf diesen Fall zugeschnitten,

$$\frac{Y}{X_3}(p) = V_R \,\frac{(T_i p + 1)(T_v p + 1)}{T_i p}.$$

Dabei ist $T_i = -1/p_1$, $T_v = -1/p_2$ und $V_R = -V/T_1 p_1$ gesetzt.

Der Regler ist wegen der ideal angenommenen Differentiation in dieser Form nicht zu verwirklichen; vielmehr wird sich mindestens eine zusätzliche parasitische Verzögerung einstellen, die in der Übertragungsfunktion durch einen Pol bei $-1/T_v'$ berücksichtigt wird. Bei der Realisierung treten noch weitere unbeabsichtigte Pole hinzu, doch kommen sie meistens erst bei so hohen Frequenzen zum Tragen, daß sie für die Regelung nicht berücksichtigt zu werden brauchen. Die Übertragungsfunktion erhält damit die endgültige Form

$$F_R(p) = V_R \frac{T_i p + 1}{T_i p} \frac{T_v p + 1}{T_v' p + 1} . \quad (1)$$

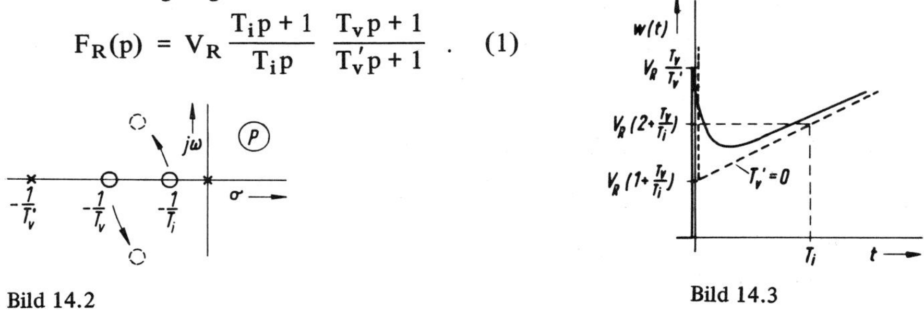

Bild 14.2 Bild 14.3

Man kann den PID-Regler demnach auch als Kettenschaltung eines PI- und eines PD(T)-Gliedes verstehen. Bild 14.2 zeigt den Pol-Nullstellenplan und Bild 14.3 die Sprungantwort des idealen $(T_v' = 0)$ und des realen PID-Reglers.
Die beiden Nullstellen, die im Prinzip auch komplex sein können, liefern zusätzliche Freiheitsgrade zur dynamischen Verbesserung der Regelung. Dies wird vor allem bei der Betrachtung der Ortskurve und des Bode-Diagrammes deutlich, die für den Fall reeller Nullstellen in Bild 14.4 und 14.5 aufgetragen sind. Der PID-Regler verhält sich bei tiefen Frequenzen also wie ein PI-Regler und bei hohen wie ein PD(T)-Regler.

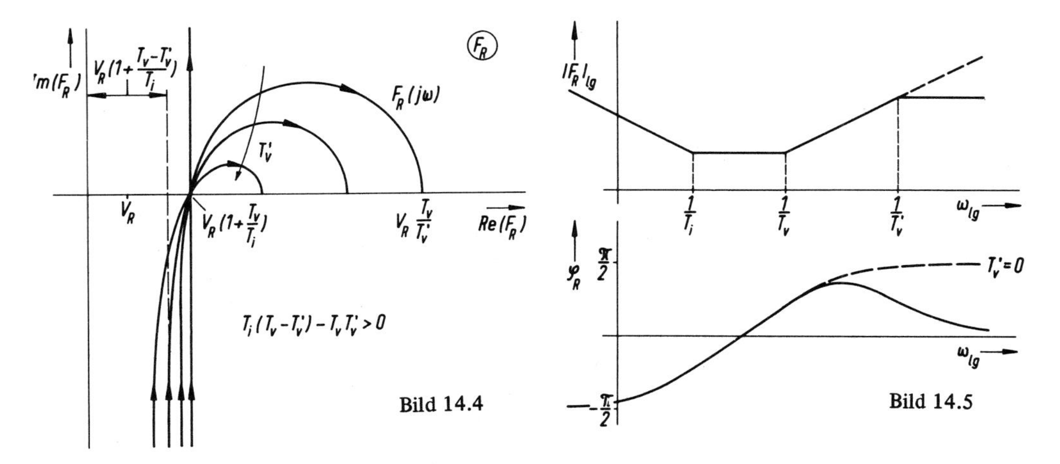

Bild 14.4 Bild 14.5

Verschiebt man die Eckpunkte im Bode-Diagramm, $1/T_i$ und $1/T_v$, zueinander, so entsteht für $T_i = T_v$ zunächst eine reelle Doppel-Nullstelle, bei der die Asymptoten mit den Steigungen ± 1 aneinanderstoßen. Anschließend werden die Nullstellen komplex; dabei zeigt sich im mittleren Bereich der Betragskennlinie eine zusätzliche Betragsabsenkung (inverse Resonanzkurve), die von einem schnellen Phasenanstieg begleitet ist. Auch bei Verwendung eines PID-Reglers ist es notwendig, über einen hinreichend großen Steuerbereich, auch bei den Stellgliedern, zu verfügen, um die Vorhalte ohne Übersteuerung zur Wirkung zu bringen.

14.2. Verwirklichung

Bild 14.6 zeigt als Beispiel die Schaltung eines elektronischen PID-Reglers in Form eines Rechenverstärkers mit frequenzabhängiger Gegenkopplung. Die Gegenkopplung kommt erst verzögert zur Wirkung (C_4) und wird auch im stationären Zustand wieder Null (C_3). Dies hat zur Folge, daß nach einer Änderung der Eingangsgröße der Regler im ersten Augenblick (für $R_5 = 0$) und dann wieder im Ruhezustand mit der vollen Verstärkung arbeitet.

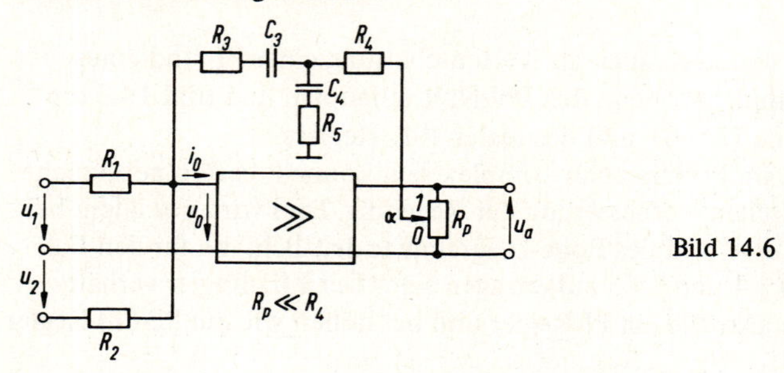

Bild 14.6

Die Übertragungsfunktion der in Bild 14.6 gezeichneten Schaltung wird mit der Annahme $i_0 \approx 0$, $u_0 \approx 0$ nach dem in Abschnitt 6.2.2 beschriebenen Verfahren berechnet. Das etwas unübersichtliche Ergebnis läßt sich durch folgende Einschränkungen vereinfachen:

$$R_p, R_5 \ll R_4 \ll R_3$$

$$C_3 \ll C_4 \quad .$$

Die praktische Auslegung wird dadurch nicht wesentlich behindert.
Die in der Übertragungsfunktion (1) enthaltenen Parameter werden damit

$$V_R = V_2 \approx \frac{R_3}{\alpha R_2}, \quad T_i \approx R_3 C_3, \quad T_v \approx R_4 C_4, \quad T_v' \approx R_5 C_4 \quad .$$

Die parasitische Zeitkonstante T_v' wird also im wesentlichen durch R_5 bestimmt. Außerdem gehen in T_v' auch noch verschiedene andere Einflüsse, wie endliche Verstärkung, Eingangswiderstand des Verstärkers usw. ein, die hier nicht berücksichtigt wurden. Die Rechnung gilt nur in dem für die Regelung interessierenden Frequenzbereich. Bei sehr hohen Frequenzen kommen noch die Eigenverzögerungen des Verstärkers zum Tragen.

Mit der in Bild 14.6 gezeichneten Schaltung lassen sich nur reelle Nullstellen verwirklichen; konjugiert komplexe Nullstellen erhält man am einfachsten mit parallelen Kanälen, ähnlich wie in Bild 14.1 gezeigt.

Ein pneumatischer PID-Regler ist im Prinzip ganz analog aufgebaut; auch hier entsteht das gewünschte dynamische Verhalten durch Gegenkopplung eines empfindlichen Verstärkers (Düse-Platte-System). Eine Verzögerung in der Rückführung wird dabei durch eine Querschnittsverengung und ein nachfolgendes Speichervolumen gebildet.

Da die genaue Anpassung der Regler an die Anlage meistens erst im Betrieb erfolgen kann, sind die Regler gewöhnlich mit Verstellmöglichkeiten für die verschiedenen Parameter versehen.

14.3. Anwendung

14.3.1. Regelstrecke 3. Ordnung

PID-Regler werden vor allem für Regelstrecken mit drei und mehr wesentlichen Verzögerungen verwendet. Zum Vergleich mit den früheren Resultaten wird wieder der in Bild 10.13 gezeichnete Regelkreis mit $T_1 = 0{,}4$ s, $T_2 = 0{,}2$ s, $T_3 = 0{,}05$ s herangezogen. Die Kreisübertragungsfunktion hat nun die Form

$$F_k(p) = F_R F_s = V_R \frac{T_i p + 1}{T_i p} \frac{T_v p + 1}{T_v' p + 1} \frac{V_1 V_2 V_3}{(T_1 p + 1)(T_2 p + 1)(T_3 p + 1)} .$$

Um zu übersichtlichen Ergebnissen zu gelangen, werden wieder Vereinfachungen durch Anpassung der Nullstellen an Pole angestrebt.

Da der PID-Regler als Kombination eines PD- und PI-Reglers angesehen werden kann, lassen sich die dort gefundenen Ergebnisse übernehmen. Im Fall des PD(T)-Reglers heißt dies, daß der Vorhalt an die mittlere Zeitkonstante anzupassen ist (Abschnitt 11.3.3),

$$T_v = T_2 .$$

Damit vereinfacht sich die Kreisübertragungsfunktion mit

$$T_{ik} = \frac{T_i}{V_R V_1 V_2 V_3}$$

zu

$$F_k = \frac{T_i p + 1}{T_{ik} p} \frac{1}{(T_1 p + 1)(T_3 p + 1)(T_v' p + 1)} ,$$

d.h. das Problem reduziert sich auf den in Abschnitt 13.3.3 behandelten Fall eines PI-Reglers. Infolge der Verschiebung des Pols $-1/T_2$ nach $-1/T_v'$ ist das System jedoch schneller geworden.

Für die Festlegung der Parameter des PI-Reglers bestehen wieder die in Abschnitt 13.3.3 betrachteten Alternativen.

a) $T_1 > T_3, T_v'$

In diesem Fall stellt die Wahl

$$T_i = T_1$$

eine günstige Lösung dar. Die weiter vereinfachte Kreisübertragungsfunktion lautet dann

$$F_k = \frac{1}{T_{ik}\, p(T_3 p + 1)(T_v' p + 1)}$$

entsprechend Abschnitt 11.3.3, jedoch wieder mit vertauschten Indizes. Bild 14.7a zeigt den zugehörigen Pol-Nullstellenplan.

Mit den angenommenen Zahlenwerten und $T_v' = 0{,}1\, T_v$ gilt

$$T_1 = 8\, T_3 = 20\, T_v' \ ,$$

d.h. die Bedingung

b) $T_1 \gg T_3, T_v'$

ist erfüllt. In diesem Fall ist es, wie in Abschnitt 13.3.3 erläutert, im Interesse einer schnellen Regelung bei Laststörungen vorteilhaft, die Vorhaltzeitkonstante T_i des Reglers zu reduzieren und im Bereich

$$T_3 < T_i < T_1$$

zu wählen (Bild 14.7b).

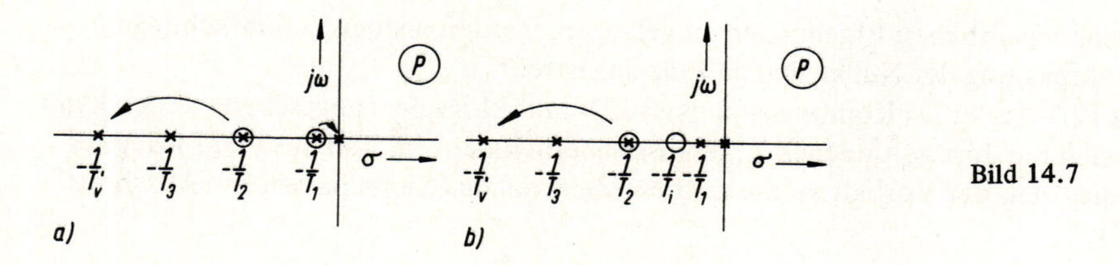

Bild 14.7

Die Bestimmung eines günstigen Wertes für T_i kann mit dem Bode-Diagramm geschehen. Um einen schnellen Überblick zu gewinnen, werden in der Gegend der Durchtrittsfrequenz wieder die Näherungen

$$\frac{1}{T_1 p + 1} \approx \frac{1}{T_1 p} \quad \text{und} \quad \frac{1}{T_v' p + 1} \approx 1$$

verwendet, deren Fehler sich teilweise ausgleichen. Die Übertragungsfunktion reduziert sich dann in der Umgebung von $p = j\omega_d$ auf

$$F_k(p) \approx V_k \frac{T_i p + 1}{T_i p} \frac{1}{T_1 p(T_3 p + 1)} \, .$$

Man erhält also die bei der Ableitung des symmetrischen Optimums verwendete Form. Die günstigsten Einstellwerte sind

$$T_i = a^2 T_3 \,, \quad V_k = \frac{1}{a} \frac{T_1}{T_3}$$

oder mit $V_k = V_R V_1 V_2 V_3$

$$V_R = \frac{1}{a V_1 V_2 V_3} \frac{T_1}{T_3}$$

Diese Näherungsrechnung liefert folgende Ergebnisse

a	$1 + \sqrt{2} \approx 2{,}4$	2	$\sqrt{3}$
D_g	$1/\sqrt{2}$	0,5	0,37
$\omega_d \cdot 1\,s$	8,3	10	11,6
$T_i/1\,s$	0,29	0,2	0,15
V_k	3,3	4	4,6

In Bild 14.8 ist mit $a = 2$, d.h. $T_i = 4\,T_3$, das Bode-Diagramm des Kreisfrequenzganges für die tatsächliche Regelstrecke und für die mit $T_1 p + 1 \approx T_1 p$, $T_v' p + 1 \approx 1$

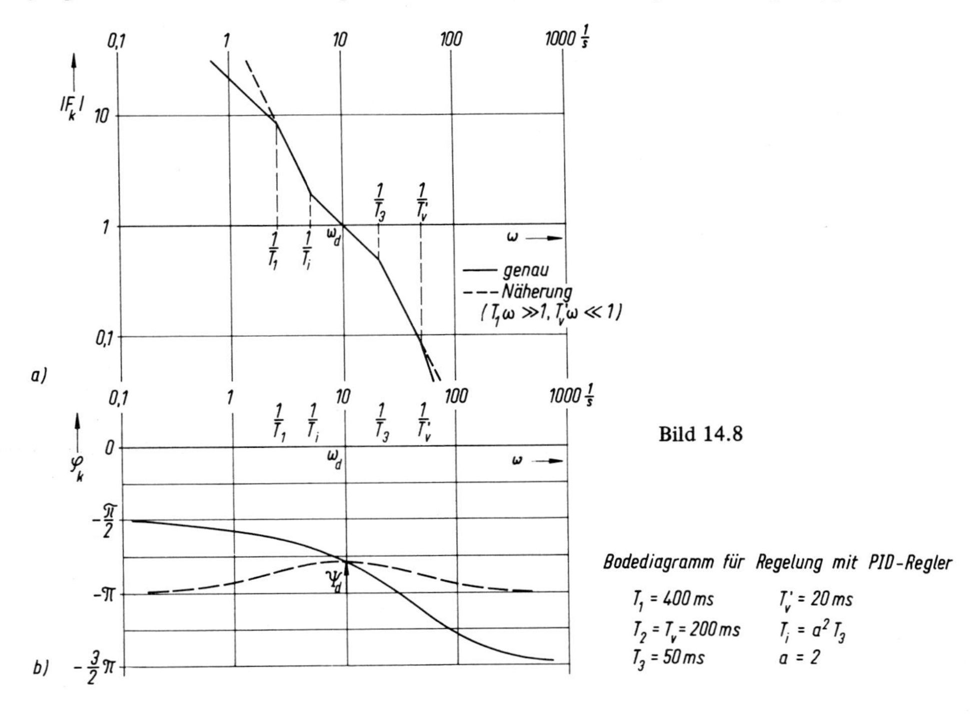

Bild 14.8

Bodediagramm für Regelung mit PID-Regler

$T_1 = 400\,ms$ $\quad T_v' = 20\,ms$

$T_2 = T_v = 200\,ms$ $\quad T_i = a^2 T_3$

$T_3 = 50\,ms$ $\quad a = 2$

vereinfachte Strecke aufgetragen. Wegen der Nachbarschaft von T_i und T_1 tritt bei der tatsächlichen Regelstrecke kein Phasenmaximum auf, doch liefert die Näherungsrechnung in der Nähe der Durchtrittsfrequenz brauchbare Ergebnisse. Bei Rechnungen dieser Art ist besondere Genauigkeit meist nicht erforderlich.

Bild 14.9 zeigt die Sprungantworten des geschlossenen Regelkreises bei Änderung der Führungsgröße und der Störgröße. Dabei wurde der mit dem beschriebenen Näherungsverfahren dimensionierte Regler mit der tatsächlichen Regelstrecke kombiniert. Das vom Zähler von F_g herrührende starke Überschwingen läßt sich durch eine Sollwertverzögerung beseitigen, ohne das Verhalten bei Laststörungen zu beeinträchtigen.

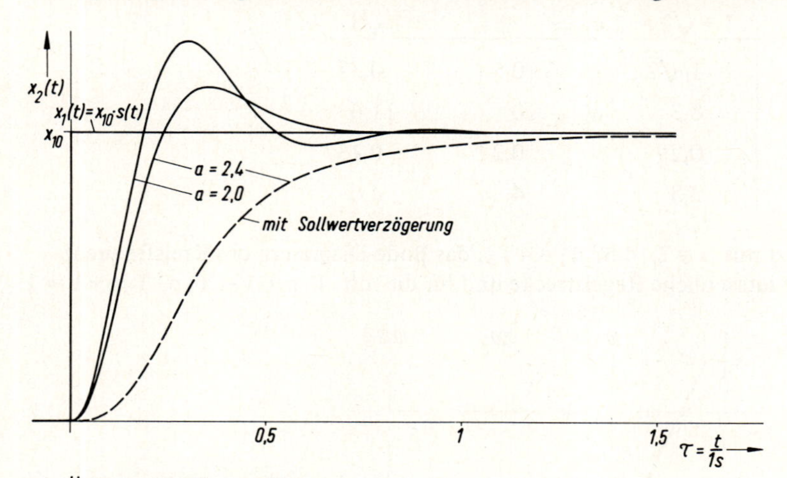

a) Änderung der Führungsgröße

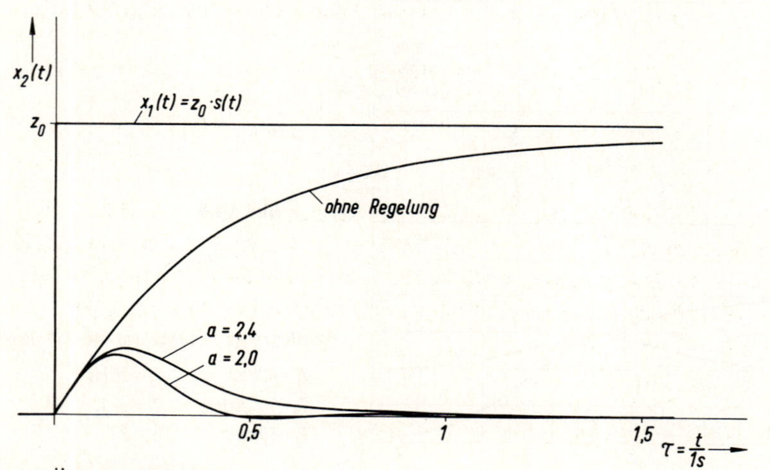

b) Änderung der Störgröße

Bild 14.9

In Bild 14.10 sind alle für den Regelkreis in Bild 10.13 erhaltenen Einschwingvorgänge vergleichbarer Dämpfung bei Verwendung der verschiedenen Regler noch einmal zusammen aufgetragen. Die verbesserte Regelgeschwindigkeit im Fall des PD- oder PID-Reglers erfordert dabei natürlich auch einen erhöhten Hub der Stellgröße. Falls dieser infolge von Übersteuerung in einem Teil der Regelstrecke nicht zur Verfügung steht, wird der Regelkreis bei größerer Anregungsamplitude nichtlinear. Der Einschwingvorgang weicht dann möglicherweise stark von dem in Bild 14.10 gezeigten Verlauf ab.

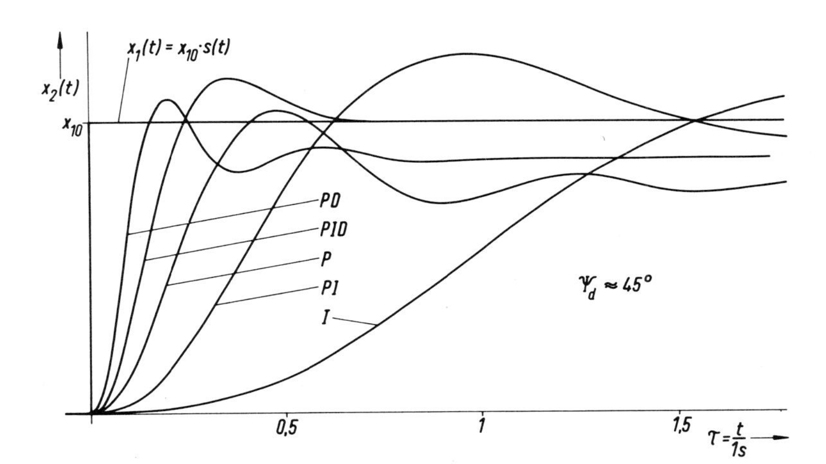

Bild 14.10

14.3.2. Regelung einer ungedämpften schwingungsfähigen Regelstrecke

Die Anwendung eines PID-Reglers soll nun noch in einem etwas schwierigeren Fall gezeigt werden.
Als Regelstrecke sei ein schwach gedämpftes System mit der Übertragungsfunktion

$$F_s(p) = \frac{V_s}{\left(\left(\frac{p}{\omega_0}\right)^2 + 2D\frac{p}{\omega_0} + 1\right)(T_1 p + 1)}, \qquad 0 \leqslant D \ll 1$$

gegeben; T_1 kann die Verzögerung des Stellgliedes verkörpern. Um brauchbare Ergebnisse zu erhalten, muß $\omega_0 T_1 \ll 1$ sein. Da wegen der Genauigkeit im stationären Zustand ein Regler mit Integralanteil erwünscht ist, sind mindestens zwei Vorhalte erforderlich, um den Regelkreis zu stabilisieren. Dies führt auf einen PID-Regler,

$$F_R(p) = V_R \frac{T_i p + 1}{T_i p} \cdot \frac{T_v p + 1}{T_v' p + 1}, \quad T_v' \ll T_v,$$

dessen freie Parameter V_R, T_i, T_v zu bestimmen sind.

Die Regelstrecke zeigt wegen $D \ll 1$ eine starke Resonanzüberhöhung bei Anregung mit Frequenzen in der Nähe von ω_0. Die ungünstigsten, gleichzeitig aber für die Synthese übersichtlichsten Bedingungen erhält man für $D = 0$; dieser Grenzfall wird deshalb den folgenden Überlegungen zugrunde gelegt.

Hohe Regelgeschwindigkeit und definierte Dämpfungsverhältnisse sind nur erreichbar, wenn die Durchtrittsfrequenz ω_d möglichst weit oberhalb der Resonanzfrequenz ω_0 liegt. Dort läßt sich der schwingungsfähige Anteil der Regelstrecke durch seine Hochfrequenz-Asymptote beschreiben und die unterhalb der Durchtrittsfrequenz ω_d liegende Resonanzspitze bei ω_0 gefährdet die Stabilität nicht.

Die Kreis-Übertragungsfunktion hat dann in der Nähe der Durchtrittsfrequenz die asymptotische Form

$$F_k(p) = \frac{V_k \omega_0^2}{T_i p^3} \frac{T_i p + 1}{T_1 p + 1} \cdot \frac{T_v p + 1}{T_v' p + 1}, \qquad V_R V_s = V_k .$$

Wegen des scheinbaren Dreifachpols bei $p = 0$ entsteht auf jeden Fall ein bedingt stabiler Regelkreis.

Die Wahl der freien Parameter erfolgt wieder mit der Überlegung, daß die günstigsten Dämpfungsverhältnisse bei maximalem Phasenabstand zu erwarten sind. Die beiden in $F_k(p)$ enthaltenen PDT-Anteile haben, jeder für sich, den in Bild 9.1 gezeichneten glockenförmigen Phasenverlauf. Wählt man die Mittelfrequenzen $\omega_{m1} = 1/\sqrt{T_i T_1}$ und $\omega_{m2} = 1/\sqrt{T_v T_v'}$ gleich ω_m, so hat auch die Summenphase der beiden PDT-Glieder einen zur gemeinsamen Mittelfrequenz symmetrischen Verlauf. Der Phasenabstand hat dann einen maximalen Wert, wenn die Durchtrittsfrequenz ω_d mit der Mittelfrequenz ω_m übereinstimmt [63].

Die Rechnung erfolgt ähnlich wie beim symmetrischen Optimum in Abschnitt 13.3.2. Mit dem Ansatz

$$\begin{aligned} T_v &= a^2 T_v' \\ T_i &= b^2 T_1 \end{aligned} \quad , \qquad a, b > 1$$

wird die Durchtrittsfrequenz

$$\omega_d = \frac{1}{a T_v'} = \frac{1}{b T_1}$$

und der Phasenabstand

$$\psi_d = \varphi_k(\omega_d) + \pi = -\frac{\pi}{2} + \arctan \frac{1}{2}\left(a - \frac{1}{a}\right) + \arctan \frac{1}{2}\left(b - \frac{1}{b}\right) \quad .$$

Die Kreisverstärkung folgt aus der Definitionsgleichung der Durchtrittsfrequenz

$$|F_k(j\omega_d)| = 1 \quad ,$$

oder nach Einsetzen von ω_d

$$V_k = \frac{1}{(\omega_0 T_1)^2 a b^2} \quad .$$

Nach Wahl der Parameter a und b sind also alle anderen Größen festgelegt.

In Bild 14.11 ist das Bode-Diagramm für den Sonderfall D = 0 skizziert. Die Phase φ_s der Regelstrecke springt bei ω_0 von Null auf $-\pi$. Durch Überlagerung der Phasenvoreilung des Reglers entsteht ein Frequenzbereich, in dem die Gesamtphase $\varphi_k > -\pi$ ist.

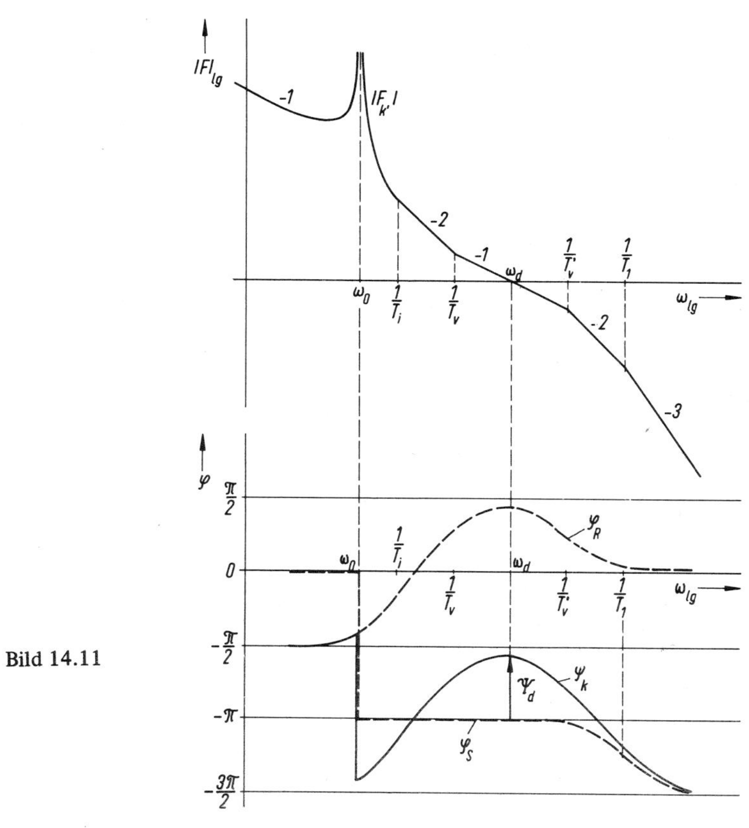

Bild 14.11

Der prinzipielle Verlauf der zugehörigen Ortskurve $F_k(j\omega)$ ist in Bild 14.12 gezeigt. Bei der angegebenen Wahl der Parameter schneidet die Ortskurve den Einheitskreis im relativen Phasenmaximum. Eine Erhöhung oder Senkung der Kreis-Verstärkung hat Rückgang des Phasenabstandes und verschlechterte Dämpfung zur Folge. Die Ergänzung der Ortskurve bei Annäherung des singulären Punktes kann wie in Bild 7.16 erfolgen, indem die abzubildende Kontur C den Punkt $p = j\omega_0$ in einem kleinen Halbkreis rechts umgeht. Das zugehörige Mittelstück der Ortskurve ist in Bild 14.12b gestrichelt eingetragen. Eine andere Möglichkeit besteht darin, sich die imaginären Pole etwas nach links verschoben zu denken (D > 0), um die Kollision mit der Kurve C zu vermeiden.

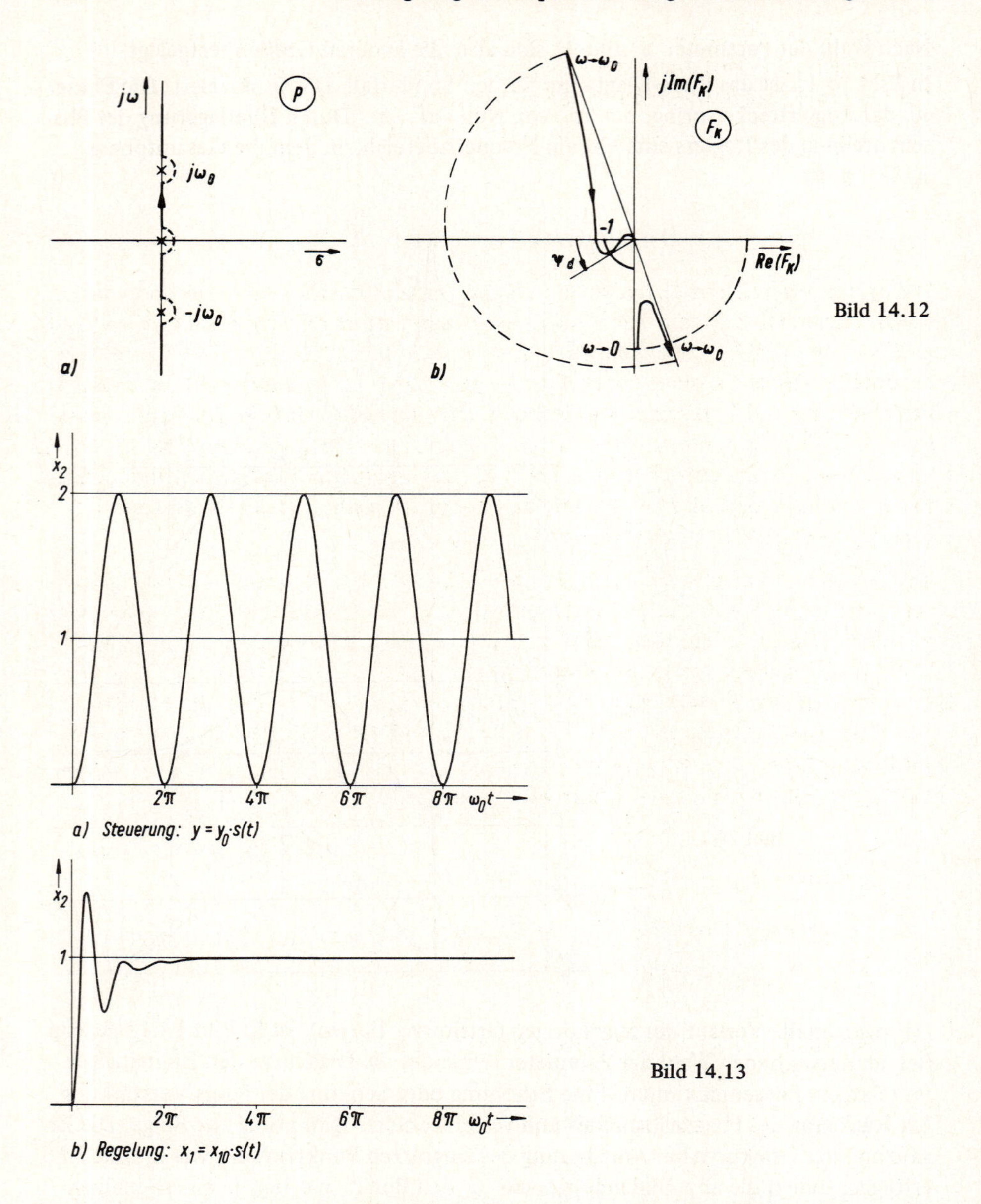

Bild 14.12

Bild 14.13

Bild 14.13a zeigt die Sprungantwort $x_2(t)$ der ungedämpften Regelstrecke bei einer Änderung der Stellgröße $y(t)$; wird die gleiche Regelstrecke mit einem Regler versehen, der gemäß vorstehender Beschreibung gewählt ist, so zeigt der geschlossene

Regelkreis die in Bild 14.13b aufgetragene Sprungantwort. Die Schwingungsfähigkeit der Regelstrecke wird durch die Regelung also weitgehend beseitigt.
Für das Oszillogramm wurden folgende Parameter verwendet:

$$\omega_0 T_1 = 0{,}1 \;,\quad D = 0 \;,\quad a = \sqrt{10} \;,\quad b = 4 \;.$$

14.4 Andere Regler und Entwurfsverfahren

Die bisher behandelten Regler stellen die fünf wesentlichen Grundtypen dar, mit denen man bei fast allen Anwendungen auskommt. Es ist selbstverständlich jederzeit möglich, diese Palette zu erweitern und zusätzliche Varianten zu verwenden, die für bestimmte Regelstrecken besonders gut geeignet sind. Im Interesse einer rationellen Projektierung und Fertigung ist es jedoch nicht sinnvoll, für jede Regelstrecke einen eigenen Reglertyp bereitzuhalten; man wird vielmehr versuchen, möglichst universell verwendbare Geräte einzusetzen, die sich durch Umschaltung auf die behandelten Fälle zurückführen und deren Parameter sich zur Anpassung an die Regelstrecke in einem weiten Bereich verändern lassen.

Bei den in den vorstehenden Abschnitten (10–14) beschriebenen Verfahren des Reglerentwurfs wurde das Ziel verfolgt, durch Anpassung einzelner Reglerparameter an die Strecke zu einer möglichst übersichtlichen Restfunktion zu gelangen, die eine einfache Festlegung der noch freien Parameter gestattet. Dies ist natürlich nicht das einzige denkbare Verfahren. Es gibt z.B. die Möglichkeit, den Begriff der Regelfläche zu verallgemeinern und in Form der sogenannten Integralkriterien für die Festlegung freier Parameter zu verwenden.
Bei einem Regelkreis mit der Übertragungsfunktion

$$\frac{X_2}{X_1}(p) = F_g(p) = \frac{F_k}{1 + F_k}$$

und der Sprungantwort

$$w_g(t) = L^{-1}\left(\frac{F_g(p)}{p}\right)$$

war die sogenannte lineare Regelfläche nach Abschnitt 4.4.2 definiert als

$$u(\infty) = \frac{1}{1\,\mathrm{s}} \int_0^\infty (w_g(\infty) - w_g(t))\,dt \;.$$

Man könnte nun fordern, daß $|u(\infty)|$, abhängig von den in $F_g(p)$ und damit $w_g(t)$ enthaltenen freien Parametern, ein Minimum annehmen soll. Wegen der Möglichkeit des Ausgleichs positiver und negativer Werte des Integranden wäre dies jedoch kein

geeignetes Maß für die optimale Einstellung des Regelkreises, da die „optimale" Sprungantwort eine schwach gedämpfte Schwingung enthalten könnte. Man muß also gleichzeitig noch gute Dämpfung der einzelnen Beiträge fordern.
Diese Schwierigkeit wird umgangen bei Verwendung der quadratischen Regelfläche

$$u_q(\infty) = \frac{1}{1\,s} \int_0^\infty (w_g(\infty) - w_g(t))^2 \, dt \Rightarrow \text{Min}$$

oder der zeitbeschwerten quadratischen Regelfläche

$$u_{qt}(\infty) = \frac{1}{1\,s^2} \int_0^\infty (w_g(\infty) - w_g(t))^2 \, t \, dt \Rightarrow \text{Min} \; ,$$

um nur zwei Beispiele zu nennen [64].
Diese Verfahren haben allerdings den Nachteil, daß die Berechnung der in komplizierter Weise in $w_g(t)$ enthaltenen freien Parameter außerordentlich verwickelt wird, so daß in vielen Fällen nur noch ein systematisches Absuchen des Parameterraumes mit Hilfe eines Rechners zum Ziele führt. Für eine manuelle Anwendung, wo neben der Güte des Ergebnisses auch die zu seiner Auffindung erforderliche Zeit bewertet wird, sind solche Verfahren wenig geeignet.

Die in den vorhergehenden Abschnitten beschriebenen Entwurfsverfahren haben dagegen den Vorzug der Einfachheit und Transparenz; eine endgültige Justierung der Reglereinstellung an der ausgeführten Anlage ist ohnehin bei keinem Verfahren zu umgehen. Die Beurteilung der Güte eines Einschwingvorganges ist außerdem anlagebedingt und nicht zuletzt eine Frage des Temperamentes.

Falls bei komplizierteren Regelstrecken die beschriebenen Verfahren nicht anwendbar sind, führen stets Näherungen zum Ziel, etwa von der Art, wie sie im nächsten Kapitel betrachtet werden.

Durch die Verwendung digitaler Mikrorechner anstelle analoger Regler erweitert sich die Palette der möglichen Reglerfunktionen erheblich; aber auch rechnergestützte Entwurfsverfahren werden praktikabel, um z.B. das Einschwingverhalten des geschlossenen Kreises unmittelbar im Zeitbereich vorzugeben [z.B. 45, 88].

15. Wahl des Reglers für eine Tiefpaß-Regelstrecke höherer Ordnung

15.1. Tiefpaß und Ersatzzeitkonstante

In den vorhergehenden Abschnitten wurde die Auswahl und Dimensionierung der Regler für bestimmte wohldefinierte Modell-Regelstrecken erörtert. In der Praxis sind die Verhältnisse meistens weniger leicht überschaubar. Die Regelstrecke kann z.B. eine größere Anzahl von Verzögerungen mit bekannten Parametern enthalten; manchmal sind die Parameterwerte auch nur näherungsweise bekannt. Sehr häufig ist der Fall, daß von der Regelstrecke lediglich ein Oszillogramm, etwa die Sprungantwort, vorliegt oder daß von Ergebnissen bei früher ausgeführten Anlagen extrapoliert werden muß.

Aufgrund dieser unvollständigen Unterlagen ist eine genaue oder gar optimale Synthese des Regelkreises natürlich nicht möglich. Um mit den vorhandenen Informationen dennoch zu einer annehmbaren Lösung zu gelangen, sind Näherungen notwendig.

Die gemessene Sprungantwort $w(t)$ habe z.B. die in Bild 15.1 gezeigte Form. Es handelt sich bei der Regelstrecke also um ein verzögertes Proportionalglied (Tiefpaß), möglicherweise eine thermische Regelstrecke, mit der Übertragungsfunktion

$$\frac{X_2}{Y}(p) = F_s(p) = V \frac{e^{-T_L p}}{\prod\limits_1^n \left(\frac{p}{-p_\nu} + 1\right)} \quad ;$$

die reellen oder gut gedämpften Pole p_ν und auch der Grad des Nennerpolynoms sind in den meisten Fällen nicht bekannt. Um die Regelstrecke durch eine einfache Ersatzfunktion zu kennzeichnen, wird gemäß Bild 15.1 eine Exponentialfunktion $w_e(t) = V(1 - e^{-t/T_e})$ so durch die zu approximierende Sprungantwort $w(t)$ gelegt, daß beide Funktionen den gleichen Endwert und die gleiche Regelfläche aufweisen,

$$\int_0^\infty (V - w(t))dt = VT_e = 1\,s\,u(\infty) \ .$$

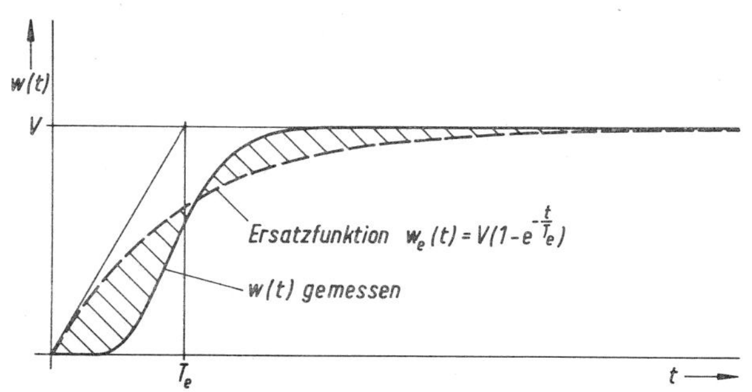

Bild 15.1

Dies bedeutet, daß die Regelstrecke angenähert als Verzögerungsglied 1. Ordnung mit der Übertragungsfunktion

$$F_e(p) = \frac{V}{T_e p + 1}$$

betrachtet wird. Die Größe T_e wird Ersatzzeitkonstante genannt.

Zwischen der genauen und der vereinfachten Übertragungsfunktion besteht der durch die gleiche Regelfläche gegebene Zusammenhang (Abschnitt 4.4.2)

$$T_e = T_L + \sum_{\nu=1}^{n} -\frac{1}{p_\nu} = T_L + \sum_{\nu=1}^{n} T_\nu, \qquad T_\nu = -\frac{1}{p_\nu}.$$

Die Ersatzzeitkonstante ist also im Fall nur reeller Pole die Summe der Laufzeit und der Verzögerungszeitkonstanten. Das gleiche Ergebnis erhält man durch Reihenentwicklung von $F(p)$ bei $p = 0$

$$F_s(p) = \frac{V}{e^{T_L p} \prod_1^n (T_\nu p + 1)} = \frac{V}{(1 + \frac{T_L p}{1!} + \frac{(T_L p)^2}{2!} + \ldots) \prod_1^n (T_\nu p + 1)} \approx \frac{V}{(T_L + \sum_1^n T_\nu)\, p + 1}$$

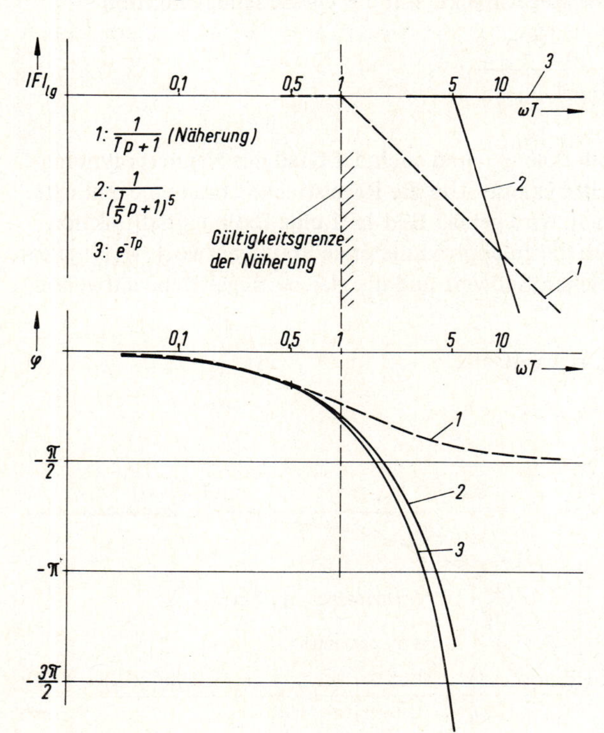

Bild 15.2

Die Übereinstimmung bei $p \approx 0$ bedeutet, daß der Endwert der Sprungantworten und ihr Verlauf im Großen gleich sind. Dagegen können sie im Detail, insbesondere bei $t = 0$, stark abweichen. Die Näherung läßt also nur dann brauchbare Ergebnisse erwarten, wenn die Anforderungen hinsichtlich der Regelgeschwindigkeit nicht zu hoch sind. Im wesentlichen kommt sie also für die Auslegung von Integralregelungen in Betracht.

Das Bode-Diagramm (Bild 15.2) zeigt anhand einiger Beispiele gute Übereinstimmung bei tiefen Frequenzen; dagegen treten bei zunehmender Frequenz große Abweichungen auf. Den ungünstigsten Fall stellt das unverzögerte Laufzeitglied dar, das keine Tiefpaßeigenschaften hat; ersetzt man es durch ein Verzögerungsglied mit gleicher Regelfläche, $T_e = T_L$, so ist bei $\omega = 1/T_e$ die Betragsabweichung $|F/F_e| = \sqrt{2}$ und der Phasenfehler $\varphi - \varphi_e = -12°$.

$\omega = 1/T_e$ soll vorerst als obere Grenze für den Gültigkeitsbereich der Näherung $F_e \approx F_s$ betrachtet werden.

Wird die vereinfachte Ersatz-Regelstrecke in einen Regelkreis eingefügt, so muß, um Überraschungen auszuschließen, die Durchtrittsfrequenz ω_d unterhalb dieser Grenzfrequenz $\omega = 1/T_e$ liegen. Das Verhalten der tatsächlichen Kreisübertragungsfunktion oberhalb der Durchtrittsfrequenz interessiert dann nicht mehr, sofern keine Resonanzspitzen auftreten; dies wurde mit Annahme eines Tiefpaßverhaltens aber gerade ausgeschlossen.

15.2. Anwendung der Näherung

15.2.1. Die Regelstrecke enthält nur die Ersatzfunktion

In diesem Fall reicht die zur Verfügung stehende Information über die Regelstrecke nur für die Dimensionierung eines I-Reglers aus. Die Kreisübertragungsfunktion hat dann die bereits in Abschnitt 12.3.1 behandelte Form

$$F_k \approx \frac{V}{T_i p(T_e p + 1)} = \frac{1}{T_{ik} p(T_e p + 1)}, \quad T_{ik} = \frac{T_i}{V}.$$

Die Übertragungsfunktion des geschlossenen Kreises ist

$$\frac{X_2}{X_1}(p) = F_g(p) = \frac{F_k}{1 + F_k} = \frac{1}{T_{ik} T_e p^2 + T_{ik} p + 1} = \frac{1}{(\frac{p}{\omega_g})^2 + 2D_g \frac{p}{\omega_g} + 1}.$$

Dabei ist

$$\omega_g = \frac{1}{\sqrt{T_{ik} T_e}}, \quad D_g = \frac{1}{2}\sqrt{\frac{T_{ik}}{T_e}}.$$

Die Rechnung läßt brauchbare Ergebnisse erwarten, wenn die Durchtrittsfrequenz unterhalb der Grenzfrequenz $\omega_e = 1/T_e$ der Näherung liegt.

Aus $|F_k(j\omega_d)| = 1$ folgt daraus

$$\omega_d T_e = \frac{1}{\sqrt{2}} \sqrt{\sqrt{\frac{1}{4D_g^4} + 1} - 1} < 1 \; .$$

Die Forderung $\omega_e = \omega_d$ ergibt als Grenzwert der Dämpfung $D_g \geqslant 1/\sqrt[4]{32} = 0{,}42$. Der übliche Wert $D_g = 1/\sqrt{2}$ führt auf $\omega_d T_e \approx 0{,}45$; die Durchtrittsfrequenz liegt dann mit Sicherheit im angenommenen Gültigkeitsbereich der Näherung.

Mit $D_g = 1/\sqrt{2}$ folgt wieder $T_{ik} = 2\,T_e$ und $T_i = 2\,V\,T_e$.

Dem Ausdruck für F_g ist unter der Voraussetzung guter Dämpfung $(D_g > \frac{1}{2})$ zu entnehmen, daß der geschlossene Kreis selbst wieder durch eine Ersatz-Zeitkonstante T_{eg} beschrieben werden kann,

$$F_{eg} \approx \frac{1}{T_{eg}\,p + 1} \; ,$$

wobei

$$T_{eg} = T_{ik} = 4D_g^2\,T_e \; .$$

Die Ersatzzeitkonstante erhöht sich durch den Integralregelkreis mit $D_g = 1/\sqrt{2}$ also gerade um den Faktor zwei [67].

In Bild 15.3 sind die Sprungantworten verschiedener mit diesem Näherungsverfahren berechneter Regelkreise aufgetragen; als Regelstrecken wurden dabei die in Bild 15.2 verwendeten Beispiele herangezogen. Die Einschwingvorgänge unterscheiden sich nur in ihrer Feinstruktur; die Näherungsrechnung führt also offenbar zu brauchbaren Ergebnissen.

Zusätzlich ist noch die Ersatzfunktion $w_{eg}(t)$ des geschlossenen Kreises eingetragen.

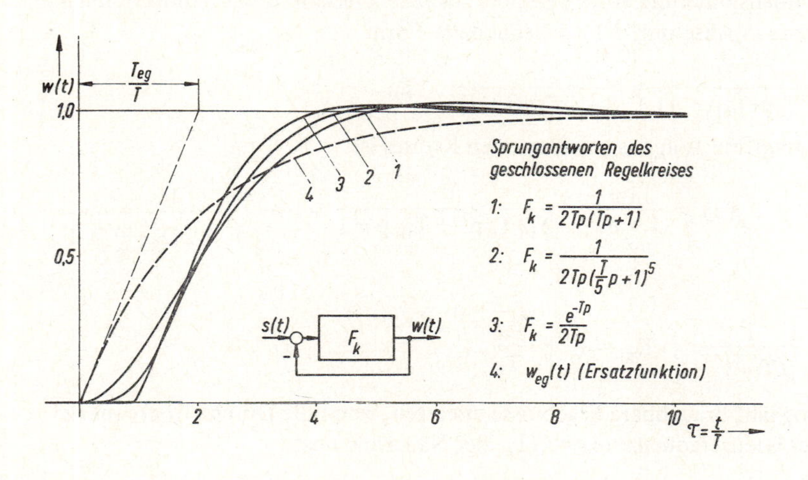

Bild 15.3

15.2.2. Die Regelstrecke enthält außer der Ersatzfunktion definierte Verzögerungen

Wenn in der Regelstrecke neben den absichtlich oder zwangsweise zu einer Ersatzzeitkonstanten zusammengefaßten Verzögerungen noch weitere definierte Verzögerungen enthalten sind, empfiehlt es sich, einen PI- oder PID-Regler zu verwenden, um die Regelgeschwindigkeit zu erhöhen.
Hat die Übertragungsfunktion der Regelstrecke beispielsweise die Form

$$F_s(p) \approx \frac{V}{(T_1 p + 1)(T_e p + 1)} ,$$

wo T_e die Ersatzzeitkonstante eines nicht im einzelnen definierten Restes ist, so stellt ein PI-Regler

$$F_R(p) = V_R \frac{T_i p + 1}{T_i p} \quad \text{mit} \quad T_i = T_1$$

die günstigste Lösung dar. Das Problem ist damit auf das vorher behandelte zurückgeführt.

Im Fall von zwei zusätzlichen Verzögerungen liegt die Verwendung eines PID-Reglers nahe, dessen parasitische Verzögerung T_v' dann im allgemeinen zur Ersatz-Zeitkonstanten des Streckenrestes gerechnet werden kann.

Es ist besonders darauf hinzuweisen, daß eine Ersatz-Zeitkonstante gemäß ihrer Definition einer Restverzögerung entspricht, die nicht ohne weiteres mit einem Vorhalt gegen eine kleinere Zeitkonstante ausgetauscht werden kann. Ist die unter Verwendung der Ersatz-Zeitkonstanten erreichte Regelgeschwindigkeit zu gering, dann steht es natürlich frei, die Analyse der Regelstrecke zu verfeinern, um weitere definierte Verzögerungen abzuspalten.

Anstelle eines physikalischen Ansatzes wie in Abs. 3.1.1 läßt sich ein mathematisches Modell für das Übertragungsverhalten der Regelstrecke auch durch eine sog. Identifizierung gewinnen, bei der anhand gemessener Verläufe der Ein- und Ausgangsgrößen die Übertragungsfunktion geschätzt wird [25].

16. Regelkreis mit Rückführung

16.1. Wirkungsweise

Bisher wurden sogenannte einschleifige Regelkreise betrachtet, bei denen die Verarbeitung der Regelabweichung nur in dem der Regelstrecke vorgeschalteten Regler erfolgt. Dies ist nicht die einzig mögliche Struktur eines Regelkreises. Ein in der Praxis häufig verwendetes Verfahren besteht z.B. darin, der Regelstrecke neben der (Haupt)-Regelgröße eine oder mehrere Hilfsgrößen mit unterschiedlichem dynamischen Verhalten zu entnehmen, um so den Regler zu vereinfachen. Bild 16.1 zeigt das Blockschaltbild eines solchen Regelkreises. Die Regelstrecke, in den meisten Fällen ein Verzögerungsglied höherer Ordnung, ist in zwei Abschnitte unterteilt. Das an der Trennstelle verfügbare Regelsignal $y_1(t)$ wird abgegriffen und über ein sogenanntes Rückführglied mit der Übertragungsfunktion $F_y(p)$ der eigentlichen Regelgröße $x_2(t)$ hinzugefügt, so daß ein synthetischer Istwert $x_4(t)$ entsteht.

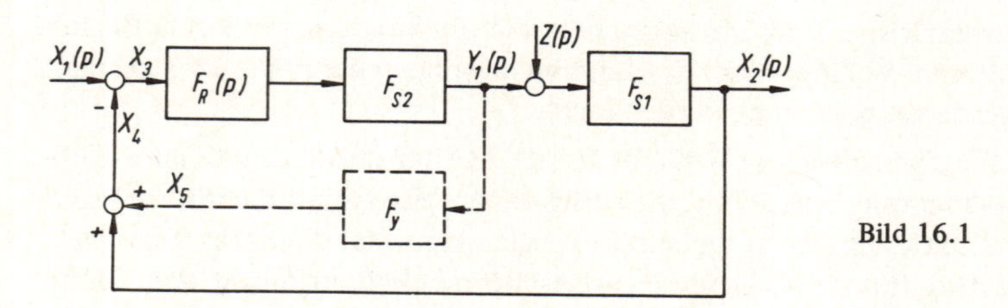

Bild 16.1

Der physikalische Grundgedanke ist dabei der folgende: Wenn $x_2(t)$ gegenüber $y_1(t)$ verzögert ist, weist umgekehrt $y_1(t)$ gegenüber $x_2(t)$ einen Vorhalt auf. Führt man daher $y_1(t)$ dem Regler unmittelbar zu, so braucht der Vorhalt dort nicht mehr erzeugt zu werden, d.h. der Regler wird vereinfacht. Dieser Gedanke ist vor allem bei elektromechanischen und hydraulischen Reglern bedeutsam, wo die Bildung von Vorhalten nicht einfach ist; bei elektronischen Reglern ist die Verwirklichung einer Übertragungsfunktion mit Nullstellen (und parasitischen Polen) an sich kein Problem, doch wird dort das Prinzip der Rückführung aus anderen Gründen interessant (Abschnitt 17).

Für die folgenden Überlegungen wird als Beispiel angenommen:

$$F_{s1} = \frac{1}{T_1 p + 1}, \qquad F_{s2} = \frac{1}{(T_2 p + 1)(T_3 p + 1)} .$$

Die Verstärkungsziffern werden also durch geeignete Normierung zu Eins gemacht.

Das Blockschaltbild läßt sich durch Zusammenfassung der beiden Rückführschleifen in einen einschleifigen Kreis überführen (Bild 16.2); die Vorhaltwirkung der Rückführung ist dabei an der reziproken Übertragungsfunktion $1/F_{s1}$ zu erkennen. Der

Einfluß der Störgröße $z(t)$ ist bei der Umzeichnung vernachlässigt; sie wirkt ja nur als zusätzliche Anregung, ohne die Stabilität und Dämpfung des Regelkreises zu verändern.

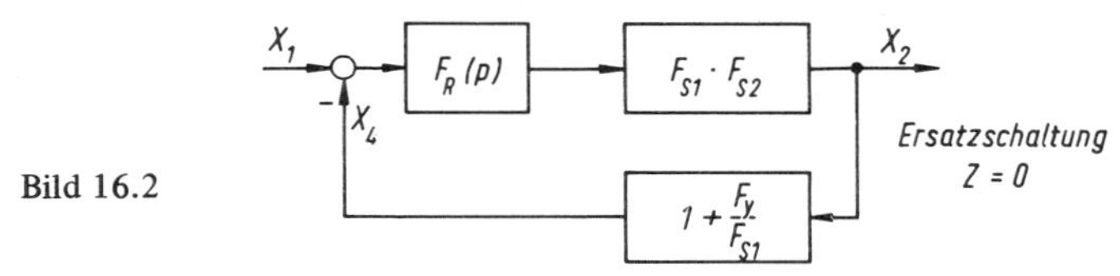

Bild 16.2

Für die Festlegung von F_y gelten folgende Grundsätze:

a) Die Rückführung der Hilfsgröße y_1 darf die Genauigkeit der Regelung nicht beeinträchtigen. Wegen der im letzten Abschnitt der Regelstrecke möglicherweise angreifenden niederfrequenten Störgrößen $z(t)$ (Erwärmung, Belastung, Nichtlinearität etc.) sind y_1 und x_2 im stationären Zustand einander nicht proportional. Der stationäre Beitrag der Rückführung muß also Null sein, d.h. die Rückführung muß differenzierend wirken ($F_y(0) = 0$, d.h. $\lim_{t \to \infty} x_5 = 0$).

b) Um einen Vorteil gegenüber der Lösung mit einschleifigem Regelkreis und komplizierterem Regler zu haben, soll F_y mit passiven Mitteln auf einfache Weise realisierbar sein.

c) Die aufgrund der Arbeitsweise des Stellgliedes (z.B. Stromrichter) in $y_1(t)$ möglicherweise enthaltenen Oberschwingungen sollen durch die Rückführung nicht verstärkt werden.

d) Der durch die Rückführung entstehende Vorhalt soll nach den Überlegungen in Abschnitt 11.3.3 auf eine mittlere Verzögerung abgestimmt werden.

Mit der Annahme $T_3 < T_2 < T_1$ folgt aus der Bedingung d)

$$1 + \frac{F_y}{F_{s1}} = 1 + F_y(T_1 p + 1) \doteq T_2 p + 1$$

oder

$$F_y(p) = \frac{T_2 p}{T_1 p + 1} .$$

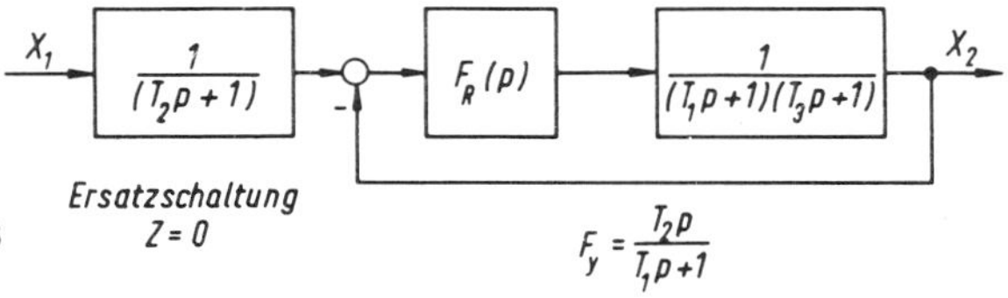

Ersatzschaltung Z = 0

Bild 16.3

Diese Rückführung hat die Eigenschaften einer verzögerten Differentiation; sie erfüllt auch die Forderungen a) – c). Die Rückführgröße $x_5(t)$ ist damit proportional der unverzögerten Ableitung der von $y_1(t)$ herrührenden Komponente in $x_2(t)$.

Durch Umzeichnung des Blockschaltbildes (Verschiebung der Vergleichsstelle und Vereinfachung) entsteht schließlich das Ersatzschema in Bild 16.3. Das Führungsverhalten des Regelkreises, $F_g(p) = X_2/X_1$, bleibt von der Umzeichnung unberührt, dagegen sind die inneren Größen in Bild 16.2 und 16.3 nicht miteinander identisch.

Als wirksame Strecke erscheint im Regelkreis nun ein Verzögerungsglied 2. Ordnung mit den stark unterschiedlichen Zeitkonstanten T_1 und T_3. Anstelle eines PID-Reglers genügt also ein PI-Regler, möglicherweise sogar ein P-Regler. Die Dimensionierung des Reglers kann wie in Abschnitt 10 bis 14 vorgenommen werden.

Die im Sollwertkanal erscheinende Verzögerung resultiert aus der Vereinfachung des Reglers und ist damit eine Folge der Vorhaltbildung durch Abgriff des Rückführsignals. Da die Verzögerung jedoch außerhalb des Regelkreises liegt, hat sie keinen Einfluß auf die Stabilität.

Eine entsprechende Überlegung gilt bei Anregung des Regelkreises durch Störgrößen, die hinter der Abnahmestelle des Rückführsignals angreifen, etwa $z(t)$ in Bild 16.1. Da das Störsignal erst auf dem Umweg über die Regelstrecke den dynamisch vereinfachten Regler erreicht, erfolgt die Korrektur ebenfalls verzögert, jeweils verglichen mit dem einschleifigen Kreis.

16.2. Ausführungsbeispiele

Zur Erläuterung werden einige einfache passive Rückführschaltungen betrachtet. Das in Bild 16.4 gezeichnete passive RC-Glied hat im Leerlauf die Übertragungsfunktion

$$\frac{U_2}{U_1}(p) = F_y(p) = \frac{\alpha R}{R + \frac{1}{pC}} = \frac{\alpha RC\,p}{RC\,p + 1} = \frac{\alpha T\,p}{T\,p + 1}\,, \quad \alpha < 1 \quad .$$

Bei induktiven Regelstrecken, z.B. Generatoren, wird manchmal die in Bild 16.5 dargestellte Schaltung mit Differenzier-Transformator verwendet. Wegen des großen Leistungsunterschiedes im Erreger- und Meßstromkreis gilt

$$U_2(p) = pM\,I_1(p) \approx \frac{pM\,U_1(p)}{R_1 + p\,L_1} \quad .$$

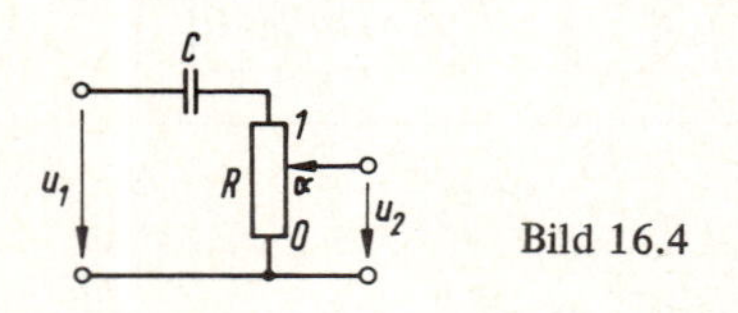

Bild 16.4

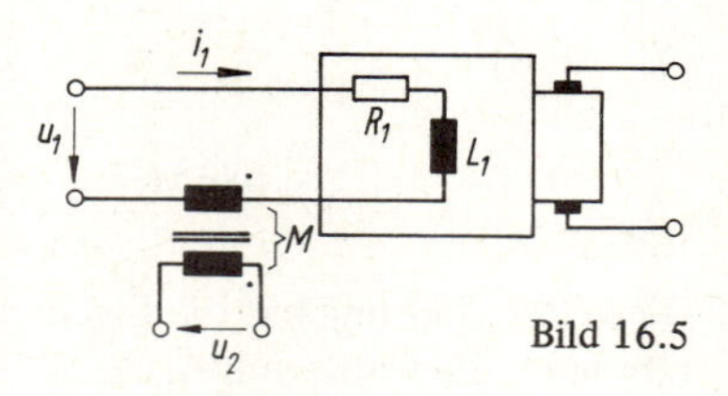

Bild 16.5

Somit

$$\frac{U_2}{U_1}(p) \approx \frac{\frac{M}{R_1}\,p}{\frac{L_1}{R_1}\,p + 1} = \frac{T_2\,p}{T_1\,p + 1} \quad .$$

Diese Schaltung hat den besonderen Vorzug der galvanischen Trennung der Rückführspannung vom Erregerstromkreis; außerdem wird die Verzögerung durch die Regelstrecke selbst bestimmt, so daß die Rückführung auch bei Änderung der Regelstrecke (Erwärmung, Sättigung usw.) angepaßt bleibt.

Bei Rückführungen, die große Verzögerungen erfordern, verwendet man manchmal zwei gegeneinander geschaltete Thermoelemente, die zwar der gleichen Temperatur ausgesetzt sind, jedoch unterschiedliche thermische Trägheit aufweisen. Die resultierende Übertragungsfunktion ist dann näherungsweise

$$F_y(p) = \frac{V}{T_a p + 1} - \frac{V}{T_b p + 1} = V \frac{(T_b - T_a)p}{(T_a p + 1)(T_b p + 1)} \; ;$$

man erhält also ein Differenzierglied mit mindestens zweifacher Verzögerung (DT_2).

16.3. Ergänzende Rückführung

Ein anderes Verfahren für die Wahl der Übertragungsfunktion $F_y(p)$ (Bild 16.1) hat zum Ziel, den zwischen den Größen y_1 und x_4 liegenden Systemteil (ohne Berücksichtigung der Störgröße $z(t)$), als unverzögertes Proportionalglied erscheinen zu lassen,

$$F_{s1}(p) + F_y(p) = F_{s1}(0) \overset{!}{=} 1 \; ;$$

man bezeichnet eine solche Anordnung deshalb auch als Regelkreis mit ergänzender Rückführung.

Mit dieser Festlegung läßt sich der Regelkreis in Bild 16.1 auf die in Bild 16.6 gezeigte Form bringen. Die Übertragungsfunktion des geschlossenen Kreises wird damit

$$\frac{X_2}{X_1}(p) = F_g(p) = \frac{F_R F_{s2}}{1 + F_R F_{s2}} F_{s1} \, .$$

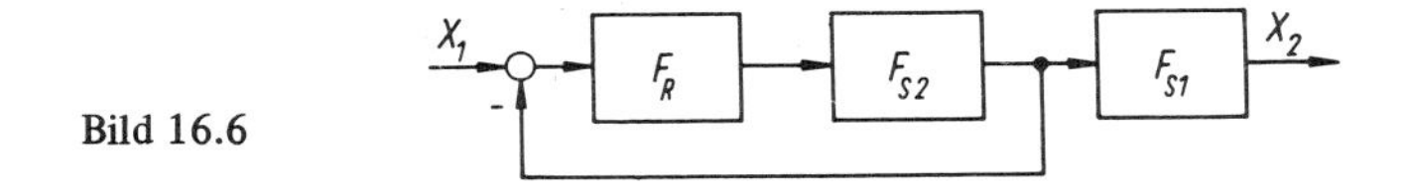

Bild 16.6

Der Systemteil F_{s1} erscheint nun außerhalb des Regelkreises und beeinflußt die Stabilität nicht. Wegen $F_y(0) = 0$ verursacht die Rückführung keine zusätzlichen Regelfehler als Folge niederfrequenter Störgrößen in der Regelstrecke.

Bild 16.7 zeigt Beispiele für die Sprungantworten des zu ergänzenden Teils der Regelstrecke und der zugehörigen Rückführschaltung. Falls, wie in Abschnitt 16.1 angenommen, der Streckenteil F_{s1} ein PT_1-Glied darstellt, ist F_y von der gleichen Form, wie sie auch dort gefunden wurde.

Wenn es sich bei F_{s1} um ein Laufzeitglied handelt, haben die Sprungantworten den in Bild 16.7 gestrichelt eingetragenen Verlauf. Die Laufzeit geht dann in die Stabilitätsbedingungen des geschlossenen Kreises nicht ein. Man bezeichnet eine solche Anordnung auch als Prädiktorregelung, da die Rückführung das Verhalten der Regelstrecke vorausahnt.

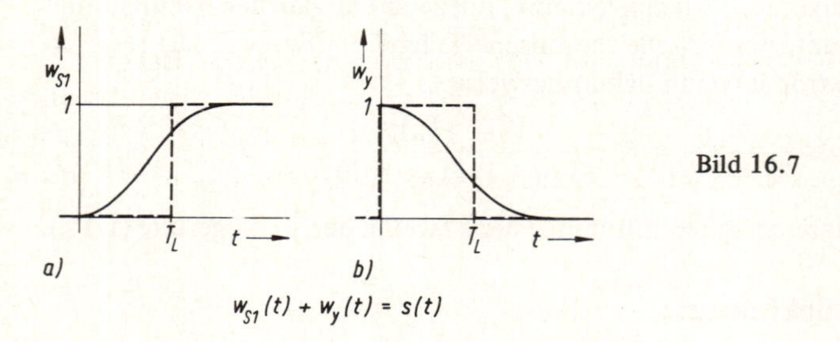

Bild 16.7

Das Prinzip der ergänzenden Rückführung ist vor allem als Vergleichsmodell von Interesse; seine praktische Bedeutung ist nicht allzu groß. Komplizierte Regelstrecken, bei denen die Auslegung eines üblichen Regelkreises schwierig ist, lassen sich auch nicht ohne weiteres durch eine Rückführschaltung nachbilden; das Problem wird also nur auf den Entwurf der Rückführung verlagert. Im übrigen sind die Parameter der wenigsten Regelstrecken völlig konstant, so daß die Rückführung ständig neu angepaßt werden müßte.

17. Kaskadenregelung

17.1. Umwandlung des Blockschaltbildes

Der in Bild 16.1 gezeichnete lineare Regelkreis mit Rückführung durch Abgriff eines Hilfssignals aus der Regelstrecke läßt sich, wie in Bild 17.1 a, b gezeigt, noch auf andere Weise umformen. Bild b) entsteht aus Bild a) durch Verschiebung des inneren Vergleichspunktes. Die Störgröße z(t) wird dabei wieder vernachlässigt. Bei den verschiedenen Umformungen bleiben die äußeren Größen X_1 und X_2 unverändert, während die inneren Variablen z.T. ihre Identität verlieren. Die in Bild 17.1b entstandene Schaltung hat die Struktur einer zweischleifigen Kaskadenregelung, wie sie schon in Abschnitt 1.2.3 kurz zur Sprache kam.

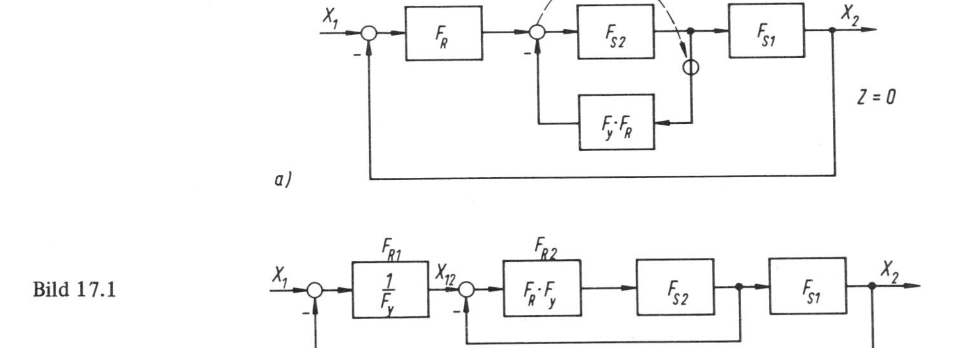

Bild 17.1

Behält man für die Diskussion die in Abschnitt 16.1 verwendeten Teil-Funktionen bei,

$$F_{s1} = \frac{1}{T_1 p + 1}, \qquad F_R = V_R \frac{T_1 p + 1}{T_1 p},$$

$$F_{s2} = \frac{1}{(T_2 p + 1)(T_3 p + 1)}, \qquad F_y = \frac{T_2 p}{T_1 p + 1},$$

so haben die im äquivalenten Blockschaltbild 17.1b vorkommenden Übertragungsfunktionen die Form

$$F_{R1} = \frac{1}{F_y} = \frac{T_1}{T_2} \frac{T_1 p + 1}{T_1 p}, \qquad \text{PI-Regler}$$

und

$$F_{R2} = F_R F_y = V_R \frac{T_2}{T_1}, \qquad \text{P-Regler} .$$

Der Integralanteil in $1/F_y$ ist durch die Forderung nach einem differenzierenden Rückführglied bedingt, das kein Gleichsignal überträgt.

Die Struktur der in Bild 17.1b gezeigten Regelschaltung läßt sich auf folgende Weise interpretieren:
Der erste Teil der Regelstrecke (F_{s2}) wird zunächst mit einem Hilfsregler (F_{R2}) zu einem inneren Regelkreis zusammengefaßt. Im vorliegenden Fall ist der Regler des inneren Kreises $F_{R2} = F_R F_y$ ein Proportionalregler; es könnte aber genausogut ein integrierender Regler sein. Der geschlossene innere Kreis stellt einen Teil eines äußeren Regelkreises dar, der außerdem den Rest der Regelstrecke und einen integrierenden Haupt-Regler F_{R1} umfaßt. Der innere Regelkreis wirkt mit seinem Führungsverhalten somit wie ein Stellglied des äußeren Regelkreises; der innere Regler ist dem äußeren untergeordnet, von dem er die nötigen Instruktionen in Form der Führungsgröße X_{12} empfängt. Die in Bild 17.1b gezeichnete Struktur ist nach innen und außen erweiterungsfähig; es entsteht also eine Hierarchie von einander überlagerten Regelkreisen.

17.2. Eigenschaften einer Kaskadenregelung

Es gibt gewichtige Gründe, die in Bild 17.1b erhaltene Struktur nicht nur als eine von vielen möglichen Ersatzschaltungen zu betrachten, sondern in dieser Form auch zu verwirklichen.

a) Bei komplizierten Regelstrecken kann der Entwurf eines Reglers für eine einschleifige Regelung schwierig, zeitraubend oder sogar ganz unmöglich sein. Man denke beispielsweise an Regelstrecken mit mehreren Integrationen oder an Fälle, in denen starke Störsignale die Verwendung von Vorhaltgliedern ausschließen. Die Struktur der Kaskadenregelung bietet dann die Möglichkeit, die Regelstrecke zu unterteilen und das Problem in mehreren Schritten mit einfachen Regelkreisen zu lösen. Hierfür werden nur Reglertypen benötigt, bei denen keine besondere Übersteuerungsgefahr besteht.
b) Störgrößen, die im Inneren der Regelstrecke angreifen, werden bei Verwendung einer Kaskadenregelung bereits am nächstfolgenden Abgriff der Regelstrecke erfaßt, ohne daß sie, wie bei einem einschleifigen Regelkreis, die gesamte Regelstrecke durchlaufen müssen. Innere Störgrößen werden dadurch schneller ausgeregelt.
c) Wenn einer wesentlichen Zwischengröße ein eigener Regelkreis zugeordnet ist, läßt sich diese Größe über den Sollwert auf einfache Weise begrenzen; außerdem besteht große Flexibilität hinsichtlich einer gezielten Vorsteuerung und Störwertaufschaltung (Abschnitt 18).
d) Die Regelung kann in einzelnen Abschnitten in Betrieb genommen werden. Am Beispiel einer Aufzugsregelung wird dies deutlich: Während bei einem einschleifigen Regelkreis die Stellung der Aufzugskabine die einzige Regelgröße darstellt, können bei einer Kaskadenregelung z.B. die Beschleunigung und die Drehzahl des

Antriebsmotors als geregelte Zwischengrößen verwendet werden. Es ist damit möglich, die Steuerung und Regelung des Motors bis zur Drehzahlregelung zu erproben, ohne daß das Förderseil aufgelegt ist und die Kabine sich im Schacht bewegt. Die praktischen Vorzüge eines solchen schrittweisen Verfahrens, vor allem wegen der im Aufbauzustand nie auszuschließenden Fehlschaltungen, liegen auf der Hand.

e) Die Auswirkung von nichtlinearen oder nichtstetig arbeitenden Gliedern wird eingegrenzt. Ein innerer Kreis mit integrierendem Regler hat die Verstärkung Eins, ohne Rücksicht darauf, ob alle Übertragungsglieder vollständig linear sind. Man findet also auf jeder Stufe eine in ihrer Linearität verbesserte Regelstrecke vor.

Diese Gesichtspunkte haben sich für die Praxis als entscheidend wichtig erwiesen. Mit Hilfe der Kaskadenregelung ist es möglich geworden, komplizierte Regelprobleme mit Nebenbedingungen zu lösen, die mit einem einschleifigen Regelkreis nicht lösbar wären. Andererseits hat die der Kaskadenregelung eigene Systematik dazu geführt, für bestimmte Aufgabengruppen Normallösungen mit Faustformeln zu entwickeln, so daß der Projektierungsaufwand stark zurückging. Aus der „Kunst", einen Regelkreis zu entwerfen, ist dadurch in der überwiegenden Zahl der Fälle eine normale Ingenieuraufgabe geworden.

Den Vorteilen stehen auch einige Nachteile gegenüber.

a) Für jeden Regelkreis ist ein eigener Regler mit Meßwandler erforderlich. Dies ist der Grund, weshalb Kaskadenregelungen, die an sich schon lange bekannt waren, erst nach Verfügbarkeit billiger und einfacher Transistor-Regelverstärker in großem Umfang anwendbar wurden [65, 66]. Natürlich arbeiten alle Regler auf niedrigem Pegel; nur der innerste Kreis enthält das Leistungsstellglied.

b) Wie aus Abschnitt 15.2 hervorgeht, nimmt die Ersatzzeitkonstante der Regelkreise von innen nach außen zu. Eine mehrschleifige Kaskadenregelung ist deshalb bei Änderungen der Führungsgröße möglicherweise langsamer als ein entsprechender einschleifiger Regelkreis, sofern dieser realisierbar ist. Dies gilt nicht bei Störgrößen innerhalb der Regelstrecke; hier ist die Kaskadenregelung stets überlegen. Wie in Abschnitt 18.3.2 gezeigt wird, läßt sich mit einer dynamischen Vorsteuerung der inneren Regler auch das Führungsverhalten der äußeren Schleife wesentlich verbessern.

Voraussetzung für die Anwendung einer Kaskadenregelung ist, daß die Reglerstrecke als möglichst rückwirkungsfreie Kettenschaltung von Verzögerungsgliedern dargestellt werden kann; die Regelstrecke soll also nach Möglichkeit keine inneren Schleifen enthalten, was manchmal durch Umzeichnung der Blockschaltbilder erreicht werden kann.

Kaskadenregelungen werden häufig verwendet, ohne daß man sie als solche bezeichnet. Wenn z.B. in einem Regelkreis ein Leistungsverstärker mit Gegenkopplung verwendet wird, so entspricht dies im Prinzip einer Kaskadenregelung (Bild 17.1b).

17.3. Näherungsweise Berechnung einer einfachen Kaskadenregelung

Zur Erläuterung des Verfahrens wird zunächst der einfachste Fall zugrunde gelegt, daß die Regelstrecke aus einer rückwirkungsfreien Kette von Verzögerungsgliedern besteht und jeder Zwischengröße ein eigener Regelkreis zugeordnet wird (Bild 17.2). Das Stellglied kann ein Verzögerungsglied höherer Ordnung, möglicherweise aber auch ein weiterer innerer Regelkreis sein; es wird durch die zugehörige Ersatzzeitkonstante (T_{e4}) beschrieben.

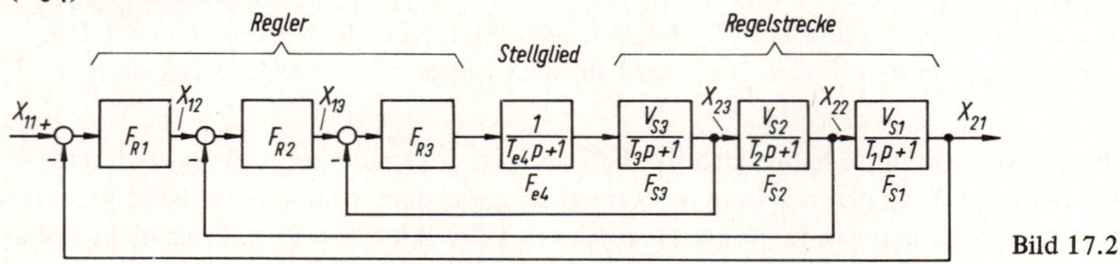

Bild 17.2

Da bei elektronischen Regelverstärkern die Kosten nur geringfügig vom Reglertyp abhängen (Abschnitt 13.2), werden sämtliche Regler als PI-Regler ausgeführt. Dies hat einmal den Vorzug der Einheitlichkeit, was sich wieder auf die Kosten auswirkt, zum anderen werden Begrenzungen mit der vollen stationären Genauigkeit eingehalten.
Die Festlegung der Regler erfolgt schrittweise von innen nach außen. Mit einem PI-Regler

$$F_{R3} = V_{R3} \frac{T_{i3}\,p + 1}{T_{i3}\,p}$$

lautet die Kreis-Übertragungsfunktion der innersten Schleife

$$F_{k3} = V_{k3} \frac{T_{i3}\,p + 1}{T_{i3}\,p} \, \frac{1}{(T_{e4}\,p + 1)(T_3 p + 1)}, \qquad V_{k3} = V_{R3} V_{s3} \;.$$

Da T_{e4} eine Ersatz-Zeitkonstante ist (Abschnitt 15.1), kann sie durch einen Vorhalt nicht in definierter Weise beeinflußt werden. Also ist

$$T_{i3} = T_3$$

die günstigste Lösung. Die Kreis-Übertragungsfunktion vereinfacht sich damit zu

$$F_{k3} = \frac{1}{T_{ik3}\,p(T_{e4}\,p + 1)}, \qquad T_{ik3} = \frac{T_3}{V_{k3}} \;.$$

Dieser Fall wurde bereits in Abschnitt 15.2 behandelt. Um im innersten Kreis die Ersatzdämpfung D_g zu erzielen, ist

$$T_{ik3} = \frac{T_3}{V_{k3}} = 4D_g^2\, T_{e4}\,, \qquad \text{d.h.} \qquad V_{R3} = \frac{1}{4D_g^2}\, \frac{T_3}{T_{e4}}\, \frac{1}{V_{s3}}$$

zu wählen.

Die Ersatzzeitkonstante des geschlossenen Kreises ist

$$T_{e3} = T_{ik3} = 4 D_g^2 T_{e4} .$$

Für $D_g = 1/\sqrt{2}$ wird

$$V_{R3} = \frac{1}{2 V_{s3}} \frac{T_3}{T_{e4}} , \qquad T_{e3} = 2 T_{e4} .$$

Die gesamte innere Schleife läßt sich somit näherungsweise durch ein Verzögerungsglied mit der Verstärkung Eins und der Ersatzzeitkonstante T_{e3} beschreiben. Die Festlegung des Reglers in der nächsten Schleife (F_{R2}) erfolgt in völlig analoger Weise; der ganze Berechnungsvorgang ist also rekursiv abzuwickeln, wobei lediglich der Zeitmaßstab nach außen gedehnt wird. Bei konsequenter Fortsetzung dieses Dimensionierungs-Verfahrens mit jeweils gleicher Ersatzdämpfung entsteht aus Bild 17.2 das in Bild 17.3 gezeigte bezüglich des Zusammenhanges zwischen X_{11} und X_{21} vollständig äquivalente Strukturbild [67]. Diese Integrator-Kaskade wird in Abschnitt 17.5.2 noch genauer untersucht.

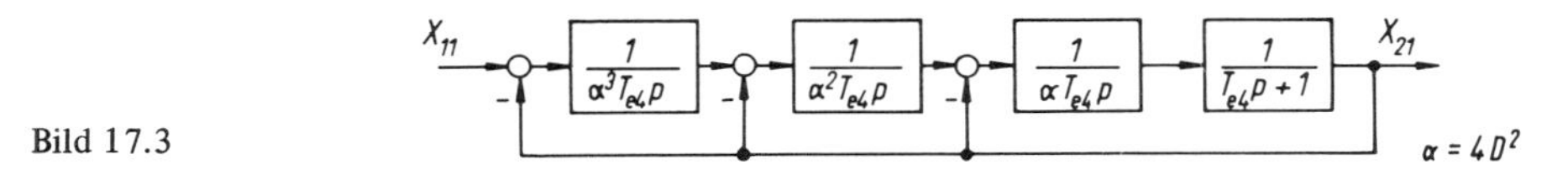

Bild 17.3

Man erkennt, daß die Ersatz-Zeitkonstante T_{e4} des innersten Kreises den Zeitmaßstab der gesamten Regelung bestimmt. Um die Kaskadenregelung schnell zu machen, ist es wichtig, beim innersten Kreis mit einer möglichst kleinen Verzögerung zu beginnen.

17.4. Verallgemeinerung

Die in Bild 17.2 angenommene Regelstrecke und die im vorigen Abschnitt gezeigte Reglerdimensionierung sind recht speziell. Um das gezeigte Entwurfsverfahren in möglichst vielen Fällen anwenden zu können, sind Verallgemeinerungen notwendig.

17.4.1. Unterteilung der Regelstrecke

Da ein PID-Regler nur geringe Mehrkosten gegenüber einem PI-Regler verursacht, liegt es nahe, einzelne Regler als PID-Regler auszuführen und dafür andere Schleifen mit den zugehörigen Meßwandlern und Reglern wegzulassen. Wie die Überlegungen im vorigen Abschnitt zeigen, läßt sich die Regelung dadurch außerdem schneller machen.

Bei dem in Bild 17.4 dargestellten Teilregelkreis bieten sich folgende Möglichkeiten an: Falls eine der beiden Zeitkonstanten T_1, T_2 in der Größe oder unterhalb der Ersatzzeitkonstanten liegt, kann sie ohne wesentlichen Verlust an Regelgeschwindigkeit dieser zugerechnet werden, so daß wieder der in Abschnitt 17.3 behandelte Fall entsteht.

Wenn $T_1, T_2 > T_e$ ist, kann der Regler nach Abschnitt 14.3 als PID-Regler ausgeführt werden. Mit $T_i = T_1$, $T_v = T_2$ und $T_e + T_v' = T_e'$ lautet dann die Kreis-Übertragungsfunktion

$$F_k(p) = \frac{V_k}{T_1 p(T_e' p + 1)} ,$$

d.h. das Problem ist auf das vorher behandelte zurückgeführt. Damit entfällt eine der in Bild 17.2 enthaltenen Regelschleifen.

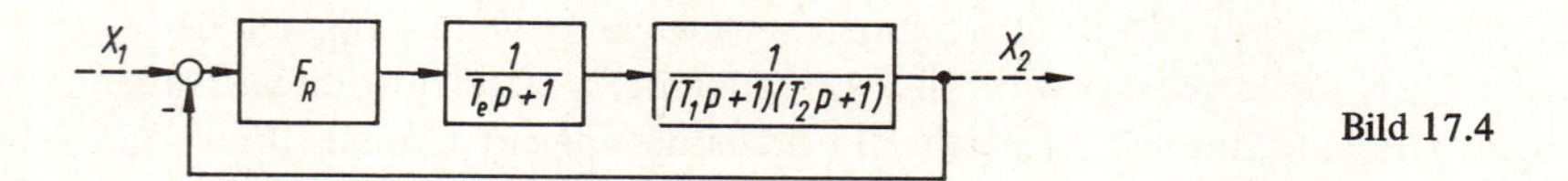

Bild 17.4

17.4.2. Integrierende Regelstrecke

Wenn die bei irgendeiner Schleife hinzukommende Teil-Regelstrecke einen Integrator darstellt (Bild 17.5), hat die Kreis-Übertragungsfunktion bei Verwendung eines PI-Reglers die Form

$$F_k(p) = \frac{V_k}{T_i T_1 p^2} \cdot \frac{T_i p + 1}{T_e p + 1} .$$

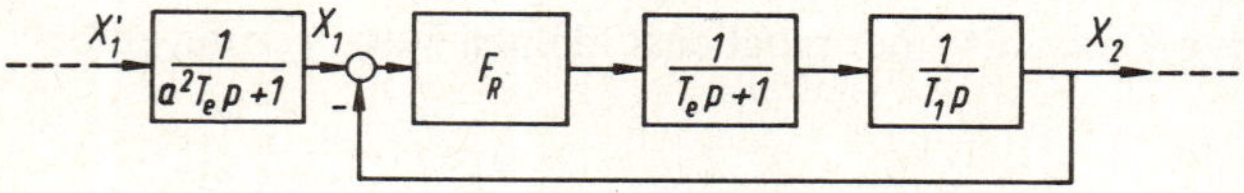

Bild 17.5

Dieser Fall wurde in Abschnitt 13.3.2 mit dem Verfahren des „Symmetrischen Optimums" behandelt. Das gleiche ist auch hier möglich, also

$$T_i = a^2 T_e , \qquad V_k = \frac{1}{a} \frac{T_1}{T_e} ,$$

wobei a entsprechend der gewünschten Dämpfung gewählt wird. Die Übertragungsfunktion des geschlossenen Kreises lautet dann mit $a T_e p = q$

$$\frac{X_2}{X_1}(q) = F_g(q) = \frac{aq + 1}{q^3 + aq^2 + aq + 1} .$$

Um das durch den Zähler bedingte starke Überschwingen (Regelfläche Null) zu beseitigen, wird die Führungsgröße über ein Verzögerungsglied $1/(aq + 1)$ geleitet. Falls es sich um einen elektronischen Regler handelt, läßt sich die Verzögerung am einfachsten wieder passiv ausführen (Bild 6.14a), indem man den Eingangswiderstand auf der Soll-Seite kapazitiv beschaltet.

Die Einstellung nach dem „Symmetrischen Optimum" empfiehlt sich auch bei einer proportional wirkenden Regelstrecke nach Bild 17.4, wenn $T_1 \gg T_2$ ist. Auf diese Weise läßt sich, wie in Abschnitt 13.3.3 begründet wurde, ein verbessertes Einschwingverhalten bei Laststörungen erzielen.

17.4.3. Andere Struktur der Regelstrecke

Manchmal hat die Regelstrecke nicht die erwünschte kettenförmige Struktur; es kann vorkommen, daß innere Rückwirkungen vorhanden sind, wie dies in Bild 17.6a an einem einfachen Beispiel gezeigt ist. Man kann dann versuchen, das Blockschaltbild durch Umzeichnen auf die gewünschte Form zu bringen. Dabei ist jedoch auf den Verbleib der für die Regelung wichtigen physikalischen Größen zu achten.

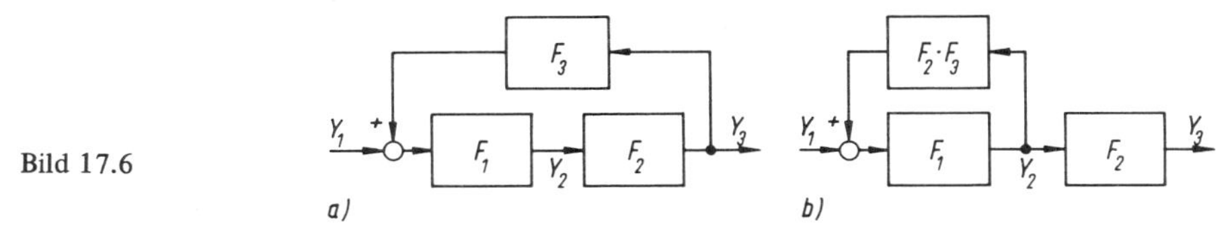

Bild 17.6

Soll beispielsweise die Größe $y_2(t)$ durch einen eigenen Regelkreis begrenzbar sein, so besteht die Möglichkeit, das Blockschaltbild in die Form 17.6b zu bringen, das die gewünschte kettenförmige Struktur $y_1 \to y_2 \to y_3$ aufweist. Die Teil-Übertragungsfunktionen sind dann

$$\frac{Y_2}{Y_1}(p) = \frac{F_1}{1 - F_1 F_2 F_3} ,$$

$$\frac{Y_3}{Y_2}(p) = F_2 .$$

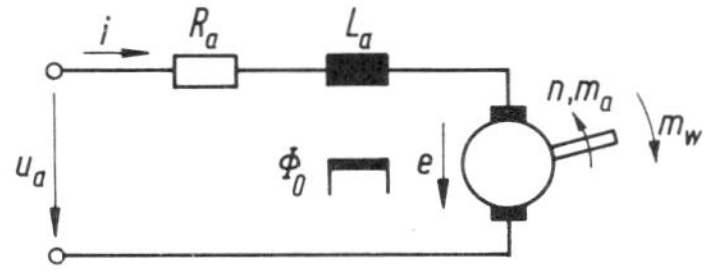

Bild 17.7

Diese Umwandlung wird an einem praktisch interessanten Beispiel erläutert. Bild 17.7 zeigt den Ankerkreis eines konstant erregten Gleichstrommotors, dessen Drehzahl über die Ankerspannung geregelt werden soll. L_a ist die Ankerinduktivität, R_a der Ankerwiderstand. Die zugehörigen Gleichungen haben folgende Form:

Maschengleichung

$$u_a = e + R_a \cdot i + L_a \frac{di}{dt} ,$$

Bewegungsgleichung

$$\theta\, 2\pi \frac{dn}{dt} = m_a - m_w ,$$

induzierte Spannung

$$e = c_e\, 2\pi\, n \cdot \phi_0 ,$$

Drehmomentbildung

$$m_a = c_m \phi_0 \cdot i .$$

θ ist das Trägheitsmoment, m_a das Antriebs- und m_w das Widerstandsmoment.

Die Differenz von Ankerspannung und induzierter Spannung treibt den Strom durch den induktiven Ankerstromkreis, während die Differenz zwischen Antriebs- und Widerstandsmoment die rotierenden Massen beschleunigt. Eine Leistungsbilanz ergibt $c_e = c_m$. Durch Normierung mit

$$u_0 = R_a \cdot i_0 = c_e\, 2\pi\, n_0 \cdot \phi_0$$

und

$$m_0 = c_m \cdot \phi_0 \cdot i_0$$

folgt

$$\frac{u_a}{u_0} = \frac{e}{u_0} + \frac{i}{i_0} + T_a \frac{d\left(\frac{i}{i_0}\right)}{dt} \quad , \quad T_a = \frac{L_a}{R_a} \tag{1}$$

$$\frac{e}{u_0} = \frac{n}{n_0} \quad , \tag{2}$$

$$T_{mk} \frac{d\frac{n}{n_0}}{dt} = \frac{m_a}{m_0} - \frac{m_w}{m_0} \quad , \quad T_{mk} = \frac{2\pi n_0 \Theta}{m_0} \tag{3}$$

$$\frac{m_a}{m_0} = \frac{i_a}{i_0} \quad . \tag{4}$$

Falls als Bezugsgröße u_0 die Nennspannung verwendet wird, ist i_0 der Kurzschlußstrom im Stillstand des Motors (etwa der 10-fache Nennstrom), m_0 das zugehörige (extrapolierte) Moment und n_0 die Leerlaufdrehzahl. T_a ist die elektrische Ankerzeitkonstante und T_{mk} die sogenannte Kurzschluß-Anlaufzeitkonstante.

Aufgrund der Gln. (1–4) läßt sich mit den Abkürzungen

$$U(p) = L\left(\frac{u_a}{u_0}\right) , \qquad N(p) = L\left(\frac{n}{n_0}\right) , \quad \text{usw.}$$

das Blockschaltbild 17.8 zeichnen.

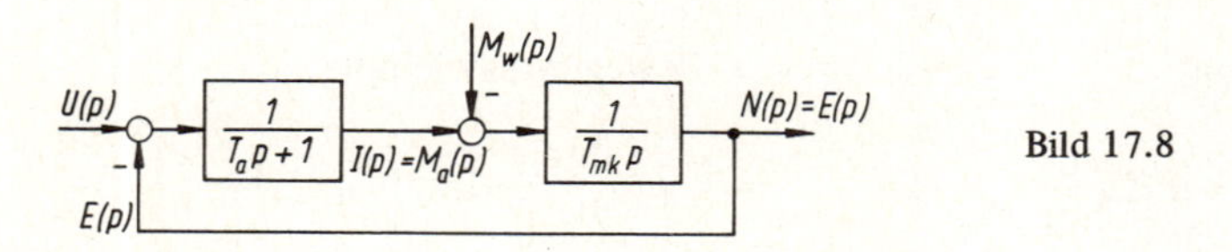

Bild 17.8

Die Regelung des Motors soll mit einer zweischleifigen Kaskadenregelung geschehen, um den Ankerstrom mit Hilfe eines inneren Strom-Regelkreises zum Schutze der Stromversorgung, des Motors und der Belastungsmaschine auf einfache Weise begrenzen zu können. Für die folgenden Überlegungen wird das Lastmoment Null gesetzt, d.h. es wird nur der Fall des Leerlaufs betrachtet. Bild 17.9 zeigt das als rückwirkungsfreie Kettenschaltung umgezeichnete Blockschaltbild. Die Teil-Übertragungsfunktionen sind nun

$$\frac{I}{U}(p) = \frac{T_{mk}\,p}{T_{mk}T_a\,p^2 + T_{mk}\,p + 1}\,,$$

$$\frac{N}{I}(p) = \frac{1}{T_{mk}\,p}\,.$$

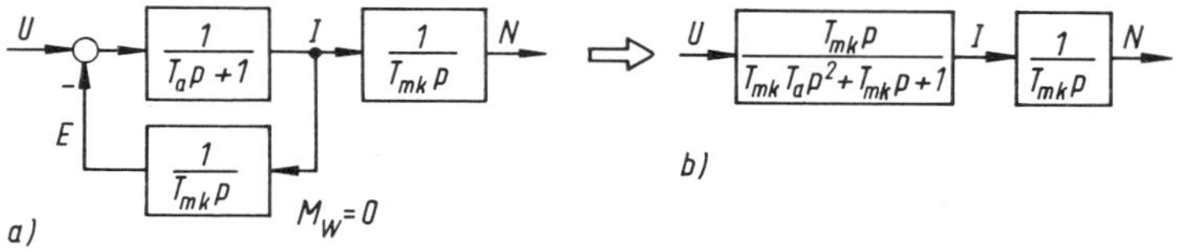

Bild 17.9

Das differenzierende Verhalten der ersten Übertragungsfunktion kommt auf folgende Weise zustande: Wird, ausgehend vom stationären Zustand, die Ankerspannung um einen bestimmten Betrag geändert, so nimmt der Motor zunächst Strom auf, um auf die neue Drehzahl zu beschleunigen oder zu verzögern. Sobald diese aber erreicht ist, hat auch die induzierte Gegenspannung ihren neuen stationären Wert erreicht, so daß der (ideale) Leerlauf-Strom wieder auf Null zurückgeht. Der Faktor p im Zähler hat zur Folge, daß selbst bei Verwendung eines PI-Reglers nur ein proportional wirkender Regelkreis entsteht. Dieser Effekt verschwindet übrigens, sobald der Einfluß eines drehzahlabhängigen Lastmomentes berücksichtigt wird.

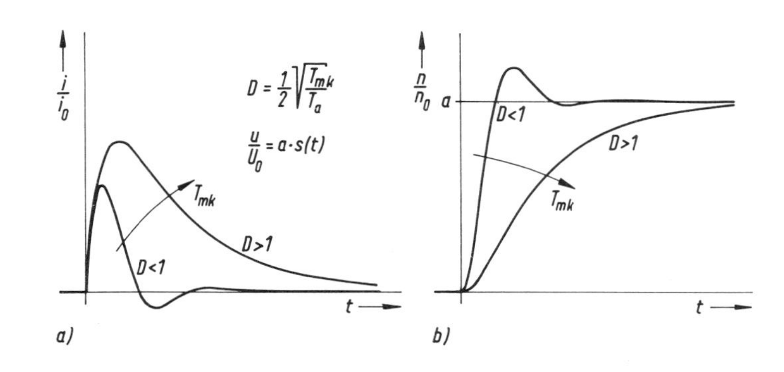

Bild 17.10

Man erkennt aus den Übertragungsfunktionen, daß sich bei $T_{mk} < 4\,T_a$ ein periodisch gedämpfter Einschwingvorgang einstellt, d.h., daß die Drehzahl bei einer Verstellung der Spannung über den neuen Endwert hinaus überschwingen kann. Bei Motoren üblicher Bauart ist $T_{mk} > 4\,T_a$, d.h. $D > 1$. In Bild 17.10 sind zwei Einschwingvorgänge von Ankerstrom und Drehzahl bei sprungartiger Änderung der Ankerspannung aufgetragen.

Die Auswahl des Strom-Reglers kann auf folgende Weise geschehen:
Für $T_{mk} > 4\,T_a$ läßt sich das Nennerpolynom der Übertragungsfunktion als Produkt zweier Linearfaktoren, etwa $(T_1 p + 1)(T_2 p + 1)$, schreiben. Berücksichtigt man nun noch die Verzögerung T_s des Stellgliedes und eine kleine Verzögerung T_m des Meßgliedes für den Ankerstrom, so nimmt die Kreis-Übertragungsfunktion des Strom-Regelkreises bei Verwendung eines PID-Reglers folgende Form an

$$F_k = V_R \frac{(T_i p + 1)(T_v p + 1)}{T_i p (T_v' p + 1)} \cdot \frac{T_{mk} p}{(T_1 p + 1)(T_2 p + 1)(T_s p + 1)(T_m p + 1)} .$$

Durch geeignete Vereinfachung und Zusammenfassung entsteht daraus der in Abschnitt 10.3.2 beschriebene Fall eines Proportional-Regelkreises. Die Auslegung des Drehzahlreglers kann anschließend gemäß Abschnitt 17.4.2 erfolgen.

17.5. Stabilität einer Kaskadenregelung

17.5.1. Übertragungsfunktion

Die in Bild 17.2 dargestellte Kaskadenregelung läßt sich durch Vereinigung zusammengehörender Teilregelstrecken und Teilregler auf die in Bild 17.11 gezeichnete Form bringen. Dabei ist die Abkürzung $F_{R\nu} F_{s\nu} = F_\nu$ verwendet. Die innerste Teilregelstrecke (F_4) ist aus Gründen der Einheitlichkeit selbst als geschlossener Regelkreis dargestellt, wobei

$$F_4 = \frac{1}{T_{e4} p}$$

zu setzen ist; dann wird gerade $F_{e4} = \dfrac{1}{T_{e4} p + 1}$.

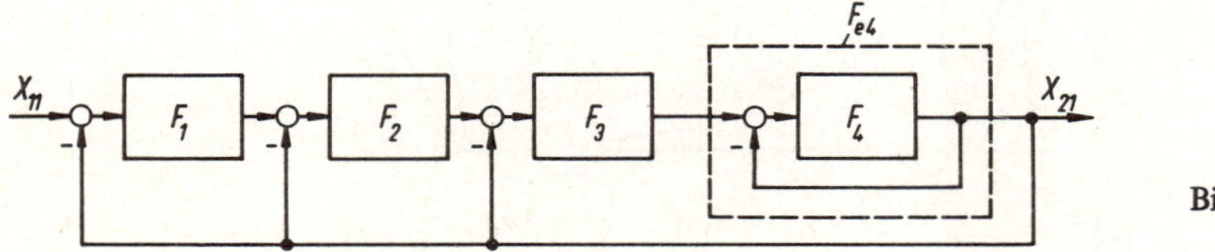

Bild 17.11

Durch Vereinigung der Rückführschleifen entsteht das in Bild 17.12 gezeigte gleichwertige Ersatzschaltbild, dessen Übertragungsfunktion sich nach sinngemäßer Erweiterung (3 → n) sofort anschreiben läßt,

$$\frac{X_{21}}{X_{11}} = \frac{F_1 \cdot F_2 \dots F_n \cdot F_{n+1}}{1 + (F_1 F_2 \dots F_n F_{n+1})\left(1 + \frac{1}{F_1} + \frac{1}{F_1 F_2} + \dots + \frac{1}{F_1 F_2 \dots F_n}\right)} =$$

$$= \frac{1}{1 + \frac{1}{F_1} + \frac{1}{F_1 F_2} + \dots + \frac{1}{F_1 F_2 \dots F_n F_{n+1}}} \quad . \tag{1}$$

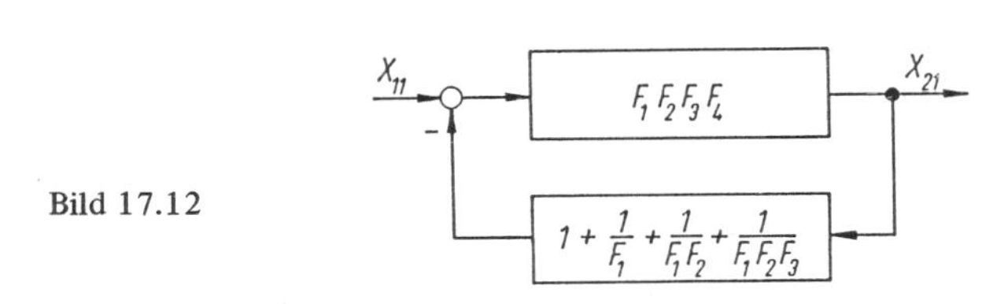

Bild 17.12

Dieses Ergebnis läßt erkennen, daß es zwar möglich ist, einen Kaskaden-Regelkreis geschlossen zu berechnen, daß man aber wegen der unübersichtlichen Ausdrücke auch in einfachen Fällen das vorher beschriebene rekursive Näherungsverfahren vorziehen wird.

17.5.2. Berechnung der Stabilitätsgrenze für einen Sonderfall

Mit den in Abschnitt 17.3 genannten einschränkenden Voraussetzungen nimmt die Übertragungsfunktion (1) eine besonders übersichtliche Form an. Falls es nämlich gelingt, die Übertragungsfunktion jedes Reglers so auf die neu hinzukommende Teilregelstrecke abzustimmen, daß für $F_\nu = F_{R\nu} F_{s\nu}$ ein Integralterm $1/T_\nu p$ übrigbleibt (Bild 17.3 und 17.11), stellt der Nenner von (1) das charakteristische Polynom der die Kaskadenregelung beschreibenden Differentialgleichung dar.

$$N(p) = 1 + T_1 p + T_1 T_2 p^2 + \dots + T_1 T_2 \dots T_n T_{n+1} p^{n+1} \quad .$$

Bei Wahl einer einheitlichen Ersatzdämpfung erhöhen sich die Kreis-Integrierzeiten, wie Bild 17.3 zeigt, in jeder Stufe um den Faktor $\alpha = 4\,D^2$,

$$T_\nu = \alpha\, T_{\nu+1} \qquad \text{oder} \qquad T_{\nu+1} = \frac{T_\nu}{\alpha} \quad .$$

Das charakteristische Polynom lautet dann [67]

$$N(p) = 1 + T_1 p + \frac{(T_1 p)^2}{\alpha} + \frac{(T_1 p)^3}{\alpha \cdot \alpha^2} + \dots + \frac{(T_1 p)^{n+1}}{\alpha \cdot \alpha^2 \dots \alpha^n} \quad .$$

oder mit $\sum_{1}^{\nu-1} i = \frac{1}{2}\nu(\nu-1)$,

$$N(p) = \sum_{\nu=0}^{n+1} \alpha^{\frac{-\nu(\nu-1)}{2}} (T_1 p)^{\nu}$$

Die Kenntnis des charakteristischen Polynoms ermöglicht z.B. die Berechnung der zulässigen Anzahl von Schleifen bei Vorgabe einer bestimmten Ersatzdämpfung. Die Untersuchung zeigt, daß für $D = 1/\sqrt{2}$, d.h. $\alpha = 2$, eine unbegrenzte Zahl von Schleifen zulässig ist. Die Ersatzzeitkonstante wächst dabei mit jeder Schleife um den Faktor 2.

In Bild 17.13 sind die Sprungantworten der in Bild 17.3 gezeigten Integratorkaskade bei $\alpha = 2$ für eine verschiedene Anzahl von Schleifen aufgetragen. Bei kleineren Werten von α nimmt die wirkliche Dämpfung mit steigender Schleifenzahl ab.

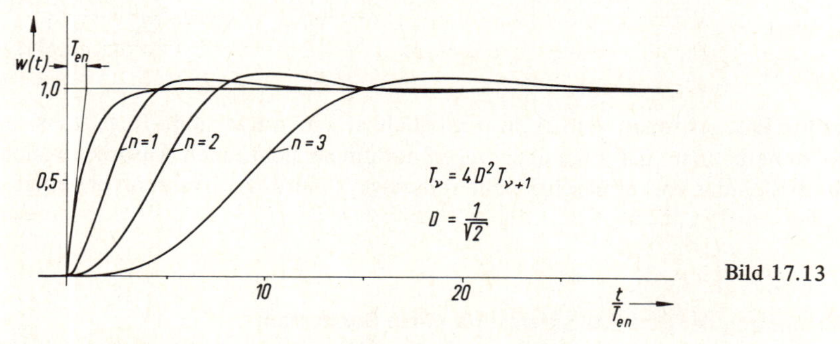

Bild 17.13

17.6. Beispiel einer Kaskadenregelung

Die Raumtemperatur in einem Gebäude mit Zentralheizung soll geregelt werden. Um Aufschluß über das günstigste Regelverfahren zu erhalten, werden die mit einer einschleifigen Regelung und einer Kaskadenregelung erreichbaren Ergebnisse miteinander verglichen (Bild 17.14).

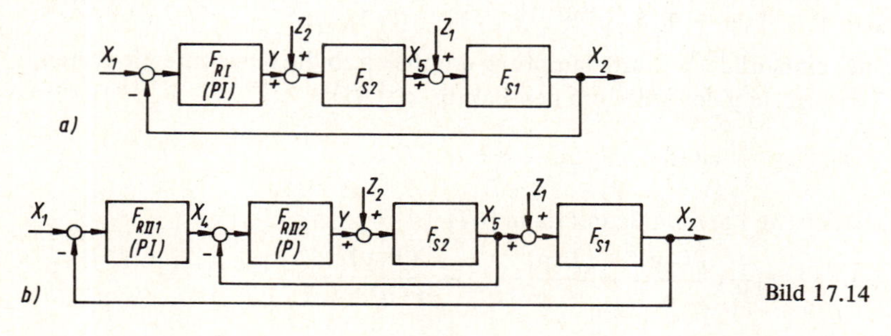

Bild 17.14

Der erste Teil der Regelstrecke wird durch einen gasbefeuerten Heizungskessel verkörpert, dessen Gaszufuhr über ein kontinuierlich wirkendes Stellventil (y) gesteuert werden kann; x_5 ist die normierte Temperatur des Heizwassers am Kesselaustritt. Als wesentliche Störgröße (z_2) greifen am Eintritt des Kessels die Rücklauftemperatur des Heizwassers, der Gasdruck, Heizwertschwankungen usw. an.

Dieser Teil der Regelstrecke wird näherungsweise durch ein verzögertes Laufzeitglied mit der Übertragungsfunktion

$$\frac{X_5}{Y}(p) = F_{s2}(p) = \frac{e^{-T_{L2}p}}{T_2 p + 1} \quad , \qquad Z_2 = 0 \ ,$$

beschrieben. Die Verstärkung ist dabei durch passende Normierung zu Eins geworden. Die Verzögerung des Stellventils ist in T_2 enthalten.

Der zweite Teil der Regelstrecke umfaßt die Rohrleitungen, Heizkörper und den Erwärmungsvorgang im Gebäude; x_2 ist die zu regelnde Raumtemperatur. Als wesentliche Störgrößen z_1 wirken hier die Außentemperatur und die Gebäudebelüftung. Auch hier wird zur Beschreibung des dynamischen Verhaltens der Einfachheit halber ein verzögertes Laufzeitglied verwendet,

$$\frac{X_2}{X_5}(p) = F_{s1}(p) = \frac{e^{-T_{L1}p}}{T_1 p + 1} \quad , \qquad Z_1 = 0 \ .$$

Bei dem in Bild 17.14a gezeichneten Regelschema wirkt der PI-Raumtemperaturregler

$$F_{RI} = V_{RI} \frac{T_{iI}\, p + 1}{T_{iI}\, p} \quad ,$$

unmittelbar auf die Brennstoffzufuhr des Kessels. Die Auslegung erfolgt nach der in Abschnitt 15.2 beschriebenen Näherung für eine Ersatzdämpfung $D_g = 1/\sqrt{2}$.

Als Alternativlösung wird die in Bild 17.14b gezeigte Kaskadenregelung geprüft, bei der mit einem Proportionalregler F_{RII2} in einer inneren Schleife zunächst die Temperatur des Heizwassers am Kesselaustritt geregelt wird. Als Raumtemperaturregler wird wieder ein PI-Regler (F_{RII1}) mit der Integrierzeit T_{iII} und der Verstärkung V_{RII} vorgesehen, der dem Kesselregler die erforderliche Heizwassertemperatur als Führungsgröße vorschreibt.

Die näherungsweise Dimensionierung der Regler ist in Abschnitt 17.3 erörtert; auch im äußeren Kreis wird eine Dämpfung $D_g = 1/\sqrt{2}$ angestrebt.

Folgende Zahlenwerte wurden angenommen:

$T_1 = 30$ min, $T_{L1} = 15$ min, $T_2 = 10$ min, $T_{L2} = 0{,}5$ min.

In Bild 17.15 sind die am Analogrechner gemessenen Einschwingvorgänge bei sprungartiger Veränderung der Führungsgrößen x_1 und der Störgrößen z_1 und z_2 für beide Anordnungen aufgezeichnet.

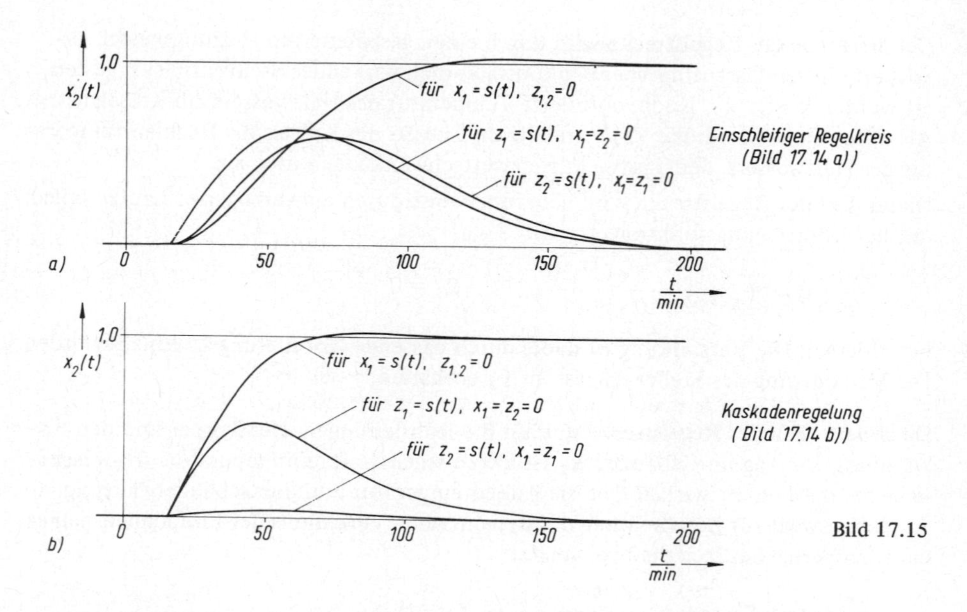

Bild 17.15

Sie lassen deutlich erkennen, daß die Kaskadenregelung vor allem bei Störgrößen in der inneren Schleife entscheidende Vorzüge aufweist, da die Störung dann auf kürzestem Wege und nicht erst auf dem Umweg über die große Streckenlaufzeit erfaßt und ausgeregelt werden kann.

Ein weiterer Vorzug der Kaskadenregelung besteht in der Möglichkeit, die Heizwassertemperatur (x_5) durch Begrenzung der zugehörigen Führungsgröße (x_4) zwischen einstellbaren oberen und unteren Grenzen halten zu können. Wenn die Ausgangsgröße x_4 des Raumtemperatur-Reglers z.B. die obere Begrenzung erreicht, bedeutet dies eine Auftrennung der äußeren Regelschleife; das Ziel der Regelung lautet dann nicht mehr $x_2 = x_1$, sondern $x_5 = x_{4\,max}$.

18. Störgrößen-Aufschaltung

Die Wirkungsweise einer Regelung besteht in der Messung der von irgendwelchen Störgrößen herrührenden Regelabweichung und ihrer Korrektur durch eine entgegengesetzte Auslenkung der Stellgröße. Sofern nur verteilte Störgrößen vorliegen, deren Ursache und Angriffsort unbekannt sind, ist dies das einzige mögliche Verfahren. Wenn es sich jedoch um meßbare und an bekannten Stellen der Regelstrecke angreifende Störgrößen handelt, kann ein aus der Störgröße selbst abgeleiteter, unmittelbarer Korrektureingriff schneller zum Ziele führen, da nicht erst die Regelabweichung am Ausgang der Regelstrecke abgewartet werden muß.

Wenn z.B. ein belasteter Turbogenerator aus irgendeinem Grunde vom Netz getrennt werden muß, so läßt sich mit Sicherheit vorhersagen, daß im nächsten Augenblick die Drehzahl von Turbine und Generator wegen der überschüssigen Antriebsleistung steil ansteigen wird; als Folge davon wird der Drehzahlregler eingreifen und die Steuerventile der Turbine schließen. Der dabei auftretende kritische Drehzahlanstieg läßt sich reduzieren, wenn die Tatsache der Abschaltung unmittelbar an den Drehzahlregler oder den Stellmotor gemeldet wird und ihn zum Schließen der Ventile veranlaßt, noch bevor die Drehzahl merklich angestiegen ist.

Man bezeichnet einen solchen gezielten Kompensations-Eingriff als Störgrößen-Aufschaltung. Sie ist natürlich nur bei meßbaren Störgrößen möglich, deren Wirkung genau bekannt ist.

18.1. Steuerung mit Störgrößen-Aufschaltung

Eine offene Steuerungskette nach Bild 18.1 werde außer von der Stellgröße $y(t)$ von einer Störgröße $z(t)$ angeregt, die an irgendeiner Stelle der Strecke angreift. Bei einem linearen System ist $X_0(p)$ dann eine Linearkombination von $Y(p)$ und $Z(p)$,

$$X_0(p) = F_1 F_2 F_3(p) \cdot Y(p) + F_3(p) \cdot Z(p) .$$

Sofern die Störgröße $z(t)$ meßbar ist, kann man versuchen, ihren Einfluß durch eine Störgrößen-Aufschaltung zu beseitigen. Aus leistungsmäßigen und gerätetechnischen Gründen kann allerdings die Aufschaltung meistens nur *vor* der Angriffsstelle der Störgröße erfolgen. Mit dem in Bild 18.1 gestrichelt eingezeichneten Übertragungsglied (F_z) gilt nun

$$X(p) = F_1 F_2 F_3 Y(p) + F_3(1 + F_z F_2) Z(p) .$$

Wählt man $F_z = -1/F_2$, so wird der Einfluß von $z(t)$ vollständig beseitigt.

Da die meisten Regelstrecken Verzögerungen enthalten, erfordert eine solche dynamische Störwertaufschaltung kompensierende Vorhalte in $F_z(p)$, was aus Gründen der hierfür erforderlichen Stell-Leistung und des Aufwandes meistens nicht zu verwirklichen ist. Man begnügt sich deshalb häufig mit einer statischen Kompensation, die den Einfluß von $z(t)$ auf $x(t)$ wenigstens im stationären Zustand beseitigt. Dies wird an einem einfachen Beispiel gezeigt.

Setzt man für die in Bild 18.1 enthaltenen Übertragungsfunktionen

$$F_2 = \frac{1}{T_2 p + 1},$$

$$F_3 = \frac{1}{T_3 p + 1},$$

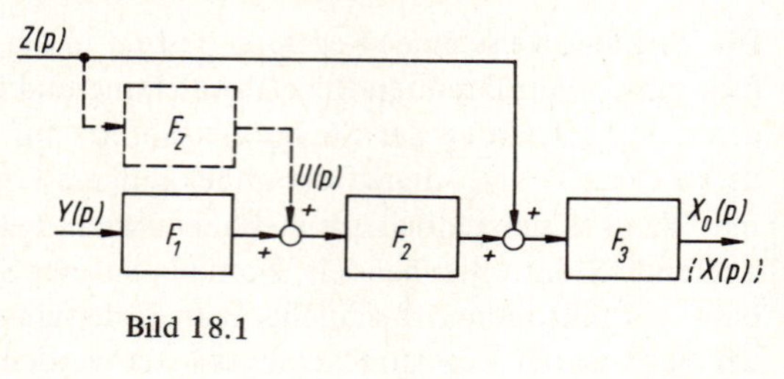

Bild 18.1

so lautet die Bedingung für vollständige Kompensation

$$F_z = -\frac{1}{F_2} = -(T_2 p + 1);$$

dies entspricht einem nur mit großem Aufwand an Stell-Leistung angenähert realisierbaren PD-Glied.

Bei einer nur statisch wirksamen Störgrößenaufschaltung,

$$F_{zs} = -1,$$

lautet die Stör-Übertragungsfunktion

$$\frac{X}{Z}(p) = F_3 (1 + F_2 F_{zs}) = \frac{1}{T_3 p + 1}\left(1 - \frac{1}{T_2 p + 1}\right) = \frac{T_2 p}{(T_2 p + 1)(T_3 p + 1)}.$$

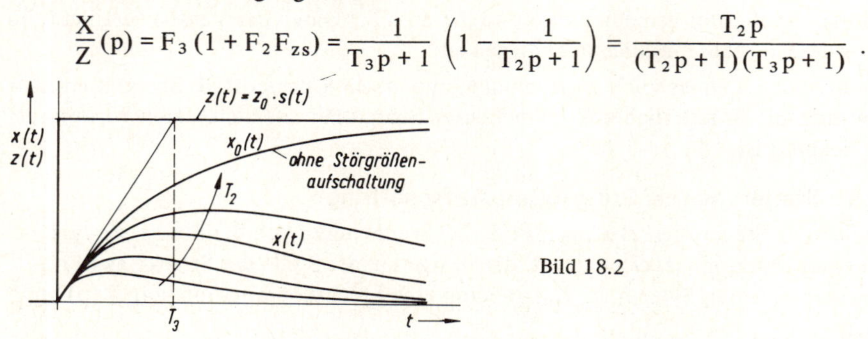

Bild 18.2

Bild 18.2 zeigt den Verlauf von $x(t)$ bei einer sprungartigen Änderung von $z(t)$ für verschiedene Werte von T_2/T_3. Die statische Störwertaufschaltung ist demnach desto wirkungsvoller, je kleiner die zwischen den Angriffspunkten der Störgröße $z(t)$ und der Kompensationsgröße $u(t)$ liegende Verzögerung, verglichen mit der gemeinsamen Verzögerung, ist.

Ein Vorzug der Störgrößen-Aufschaltung ist, daß die Stabilität des Systems nicht beeinflußt wird, sofern es sich um eine unabhängig veränderliche Störgröße handelt. Bei der Beurteilung der Unabhängigkeit ist auch auf unbeabsichtigte und nicht sofort erkennbare Rückkopplungen zu achten. (Z.B. Rückwirkung der Endstufe eines Verstärkers auf die Eingangsstufe über den Innenwiderstand des Netzgerätes.)

Als weitere Beispiele für eine Störwertaufschaltung sind zu nennen: Netzspannungs- und Lastkompensation bei einer Stromversorgung, Temperaturkompensation bei einem Meßgerät, lastabhängige Erregung eines kompoundierten („selbstregelnden") Synchrongenerators.

18.2. Regelung mit Störgrößen-Aufschaltung

Wegen der Vielfalt der nicht oder nicht genau meßbaren Störeinflüsse ist es in den meisten Fällen nicht möglich, auf eine Regelung zu verzichten, so daß man oft beide Verfahren miteinander kombiniert. Bild 18.3 zeigt eine entsprechende Schaltung; die Regelgröße $x_2(t)$ entsteht dabei wieder durch Überlagerung von $x_1(t)$ und $z(t)$,

$$X_2(p) = \frac{F_1F_2F_3}{1+F_1F_2F_3}\,X_1(p) + \frac{F_3(1+F_2F_z)}{1+F_1F_2F_3}\,Z(p)\ .$$

Die Bedingung für ideale Kompensation lautet wieder

$$F_z = -\frac{1}{F_2}\ .$$

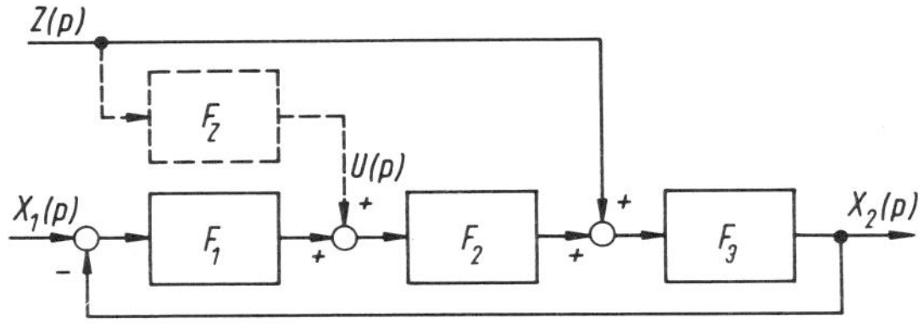

Bild 18.3

Auch hier beeinträchtigt die Aufschaltung der unabhängigen Störgröße die Stabilitätsverhältnisse des Regelkreises nicht. Im Interesse einer möglichst wirkungsvollen Aufschaltung sollte F_2 wieder eine gegenüber F_3 kleine Verzögerung enthalten; die Störgröße $z(t)$ muß also möglichst nahe an der Angriffsstelle korrigiert werden.

Neben dem schon vorher genannten Anlaß für eine Störgrößen-Aufschaltung, nämlich durch Messung der Störgröße und Wahl eines angepaßten Eingriffsortes eine schnellere Korrektur des Störeinflusses zu erreichen, sind noch weitere Gesichtspunkte zu nennen, die vor allem gerätetechnisch bedingt und heute oftmals überholt sind.

a) Die Hilfsgröße u ermöglicht eine Verkleinerung des Stellhubes von Regler und Stellglied. Dadurch wird ein gesteuerter Handbetrieb bei Ausfall des Reglers erleichtert; außerdem lassen sich möglicherweise die Kosten für Regler und Stellglied senken.

b) Wegen der kleineren Amplitude der vom Regler noch zu korrigierenden Störeinflüsse kann es möglich werden, auf einen Integralanteil im Regler zu verzichten oder im Interesse besserer Dämpfung die Reglerverstärkung zu reduzieren.

Beide Gesichtspunkte sind nur gültig, wenn die Korrekturgröße $u(t)$ nach dem Regler eingeführt wird.

Eine andere Maßnahme besteht darin, etwaige Vorhalte des Reglers zu nutzen und das Korrektursignal $u(t)$ mit niedrigem Leistungspegel auf den Eingang des Reglers zu führen. Die Aufschaltung muß differenzierend erfolgen, um die statische Genauigkeit der Regelung nicht zu stören. In diesem Fall ist $F_1 = 1$; F_2 enthält dann den Regler und einen Teil der Regelstrecke.

Bild 18.4 zeigt als Beispiel einer Störgrößenaufschaltung die Wasserstandsregelung eines Trommelkessels, die als Kaskadenregelung mit einem inneren Speisewasser-durchfluß-Regelkreis und einem äußeren Wasserstand-Regelkreis aufgebaut ist. Als Hauptstörgröße wirkt die veränderliche Dampfentnahme (Q_D) durch die Turbine. Der Dampfstrom wird deshalb gemessen und dem Speisewasser-Regler als Führungsgröße aufgeschaltet. Der Wasserstandregler wird dadurch nicht entbehrlich, er hat die Aufgabe, die sich wegen der integrierenden Regelstrecke (Trommel) aufsummierenden Unterschiede zwischen Zu- und Abfluß durch einen Zusatzsollwert ΔQ_{w1} zu korrigieren. Durch eine solche Störwertaufschaltung lassen sich die Schwankungen des Wasserstandes wesentlich reduzieren.

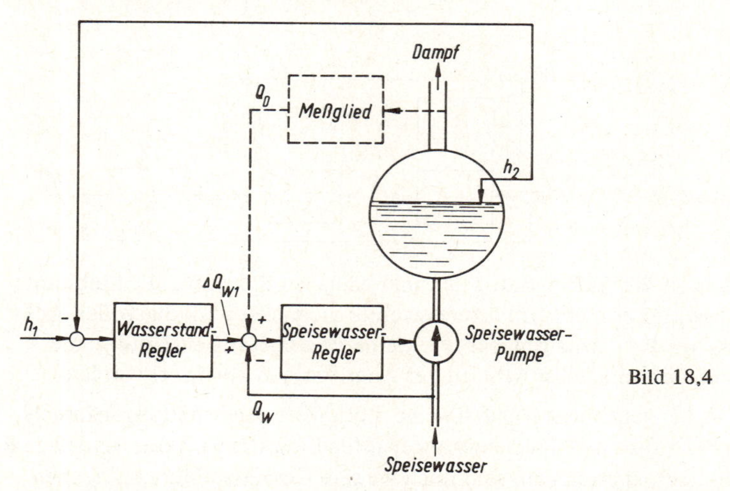

Bild 18,4

Als weiteres, im Prinzip etwas andersartiges Beispiel sei der Lastausgleich bei einem Personenaufzug genannt.

Eine stark belastete Aufzugs-Kabine, die nach oben fahren soll, wird beim Lösen der mechanischen Bremse des Antriebsmotors möglicherweise kurzzeitig absinken, da das elektrische Drehmoment des Motors nicht unverzögert aufgebaut werden kann. Um diesen für die Fahrgäste unangenehmen Effekt zu beseitigen, kann man vor Abfahrt der Kabine durch Wäge-Einrichtungen im Kabinenboden die Belastung messen und mit Hilfe eines besonderen Stromregelkreises das elektrische Moment des Motors auf den erforderlichen Wert bringen. Beim Lösen der Bremsen hat der Motor dann sofort das richtige Anfangs-Drehmoment und nach Umschaltung auf Drehzahl- bzw. Lage-Regelung kann die Aufwärtsfahrt ohne den unerwünschten Einschwingvorgang beginnen.

Es handelt sich dabei also um die Einstellung eines Anfangswertes über einen Hilfskreis; man kann auch eine solche Steuerungsmaßnahme im weiteren Sinne als eine Störgrößenaufschaltung bezeichnen.

18.3. Regelung mit Vorsteuerung

Bei einer Folgeregelung, d.h. einer Regelung mit veränderlichem Sollwert, stellt die Führungsgröße eine wesentliche Störgröße dar. Es kann dann vorteilhaft sein, die Führungsgröße nicht nur auf den Reglereingang, sondern auch über eine Hilfsstellgröße auf die Regelstrecke einwirken zu lassen. Man bezeichnet eine solche Anordnung als Regelung mit Vorsteuerung (Bild 18.5).

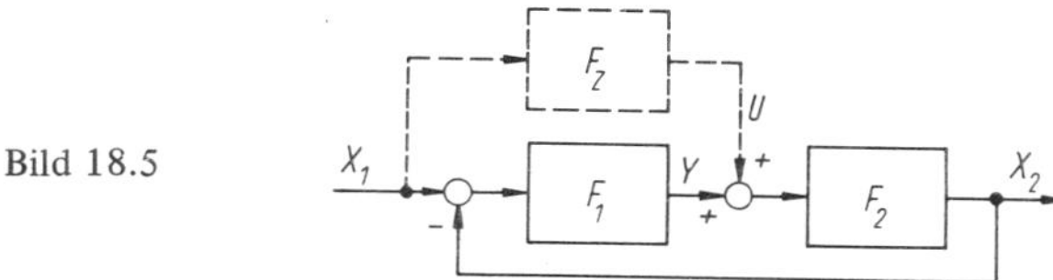

Bild 18.5

18.3.1. Statische Vorsteuerung

Falls $F_Z = V$ ein Proportionalglied darstellt, handelt es sich um eine statische Vorsteuerung durch die Hilfs-Stellgröße $u(t)$.

Eine solche Anordnung kann wieder gerätetechnisch motiviert sein, etwa wenn sie wegen des geringeren Reglerstellbereiches (y) zu einer Reduktion der Kosten führt.

Außerdem sind wieder mehr historisch begründete Gesichtspunkte zu nennen, wie Vereinfachung eines gesteuerten Handbetriebes bei Ausfall des Reglers, Verwendung eines Reglers mit reduzierter Verstärkung, bzw. Wegfall des Integralanteils usw.

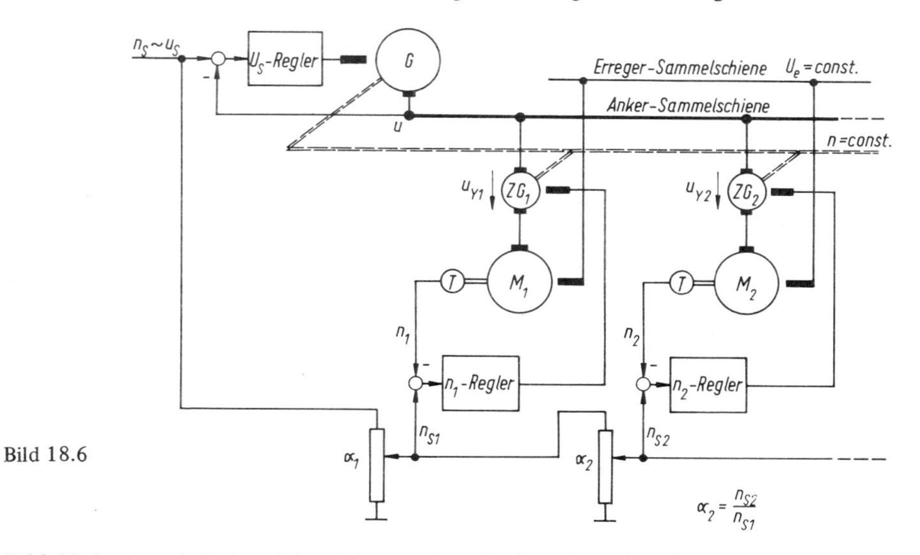

Bild 18.6

Bild 18.6 zeigt als Beispiel das Schema einer Drehzahlregelung bei einem Mehrmotorenantrieb, z.B. für eine Papiermaschine oder ein kontinuierliches Walzwerk. Die Vorsteuerung aller Motoren in den gewünschten Drehzahlbereich geschieht über die gemeinsame Ankerspannung u, die durch einen Spannungsregler belastungsunabhängig gehalten wird. Die individuelle Drehzahlregelung der einzelnen Motoren erfolgt mit Hilfe der Spannungen u_{y1}, u_{y2} von Zusatzgeneratoren ZG_1, ZG_2 usw., die einen Stellbereich von nur etwa $\pm 20\%$ überdecken und entsprechend kleinere Leistung aufweisen. Die gezeichnete Sollwert-Kette ist der Vorgabe von Drehzahlverhältnissen aufeinanderfolgender Antriebe besonders angepaßt; bei Änderung eines einzelnen Drehzahlsollwertes bleiben nämlich die Drehzahlrelationen der übrigen Antriebe unverändert.

Ein Wegfall der gemeinsamen Vorsteuerung über die Ankersammelschiene würde in diesem Beispiel bedeuten, daß jeder Regler den ganzen Stellbereich überdecken, d.h. jeder Motor einen eigenen Steuergenerator mit der vollen Motorleistung erhalten müßte. Bei sehr großen Leistungen wird allerdings auch dieses Verfahren angewendet.

Eine andere Variante besteht in einer Regelung der Motoren über ihre Erregerspannungen. Dem entspricht eine multiplikative Mischung von y und 1/u in Bild 18.5; als Folge nimmt die Kreisverstärkung mit der Drehzahl ab und der Reglerstellbereich engt sich bei tiefen Drehzahlen ein. Die Regelung kann dann nur noch bei kleinen Auslenkungen als linear betrachtet werden.

18.3.2. Dynamische Vorsteuerung

Bei einer dynamisch hochwertigen Folgeregelung, bei der nicht nur die Regelgröße, sondern auch deren 1. und möglicherweise 2. Ableitung einen vorgeschriebenen zeitlichen Verlauf haben soll, bietet die in Bild 18.7 gezeigte Kaskadenregelung mit Vorsteuerung Vorteile.

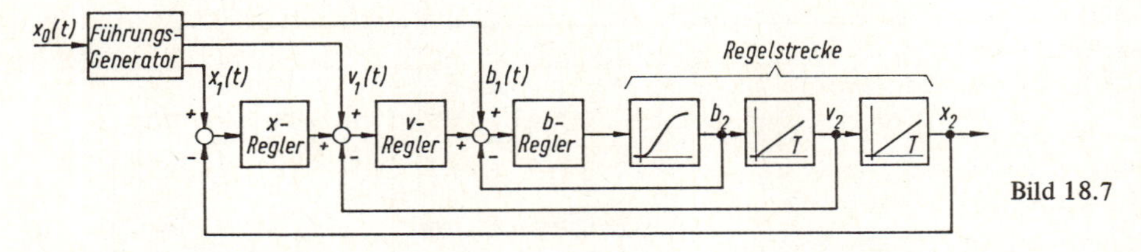

Bild 18.7

Im Fall einer mechanischen Regelstrecke kann x_2 eine Lage oder Winkelstellung, v_2 eine Geschwindigkeit und b_2 eine Beschleunigung sein. Neben dem Lagesollwert $x_1(t)$ werden auch die zugehörigen Ableitungen $v_1(t) = T\,x_1'(t)$ und $b_1(t) = T^2 x_1''(t)$ für Geschwindigkeit und Beschleunigung an den entsprechenden inneren Vergleichsstellen als Sollwerte eingespeist.

Diese Anordnung ist hinsichtlich dynamischer Genauigkeit einer Schaltung ohne Vorsteuerung überlegen, da dort die inneren Führungsgrößen erst als Folge dynamischer Regelabweichungen in den äußeren Kreisen entstehen. Z.B. kann sich ein Geschwindigkeitssollwert gemäß dem Prinzip der Kaskadenregelung erst bilden, wenn eine Lageabweichung vorhanden ist. Bei Vorsteuerung mit dem richtigen Geschwindigkeitssollwert ist dies nicht mehr nötig; der Lageregler beschränkt sich dann auf eine Überwachung des Geschwindigkeits-Regelkreises und dessen Korrektur durch einen kleinen Zusatzsollwert; analog ist es beim Beschleunigungsregelkreis. Voraussetzung ist dabei natürlich, daß nur ein solcher Führungsgrößenverlauf $x_1(t)$ vorgegeben wird, den die Regelung ohne Übersteuerung bewältigen kann.

Das verbesserte dynamische Verhalten des Regelkreises mit Vorsteuerung läßt sich auch anhand der Übertragungsfunktion $F_g = \frac{x_2}{x_1}(p)$ erkennen. Es treten dabei Zählerglieder auf, die bei entsprechender Abstimmung den stationären Geschwindigkeits- und Beschleunigungsfehler reduzieren.
Das Hauptproblem besteht nun in der Vorgabe der Führungsgrößen x_1, v_1, b_1 durch den in Bild 18.7 mit „Führungsgenerator" bezeichneten Funktionsblock; seine Wirkungsweise hängt stark vom Anwendungszweck ab.

Bei einer Fräsmaschine mit Bahnregelung oder einem Roboter können die Führungsgrößen, getrennt für alle Achsen der Maschine, in einem Digitalrechner erzeugt und digital gespeichert werden; die Vorgabe für die Regelung erfolgt dann, beliebig oft wiederholbar, durch gleichzeitiges Lesen des Speichers. Bei größerem Abstand der Stützpunkte kann die Zwischenschaltung eines sogenannten Interpolators notwendig sein, der die zwischen den Stützpunkten liegenden Vorgabewerte während des Betriebes der zu regelnden Maschine berechnet. In diesem Fall hat der „Führungsgenerator" die Form eines Interpolators, der mit den Stützpunktkoordinaten $x_0(t)$ gespeist wird und daraus die Führungsgrößen x_1, v_1, b_1 erzeugt. Bei den meisten dieser Verfahren liegen die Führungsgrößen zunächst in digitaler Form vor; falls die Regelkreise selbst mit kontinuierlichen Signalen („analog") arbeiten, muß an geeigneter Stelle eine Digital-Analog-Umwandlung erfolgen. Eine Ausnahme bildet die Lageregelung, die bei Werkzeugmaschinen wegen der Forderung nach erhöhter Genauigkeit immer digital ausgeführt ist.

Eine andere Gestalt hat der Führungsgenerator, wenn es sich darum handelt, einen beliebig, etwa von Hand vorgegebenen Verlauf der Lagefunktion $x_0(t)$ dynamisch so umzuformen, daß ein zulässiger Führungsgrößenverlauf entsteht, der vom Regelkreis ohne Übersteuerung ausgeführt werden kann. Es ist dabei notwendig, $x_0(t)$ zu verschleifen; im stationären Zustand muß jedoch Übereinstimmung zwischen $x_0(t)$ und $x_1(t)$ bestehen. Der Führungsgenerator hat in diesem Fall die Bedeutung eines dynamischen Modells der Regelstrecke, das auf beliebig, z.B. unstetig vorgegebene Anregung stets definiert und unter Wahrung der Stetigkeitsbedingungen für x_1, v_1 und möglicherweise b_1 reagiert.

Solche Verfahren sind von Interesse z.B. bei der Regelung von Aufzügen, großen Flugzeugen oder Gießereikränen, wo ein bestimmter „weicher", aber definierter Verlauf der Führungsgrößen notwendig ist, um unerwünschte oder gefährliche Situationen zu vermeiden, z.B. plötzliches ruckartiges Anfahren des Aufzuges oder zu schnelle Kursänderungen des Flugzeuges.

Bild 18.8 zeigt ein Beispiel eines solchen Führungsgenerators; er besteht aus einer einfachen Rechenschaltung mit den Übertragungsfunktionen

$$\frac{X_1}{X_0}(p) = \frac{1}{(Tp)^2 + 2\,D\,Tp + 1}, \quad \frac{V_1}{X_0}(p) = \frac{Tp}{(Tp)^2 + 2\,D\,Tp + 1}, \quad \frac{B_1}{X_0}(p) = \frac{(Tp)^2}{(Tp)^2 + 2\,D\,Tp + 1}$$

Im stationären Fall ist $x_0(t) = \text{const.} = x_1(t)$. Bei unstetiger Vorgabe von $x_0(t)$ ist $b_1(t)$ unstetig. Falls dies, wie im Fall eines Aufzuges, unerwünscht ist, besteht die Möglichkeit, $x_0(t)$ vor Eintritt in die Rechenschaltung einer weiteren Verzögerung zu unterwerfen.

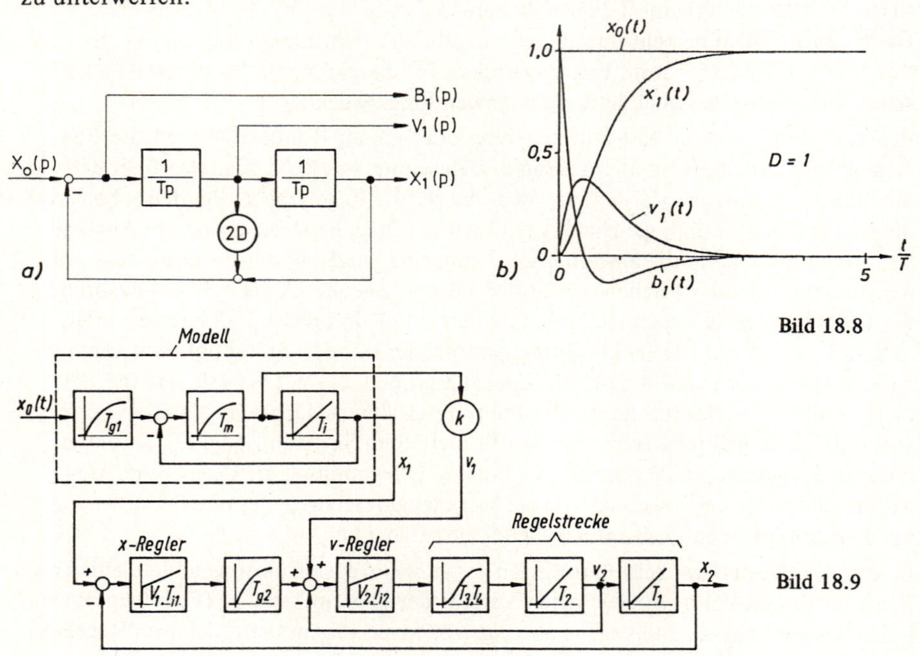

Bild 18.8

Bild 18.9

Die Größen $x_1(t)$, $v_1(t)$ und $b_1(t)$ gehen durch fortlaufende Integration auseinander hervor; sie werden dabei in gleicher Weise zeitlich verschliffen. Für die Bahnsteuerung einer Fräsmaschine ist ein derartiger Führungsgenerator wegen der Verfälschung der Bahnkurve allerdings nicht geeignet.

In Bild 18.9 ist ein anderes Beispiel eines solchen „dynamischen Modelles" gezeichnet, bei dem die Dämpfung im Bereich $D \lesssim 1$ verändert werden kann. Hier wird eine Kaskadenregelung für x_2 durch den Geschwindigkeitssollwert v_1 vorgesteuert. Die Verzögerungsglieder (T_{g1}, T_{g2}) entsprechen der in Abschnitt 13.3.2 erläuterten Sollwertverzögerung, um das Zählerpolynom des nach dem symmetrischen Optimum ausgelegten Regelkreises zu beseitigen. Die Ergebnisse sind in Bild 18.10 gezeigt. Bild 18.10a enthält zunächst die Sprungantwort des Regelkreises für $x_1 = s(t)$;

die Auslegung der Regelung erfolgt nach den in Abschnitt 17 dargelegten Grundsätzen. In Bild 18.10b ist der durch das Modell (D = 1) verformte Sollwert $x_1(t)$ bei einer sprungförmigen Vorgabe $x_0(t) = s(t)$ und die resultierende Antwort des Regelkreises $x_2(t)$ ohne Vorsteuerung der Geschwindigkeit (k = 0) dargestellt. Der dabei zu beobachtende dynamische Fehler $x_1(t) - x_2(t)$ läßt sich durch eine Vorsteuerung stark reduzieren. Dies ist in Bild 18.10c gezeigt, wo $x_1(t) - x_2(t)$ in vergrößertem Maßstab für verschiedene Werte von k aufgetragen ist. Für $k = T_1/T_i$ verhält sich das System bei beliebiger Vorgabe $x_0(t)$ weitgehend modellgerecht; dies gilt auch bei begrenzten Änderungen der Regelstreckenparameter, z. B. infolge veränderlicher Last.

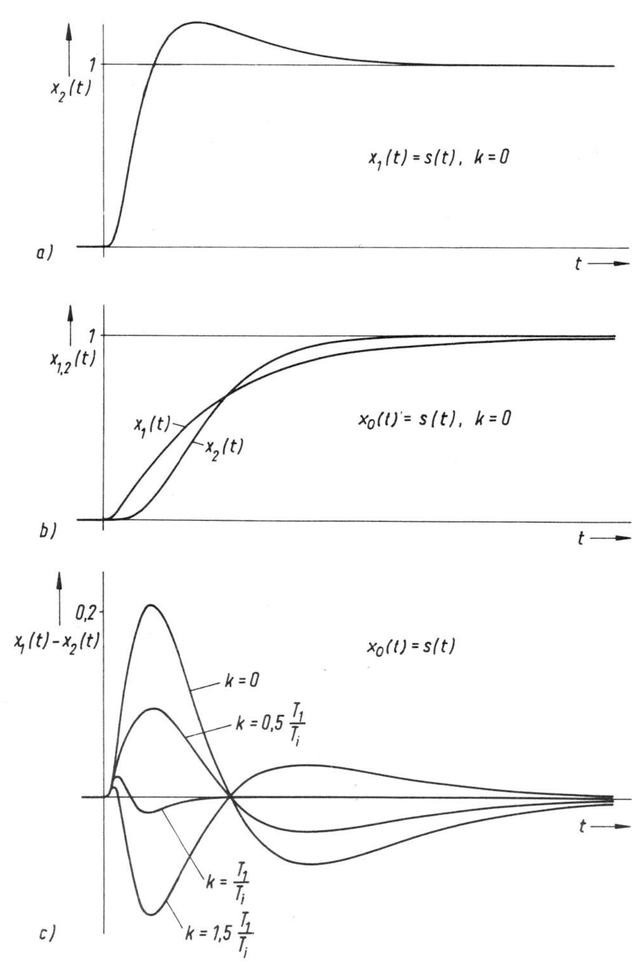

Bild 18.10

19. Mehrgrößen-Regelung

19.1. Aufgabenstellung

In Abschnitt 1.2.2 wurde bereits auf den praktisch häufig vorkommenden Fall hingewiesen, daß mehrere Regelkreise in unbeabsichtigter Weise über die Regelstrecke miteinander gekoppelt sind. Bild 19.1 zeigt den Fall einer Zweigrößen-Regelung, bei der die beiden Ausgangsgrößen x_1, x_2 einer Regelstrecke mit Hilfe von zwei Reglern und Stellgrößen auf die Sollwerte u_1, u_2 geregelt werden. Dabei beeinflußt jede der Stellgrößen beide Regelgrößen. Um von einem stationären Betriebspunkt $x_1(0), x_2(0)$ zu einem anderen stationären Betriebspunkt $x_1(1), x_2(1)$ zu gelangen, müssen im allgemeinen beide Stellgrößen verändert werden.

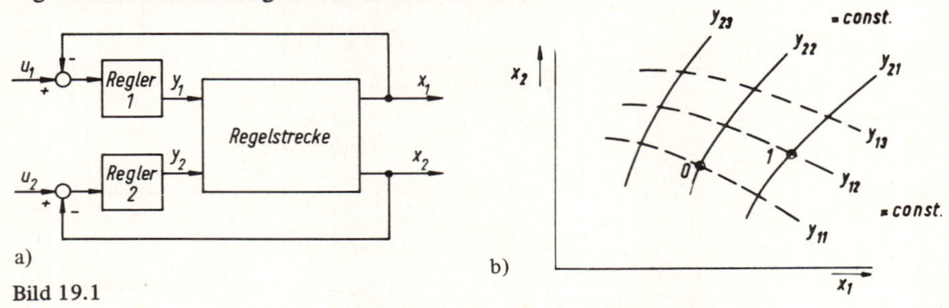

Bild 19.1

Kopplungen dieser Art kommen sehr häufig vor; sofern sie lose sind, kann es zulässig sein, Unabhängigkeit der Teilsysteme anzunehmen und die gegenseitige Beeinflussung als Wirkung zusätzlicher Störgrößen zu betrachten. Dies hängt auch stark vom dynamischen Verhalten und Nutzfrequenzbereich der beiden Regelkreise ab. Wesentliche Kopplungen können die Synthese der Regelkreise jedoch außerordentlich erschweren.

Die Zweigrößen-Regelung ist ein Sonderfall der allgemeinen n-Größen-Regelung, bei der n Regelkreise mit n Reglern und Stellgrößen miteinander gekoppelt sind.

An einigen Beispielen wird in Bild 19.2 die Aufgabenstellung deutlich gemacht.

a) Spannungs-Frequenz-Regelung eines Wasserkraft-Generators mit eigenem Netz (Inselbetrieb).
   Stellgrößen sind die Ventil- oder Schaufelstellung, d.h. der Durchfluß Q der Wasserturbine, und die Erregerspannung u_e des Generators. Für die Regelung wird die gezeichnete Stell-Regelgrößen-Zuordnung verwendet; daneben besteht eine (schwache) Kopplung infolge der drehzahlabhängigen Spannungserzeugung (Induktionsgesetz) und der spannungsabhängigen Belastung. Beide Regelungen können normalerweise als nicht gekoppelt betrachtet werden.

b) Regelung von Temperatur und Feuchte bei einer Klimaregelung.
   Die zu klimatisierende Luft wird zunächst auf eine sogenannte Befeuchtungs-

temperatur gebracht und dort mit Feuchtigkeit gesättigt (Taupunkt). Anschließend wird die Luft auf die gewünschte Temperatur erwärmt; dabei stellt sich eine durch Befeuchtungs- und Endtemperatur bestimmte relative Feuchte ein.

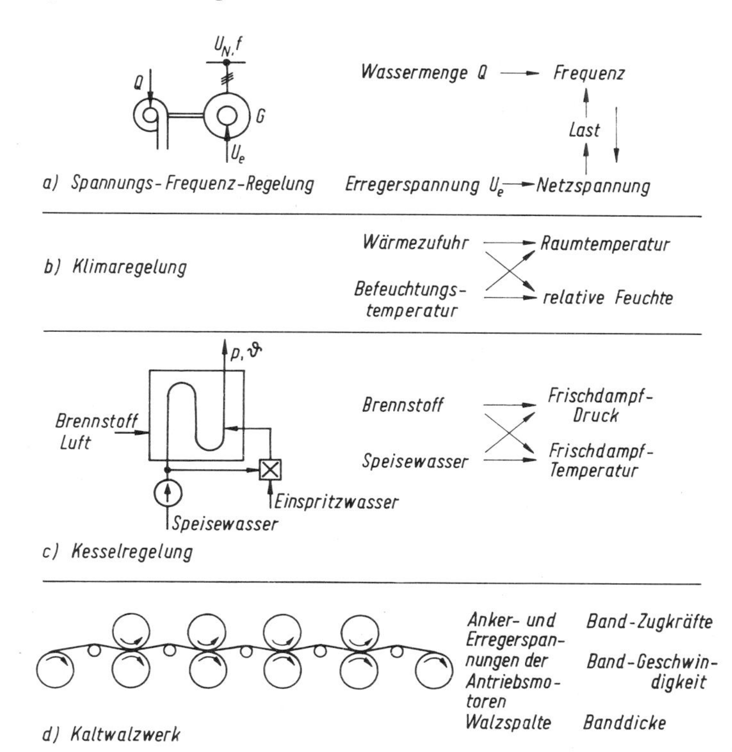

Bild 19.2

c) Druck-Temperatur-Regelung eines Kraftwerk-Dampferzeugers (Benson-Kessel). Die Haupt-Stellgrößen sind die Brennstoff-Luft-Zufuhr und die Speisewasser- bzw. Einspritzwassermenge. Die Regelstrecke enthält sehr starke Kopplungen, so daß beide Stell-Regelgrößen-Zuordnungen möglich sind. Besondere Schwierigkeiten entstehen durch die Laufzeiteffekte und die starke Lastabhängigkeit der Regelstrecken-Parameter.

d) Drehzahl-Zug-Dickenregelung bei einem mehrgerüstigen Kaltwalzwerk. Alle Stell- und Regelgrößen sind in komplizierter Weise miteinander gekoppelt.

Wenn eine größere Zahl von Stellgrößen vorhanden ist als Regelgrößen vorliegen, ist es möglich, über einzelne der Stellgrößen in betrieblich wünschenswerter Weise frei zu verfügen. Im Fall des Benson-Kessels wird z.B. ein bestimmtes Verhältnis der Luftmenge zur Brennstoffmenge oder des Einspritzwassers zur gesamten Speisewassermenge angestrebt.

Mehrgrößen-Regelstrecken sind häufig stark nichtlinear (Multiplikationsstellen etc.), so daß eine Linearisierung nur mit wesentlichen Einschränkungen möglich ist.

Es gibt einige analytische Methoden für den Entwurf linearer Mehrgrößensysteme, z. B. Polvorgabe oder Minimisierung einer quadratischen Zielfunktion, die jedoch großen mathematischen Aufwand erfordern. In dieser einführenden Darstellung werden nur die Grundlagen der linearen Mehrgrößenregelung am Beispiel der Zweigrößen-Regelung behandelt. Für ein genaueres Studium dieser Probleme wird auf weiterführende Vorlesungen und eine umfangreiche Spezialliteratur verwiesen, z. B. [38, 68].

19.2. Übertragungsfunktionen und Blockschaltbild einer linearen Zweigrößen-Regelung

Sofern die die Regelstrecke beschreibenden Differentialgleichungen linear sind oder in einem begrenzten Bereich linearisiert werden können, gelten folgende Zusammenhänge zwischen den Laplace-Transformierten der Stell- und Regelgrößen:

$$\begin{aligned} X_1(p) &= S_{11}(p)\,Y_1(p) + S_{12}(p)\,Y_2(p) \\ X_2(p) &= S_{21}(p)\,Y_1(p) + S_{22}(p)\,Y_2(p)\ . \end{aligned} \qquad (1)$$

Dabei sind $S_{11}(p)$, $S_{22}(p)$ die Haupt- und $S_{12}(p)$, $S_{21}(p)$ die Koppel-Übertragungsfunktionen der Regelstrecke. Man kann diesen Zusammenhang, einschließlich der beiden Regler, durch das in Bild 19.3 gezeichnete Blockschaltbild wiedergeben. Es beschreibt nur eine Ersatzstruktur der Regelstrecke und braucht keine Ähnlichkeit mit deren innerem Aufbau zu haben.

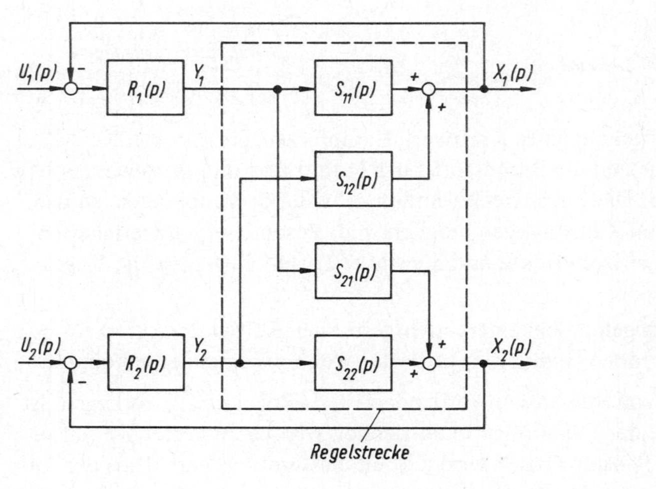

Bild 19.3

Bei einer linearen Regelstrecke mit n Regelgrößen und Stellgrößen erhält man anstelle von Gl. (1) ein System von n linearen Gleichungen, wobei im allgemeinen Fall jede Regelgröße von jeder Stellgröße abhängt. Die Stell- und Regelgrößen können dann zu Vektoren $\underline{Y}(p)$, $\underline{X}(p)$ zusammengefaßt werden, so daß Gl. (1) die Form einer Matrizengleichung

$$\underline{X}(p) = \underline{S}(p) \cdot \underline{Y}(p)$$

annimmt.

Dabei ist $\underline{S}(p)$ die quadratische Übertragungs-Matrix, deren Elemente $S_{ik}(p) = X_i/Y_k$ die Haupt- und Koppel-Übertragungsfunktionen sind.
In dem hier behandelten Fall mit $n = 2$ bietet die Matrizenschreibweise keinen Vorteil.

Die Stellgrößen Y_1, Y_2 hängen gemäß Bild 19.3 über die Regler-Übertragungsfunktionen $R_1(p)$, $R_2(p)$ mit den Regelabweichungen zusammen,

$$\begin{aligned} Y_1(p) &= R_1(p)\,(U_1(p) - X_1(p)) \\ Y_2(p) &= R_2(p)\,(U_2(p) - X_2(p)) \; . \end{aligned} \tag{2}$$

Durch Elimination von Y_1, Y_2 folgen aus Gln. (1), (2) die Gleichungen des geschlossenen Systems,

$$\begin{aligned} X_1(p) &= F_{g11}(p)\,U_1(p) + F_{g12}(p)\,U_2(p) \\ X_2(p) &= F_{g21}(p)\,U_1(p) + F_{g22}(p)\,U_2(p) \; . \end{aligned} \tag{3}$$

Die Haupt- und Koppel-Übertragungsfunktionen des geschlossenen Systems sind

$$F_{g11} = 1 - \frac{1 + R_2 S_{22}}{(1 + R_1 S_{11})(1 + R_2 S_{22}) - R_1 R_2 S_{12} S_{21}}$$

$$F_{g12} = \frac{R_2 S_{12}}{(1 + R_1 S_{11})(1 + R_2 S_{22}) - R_1 R_2 S_{12} S_{21}} \; .$$

F_{g22} und F_{g21} folgen durch Vertauschung der Indizes. Zunächst werden einige Sonderfälle diskutiert:

$S_{12} = S_{21} = 0$ führt auf zwei ungekoppelte Systeme mit

$$F_{g11} = \frac{R_1 S_{11}}{1 + R_1 S_{11}} \, , \quad F_{g22} = \frac{R_2 S_{22}}{1 + R_2 S_{22}} \, , \quad F_{g12} = F_{g21} = 0 \; .$$

$S_{12} = 0$ entspricht einem einseitig gekoppelten System mit

$$F_{g11} = \frac{R_1 S_{11}}{1 + R_1 S_{11}} \, , \quad F_{g12} = 0$$

$$F_{g21} = \frac{R_1 S_{21}}{(1 + R_1 S_{11})(1 + R_2 S_{22})} \, , \qquad F_{g22} = \frac{R_2 S_{22}}{1 + R_2 S_{22}} \; .$$

Daraus folgt, daß das einseitig gekoppelte System stabil ist, wenn beide Regelkreise für sich stabil sind. Ein einseitig gekoppeltes System liegt z.B. vor, wenn ein auf konstante Leistung geregelter Verbraucher von einem leistungsmäßig viel größeren Generator gespeist wird. Die Spannungsregelung des Generators wirkt zwar störend auf die Leistungsregelung des Verbrauchers, dagegen ist der umgekehrte Einfluß unbedeutend.

Mit der Annahme einer in allen Zweigen proportional wirkenden Strecke und integrierender Regler folgt für den allgemeinen Fall beidseitiger Kopplung

$$F_{g11}(0) = 1, \quad F_{g12}(0) = 0,$$

$$F_{g21}(0) = 0, \quad F_{g22}(0) = 1.$$

Sofern das System stabil ist, wird es also durch integrierende Regler im stationären Zustand entkoppelt, d.h. es gilt

$$x_1(\infty) = u_1(\infty), \quad x_2(\infty) = u_2(\infty).$$

Stabilität und Dämpfung werden durch die Pole der Übertragungsfunktionen F_g, d.h. durch die Nullstellen der Nennerfunktion

$$1 + F_k' = 1 + R_1 S_{11} + R_2 S_{22} + R_1 R_2 (S_{11} S_{22} - S_{12} S_{21})$$

bestimmt. F_k' tritt an die Stelle der Kreis-Übertragungsfunktion F_k bei einem Einzel-Regelkreis. F_k' enthält neben sämtlichen Übertragungsfunktionen der Strecke auch die beiden unbekannten Reglerfunktionen; der Aufbau von F_k', teils multiplikativ, teils additiv, schließt eine einfache Anwendung sowohl des Bode-Diagramms als auch des Nyquist-Diagramms aus. Die Vermaschung wird besonders deutlich, wenn man Bild 19.3 durch Umzeichnen auf die Form eines Einzelregelkreises (Bild 19.4) bringt. Für $U_2 = 0$ hat die wirksame Regelstrecke die Übertragungsfunktion

$$S_{11}' = \frac{X_1}{Y_1}(p) = S_{11}\left(1 - \frac{S_{12} S_{21}}{S_{11} S_{22}} \; \frac{R_2 S_{22}}{1 + R_2 S_{22}}\right).$$

Ein entsprechender Ausdruck gilt nach Vertauschung der Indizes für die andere Regelstrecke. Die im Regelkreis für x_1 wirksame Regelstrecke S_{11}' hängt also von der unbekannten Reglerfunktion $R_2(p)$ des anderen Kreises ab. Die additive Kombination

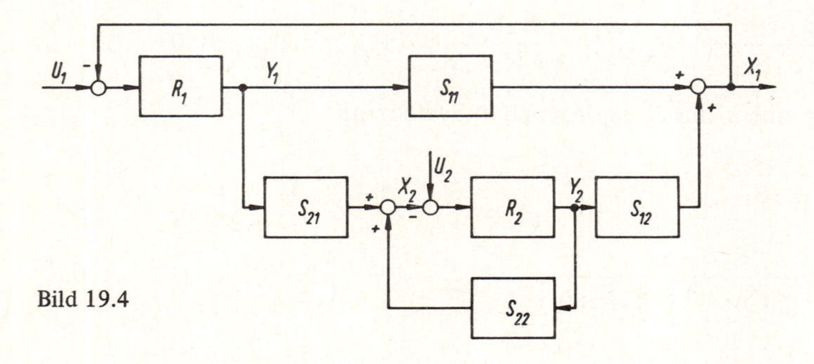

Bild 19.4

hat zur Folge, daß reelle und komplexe Nullstellen häufig mit positiven Realteilen auftreten, d.h., daß S'_{11}, S'_{22} Allpaßeigenschaften haben können.

Eine gewisse Entflechtung tritt ein, wenn die beiden Haupt-Regelstrecken einen stark unterschiedlichen Nutzfrequenzbereich haben. Die Kopplung mit dem „niederfrequenten" Regelkreis (z.B. $R_1 S_{11}$) wirkt sich dann für den „hochfrequenten" Kreis wie eine langsam veränderliche Störung aus, die die Stabilität nicht beeinträchtigen kann. Umgekehrt sind die schnellen Vorgänge des hochfrequenten Kreises nicht in der Lage, den langsamen Teilregelkreis zu stören.

In der Praxis verwendet man für den Entwurf von Mehrgrößenregelungen häufig Probierverfahren; man nimmt beispielsweise zunächst ein entkoppeltes System an und bestimmt die Reglerfunktionen; anschließend wird überprüft, ob sich die Kopplung störend auswirkt. Falls dies der Fall ist, werden Verbesserungen vorgenommen, usw. Es gibt zwar exakte Auslegungsverfahren für Mehrgrößensysteme [10, 38], doch erfordern sie den Einsatz von Rechnern.

Im folgenden wird ein Entkopplungsverfahren beschrieben, das es gestattet, eine lineare Mehrgrößenregelung nach Art einer Einzelregelung zu behandeln. Dabei können allerdings Schwierigkeiten bei der Verwirklichung entstehen.

19.3. Entkoppelte Zweigrößen-Regelung

19.3.1. Entkopplung

Der Gedanke besteht darin, die unbeabsichtigten Kopplungen in der Regelstrecke durch eine gezielte Kopplung der Stellgrößen aufzuheben [69]. Die zusätzlichen Kopplungsglieder können dabei in verschiedener Weise eingefügt werden; besonders einfache Verhältnisse ergeben sich bei der in Bild 19.5 gezeigten Anordnung der beiden Kopplungsglieder $K_{12}(p)$ und $K_{21}(p)$. Y_{10}, Y_{20} sind die Ausgangsgrößen der Regler, Y_1, Y_2 die Stellgrößen am Eingang der Regelstrecke. Aufgrund des Blockschaltbildes gilt

$$Y_1(p) = \frac{Y_{10} + K_{12} Y_{20}}{1 - K_{12} K_{21}} , \qquad Y_2(p) = \frac{K_{21} Y_{10} + Y_{20}}{1 - K_{12} K_{21}} . \tag{4}$$

Mit Gl. (1) folgt

$$X_1(p) = \frac{1}{1 - K_{12} K_{21}} \left[(S_{11} + S_{12} K_{21}) Y_{10} + (S_{12} + S_{11} K_{12}) Y_{20} \right] ,$$

$$X_2(p) = \frac{1}{1 - K_{12} K_{21}} \left[(S_{21} + S_{22} K_{21}) Y_{10} + (S_{22} + S_{21} K_{12}) Y_{20} \right] .$$

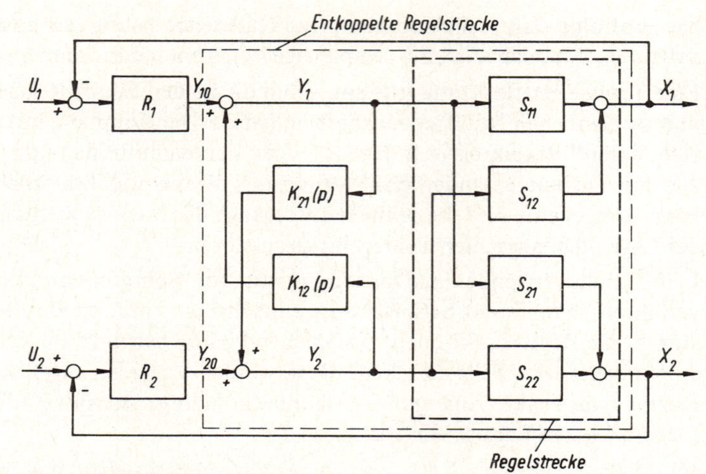

Bild 19.5

Die Bedingungen für eine Entkopplung lauten also

$$S_{12} + S_{11} K_{12} = 0 \quad \text{und} \quad S_{21} + S_{22} K_{21} = 0$$

oder

$$K_{12} = -\frac{S_{12}}{S_{11}}, \quad K_{21} = -\frac{S_{21}}{S_{22}} \quad . \tag{5}$$

Aus Stabilitätsgründen dürfen S_{11} und S_{22} keinen Allpaßanteil enthalten.

Damit gilt folgender Zusammenhang zwischen den Ausgangsgrößen der Regler und den Regelgrößen:

$$X_1(p) = \frac{S_{11} + S_{12} K_{21}}{1 - K_{12} K_{21}} Y_{10} = S_{11}(p) Y_{10}(p),$$

$$X_2(p) = \frac{S_{22} + S_{21} K_{12}}{1 - K_{12} K_{21}} Y_{20} = S_{22}(p) Y_{20}(p) \quad . \tag{6}$$

Man kann also das zwischen Y_{10}, Y_{20} und X_1, X_2 liegende System als eine erweiterte, nicht gekoppelte Regelstrecke ansehen. Die Zweigrößen-Regelung zerfällt damit in zwei Einzelregelkreise, die nach den bekannten Verfahren für sich dimensioniert werden können. Bild 19.6 zeigt das zugehörige Ersatzschaltbild.

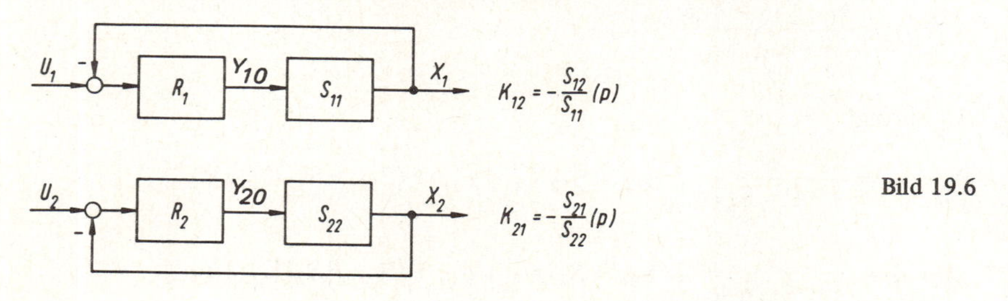

Bild 19.6

Die Entkopplung mittels $K_{12}(p)$, $K_{21}(p)$ hat zur Folge, daß Störgrößen, die außerhalb der erweiterten Regelstrecke angreifen, sich nur auf die betroffene Regelgröße auswirken. Dazu gehören insbesondere auch Änderungen der Führungsgrößen $u_1(t)$, $u_2(t)$. Bei Störungen innerhalb der erweiterten Regelstrecke hängt es von der wirklichen Struktur der Regelstrecke ab, ob beide Regelgrößen vorübergehend beeinflußt werden oder nicht. Selbst wenn aber eine vorübergehende Auslenkung der nicht unmittelbar betroffenen Regelgröße stattfinden sollte, wird sie schnell in einem gut gedämpften Einschwingvorgang ausgeregelt, da Stabilität und Dämpfung eines linearen Systems ja vom System selbst (der homogenen Differentialgleichung) abhängen und nicht vom Ort oder der Art der Anregung. Das System selbst ist aber durch die Entkopplungsglieder in zwei getrennte Teilsysteme zerlegt, bei denen gute Dämpfung vorausgesetzt werden kann.

Bei der Verwirklichung der Entkopplungsglieder $K_{12}(p), K_{21}(p)$ gemäß Gl. (5) können Schwierigkeiten auftreten, wenn die Hauptübertragungsstrecken S_{11}, S_{22} größere Verzögerungen enthalten als die Kopplungsstrecken S_{12}, S_{21}. Möglicherweise lassen sich durch Einbau weiterer dynamischer Elemente vor die Stellgrößen-Eingänge oder in die Meßglieder der Regelstrecke (das Innere der in Bild 19.3 gestrichelt umrahmten Regelstrecke ist nicht zugänglich) erleichterte Realisierungsbedingungen schaffen. Falls dieser Weg nicht gangbar ist, sind Näherungen für K_{12}, K_{21} möglich; die Auswirkungen solcher Maßnahmen auf das dann nicht vollständig entkoppelte System sind jedoch stets genauer zu überprüfen.

19.3.2. Beispiel einer Durchfluß- und Mischungsregelung

In Bild 19.7 ist ein Mischrohr skizziert, in dem zwei Flüssigkeits-Ströme Q_1, Q_2 mit unterschiedlichen Kennzeichen, etwa den Temperaturen ϑ_1 und ϑ_2, zu einem Gemisch mit der Temperatur ϑ vereinigt werden. Die Aufgabe besteht darin, durch eine Regelung eine bestimmte Gemisch-Temperatur ϑ $(\vartheta_1 < \vartheta < \vartheta_2)$ bei einem bestimmten Gesamtdurchsatz $Q = Q_1 + Q_2$ zu erreichen. Es handelt sich also

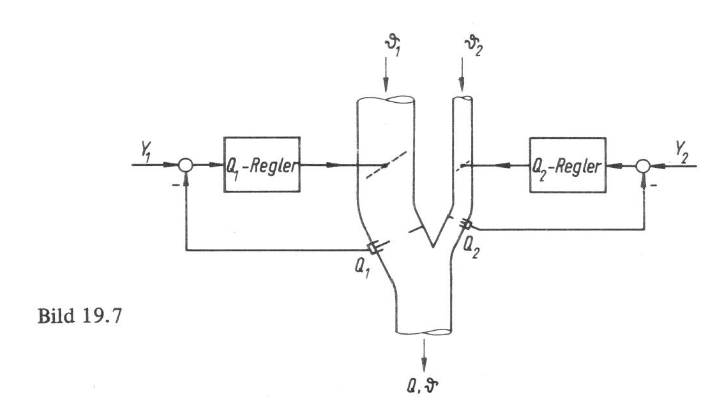

Bild 19.7

um ein Zweigrößen-Regelproblem mit den Regelgrößen ϑ und Q. Die Flüssigkeitsströme Q_1, Q_2 werden über individuelle Durchflußregelkreise geregelt, deren Führungsgrößen Q_{1s}, Q_{2s} die Stellgrößen der Mischungsregelung darstellen.
Um das Blockschaltbild zeichnen zu können, werden zunächst die stationären Kopplungen in der Regelstrecke berechnet.
Der Gesamtdurchfluß ist $Q = Q_1 + Q_2$. Durch Normierung auf die stationären Werte $Q_0 = Q_{10} + Q_{20}$ folgt für kleine Abweichungen vom stationären Zustand die Beziehung

$$x_1 \equiv \frac{\Delta Q}{Q_0} = \underbrace{\frac{Q_{10}}{Q_0}}_{V_1} \frac{\Delta Q_1}{Q_{10}} + \underbrace{\frac{Q_{20}}{Q_0}}_{V_2} \frac{\Delta Q_2}{Q_{20}} = V_1 q_1 + V_2 q_2 , \quad V_1 + V_2 = 1 .$$

Dabei sind q_1 und q_2 die von den beiden Durchflußreglern überwachten normierten Flüssigkeitsströme. Für die Gemischtemperatur folgt aus der Wärmebilanz

$$(Q_1 + Q_2)\,\vartheta = Q_1 \vartheta_1 + Q_2 \vartheta_2$$

die stationäre Gemischtemperatur

$$\vartheta_0 = V_1 \vartheta_1 + V_2 \vartheta_2 .$$

Die Temperaturen ϑ_1, ϑ_2 der beiden Komponenten werden als konstant betrachtet. Nimmt man wieder Abweichungen $\Delta Q_1, \Delta Q_2$ von den stationären Durchflüssen Q_{10}, Q_{20} an, so folgt mit

$$\Delta\vartheta = \frac{\partial\vartheta}{\partial Q_1} \Delta Q_1 + \frac{\partial\vartheta}{\partial Q_2} \Delta Q_2$$

nach einer Zwischenrechnung

$$\Delta\vartheta = \vartheta - \vartheta_0 = \frac{Q_{10} Q_{20}}{Q_0^2} (\vartheta_2 - \vartheta_1) \left(\frac{\Delta Q_2}{Q_{20}} - \frac{\Delta Q_1}{Q_{10}} \right)$$

oder mit der Abkürzung

$$\vartheta_m = \frac{Q_{10} Q_{20}}{Q_0^2} (\vartheta_2 - \vartheta_1) = V_1 V_2 (\vartheta_2 - \vartheta_1),$$

$$x_2 \equiv \frac{\Delta\vartheta}{\vartheta_m} = q_2 - q_1 .$$

Aufgrund dieses Ergebnisses läßt sich die in Blockschaltbild 19.8 enthaltene Regelstrecke zeichnen.
Dabei werden die beiden Durchflußregelkreise angenähert als verzögerte Proportionalglieder mit der Verstärkung Eins und der Ersatzzeitkonstante T_s dargestellt. Die Meßeinrichtungen für die Gemischtemperatur ϑ und den Gesamtdurchfluß Q werden durch die Übertragungsfunktionen $F_{m\vartheta}, F_{mQ}$ beschrieben; sie sind ebenfalls als Verzögerungsglieder angenommen. (Die Meßgröße für Q kann auch ohne zusätzliches Meßglied als Summe der beiden Meßgrößen Q_1, Q_2 gebildet werden.)

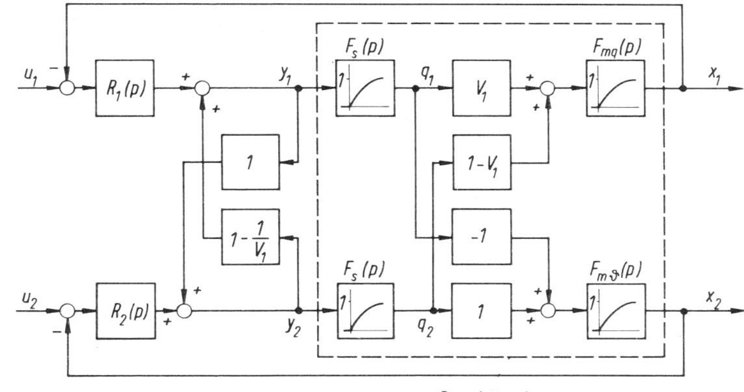

Bild 19.8

Bei der Zuordnung Stellgröße – Regelgröße erweist es sich als zweckmäßig, mit dem größeren Flüssigkeitsstrom ($V_1 > 0{,}5$) den Gesamtdurchfluß und mit dem kleineren Strom ($V_2 < 0{,}5$) die Temperatur zu regeln. Dies hat zur Folge, daß die Kopplungen zwischen den Kreisen reduziert werden. Aufgrund des Blockschaltbildes 19.8 gelten die Übertragungsfunktionen

$$S_{11}(p) = V_1 F_s F_{mq} , \qquad S_{12}(p) = (1 - V_1) F_s F_{mq} ,$$

$$S_{21}(p) = - F_s F_{m\vartheta} , \qquad S_{22}(p) = F_s F_{m\vartheta} .$$

Aufgrund der weitgehenden Symmetrie werden die Entkopplungsglieder einfache Proportionalglieder

$$K_{12}(p) = -\frac{S_{12}}{S_{11}} = -\frac{1 - V_1}{V_1} ,$$

$$K_{21}(p) = -\frac{S_{21}}{S_{22}} = 1 .$$

Die entkoppelten Regelstrecken erhalten somit die Form

$$\frac{X_1}{Y_{10}} = S_{11} = V_1 F_s F_{mq} ,$$

$$\frac{X_2}{Y_{20}} = S_{22} = F_s F_{m\vartheta} .$$

Sie bilden zusammen mit den zugehörigen Reglern zwei unabhängige Regelkreise, die in gewohnter Weise bemessen werden.

Die Entkopplung hat zur Folge, daß die beiden Stellventile bei einer Änderung des Durchfluß-Sollwertes gleichsinnig und bei einer Änderung des Temperatur-Sollwertes gegensinnig verstellt werden.
Im vorliegenden Fall ließe sich eine Entkopplung auch durch eine mechanische Kopplung der beiden Stellantriebe über ein Differential oder durch Verwendung eines Misch- und eines Drosselventils herbeiführen.

Teil II Nichtlineare Regelvorgänge

20. Stellglied mit zweiwertiger unstetiger Kennlinie

20.1 Verwendung eines Schaltelementes als Stellglied

Bei der Beurteilung der vor allem als Leistungsverstärker dienenden Stellglieder zeigt sich, daß es zwei verschiedene Grundtypen gibt, solche

- mit steuerbarer Quelle, z.B. Pumpen mit variablem Druck oder elektrische Quellen mit steuerbarer Spannung und solche
- mit steuerbarer Drossel, etwa Ventile mit veränderlichem Querschnitt oder steuerbare elektrische Vorwiderstände.

Die erste Gruppe läßt sich mit geringen Leistungsverlusten ausführen, sie erfordert aber einen gewissen technischen und kostenmäßigen Aufwand; bei der zweiten Gruppe ist es gerade umgekehrt. Bei der Suche nach einem kostengünstigen Leistungsverstärker, der gleichzeitig geringe Leistungsverluste aufweist, bietet sich als einfachste Lösung ein schaltendes Stellglied an, etwa ein elektromagnetisch betätigtes Relais, wie es in Bild 20.1a angedeutet ist. Abhängig von der Steuerspannung u_1 ist der Kontakt K geöffnet oder geschlossen, u_2 hat also den Wert Null oder U_0. Man kann mit Hilfe des Relais somit die Leistung

$P_0 = \frac{U_0^2}{R_2}$ schalten, d.h. unstetig steuern,ohne daß prinzipielle Leistungsverluste entstehen.

In Bild 1.1b ist die Steuerkennlinie eines Relais dargestellt. Die Ansprech- bzw. Abfallgrenzen u_{12}, u_{11} sind wegen der von der Ankerstellung abhängigen magnetischen Zugkraft, sowie der mechanischen Reibung und Lose unterschiedlich; dadurch entsteht die gezeichnete, im Bereich $u_{11} < u_1 < u_{12}$ zweideutige Funktion, eine sogenannte Hystereseschleife.

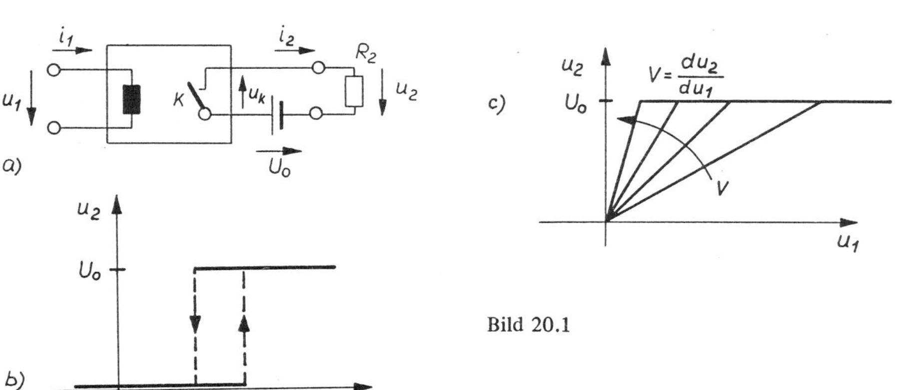

Bild 20.1

Die stationären Leistungsverluste des Relais sind klein gegenüber P_0. Die der Steuerspannungsquelle entnommene Steuerleistung $p_1 = u_1 i_1$ bestimmt zusammen mit P_0 die Leistungsverstärkung des elektromechanischen Verstärkers, die in der Größenordnung 10^3 liegt. Die Verlustleistung im Kontakt, $p_k = u_k i_2$, stammt dagegen aus der Hilfsenergiequelle (U_0) und geht lediglich in den Wirkungsgrad ein; sie ist im stationären Zustand meistens vernachlässigbar, da entweder u_k oder i_2 Null wird. Die dynamischen Vorgänge sind etwas schwieriger zu überschauen, da zusätzliche elektrische Schaltverluste im Lichtbogen auftreten. Um bei induktiven Verbrauchern Schaltüberspannungen zu vermeiden, ist eine Funkenlöschung, etwa mit einer RC-Schaltung oder einer Diode, notwendig; der von der Schalthäufigkeit und der Belastung abhängige Kontaktverschleiß ist zu beachten.

Der gerätetechnische Aufwand ist insgesamt außerordentlich gering, wenn man das Schaltglied mit einem „linearen" Stellglied, etwa einem Gleichstromgenerator, vergleicht.

Stellt man die in Bild 20.1b gezeichnete Schaltkennlinie der Kennlinie eines linearen Stellgliedes (Bild 20.1c) gegenüber, so ist ersichtlich, daß der gewohnte Verstärkungsbegriff (Abs. 2.2) nicht mehr anwendbar ist. Die differentielle Verstärkung $V = \frac{du_2}{du_1}$ ist abschnittsweise Null oder Unendlich und hängt wegen der Zweideutigkeit der Kennlinie außerdem vom vergangenen Verlauf $u_1(t)$ ab.

Die Erkenntnisse der linearen Regelungstheorie sind deshalb nicht mehr ohne weiteres gültig. Die theoretische Behandlung wird dadurch wesentlich erschwert, denn für nichtlineare Systeme besteht keine der linearen vergleichbare geschlossene Theorie; jeder Fall muß mehr oder weniger isoliert betrachtet werden. Die praktischen Vorteile nichtstetiger Stellglieder sind jedoch so überzeugend, daß man die theoretischen Schwierigkeiten in Kauf nimmt.

Die für das Beispiel eines elektromechanischen Schaltgliedes genannten Gesichtspunkte gelten in ähnlicher Weise auch für andere Formen von Schaltgliedern. Bild 20.2 zeigt z.B. das Kennlinienfeld $i_c\ (u_{ce})$ eines Transistors für verschiedene Werte des Steuerstromes i_b. Bei einem linearen Verstärker arbeitet der Transistor vorwiegend im Inneren des Kennlinienfeldes; die dabei auftretende Verlustleistung begrenzt die Ausgangsleistung auf Werte im Bereich von 100 W, der Wirkungsgrad ist sehr gering. Betreibt man dagegen den Transistor im stationären Zustand ausschließlich an den Aussteuergrenzen A, B, so arbeitet er ähnlich wie ein Schalter und kann bei gleicher mittlerer Verlustleistung viele Kilowatt steuern. Wegen der Überlastempfindlichkeit des Transistors sind die dynamischen Vorgänge dabei allerdings besonders sorgfältig zu beachten.

Durch Verwendung von Thyristoren anstelle der Schalttransistoren läßt sich die Ausgangsleistung bis in den MW-Bereich steigern, so daß auch große Motoren, Induktionsöfen usw. gesteuert werden können [40, 41].

Das Schaltprinzip ist auch auf die Mechanik und Hydraulik übertragbar, wo mit Schaltkupplungen, Schaltgetrieben und Schaltventilen ähnliche Vorteile gegenüber stetigen Stellgliedern zu erzielen sind.

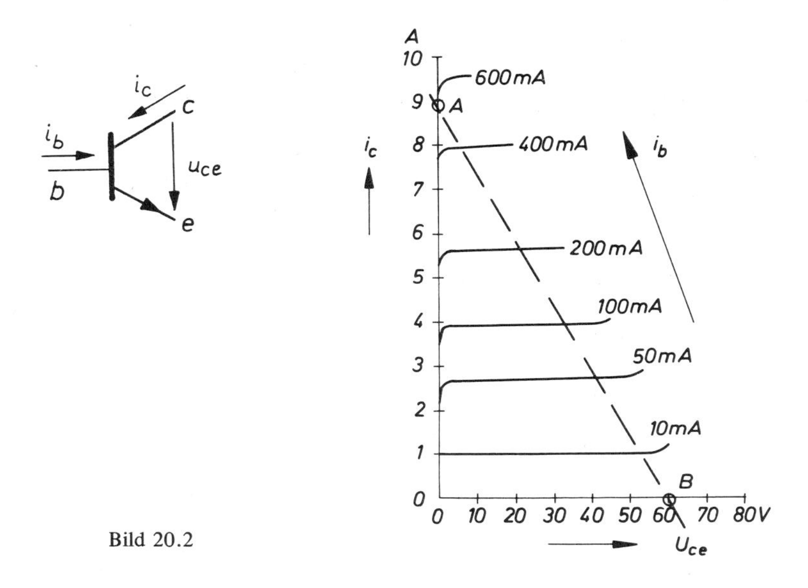

Bild 20.2

Ein besonderer Vorzug von schaltenden Stellgliedern liegt darin, daß sie mit Meßfühlern zu äußerst einfachen Reglern vereinigt werden können. Beispiele hierfür sind ein Bimetall-Kontakt als Temperaturregler oder ein Meßgerät mit Grenzkontakt. Solche an Einfachheit kaum überbietbaren Anordnungen sind in einer Vielfalt konstruktiver Lösungen weit verbreitet.

Die verschiedenen Gesichtspunkte zeigen, daß es trotz der erschwerten Theorie notwendig und lohnend ist, sich mit der Wirkungsweise nichtstetiger Regler und Stellglieder auseinanderzusetzen.

20.2. Linearisierung eines Schaltgliedes durch periodische Betätigung

Will man ein Stellglied mit unstetiger Kennlinie linearisieren, so liegt der Gedanke nahe, die Kennlinie mit einer der Eingangsgröße überlagerten Schwingung periodisch zu durchlaufen um wenigstens den Mittelwert der Ausgangsgröße,

$$\bar{u}_2 = U_2 = \frac{1}{T} \int_t^{t+T} u_2(\tau)\, d\tau,$$

stetig zu verändern.

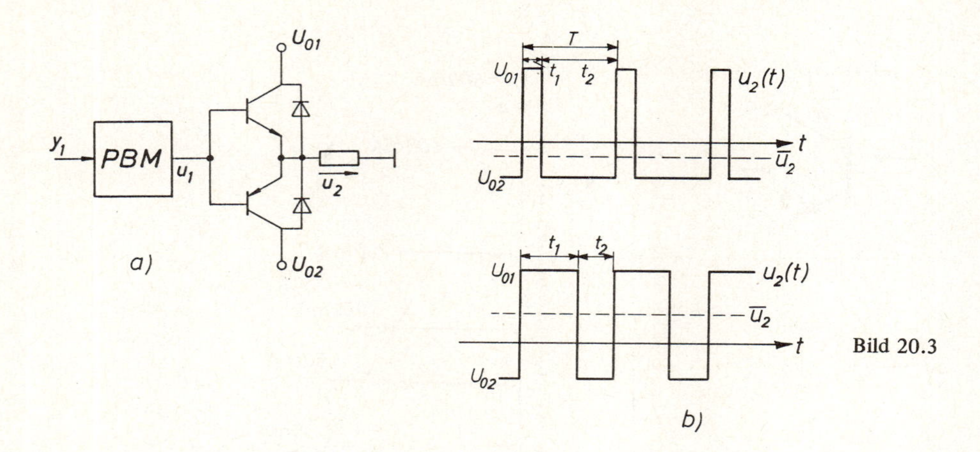

Bild 20.3

Bild 20.3a zeigt dies anhand eines Beispiels; der Transistorschalter wird dabei mit der Frequenz $f = \frac{1}{T}$ in einem bestimmten Tastverhältnis zwischen zwei Gleichspannungen U_{01}, U_{02} umgeschaltet; dadurch entsteht am Verbraucher der im Bild 20.3b dargestellte Spannungsverlauf. Der Schalter ist dabei als ideal angenommen; die Umschaltzeit und die praktisch stets vorhandenen Einschwingvorgänge sind also vernachlässigt.

Der Mittelwert der Ausgangsspannung wird mit $t_1 + t_2 = T$

$$\overline{U}_2 = \frac{t_1}{T} U_{01} + \frac{t_2}{T} U_{02} = U_{02} + \frac{t_1}{T} (U_{01} - U_{02});$$

er ist also eine lineare Funktion des Schaltverhältnisses und liegt für $0 \leqslant \frac{t_1}{T} \leqslant 1$ im Bereich $U_{02} \leqslant \overline{U}_2 \leqslant U_{01}$. Für $U_{02} < 0 < U_{01}$ entsteht die in Bild 20.4 gezeichnete Kennlinie $\overline{U}_2\left(\frac{t_1}{T}\right)$; sie liegt für $U_{02} = -U_{01}$ symmetrisch zur $\frac{t_1}{T}$ - Achse.

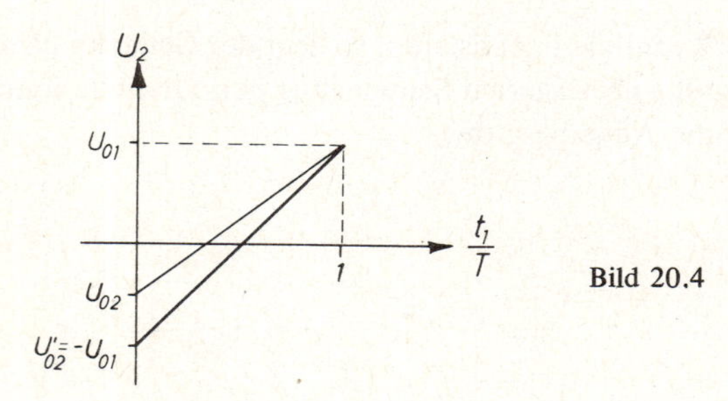

Bild 20.4

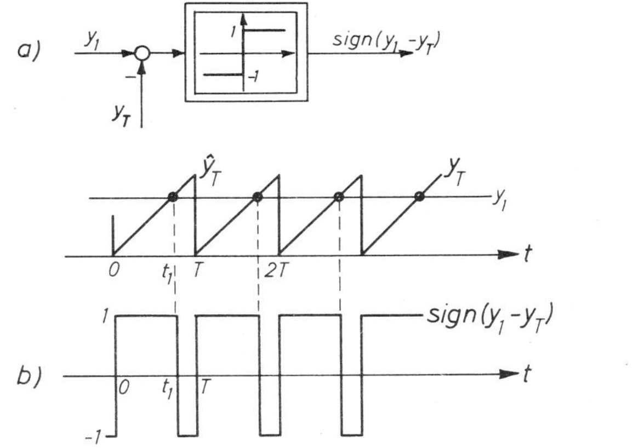

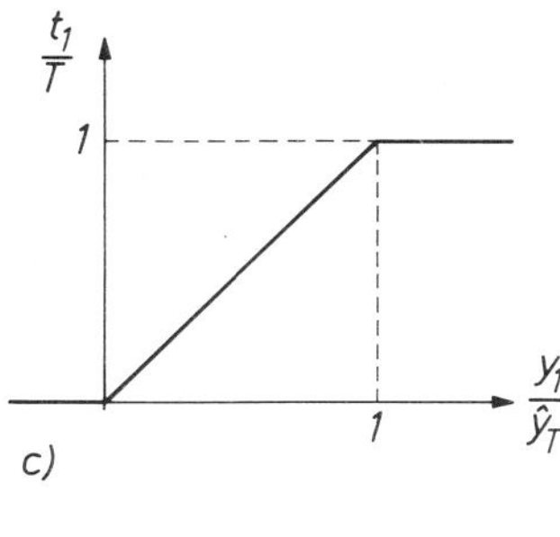

Bild 20.5

Die Umwandlung eines kontinuierlichen Steuersignals $y_1(t)$ in die bezogene Einschaltdauer $\frac{t_1}{T}$ erfolgt in einem besonderen Taktgeber oder Pulsbreiten-Modulator (PBM). Hierfür gibt es viele verschiedene Ausführungsformen; ein Beispiel ist in Bild 20.5 angedeutet. Dabei wird ein periodisches Sägezahn-Signal $y_T(t)$ mit dem auf den Bereich $0 \leqslant y_1 \leqslant \hat{y}_T$ begrenzten Steuersignal $y_1(t)$ verglichen; durch die Schnittpunkte, $y_1 = y_T$, ist die Schaltzeit t_1 definiert. Eine zusätzliche Vorrichtung sorgt dafür, daß je Periode T nur ein einziges Schaltspiel möglich ist. Das Ausgangssignal des Pulsbreiten-Modulators, sign $(y_1 - y_T)$, steuert den Kontakt bzw. sein elektrisches oder mechanisches Äquivalent. Bei dem beschriebenen Modulator ist die Taktfrequenz konstant, während sie sich bei anderen Steuerverfahren mit y_1 ändern kann.

Der in Bild 20.5a enthaltene Block mit dem nichtlinearen Funktionssymbol sign$(y_1 - y_T)$ ist doppelt umrandet, um ihn von einem linearen Funktionsblock zu unterscheiden, bei dem üblicherweise die Sprungantwort eingetragen ist.

Die Kennlinie $\frac{t_1}{T}(y_1)$ des in Bild 20.5 skizzierten Modulators ist linear, doch kann sie bei einer anderen Ausführung auch gekrümmt sein; durch lokale Linearisierung läßt sich dieser Fall wieder auf den linearen zurückführen (Abs. 2.2).

Das von dem schaltenden Stellglied erzeugte periodische Ausgangssignal $u_2 \sim y_2$ (Bild 20.3b) enthält neben der steuerbaren Gleichkomponente (Mittelwert) $\bar{u}_2\left(\frac{t_1}{T}\right)$ starke, von $\frac{t_1}{T}$ abhängige Wechselkomponenten mit der Grundfrequenz $f = \frac{1}{T}$.

Um diese Anteile zu unterdrücken, muß die vom Stellglied beaufschlagte Regelstrecke zeitlich verzögert reagieren, d. h. Tiefpaßeigenschaften aufweisen. Die Wechselkomponenten werden dann abgedämpft und die langsam veränderliche Gleichkomponente bleibt als Regelsignal übrig. Die gewünschte Dämpfung der Wechselkomponenten tritt ein, wenn das Verhältnis der dominierenden Regelstrecken-Verzögerung T_d zur Schaltperiode T des Stellgliedes einen bestimmten Mindestwert überschreitet. $\frac{T_d}{T} > 5$ ist in den meisten Fällen ausreichend, doch hängt dies stark von der Art der Regelstrecke, insbesondere von der zulässigen Amplitude der in der Regelgröße verbliebenen Wechselkomponenten ab.

Bei einer vorgegebenen Regelstrecke ist durch die Forderung nach ausreichender Dämpfung der Wechselkomponenten die verwendbare Schaltfrequenz $f = \frac{1}{T}$ nach unten begrenzt. Bei elektrischen Stellgliedern, die mit Frequenzen bis 20 kHz arbeiten, führt dies selten zu Schwierigkeiten, anders ist es bei elektromechanischen Schaltgliedern, z. B. Kontakten, die aus Verschleißgründen nur wesentlich niedrigere Frequenzen zulassen.

Unter der Annahme genügend hoher Schaltfrequenz ist es somit möglich, Modulator und Schaltglied zu einem proportional wirkenden, quasistetigen und erforderlichenfalls linearisierbaren Stellglied zusammenzufassen, das in der Lage ist, ein vergleichsweise niederfrequentes Regelsignal unverzerrt zu übertragen (Bild 20.6).

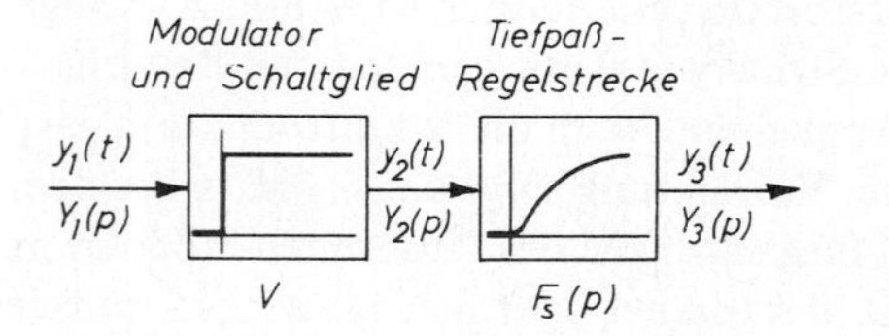

Bild 20.6

Die Übertragungsfunktion

$$\frac{Y_3}{Y_1}(p) = V\,F_s(p)$$

gilt nur für den unteren Frequenzbereich und ist auch nur für die Kombination Modulator, Schaltglied und Tiefpaß-Regelstrecke sinnvoll. Die Anwesenheit der Wechselkomponenten in y_2 muß bei der Anwendung stets beachtet werden.

Manchmal reicht die Dämpfung der Wechselkomponenten nicht aus, so daß die Annahme einer linearen Übertragung des langsam veränderlichen Regelsignals zu ungenauen Ergebnissen führt. In solchen Fällen kann eine Verfeinerung der Theorie durch Berücksichtigung des diskreten Signalcharakters von y_2 notwendig werden. Die Übertragung im Modulator, Schaltglied und Regelstrecke erweist sich dabei als nichtlineares Abtastproblem. Die damit erzielbare bessere Genauigkeit geht natürlich zu Lasten eines erhöhten mathematischen Aufwandes [44, 45].

Bei Stromrichtern, d. h. elektrischen Schaltgliedern höherer Leistung, verwendet man meistens ein Steuerungsverfahren, das sich von dem in Bild 20.3 beschriebenen dadurch unterscheidet, daß die Spannungen u_{01} und u_{02} selbst netzfrequente Wechselspannungen

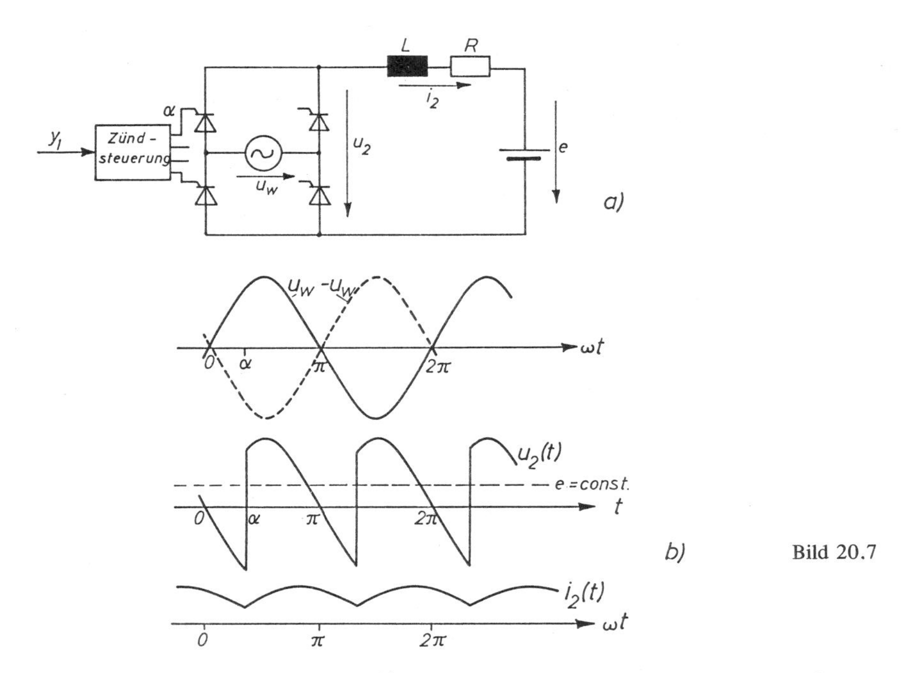

Bild 20.7

sind. Die Ausgangsspannung $u_2(t)$ setzt sich dann aus Abschnitten gleichfrequenter phasenverschobener Netzspannungen zusammen. Bild 20.7a zeigt als einfachstes Beispiel einen netzgeführten Thyristor-Stromrichter in einphasiger Brückenschaltung; der Lastkreis ist induktiv und enthält eine Gegenspannung, er entspricht z. B. dem Ankerstromkreis eines Gleichstrommotors. Bei dieser Schaltung gilt $u_{01} = u_W$, $u_{02} = -u_W$. Einmal je Halbperiode wird ein Zündimpuls auf jeweils zwei diagonal liegende Thyristoren gegeben, der in einem in Bild 20.7b der Einfachheit halber weggelassenen Kommutierungsvorgang eine Umpolung der Spannung u_2 zur Folge hat. Wegen der Glättungswirkung der Induktivität fließt trotz der pulsierenden Spannung $u_2(t)$ ein kontinuierlicher Gleichstrom i_2. Sein Mittelwert hängt vom Mittelwert der treibenden Spannung $\bar{u}_2 - e$ ab und kann durch Wahl der „Zündverzögerung" α gesteuert werden. Dabei ergibt sich die in Bild 20.8 gezeichnete nichtlineare Steuerkennlinie.

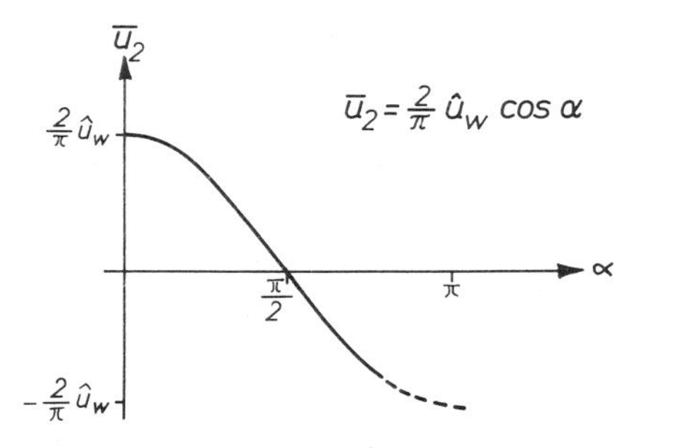

Bild 20.8

Für $\alpha > \frac{\pi}{2}$ kehrt sich das Vorzeichen des Spannungsmittelwertes $\bar{u}_2$ um, und der Stromrichter arbeitet bei gleicher Stromrichtung als Wechselrichter, d. h. er liefert mit $e < 0$ Energie ins Wechselstromnetz zurück.

Da der Taktgeber (die Zündsteuerung) synchron mit dem Netz arbeitet, ist er auch als Pulsphasenmodulator zu bezeichnen. Seine Wirkungsweise kann der in Bild 20.5 skizzierten im übrigen völlig entsprechen. Übliche Stromrichter sind mehrphasig ausgeführt. Die prinzipielle Wirkungsweise ändert sich dadurch nicht [40, 41].

Aus der vorstehenden Darstellung folgt unter der Voraussetzung hinreichend großer Taktfrequenz, daß die Kombination Modulator und Schaltglied bezüglich der Regelsignale wie ein stetiger Leistungsverstärker zu behandeln ist. Die aus Stabilitätsgründen meistens notwendige dynamische Verformung der Regelabweichung geschieht wie bei stetigen Systemen durch einen vorgeschalteten Regler auf niedrigem Leistungsniveau, der gewöhnlich als Verstärker mit frequenzabhängiger Gegenkopplung ausgeführt ist. Man kommt so zu der in Bild 20.9a skizzierten Struktur des Regelkreises. Die Bezeichnungen sind dabei in Anlehnung an Abs. 6 gewählt.

Manchmal empfiehlt es sich aus praktischen Erwägungen, Modulator und Schaltglied in den das dynamische Verhalten des Reglers bestimmenden Gegenkopplungskreis einzubeziehen, Bild 20.9b. Dadurch lassen sich die Funktionen des Regelverstärkers und Modu-

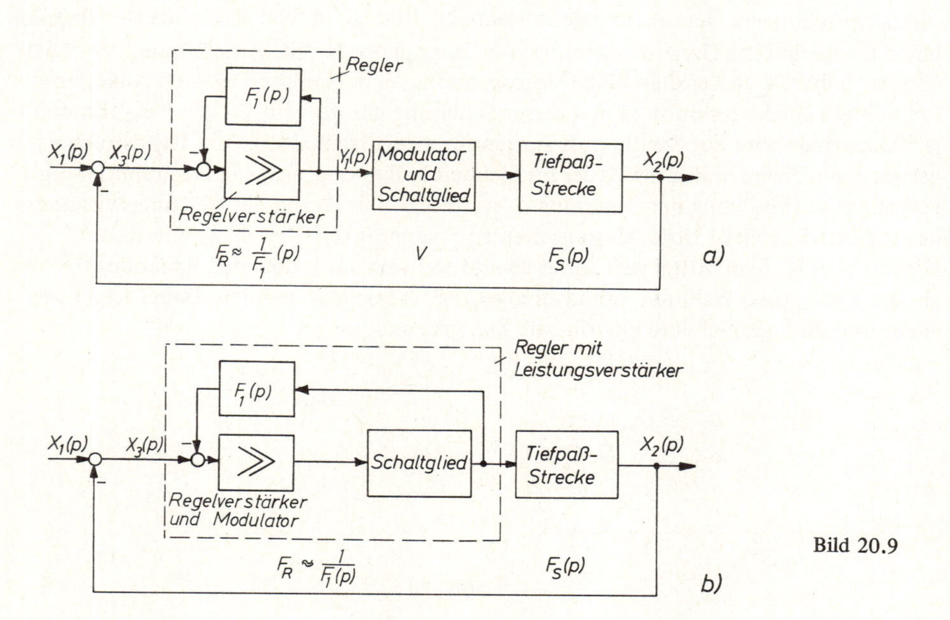

Bild 20.9

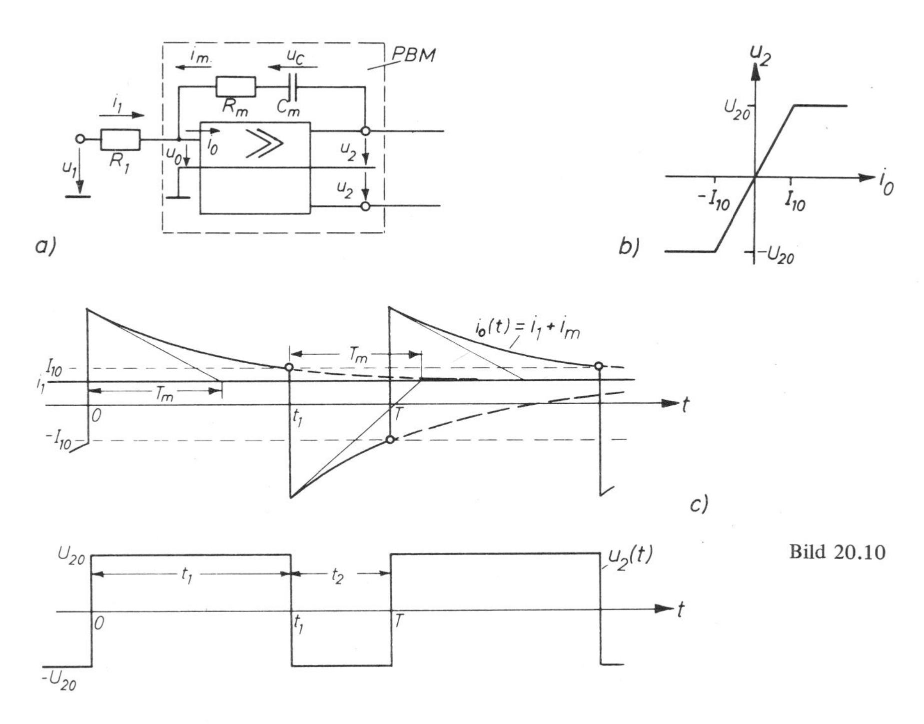

Bild 20.10

lators vereinigen, was Einsparungen zur Folge haben kann. Außerdem stört dann auch eine nichtlineare Kennlinie von Modulator und Schaltglied nicht mehr; sie wird ja durch die Regler-Gegenkopplung $F_1(p)$ überdeckt. Allerdings ist zu beachten, daß nun auch der Gegenkopplungszweig (F_1) Tiefpaßeigenschaften aufweisen muß, da er durch die Wechselanteile des schaltenden Stellgliedes angeregt wird. Eine Verzögerung im Gegenkopplungszweig bedeutet aber gemäß Abs. 6.1, daß der Regler mindestens einen Vorhalt aufweist. In den meisten Fällen ist dies ohnehin erwünscht; wo nicht, kann der Vorhalt durch ein passives Verzögerungsglied am Reglereingang neutralisiert werden.

Pulsbreitenmodulatoren sind heute als sog. integrierte Schaltungen in zahlreichen Ausführungen erhältlich. Dennoch soll das in Bild 20.9b angedeutete Verfahren anhand einer häufig angewendeten Schaltung [78] genauer betrachtet werden. Bild 20.10a zeigt einen empfindlichen Gleichstromverstärker mit Gegentaktausgang; seine Kennlinie ist in Bild 20.10b idealisiert dargestellt. Der wirkliche Steuerstrom i_0 ist zwar Schwankungen unterworfen (Drift), jedoch ist er extrem klein. Der Verstärker wird nun mit einer differenzierenden Mitkopplung R_m, C_m versehen. Wählt man für die Kreisverstärkung

$$V = \frac{U_{20}}{R_m\, I_{10}} > 1 \text{ (überkritische Mitkopplung)},$$

so wird der mitgekoppelte Verstärker instabil. Bei vernachlässigbarer Eigenverzögerung des Verstärkers entsteht am Ausgang eine periodische Rechteckspannung (Bild 20.10c), deren Frequenz und Tastverhältnis vom Eingangsstrom i_1 abhängen.

Bei der Berechnung der Umschaltzeitpunkte geht man von der vereinfachenden Annahme aus, daß der Verstärker normalerweise übersteuert ist, $i_1 + i_m > I_{10}$ oder $i_1 + i_m < -I_{10}$; die Eingangsspannung u_0 wird dabei vernachlässigt. Da sich der Rückkopplungskondensator C_m allmählich auf die jeweilige Ausgangsspannung $u_2 = \pm U_{20}$ auflädt, strebt der Anteil i_m gemäß einer Exponentialfunktion gegen Null. Sofern $|i_1| < I_{10}$ ist, erreicht der Verstärker somit zu irgendeinem Zeitpunkt den linearen Steuerbereich und kippt als Folge der dann wirksam werdenden überkritischen Mitkopplung und bei vernachlässigbarer Eigenverzögerung sofort in die entgegengesetzte Endlage. Dort wiederholt sich der entsprechende Vorgang. Mit den in Bild 20.10 verwendeten Bezeichnungen und der Abkürzung $R_m C_m = T_m$ gilt somit für $i_1 = \text{const.}$, d. h. periodischen Betrieb:

$$i_1 + \frac{U_{20} - u_c(0)}{R_m} e^{-\frac{t_1}{T_m}} = I_{10},$$

$$i_1 - \frac{U_{20} + u_c(t_1)}{R_m} e^{-\frac{t_2}{T_m}} = -I_{10}.$$

Der Zwischenwert der Kondensatorspannung folgt aus dem Anfangswert gemäß

$$u_c(t_1) = u_c(0)\, e^{-\frac{t_1}{T_m}} + (1 - e^{-\frac{t_1}{T_m}})\, U_{20};$$

außerdem gilt wegen der Periodizität des Vorgangs:

$$u_c(T) = u_c(t_1 + t_2) = u_c(0) = u_c(t_1)\, e^{-\frac{t_2}{T_m}} - (1 - e^{-\frac{t_2}{T_m}})\, U_{20}.$$

Aus diesen vier Gleichungen erhält man nach einer Zwischenrechnung Ausdrücke für das Schaltverhältnis und die Frequenz,

$$\frac{t_1 - t_2}{t_1 + t_2} = \frac{t_1 - t_2}{T} = \frac{\ln\left[\frac{(2V - i_1/I_{10} - 1)\ (1 + i_1/I_{10})}{(2V + i_1/I_{10} - 1)\ (1 - i_1/I_{10})}\right]}{\ln\left[1 + \frac{4V(V-1)}{1 - (i_1/I_{10})^2}\right]} = \frac{\bar{u}_2}{U_{20}}, \tag{1}$$

sowie

$$f = \frac{1}{T} = \frac{1}{T_m} \frac{1}{\ln\left[1 + \frac{4V(V-1)}{1 - (i_1/I_{10})^2}\right]}. \tag{2}$$

Diese Funktionen sind in Bild 20.11 über dem Eingangsstrom i_1 aufgetragen.

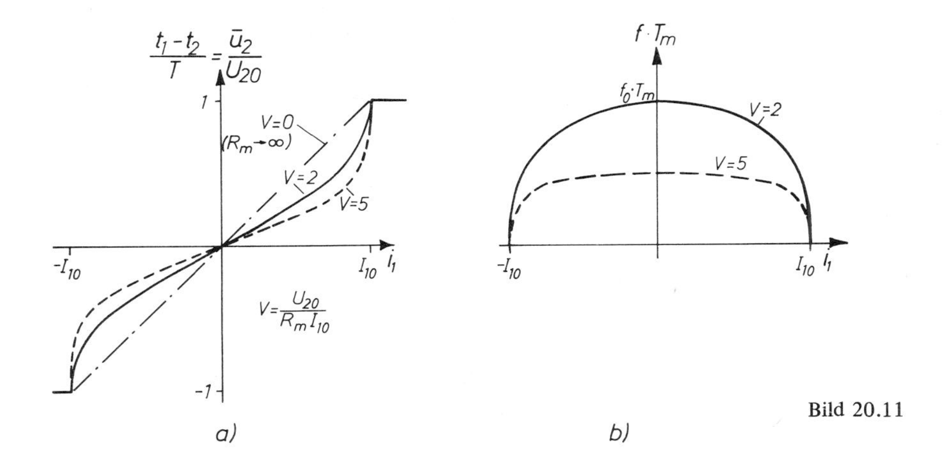

Bild 20.11

Für $i_1 = 0$ entsteht eine symmetrische Rechteckspannung $\left(\frac{t_1}{T} = 0{,}5\right)$ maximaler

$$\text{Frequenz } f_0 = \frac{1}{T_m} \frac{1}{\ln[1 + 4V(V-1)]} \qquad (2a).$$

Bei $i_1 = \pm I_{10}$ kommt die Schwingung zum Erliegen, der Verstärker ist dann in der einen oder anderen Richtung dauernd übersteuert.

Die in Bild 20.10a gezeichnete Schaltung stellt also einen Pulsbreiten-Modulator mit variabler Frequenz dar. Da der Mitkoppelzweig keinen Gleichstromanteil führen kann, bleibt der Eingangsstrom i_1 in der Größe des Steuerstromes i_0 des ungekoppelten Verstärkers; der Verstärker ist also nach wie vor als Regelverstärker verwendbar. Die Auswirkungen der auch weiterhin vorhandenen Drift und die Nichtlinearität des Verstärkers werden durch die Reglerbeschaltung verringert. An den Aussteuergrenzen sind die Umschalt-Zeitpunkte wegen des flachen Verlaufes von $i_m(t)$ unscharf definiert; man nutzt deshalb nach Möglichkeit nur den mittleren Teil des Steuerbereiches aus.

Die in Bild 20.10c dargestellte periodische Rechteckspannung eignet sich ohne weitere Umformung z. B. zur Steuerung eines Gegentakt-Leistungsverstärkers mit Schalt-Transistoren (Bild 20.12), wobei anstelle der gezeigten einstufigen Schaltung normalerweise mehrstufige Ausführungen verwendet werden, um größere Leistungsverstärkung zu erzielen. Als Belastung des Schaltverstärkers ist der Einfachheit halber ein magnetischer Verbraucher, z. B. eine Gleichstrom-Erregermaschine, angenommen, die mit zwei gegensinnig gespeisten Wicklungen erregt wird. Der Verlauf der resultierenden mittleren Durchflutung

$$\Theta = N(\bar{i}_{e1} - \bar{i}_{e2}) = N \frac{U_g}{R_e} \frac{t_1 - t_2}{T}$$

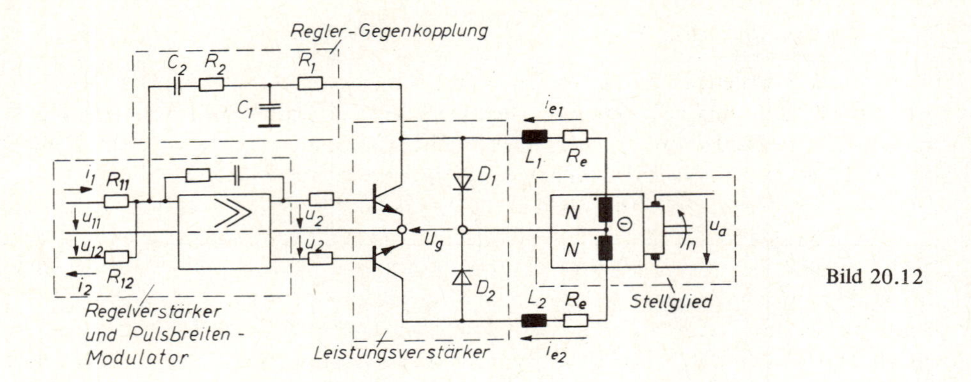

Bild 20.12

ist also ein lineares Abbild der in Bild 20.11a skizzierten Modulatorkennlinie. Die in Bild 20.12 eingezeichneten Drosselspulen L_1, L_2 sollen die Erregerwicklungen entkoppeln und die beiden Erregerströme glätten; die Dioden D_1, D_2 dienen zur Begrenzung der Schaltspannungen als Folge der induktiven Last.

Das Signal für die Regler-Gegenkopplung wird am Ausgang des Leistungsverstärkers abgegriffen, wobei zu beachten ist, daß sich der Regelsinn umkehrt. In Bild 20.12 wurde der Fall eines PID-Reglers zu Grunde gelegt (Abs. 14); die Verzögerungszeitkonstante $T_1 = R_1 C_1$ muß groß genug sein, um eine Störung der Modulationswirkung durch die Regler-Gegenkopplung zu unterbinden. Da der Gegenkopplungszweig nun vom Ausgang des Leistungsverstärkers gespeist wird, ist man im übrigen in der Wahl der Schaltelemente für die Gegenkopplung ziemlich frei. Insbesondere kann auch das Niveau des Stromvergleiches (i_1, i_2) am Eingang des Reglers ohne Rücksicht auf die Belastbarkeit des Regelverstärkers festgelegt werden. Kleine Werte der Eingangswiderstände R_{11}, R_{12} ziehen bei vorgegebener Regler-Übertragungsfunktion ja kleine Werte der Gegenkopplungswiderstände R_1, R_2 nach sich.

Bild 20.13 zeigt die Sprungantwort eines PID-Reglers mit einem pulsbreitengesteuerten Leistungsverstärker. Für die Leistungs-Transistoren wird üblicherweise eine Schaltfrequenz von einigen kHz gewählt.

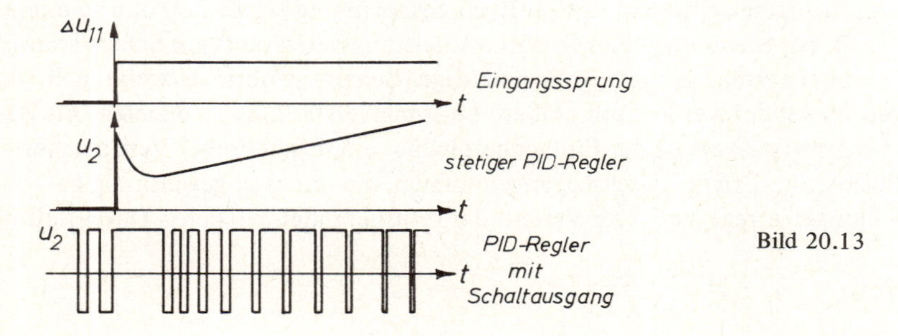

Bild 20.13

20.3. Zweipunktregler

Bei manchen Schaltgliedern, z.B. elektrischen Kontakten, Stellmotoren oder Ölbrennern, läßt sich die Forderung nach einer – im Vergleich zur Verzögerung der Regelstrecke – hinreichend hohen Schaltfrequenz nicht erfüllen, da sonst der Verschleiß, die Schaltverluste oder die Beanspruchungen der Regelstrecke, die alle mit der Frequenz anwachsen, unzulässige Werte annehmen würden. In solchen Fällen ist es erforderlich, die Schaltfrequenz auf das unbedingt notwendige Maß zu reduzieren. Je nach Stellglied und Regelstrecke kann dies z. B. eine Schaltperiode von 0.1 s bei einem elektromechanischen Spannungsregler oder von 10 min bei einer Raumtemperaturregelung mit Ölfeuerung bedeuten. Die Forderung nach einer systemgerechten Schaltfrequenz wird am einfachsten dadurch erfüllt, daß man die Schaltaugenblicke durch die Regelstrecke selbst bestimmen läßt. Das Ergebnis ist der sogenannte *Zweipunktregler.*

Wegen der vergleichsweise niedrigen Schaltfrequenz ist nun eine linearisierende Mittelwertbildung nicht mehr zulässig, was die theoretische Beschreibung erheblich erschwert. Die wichtigsten Eigenschaften einer solchen Zweipunktregelung gehen jedoch aus der folgenden vereinfachten Untersuchung eines Regelkreises mit idealisierter Regelstrecke hervor.

20.3.1. Beschreibung der Wirkungsweise des Zweipunktreglers anhand eines Beispiels

Bild 20.14 zeigt einen einfachen Regelkreis, dessen Regler und Stellglied durch ein unverzögertes Schaltglied mit Hysterese dargestellt sind. Die Stellgröße $y(t)$ kann nur die beiden Werte y_{01} und y_{02}, ($y_{02} < y_{01}$), annehmen; häufig ist $y_{02} = 0$. Die Umschaltzeitpunkte werden durch $x_3(t) = x_1(t) - x_2(t) = \pm \epsilon$, d.h. durch die Regelabweichung und die Breite der Hystereseschleife, bestimmt.

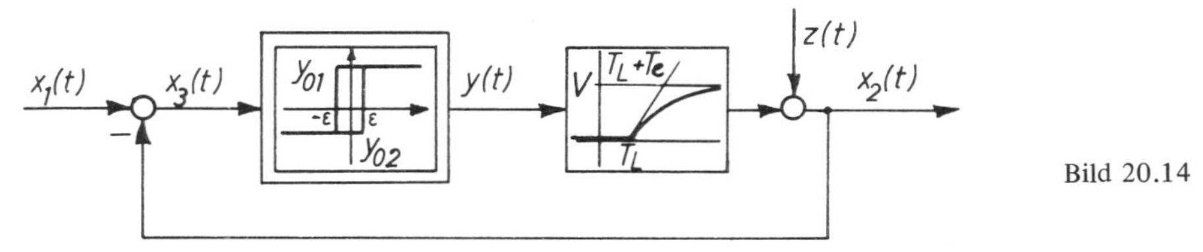

Bild 20.14

Als Regelstrecke sei ein lineares verzögertes Laufzeitglied mit der Übertragungsfunktion

$$F_s(p) = V \frac{e^{-T_L p}}{T_e p + 1}$$

angenommen. Dieser Ansatz stellt bei vielen verfahrenstechnischen Regelstrecken eine brauchbare Näherung dar. Die Laufzeit T_L und die Ersatzzeitkonstante T_e werden dabei durch Approximation der Übertragungsfunktion bei tiefen Frequenzen bestimmt (Abs. 15). Die Sprungantworten einer wirklichen (w) und der angenäherten Regelstrecke (w_e) sind im Bild 20.15 zusammen aufgetragen.

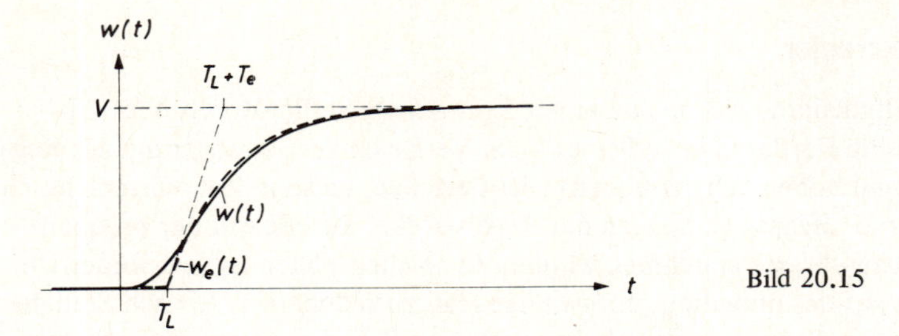

Bild 20.15

Die in Bild 20.14 eingezeichnete Störgröße z wird als konstant angenommen.

Der Regelkreis ist nur funktionsfähig, wenn der vorgegebene Sollwert x_1 im Stellbereich der Regelstrecke liegt,

$$Vy_{02} + z + \epsilon < x_1 < Vy_{01} + z - \epsilon \quad .$$

Man erhält dann für konstante x_1 und z eine periodische Schaltschwingung, die sich abschnittsweise berechnen läßt und in Bild 20.16 für einen bestimmten Fall aufgetragen ist. Die Regelgröße $x_2(t)$ setzt sich dabei aus Stücken von Exponentialfunktionen mit der Zeitkonstante T_e zusammen. Wenn die Regelgröße den Hysteresebereich $x_1 \pm \epsilon$ verläßt, springt y(t) in die jeweils entgegengesetzte Endlage; nach Verstreichen der Laufzeit ist dann auch der Umkehrpunkt für die Regelgröße erreicht.

Die Verhältnisse in Bild 20.16 sind der Deutlichkeit halber stark verzerrt gezeichnet.

Da die Hysteresebreite 2ϵ einen Grenzwert für die Amplitude der in $x_2(t)$ enthaltenen Schaltschwingung darstellt, sind nur sehr kleine Werte von ϵ von praktischem Interesse, z. B. $\epsilon < 10^{-2}\, Vy_{01}$.

Der stationäre Vorgang wird durch folgende Gleichungen vollständig beschrieben:

$$x_1 + \epsilon = x_{2\,min} + (Vy_{01} + z - x_{2\,min}) \left(1 - e^{-\frac{t_1 - T_L}{T_e}}\right), \tag{3}$$

$$x_{2\,max} = x_1 + \epsilon + (Vy_{01} + z - x_1 - \epsilon) \left(1 - e^{-\frac{T_L}{T_e}}\right), \tag{4}$$

$$x_1 - \epsilon = x_{2\,max} + (Vy_{02} + z - x_{2\,max}) \left(1 - e^{-\frac{t_2 - T_L}{T_e}}\right), \tag{5}$$

$$x_{2\,min} = x_1 - \epsilon + (Vy_{02} + z - x_1 + \epsilon) \left(1 - e^{-\frac{T_L}{T_e}}\right). \tag{6}$$

Hieraus lassen sich die Größen $x_{2\,max}$, $x_{2\,min}$, t_1 und t_2 berechnen.

Für die weiteren Überlegungen wird der Einfachheit halber $\epsilon \ll Vy_{01}$, $|Vy_{02}|$ und $\frac{T_L}{T_e} \ll 1$ angenommen, so daß die Exponentialfunktionen durch ihre Tangenten ersetzt werden können.

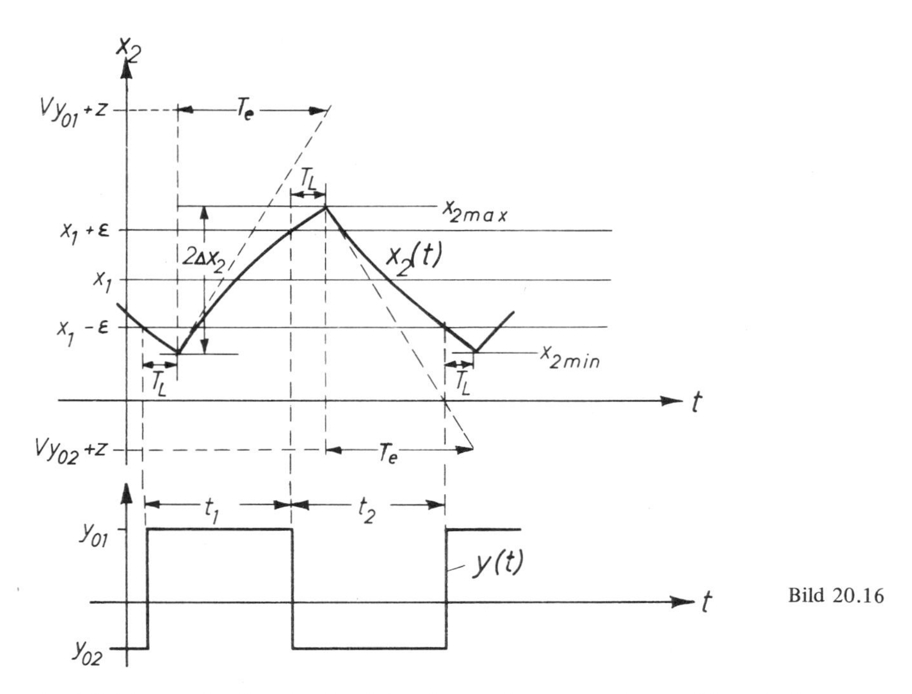

Bild 20.16

Der Mittelwert der Regelgröße folgt dann näherungsweise aus (4) und (6),

$$\bar{x}_2 \approx \frac{x_{2\,max} + x_{2\,min}}{2} \approx \left(1 - \frac{T_L}{T_e}\right) x_1 + \frac{T_L}{T_e}\, V\, \frac{y_{01} + y_{02}}{2} + \frac{T_L}{T_e}\, z. \tag{7}$$

Die mittlere Regelabweichung ist somit

$$\bar{x}_3 = x_1 - \bar{x}_2 \approx \frac{T_L}{T_e}\left(x_1 - V\,\frac{y_{01} + y_{02}}{2} - z\right); \tag{8}$$

sie verschwindet für

$$x_{10} = V\,\frac{y_{01} + y_{02}}{2} + z,$$

d. h., wenn der Sollwert in der Mitte des unter Berücksichtigung der Störgröße gültigen Schaltintervalles liegt. Für diesen Wert ist $t_1 = t_2$ und $x_2(t)$ hat einen symmetrischen Verlauf.

Die von Eins abweichende wirksame Verstärkung des geschlossenen Kreises,

$$V_g = \frac{\partial \bar{x}_2}{\partial x_1} = 1 - \frac{T_L}{T_e},$$

deutet auf eine Proportional-Wirkung des Zweipunktreglers hin.

Das Gleiche gilt für den Einfluß der konstanten Störgröße,

$$\frac{\partial \bar{x}_2}{\partial z} = \frac{T_L}{T_e}.$$

Setzt man in Anlehnung an einen linearen Regelkreis (Abs. 6)

$$\frac{\partial \bar{x}_2}{\partial x_1} = \frac{V'_K}{1 + V'_K} \quad \text{oder} \quad \frac{\partial \bar{x}_2}{\partial z} = \frac{1}{1 + V'_K},$$

so folgt als äquivalente Kreisverstärkung der Zweipunktregelung

$$V'_K = \frac{T_e}{T_L} - 1.$$

Die Regelung arbeitet also desto genauer, je kleiner das Verhältnis $\frac{T_L}{T_e}$ gemacht werden kann. Dies ist aber eine Eigenschaft der Regelstrecke und nicht des Reglers. Die Hysteresebreite $2\,\epsilon$ des Reglers geht bei dieser vereinfachten Darstellung nicht in die Genauigkeit der Regelung ein.

Die Amplitude der Schaltschwingung folgt aus Gln. (4 und 6)

$$\Delta x_2 = \frac{x_{2\,max} - x_{2\,min}}{2} = \epsilon\, e^{-\frac{T_L}{T_e}} + V\,\frac{y_{01} - y_{02}}{2}\left(1 - e^{-\frac{T_L}{T_e}}\right),$$

oder mit $T_L \ll T_e$,

$$\Delta x_2 \approx \left(1 - \frac{T_L}{T_e}\right)\epsilon + \frac{T_L}{T_e}\,V\,\frac{y_{01} - y_{02}}{2}. \tag{9}$$

Δx_2 ist unabhängig vom Arbeitspunkt (x_1) und von der Störgröße; die wesentlichen Einflußgrößen sind die Hysteresebreite und der Stellhub $V(y_{01} - y_{02})$. Für $T_L = 0$ ergibt sich der Grenzfall $\Delta x_2 = \epsilon$.

Sofern x_2 die interessierende End-Regelgröße ist, muß Δx_2 möglichst klein sein, um noch von einer Regelung sprechen zu können. Dagegen ist eine größere Amplitude der Schaltschwingung zulässig, wenn x_2 eine Zwischengröße darstellt und die Schwingung im nachfolgenden Teil der Regelstrecke weiter gedämpft wird.

Mit der vorher eingeführten Vereinfachung und $z = 0$ hat die Regelgröße im Intervall t_1 die Steigung

$$\frac{dx_2}{dt} \approx \frac{Vy_{01} - x_1}{T_e} > 0$$

und im Intervall t_2

$$\frac{dx_2}{dt} \approx \frac{Vy_{02} - x_1}{T_e} < 0.$$

Daraus folgen Näherungswerte für die Schaltzeiten,

$$t_1 \approx T_e \frac{2\,\Delta x_2}{V y_{01} - x_1} \quad \text{und} \quad t_2 \approx T_e \frac{2\,\Delta x_2}{x_1 - V y_{02}} \,.$$

Die Schaltfrequenz der Zweipunktregelung ist dann

$$f = \frac{1}{T} = \frac{1}{t_1 + t_2} \approx \frac{1}{T_e} \, \frac{(V y_{01} - x_1)(x_1 - V y_{02})}{2\,\Delta x_2\, V (y_{01} - y_{02})} \,. \tag{10}$$

Die Frequenz wird Null, wenn einer der Faktoren im Zähler verschwindet, d. h. wenn sich der Regler in einer Endlage befindet und übersteuert ist. Das Frequenzmaximum liegt bei $\frac{\partial f}{\partial x_1} = 0$. Diese Bedingung ist bei $x_{10} = V \frac{y_{01} + y_{02}}{2}$, d. h. in der Mitte des Stellbereiches, erfüllt. Die maximale Frequenz ist

$$f_0 \approx \frac{1}{4 T_L + \frac{8 (T_e - T_L)\, \epsilon}{V (y_{01} - y_{02})}} \,. \tag{10a}$$

In Bild 20.17 ist die Abhängigkeit der Schaltfrequenz vom Sollwert x_1 skizziert. Der Kurvenverlauf entspricht im Prinzip dem in Bild 20.11b. Man kann eine Anordnung nach Bild 20.14 mit $y(t)$ als Ausgangsgröße bei geeigneter Dimensionierung also auch zur Pulsbreiten-Modulation verwenden. Besonders einfache und übersichtliche Ergebnisse erhält man dabei für $T_L = 0$ (Abs. 20.3.2).

Das dynamische Verhalten des in Bild 20.14 dargestellten Zweipunkt-Regelkreises ist im Prinzip sehr einfach. Wegen der Nichtlinearität läßt sich allerdings keine amplitudennormierte Sprungantwort angeben, wie dies bei linearen Systemen möglich ist. Bild 20.18

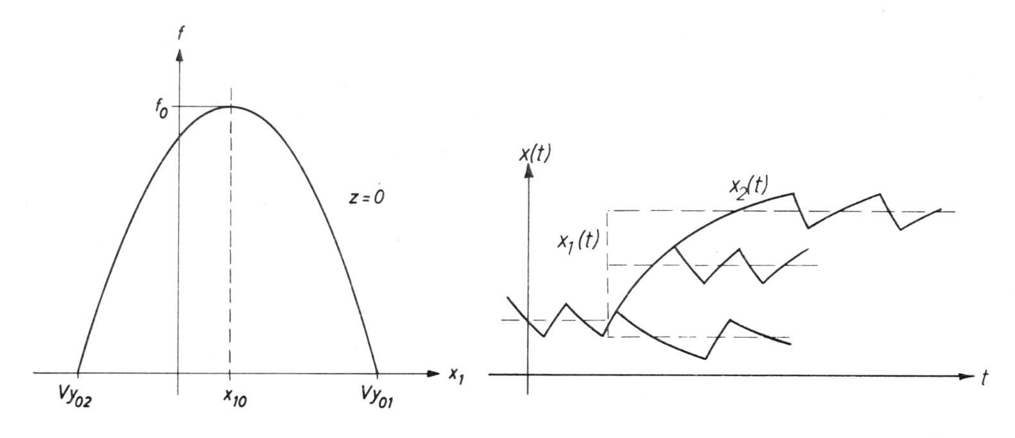

Bild 20.17

Bild 20.18

zeigt, ausgehend vom gleichen stationären Anfangszustand, Einschwingvorgänge bei verschiedenen sprungförmigen Änderungen des Sollwertes. Da die Stellgröße nur zwei Werte annehmen kann, folgt x_2 in allen Fällen der gleichen Exponentialfunktion, bis der neue Sollwert erreicht ist und der Schaltzyklus wieder beginnt. Die Regelgröße strebt dem neuen Schwingbereich also mit der maximalen Geschwindigkeit zu und erreicht ihn in der bei gegebener Stellgröße kürzest möglichen Zeit. Falls die Sollwertverstellung erfolgt, während sich die Regelgröße x_2 in entgegengesetzter Richtung bewegt, vergeht die Laufzeit T_L, bevor $\frac{dx_2}{dt}$ sein Vorzeichen ändert.

Die kurze Regelzeit ist ein besonderes Kennzeichen von Zweipunktregelungen, da im Gegensatz zu einem linearen Regelkreis auch bei kleinen Störungen die maximale Stellgröße zur Wirkung kommt.

Bild 20.18 zeigt anschaulich, daß die Schaltfrequenz vom Betriebspunkt abhängt und in der Mitte des Betriebsbereiches ihren maximalen Wert annimmt.

Es interessiert nun natürlich die Frage, ob sich der Zweipunktregler bei einer beliebigen linearen Regelstrecke ähnlich wie in diesem Beispiel verhält, oder ob auch hier Stabilitätsprobleme bestehen, wie man sie bei linearen Systemen gewohnt ist. Diese Frage ist mit den jetzt vorliegenden Hilfsmitteln noch nicht allgemein zu behandeln. Man könnte sie nur empirisch, nämlich durch schrittweise Lösung der nichtlinearen Differentialgleichung bis zum stationären Zustand bei verschiedenen Anfangsbedingungen beantworten; bei einem System höherer Ordnung wäre dies ein mühsames, ungewisses und wenig befriedigendes Verfahren. In späteren Abschnitten werden allgemeinere Methoden besprochen, die allerdings jeweils nur mit Einschränkungen anwendbar sind. Hier sei nur erwähnt, daß folgende kritische Fälle auftreten können:

a) Nach einem mehr oder weniger gut gedämpften Einschwingvorgang stellt sich zwar eine stationäre Schwingung der beschriebenen Art ein, jedoch ist die Schwingungsamplitude der Regelgröße unzulässig hoch, d.h. die Frequenz ist zu niedrig.
b) Es entsteht eine instabile Schwingung, deren Amplitude unbegrenzt ansteigt.

In beiden Fällen ist die Regelung natürlich unbrauchbar. Man kann nun zwar zeigen (Abs. 25.2), daß bei einem proportional wirkenden Verzögerungsglied beliebiger Ordnung als Regelstrecke der Fall b) nicht eintritt, jedoch läßt sich der Fall a) nicht ausschließen; er stellt sogar den Normalfall dar. Deshalb sind zunächst einige Verfahren zu besprechen, wie man hier zu einer brauchbaren Lösung gelangen kann.

20.3.2. Anwendung

Wenn die stationäre Schwingung am Ausgang einer Verzögerungsstrecke zu groß ist, und der Stellhub $V(y_{01} - y_{02})$ nicht reduziert werden darf, so ist die Schaltfrequenz im Rahmen der durch das Stellglied gegebenen Möglichkeiten zu erhöhen. Ein wirksames Verfahren besteht darin, eine Kaskadenregelung (Abs. 17) aufzubauen und mit Hilfe einer Rückführung nur einen Teil der Regelstrecke für die Schwingungserzeugung heranzuziehen. Bild 20.19 zeigt eine solche Anordnung.

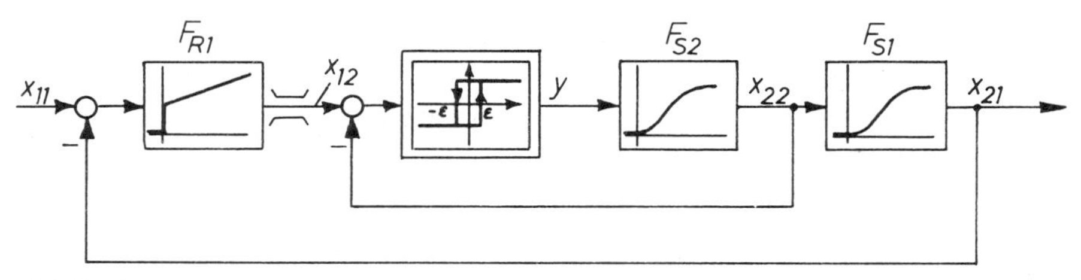

Bild 20.19

Die Schaltschwingung entsteht dabei im inneren Regelkreis, der nur einen Teil der gesamten in der Regelstrecke enthaltenen Verzögerungen umfaßt; die Schaltfrequenz steigt somit gegenüber einer einschleifigen Regelung an. Außerdem werden die der Zwischengröße x_{22} überlagerten Wechselanteile durch den zweiten Teil der Regelstrecke (F_{s1}), der häufig auch die größeren Verzögerungen enthält, gedämpft, so daß die in x_{21} verbleibende stationäre Schwingung nicht mehr stört.

Der Sollwert x_{12} des inneren Kreises ist wieder ein Signal auf niedrigem Leistungsniveau; der Regler (F_{R1}) kann vom P, PI oder PID-Typ sein. Seine Auslegung wird stark vereinfacht, wenn man, wie in Abs. 15 erläutert, das Führungsverhalten des inneren Kreises angenähert durch ein Verzögerungsglied mit der Verstärkung Eins und einer Ersatzzeitkonstanten beschreibt.

Die in Bild 20.19 gezeigte Struktur eignet sich z. B. für eine Raumtemperatur-Regelung, wobei der Heizkessel mit einem Öl- oder Gasbrenner im Ein-Aus-Betrieb beheizt wird. Ein einschleifiger Zweipunkt-Regelkreis für die Raumtemperatur x_{21} würde wegen der großen Verzögerungen im zweiten Teil der Regelstrecke eine viel zu kleine Schaltfrequenz ergeben und starke Schwankungen der Raumtemperatur zur Folge haben. Außerdem bestünde wegen der langen Einschaltdauer die Gefahr einer Überhitzung des Kessels. Es ist deshalb vorteilhaft, wie in Abs. 17 auch anhand eines kontinuierlichen Systems gezeigt, einen inneren Regelkreis für die Heizwassertemperatur x_{22} vorzusehen. Dadurch werden die Schaltperiode und die Raumtemperaturschwankungen reduziert; gleichzeitig wird durch Begrenzung von x_{12} der Heizkessel gegen Überhitzung geschützt.

Ein anderes Beispiel ist der für die Spannungsregelung von Generatoren früher sehr verbreitete Vibrationsregler nach dem Tirrill-Prinzip [73, 74]. Er wird in abgewandelter Form bei kleineren Generatoren auch heute noch viel verwendet, wenngleich man nun anstelle der mechanischen Kontakte meistens elektronische Schalter bevorzugt.

Seine Wirkungsweise ist in Bild 20.20 erläutert. Die Feldwicklung eines Drehstromgenerators (DG) wird dabei von einer Gleichstrom-Erregermaschine (EM) in Selbsterregungsschaltung gespeist. Im Erregerkreis liegt ein Widerstand R, der durch das Kontaktpaar K_1, K_2 periodisch kurzgeschlossen wird. Im stationären Betrieb stellt sich dadurch eine im Bereich $u_{e\,min} < u_e < u_{e\,max}$ liegende mittlere Erregerspannung u_e ein.

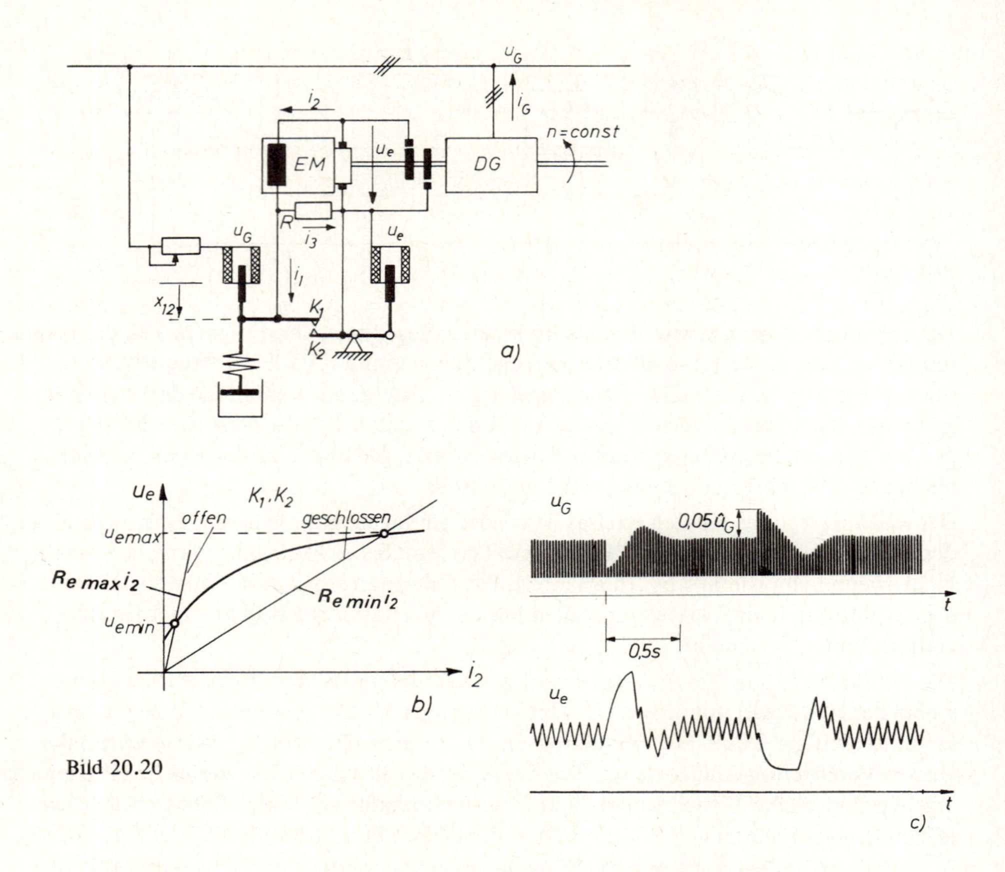

Bild 20.20

Denkt man sich zunächst den Kontakt K_1 festgehalten, so entsteht durch Einwirkung der Erregerspannung u_e auf den Kontakt K_2 eine Schaltschwingung. Die Schaltfrequenz beträgt, je nach Auslegung und gewähltem Betriebspunkt, 5 bis 10 Hz. Die Erregerspannung ist dabei starken Schwankungen unterworfen, die sich wegen der Erregungszeitkonstante des Drehstromgenerators aber nur wenig auf dessen Klemmenspannung auswirken.

Die mittlere Erregerspannung und damit die Generatorspannung sind durch die konstant angenommene Lage x_{12} des Kontaktes K_1 bestimmt; macht man also x_{12} vom Mittelwert U_g der Generatorspannung abhängig, dann entsteht genau das in Bild 20.19 erläuterte Prinzip. Die Verstellung des Kontaktes K_1 kann dabei z. B. über eine Feder mit Dämpfungskolben erfolgen, was einem mechanischen PI-Einfluß entspricht (Abs. 13). Die Ver Vergleichsstelle am Eingang des inneren Regelkreises wird also durch den Lagevergleich der Kontaktstücke K_1, K_2 verkörpert.

Bild 20.20c zeigt ein mit einem Vibrationsregler gemessenes vereinfachtes Oszillogramm eines Regelvorganges bei induktiver Belastung und anschließender Entlastung des Drehstromgenerators.

Bei der in Bild 20.19 angenommenen Struktur ist ein Regler für die äußere Schleife (F_{R1}) notwendig, da der innere Kreis wegen der Rückführung von x_{22} eine Führungsverstärkung von etwa Eins hat. Fügt man nun gemäß Bild 20.21 in die Rückführschleife ein verzögertes Differenzierglied ($F_y(p)$) ein, so enthält das Rückführsignal x_4 im stationären Zustand nur noch Wechselkomponenten, die das gewünschte Schaltspiel des Zweipunktgliedes auslösen. Mit der Gleichkomponente entfällt aber auch der bei Bild 20.19 zu beobachtende Verstärkungsrückgang; der Regler im äußeren Kreis kann somit ohne Einbuße an Regelgenauigkeit weggelassen werden [74].

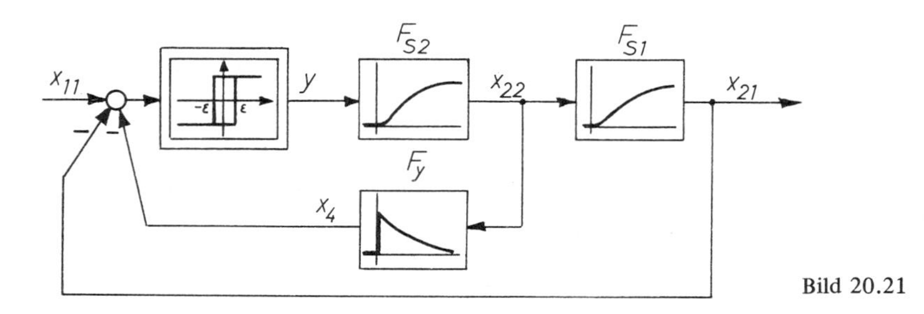

Bild 20.21

Den in Bild 20.19 und 20.21 dargestellten Schaltungen ist gemeinsam, daß der Regelstrecke eine Zwischengröße (x_{22}) zur Rückführung entnommen wird; dies erfordert die oft erheblichen Kosten für einen zweiten Meßumformer. Außerdem ist eine zusätzliche Anpassung des Reglers notwendig, was vor allem bei Seriengeräten stört, die vom Anwender eingebaut und justiert werden sollen. Daher bevorzugt man vielfach die in Bild 20.22 gezeigte Regelschaltung, die ohne einen solchen zusätzlichen Abgriff auskommt [76]. Das Verzögerungsglied (F_y) entspricht dabei einer im Regelgerät untergebrachten Rückführung mit einstellbarer Verstärkung V_y und Verzögerung T_y. Die Rückführschaltung wird vom Ausgang des Reglers, z. B. über potentialfreie Hilfskontakte des Schaltgliedes, versorgt [75].

Der „Zweipunktregler mit Rückführung" läßt sich als Sonderfall ($T_L = 0$) des in Bild 20.14 gezeichneten Regelkreises auffassen; er hat somit die Eigenschaften eines proportional wirkenden Pulsbreiten-Modulators. Ähnlich wie im Fall der Gln. (3–6) gilt also im stationären Zustand für $x_3 = \text{const}$:

$$x_{4\,max} = x_3 + \epsilon = x_3 - \epsilon + (V_y\, y_{01} - x_3 + \epsilon)\left(1 - e^{-\frac{t_1}{T_y}}\right),$$

$$x_{4\,min} = x_3 - \epsilon = x_3 + \epsilon + (V_y\, y_{02} - x_3 - \epsilon)\left(1 - e^{-\frac{t_2}{T_y}}\right).$$

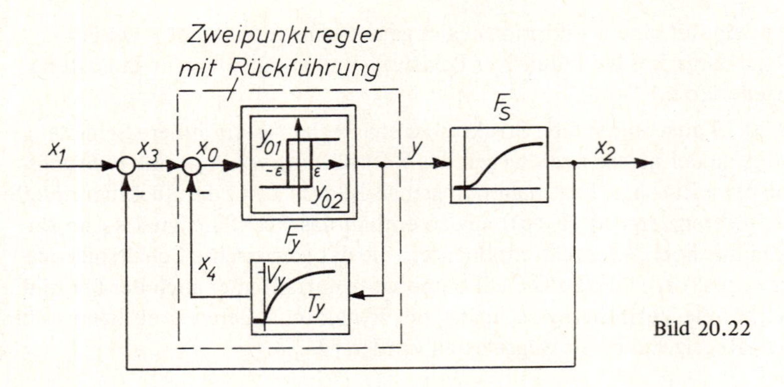

Bild 20.22

Daraus folgen die Schaltzeiten

$$\frac{t_1}{T_y} = \ln \frac{V_y\, y_{01} - x_3 + \epsilon}{V_y\, y_{01} - x_3 - \epsilon} \quad \text{und} \quad \frac{t_2}{T_y} = \ln \frac{V_y\, y_{02} - x_3 - \epsilon}{V_y\, y_{02} - x_3 + \epsilon}\,.$$

Bei symmetrischer Stellgröße, $y_{02} = - y_{01}$, gilt

$$\frac{t_2}{T_y} = \ln \frac{V_y\, y_{01} + x_3 + \epsilon}{V_y\, y_{01} + x_3 - \epsilon}\,.$$

Die mittlere Stellgröße ist somit

$$\bar{y} = \frac{t_1 - t_2}{t_1 + t_2}\, y_{01} = \frac{\ln \dfrac{(V_y\, y_{01} - x_3 + \epsilon)\,(V_y\, y_{01} + x_3 - \epsilon)}{(V_y\, y_{01} - x_3 - \epsilon)\,(V_y\, y_{01} + x_3 + \epsilon)}}{\ln \dfrac{(V_y\, y_{01} - x_3 + \epsilon)\,(V_y\, y_{01} + x_3 + \epsilon)}{(V_y\, y_{01} - x_3 - \epsilon)\,(V_y\, y_{01} + x_3 - \epsilon)}}\, y_{01}\,, \tag{11}$$

die Schaltfrequenz

$$f = \frac{1}{t_1 + t_2} = \frac{1}{T_y}\, \frac{1}{\ln \dfrac{(V_y\, y_{01} - x_3 + \epsilon)\,(V_y\, y_{01} + x_3 + \epsilon)}{(V_y\, y_{01} - x_3 - \epsilon)\,(V_y\, y_{01} + x_3 - \epsilon)}}\,. \tag{12}$$

Die maximale Frequenz liegt wieder in der Mitte des Stellbereiches bei $x_3 = 0$,

$$f_0 = \frac{1}{2\, T_y \ln \dfrac{V_y\, y_{01} + \epsilon}{V_y\, y_{01} - \epsilon}}\,. \tag{12a}$$

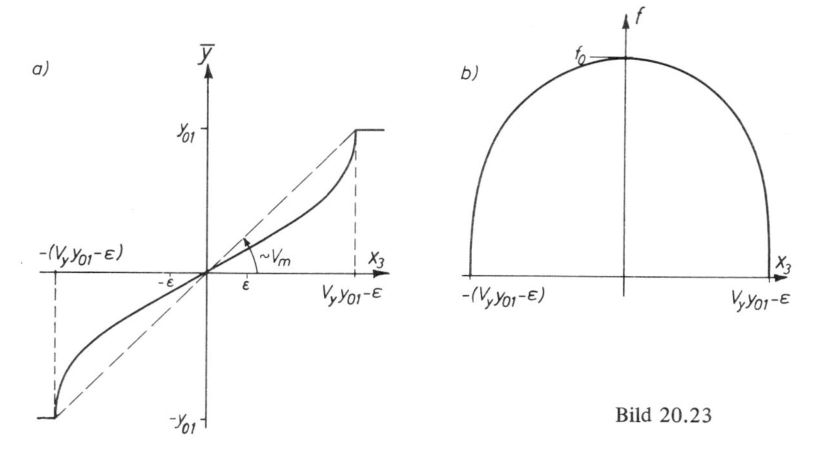

Bild 20.23

In Bild 20.23a, b sind die mittlere Stellgröße $\bar{y}$ und die Frequenz f über der als Eingangsgröße des Reglers wirkenden Regelabweichung x_3 aufgetragen. Der Kurve 20.23a ist die wirksame mittlere Verstärkung des Zweipunktreglers zu entnehmen,

$$V_m = \left(\frac{\partial \bar{y}}{\partial x_3}\right)_m = \frac{y_{01}}{V_y\, y_{01} - \epsilon} = \frac{1}{V_y - \frac{\epsilon}{y_{01}}} .$$

Für $\epsilon \ll V_y\, y_{01}$ gilt

$$V_m \approx \frac{1}{V_y} .$$

Dies entspricht dem Ergebnis bei Gegenkopplung eines idealen Verstärkers (Abs. 6).

Das dynamische Verhalten eines Zweipunktreglers mit verzögerter Rückführung läßt sich anhand des Verlaufes der Rückführgröße $x_4(t)$ beurteilen. Nach einer sprungförmigen Änderung von $x_3(t)$ haben die Rückführgröße $x_4(t)$ und die pulsbreitenmodulierte Ausgangsgröße $y(t)$ den in Bild 20.24 skizzierten Verlauf. Beim Übergang von einem stationären Schaltzyklus zu einem anderen erscheint also ein einzelner breiter Impuls, dessen Dauer nichtlinear von x_3 abhängt. Der Zweipunktregler mit verzögerter Rückführung läßt sich deshalb auch als nichtlinearer PD-Regler deuten.

Die zu beobachtende Vorhaltwirkung kommt nicht überraschend, denn sie entsteht ja auch bei der verzögerten Gegenkopplung eines linearen Verstärkers (Abs. 6). Wird nämlich ein idealer Verstärker, dessen Verstärkung und Bandbreite unendlich groß anzunehmen sind, mit einer Gegenkopplung (F_y) versehen, dann hat, Stabilität vorausgesetzt, der gekoppelte Verstärker die Übertragungsfunktion $F(p) \approx \frac{1}{F_y(p)}$. Eine Verzögerung in der Gegenkopplung wirkt sich somit als Vorhalt aus.

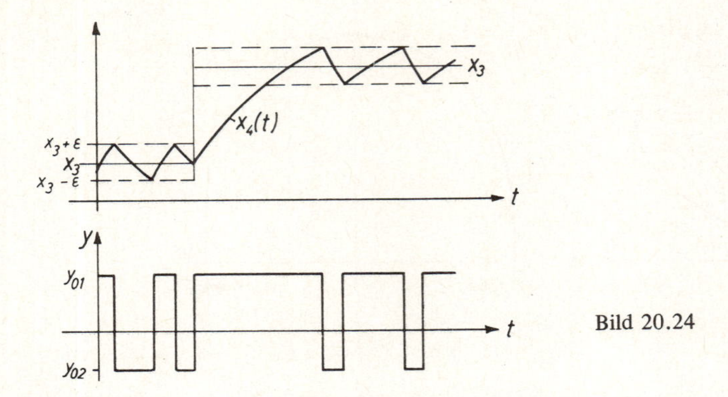

Bild 20.24

Aus dieser Überlegung folgt auch, daß man bei der Rückführung (Bild 20.22) nicht auf einfache Verzögerungsglieder beschränkt ist. Entsprechend dem linearen Fall führt z. B. eine passiv realisierbare Rückführung mit der Übertragungsfunktion

$$F_y(p) = \frac{T_i\, p}{(T_i\, p + 1)(T_v\, p + 1)}$$

für $\epsilon \ll V_y\, y_{01}$ auf ein PID-ähnliches Verhalten des Zweipunktreglers.

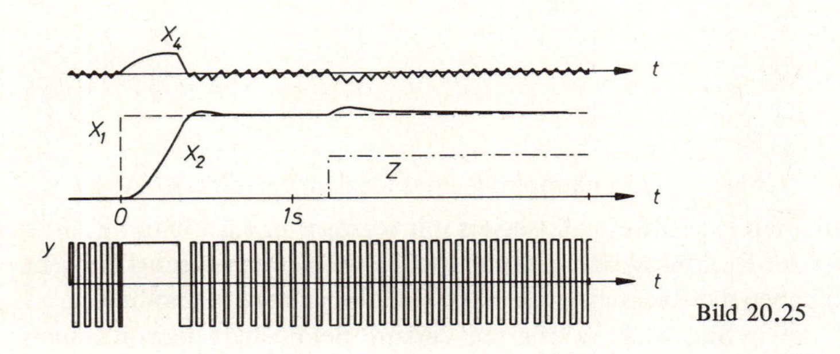

Bild 20.25

Bild 20.25 zeigt als Beispiel die damit berechneten Regelvorgänge für eine Regelstrecke mit drei Verzögerungsgliedern (Abs. 14.3.1). Die Störgröße z ist dabei vor dem letzten Verzögerungsglied angreifend angenommen. Da nun der Mittelwert von x_4 im stationären Zustand Null ist, verschwindet auch der Mittelwert der stationären Regelabweichung.

21. Stellglied mit dreiwertiger unstetiger Kennlinie

21.1. Dreipunktschalter und Integrator

Das periodische Arbeiten eines Zweipunktreglers mit nachfolgendem Schaltglied ist, selbst bei reduzierter Schaltfrequenz, bei vielen Anwendungen unzulässig oder unerwünscht. Einige Gründe wurden schon genannt: Verschleiß und Schaltverluste, vor allem bei mechanischen Stellgliedern. Bei vielen Regelstrecken kommt hinzu, daß aus betrieblichen Gründen eine abrupte Änderung der Stellgröße um den vollen Hub nicht zulässig ist. Häufig, vor allem bei verfahrenstechnischen Regelstrecken, dürfen die Stellgrößen vielmehr nur langsam oder in kleinen Schritten verändert werden, um den Prozeß nicht zu stören oder um die Regelstrecke nicht zusätzlich zu beanspruchen. Dies ist z. B. bei hochausgenutzten Dampferzeugern oder Dampfturbinen der Fall und ohne weiteres einleuchtend. Dennoch ist man auch dort bestrebt, die Vorteile nichtstetiger Regler und Stellglieder zu nutzen.

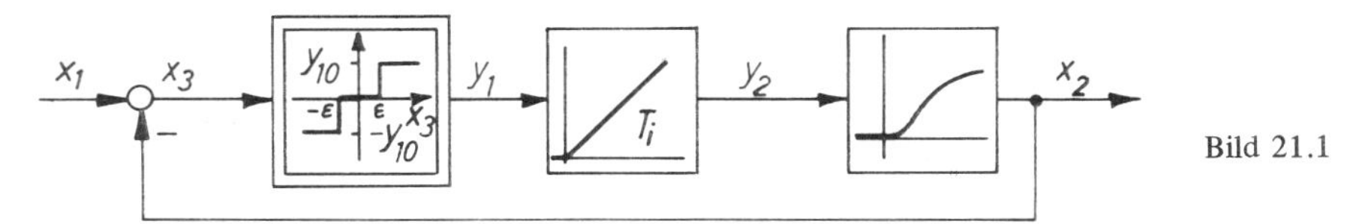

Bild 21.1

Das periodische Schalten im stationären Zustand läßt sich vermeiden, wenn die Ausgangsgröße des Schaltgliedes außer einem positiven und negativen Wert auch den Wert Null annehmen kann und auf das Schaltglied ein Integrator folgt. Diese Überlegung führt auf die in Bild 21.1 gezeigte Anordnung. Befindet sich die Regelabweichung innerhalb des Unempfindlichkeitsbereiches, $-\epsilon < x_3 < \epsilon$, dann ist $y_1 = 0$ und $y_2 = \text{const.}$

Bei $x_3 > \epsilon$ steigt und bei $x_3 < -\epsilon$ fällt die Stellgröße y_2 dagegen mit konstanter Geschwindigkeit,

$$\frac{dy_2}{dt} = \pm \frac{y_{10}}{T_i} .$$

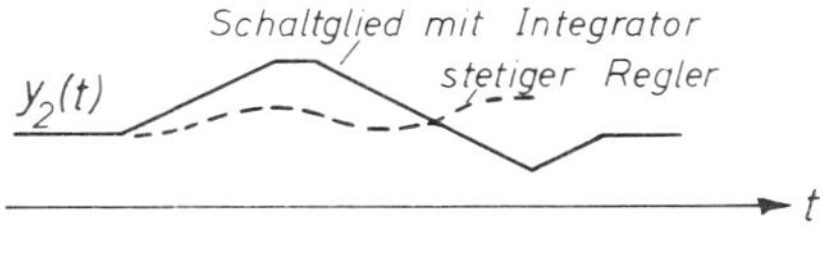

Schaltglied mit Integrator
stetiger Regler
$y_2(t)$
t

Bild 21.2

T_i ist dabei, in Anlehnung an den linearen Fall, als jene Zeit definiert, die erforderlich ist, um mit der vollen konstanten Stellgeschwindigkeit die Größe y_2 um den Wert y_{10} zu verstellen. Der Verlauf von $y_2(t)$ hat somit die Form eines Polygonzuges mit drei verschiedenen Steigungen, während bei Verwendung eines linearen und stetigen Reglers eine glatte Kurve entstünde (Bild 21.2).

Falls die Regelstrecke selbst keinen Integralanteil enthält, muß ein zusätzliches integrierendes Stellglied zwischen dem unstetigen Regler und der Regelstrecke eingefügt werden. Sehr häufig, nämlich bei allen Regelstrecken mit mechanischer Stellgröße, ist ein integrierendes Stellglied in Form des Stellmotors aber ohnehin vorhanden. Ein unstetiger Regler mit drei Schaltzuständen bietet dann die Möglichkeit, anstelle eines stetig steuerbaren und deshalb teuren Stellantriebes einen Umschaltantrieb zu verwenden, der in Vor- und Rückwärtsrichtung eingeschaltet werden kann und im Ruhezustand mit einer Bremse oder einem selbsthemmenden Getriebe festgehalten wird.

Als Beispiele für Regelstrecken mit mechanischem Stelleingriff sind vor allem chemische und verfahrenstechnische Prozesse aller Art zu nennen, die mit Ventilen und mechanischen Dosiereinrichtungen gesteuert werden, ferner Kommutatormaschinen mit Bürstenverstellung oder Stelltransformatoren. Es handelt sich dabei häufig um Regelstrecken, die vergleichsweise langsam reagieren und keine schnellen Verstellmaßnahmen erfordern oder zulassen.

21.2. Linearisierung durch periodisches Schalten

Ebenso wie ein Zweipunktregler läßt sich auch ein Schaltglied mit drei Ausgangswerten durch periodische Betätigung und Pulsbreiten-Steuerung linearisieren. Die Steuerung wird so ausgeführt, daß die Größe y_1 entweder mit veränderlicher Einschaltdauer zwischen Null und y_{10} schaltet, ausgeschaltet bleibt oder mit veränderlicher Einschaltdauer zwischen Null und $-y_{10}$ schaltet.

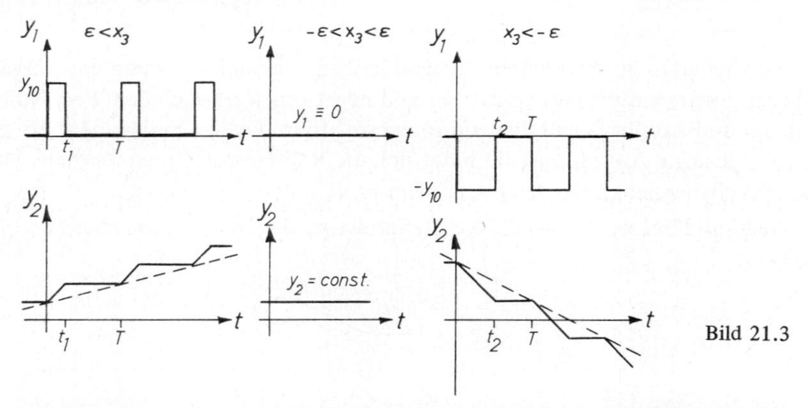

Bild 21.3

In Bild 21.3 ist diese Betriebsweise erläutert. Falls die Schaltfrequenz hinreichend hoch ist, beschreibt $y_2(t)$ angenähert eine glatte Kurve mit der veränderlichen mittleren Steigung

$$0 \leqslant \frac{d\overline{y}_2}{dt} = \frac{t_1}{T}\,\frac{y_{10}}{T_i} \leqslant \frac{y_{10}}{T_i},$$

oder

$$-\frac{y_{10}}{T_i} \leqslant \frac{d\overline{y}_2}{dt} = -\frac{t_2}{T}\,\frac{y_{10}}{T_i} \leqslant 0.$$

Bei Verwendung eines dem Dreipunkt-Stellglied vorgeschalteten Pulsbreiten-Modulators mit linearer Kennlinie $\frac{t_1}{T}$ (x_3) bzw. $\frac{t_2}{T}$ (x_3) entsteht also ein linearer quasistetiger Integralregler.

Diese Betriebsweise hat gegenüber der einer Zweipunktregelung den Vorzug, daß wenigstens im stationären Ruhezustand nicht geschaltet wird und daß die Stellgröße y_2 stetig verläuft. Die Regelgeschwindigkeit ist natürlich, wie bei allen Integralreglern, begrenzt; die Anwendung ist also nur sinnvoll, wenn die Regelstrecke nicht zu starken oder schnellwirkenden Störungen ausgesetzt ist.

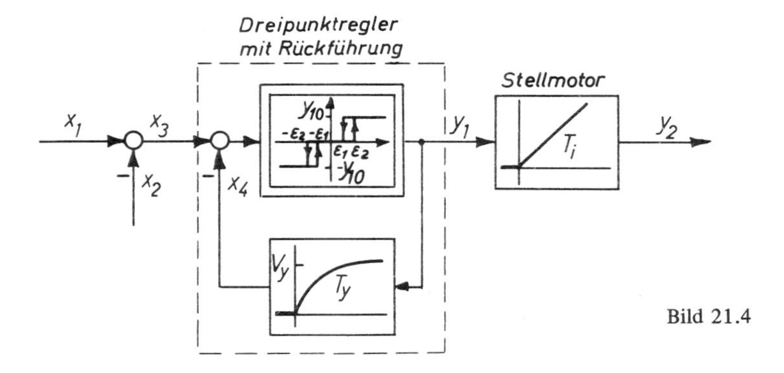

Bild 21.4

Der periodische Schaltvorgang läßt sich wieder durch einen besonderen Taktgeber oder eine Rückführung erzeugen. Bild 21.4 zeigt ein Steuerverfahren, bei dem ein mit Hysterese behafteter Dreipunktschalter, ähnlich wie in Bild 20.22, durch eine verzögerte Gegenkopplung zu einem Taktgeber erweitert wird. Da die Gegenkopplungsschaltung passiv ist und im Ruhezustand $y_1 \equiv 0$ gilt, wird die statische Genauigkeit der Regelung durch die Gegenkopplung nicht beeinträchtigt.

Wenn die Eingangsgröße x_3 einen der Ansprechwerte überschreitet,

$$|x_3| > \epsilon_2,$$

schaltet y_1 mit einem von $|x_3|$ abhängigen Taktverhältnis zwischen 0 und y_{10} bzw. zwischen 0 und $-y_{10}$. Man kann diesen „Dreipunktregler mit Rückführung" somit als eine Kombination von zwei wahlweise arbeitenden „Zweipunktreglern mit Rückführung" verstehen. Die sich für verschiedene Werte von x_3 ergebende mittlere Stellgröße $\overline{y}_1$ ist in Bild 21.5a aufgetragen. Die mittlere Neigung der Kennlinie ,

$$\frac{d\overline{y}_1}{dx_3} = V_m = \frac{1}{V_y + \frac{\epsilon_1}{y_{10}}},$$

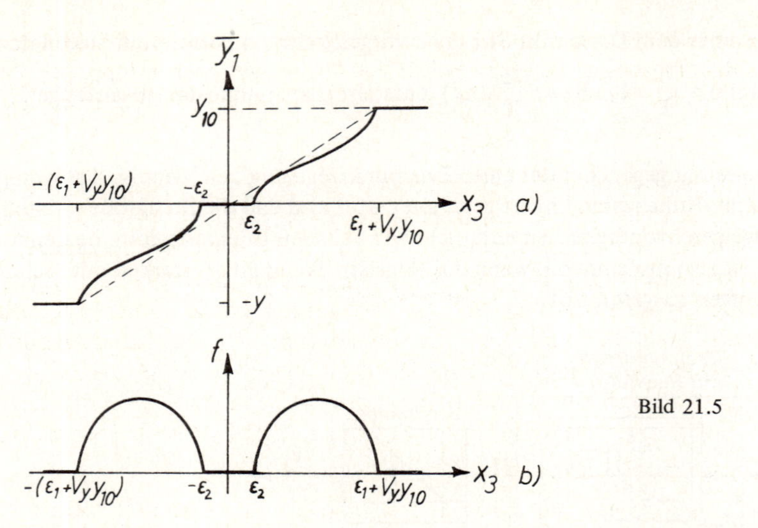

Bild 21.5

wird für $\epsilon_1 \ll V_y\, y_{10}$ wieder durch die Verstärkung V_y des Rückführzweiges bestimmt Bei hinreichend hoher Frequenz wirkt der zwischen x_3 und y_2 liegende Systemteil somit wie ein linearer Integralregler mit der Integrierzeit

$$T_i' = V_y\, T_i.$$

Die Abhängigkeit der Schaltfrequenz von der Regelabweichung (Bild 21.5b) entspricht im Prinzip der bei einem Zweipunktregler (Bild 20.23b). Das Maximum tritt wieder in der Mitte des jeweiligen Schaltbereiches auf.

In Bild 21.6 sind $y_1(t)$ und $y_2(t)$ bei einem sprungförmigen Verlauf der Regelabweichung $x_3(t)$ aufgetragen. Den ersten verlängerten Verstellimpuls kann man wie beim Zweipunktregler (Bild 20.24) als zusätzlichen Vorhalt interpretieren, so daß insgesamt die Wirkung

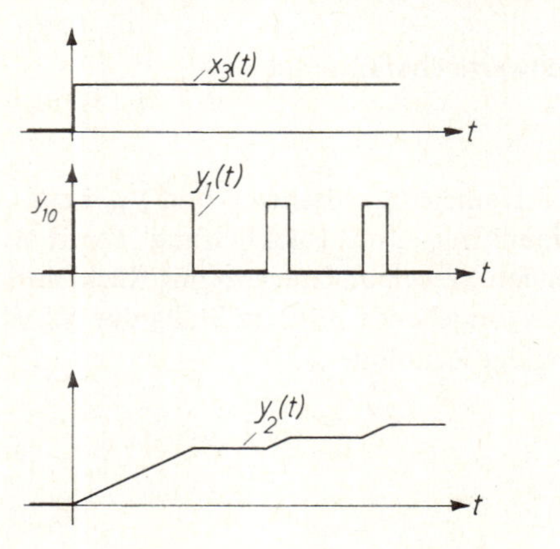

Bild 21.6

eines PI-Reglers entsteht, dessen Parameter allerdings von der Anregung abhängen. Auch hier sind andere Rückführbeschaltungen möglich. Bei Verwendung einer doppelten Verzögerung im Rückführzweig erhält man beispielsweise ein PID-ähnliches Verhalten des Dreipunktreglers.

Der beschriebene Linearisierungseffekt tritt ein, wenn die Schaltfrequenz – bezogen auf die Regelstrecke – hinreichend hoch ist. Die Wahl einer hohen Schaltfrequenz hat allerdings zur Folge, daß ein bestimmter Verstellhub Δy_2 in viele kleine Schritte zerlegt, d.h., daß bei einem Regelvorgang häufig geschaltet wird. Es empfiehlt sich also, die Frequenz nicht unnötig hoch zu wählen und die Verzögerung der Rückführung auf die Regelstrecke abzustimmen. Bei verfahrens- und wärmetechnischen Regelstrecken mit ihren großen Verzögerungen kommt man dabei zu Zeitkonstanten, die mit rein elektrischen Mitteln schwer realisierbar sind. Man verwendet dann häufig sogenannte thermische Rückführungen; dies sind kleine, mit Thermoelementen versehene Wärmeleitungsmodelle mit einem der Regelstrecke ähnlichen Zeitverhalten.

Die Einstellung der gewünschten Reglerparameter durch intermittierendes Schalten eines Stellmotors hat übrigens den Vorzug, daß im Bedarfsfall auch ohne Getriebeumschaltung ein schneller Steuereingriff, z.B. von Hand, möglich ist.

21.3. Dreipunktregler mit minimaler Schalthäufigkeit

Nachdem der Dreipunktregler durch periodisches Schalten linearisiert ist, haftet ihm noch der Nachteil an, daß ein Verstellweg Δy_2 möglicherweise in viele kleine Verstellschritte zerlegt wird, so daß bei Regelvorgängen ein häufiges Schalten des Stellmotors erfolgt. Deshalb liegt der Gedanke nahe, den Stellmotor z. B. nach einer sprungförmigen Störung so zu steuern, daß er die Größe y_2 in einem Zuge auf den neuen Wert einstellt und dann abschaltet. Die Schalthäufigkeit würde bei einem solchen Einschwingverhalten drastisch reduziert. Man könnte dann erwarten, daß sie auch bei anderem Verlauf und Angriffsort der Störgröße wesentlich zurückgehen würde. Ein derartiger, hinsichtlich der Schalthäufigkeit optimaler Betrieb erfordert natürlich eine genaue Kenntnis der Regelstrecke und der angreifenden Störgrößen, die im allgemeinen nicht vorliegt. Selbst wenn aber der ideale Fall nicht realisierbar ist, kann er doch als Bezugsmodell von Interesse sein. Die prinzipielle Lösung des Problems ist überraschend einfach.

Bild 21.7 zeigt einen Regelkreis mit Dreipunktregler, Integrator (Stellmotor) und verzögerter Regelstrecke. Die Anlauf-Verzögerung des Stellmotors sei zur Regelstrecke gerechnet. Die stets vorhandene Schaltverzögerung des Reglers ist in Form einer Laufzeit am Ausgang des Schaltgliedes berücksichtigt. Da das zu übertragende Signal y_1 eine Folge von Schaltfunktionen darstellt, ist dies zulässig.

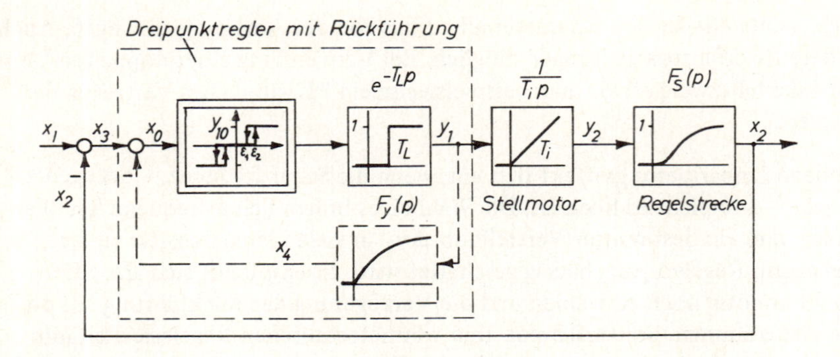

Bild 21.7

Als Regelstrecke sei ein gut gedämpftes und proportional wirkendes Verzögerungsglied beliebiger Ordnung mit der Übertragungsfunktion

$$F_s(p) = \frac{X_2}{Y_2}(p) = \frac{1}{a_n p^n + \ldots + a_2 p^2 + a_1 p + 1} \tag{1}$$

angenommen; die Verstärkung habe nach geeigneter Normierung den Wert Eins. Der Koeffizient a_1 hat dabei die Bedeutung der Ersatzzeitkonstanten; dies entspricht der Regelfläche oder dem Endwert des Anstiegsfehlers (Abs. 4.4).

21.3.1. Dreipunktregler ohne Rückführung

Zunächst wird der Rückführzweig in Bild 21.7 außer acht gelassen ($F_y = 0$). Anhand des Einschwingvorganges bei sprungförmiger Änderung der Führungsgröße wird die Bedingung für aperiodisches Verhalten des Regelkreises abgeleitet.

Denkt man sich das anfangs im Ruhezustand befindliche System bei $t = 0$ durch einen Sprung der Führungsgröße gestört, $x_1(t) = x_{10} \cdot s(t)$, so schaltet der Regler mit der Verzögerung T_L ein; $y_2(t)$ steigt linear an, während die Regelgröße $x_2(t)$ gemäß der Anstiegsantwort der Regelstrecke, d.h. verzögert, folgt (Abs. 4.4). In Bild 21.8 sind diese Vorgänge skizziert. Bei t_1 erreicht die Regelgröße den Abschaltwert,

$$x_2(t_1) = x_{10} - \epsilon_1, \tag{2}$$

und nach der Laufzeit T_L bleibt der Stellmotor stehen.

In dem nun beginnenden Intervall ist $y_2(t)$ konstant,

$$y_2(t) = y_2(t_1 + T_L), \qquad t \geq t_1 + T_L; \tag{3}$$

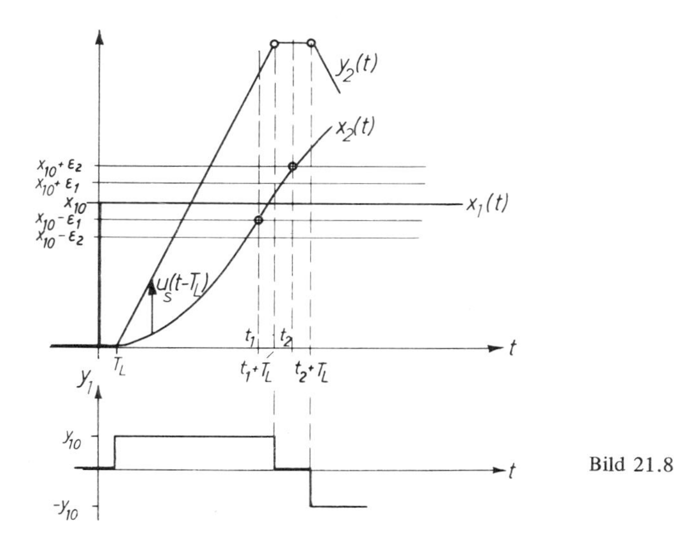

Bild 21.8

die Regelgröße x_2 strebt somit diesem Grenzwert zu. Falls dieser Wert, wie in Bild 21.8 angenommen, oberhalb der Toleranzgrenze $x_{10} + \epsilon_2$ liegt, schaltet der Dreipunktregler bei t_2 in entgegengesetzter Richtung wieder ein und der Stellmotor läuft zurück, worauf sich das Spiel wiederholt. Es entsteht also ein möglicherweise schlecht gedämpfter Einschwingvorgang.

Um zu erreichen, daß der Stellmotor beim ersten Abschalten innerhalb des Toleranzbereiches zum Stehen kommt, muß somit gelten

$$y_2(t_1 + T_L) = y_{10} \frac{t_1}{T_i} < x_{10} + \epsilon_2 . \tag{4}$$

t_1 war dabei durch Gl. (2) bestimmt. Mit dem Anstiegsfehler $u_s(t)$ der Regelstrecke gilt

$$\begin{aligned} x_2(t_1) &= y_2(t_1) - u_s(t_1 - T_L) \\ &= y_{10} \frac{t_1 - T_L}{T_i} - u_s(t_1 - T_L) = x_{10} - \epsilon_1 . \end{aligned} \tag{5}$$

Aus Gln. (4, 5) folgt

$$y_{10} \frac{T_L}{T_i} + u_s(t_1 - T_L) < \epsilon_1 + \epsilon_2 . \tag{6}$$

Der Anstiegsfehler $u_s(t)$ läßt sich auf einfache Weise aus der Übertragungsfunktion $F_s(p)$ der Strecke berechnen (Abs. 4.4). Mit $F_s(0) = 1$ gilt

$$u_s(t) = L^{-1} \left(\frac{1 - F_s(p)}{T_i p} \cdot \frac{y_{10}}{p} \right)$$

oder mit Gl. (1)

$$u_s(t) = L^{-1}\left(\frac{a_n\, p^{n-1} + \ldots + a_2\, p + a_1}{a_n\, p^n + \ldots + a_2\, p^2 + a_1\, p + 1} \cdot \frac{y_{10}}{T_i\, p}\right). \tag{7}$$

Für eine einfache Abschätzung sei angenommen, daß der Anstiegsfehler bei t_1 seinen stationären Wert erreicht habe,

$$u_s(t_1 - T_L) \approx u_s(\infty) = \frac{a_1\, y_{10}}{T_i}. \tag{8}$$

Aus Gln. (6, 8) folgt dann die Bedingung

$$\frac{(a_1 + T_L)\, y_{10}}{T_i} < \epsilon_1 + \epsilon_2$$

oder

$$\frac{dy_2}{dt} = \frac{y_{10}}{T_i} < \frac{\epsilon_1 + \epsilon_2}{a_1 + T_L}. \tag{9}$$

Sie verknüpft die unter der Forderung nach aperiodischem Einschwingen zulässige Anstiegsgeschwindigkeit der Stellgröße y_2 mit dem Unempfindlichkeitsbereich des Dreipunktreglers und der Ersatzzeitkonstante (a_1) der Regelstrecke. Da ϵ_1, ϵ_2 im Interesse guter Regelgenauigkeit möglichst klein sein sollen und a_1 bei verfahrenstechnischen Regelstrecken beträchtliche Werte annehmen kann, kommt man bei Beachtung von Gl. (9) in den meisten Fällen zu einer für die praktische Anwendung viel zu kleinen zulässigen Stellgeschwindigkeit. Daran ändert sich auch wenig, wenn man die Stellgeschwindigkeit um einen Faktor 2 oder 3 erhöht und ein begrenztes Überschwingen in Kauf nimmt.

21.3.2. Dreipunktregler mit ergänzender Rückführung

Durch Einfügung des in Bild 21.7 gestrichelt gezeichneten Rückführzweiges läßt sich die Bedingung (9) wesentlich lockern. Wählt man nämlich $F_y(p)$ so, daß am Ausgang der Rückführschaltung gerade der Anstiegsfehler entsteht,

$$x_4(t) = u_s(t - T_L), \tag{10}$$

so gilt

$$x_2(t) + x_4(t) = x_2(t) + u_s(t - T_L) = y_2(t), \tag{11}$$

d.h. der scheinbare Istwert $x_2 + x_4$ gleicht der Stellgröße y_2. Die Rückführung beseitigt also gerade den durch die verzögerte Regelstrecke entstehenden dynamischen Fehler [79].

Aus Bild 21.7 läßt sich die aus dem Ansatz (11) folgende Bedingung unmittelbar ablesen,

$$\frac{F_s(p)}{T_i\,p} + F_y(p) \overset{!}{=} \frac{1}{T_i\,p} ,$$

oder

$$F_y(p) = \frac{1 - F_s(p)}{T_i\,p} . \tag{12}$$

Mit Gl. (1) folgt daraus

$$F_y(p) = \frac{a_1}{T_i} \frac{\frac{a_n}{a_1} p^{n-1} + \ldots + \frac{a_2}{a_1} p + 1}{a_n p^n + \ldots + a_2 p^2 + a_1 p + 1} . \tag{13}$$

Die Rückführung erfolgt also über ein Proportionalglied mit der Verstärkung

$$V_y = F_y(0) = \frac{a_1}{T_i} .$$

Befindet sich der Regelkreis im abgeglichenen Zustand, so ist $y_1 \equiv 0$ und x_4 strebt gegen Null. Die Rückführung hat also keinen nachteiligen Einfluß auf die statische Genauigkeit der Regelung.

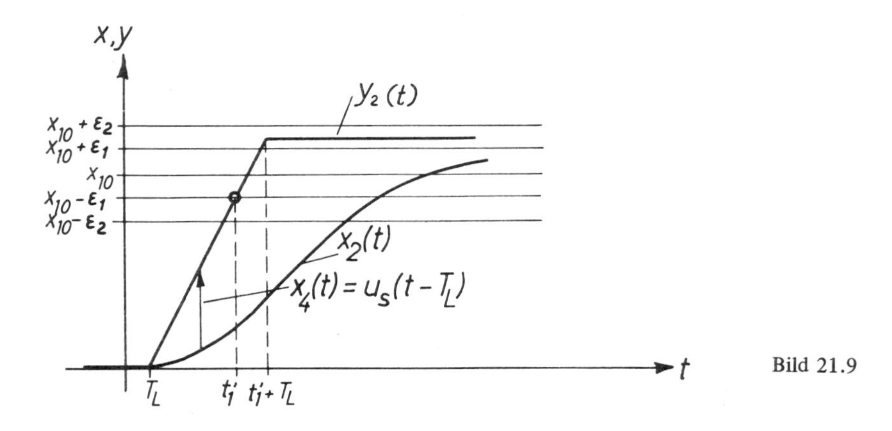

Bild 21.9

Bild 21.9 zeigt den zugehörigen Einschwingvorgang als Folge einer sprungförmigen Änderung der Führungsgröße. Die Abschaltbedingung des Dreipunktreglers lautet nun

$$x_2(t_1') + u_s(t_1' - T_L) = y_2(t_1') = y_{10} \frac{t_1' - T_L}{T_i} = x_{10} - \epsilon_1 ; \tag{14}$$

bei $t = t_1' + T_L$ muß y_2 noch unterhalb des oberen Ansprechwertes liegen,

$$y_2(t_1' + T_L) = y_{10} \frac{t_1'}{T_i} < x_{10} + \epsilon_2. \tag{15}$$

Aus (14, 15) folgt durch Subtraktion die Bedingung für asymptotischen Verlauf des Einschwingvorganges,

$$y_{10} \frac{T_L}{T_i} < \epsilon_1 + \epsilon_2$$

oder

$$\frac{dy_2}{dt} = \frac{y_{10}}{T_i} < \frac{\epsilon_1 + \epsilon_2}{T_L}. \tag{16}$$

Wegen der ergänzenden Rückführung ist nun die zulässige Stellgeschwindigkeit unabhängig von den Parametern der Regelstrecke; die Annahme, daß der Anstiegsfehler bei t_1' seinen Endwert erreicht hat, erübrigt sich.

Bei Verwendung eines elektronischen Schaltgliedes ist $T_L \approx 0$, so daß die Stellzeit T_i theoretisch beliebig klein gewählt werden könnte. Eine praktische Grenze ist jedoch dadurch gegeben, daß die Regelstrecke (F_s) meistens nur ungefähr bekannt und veränderlich ist, so daß die Rückführung nur angenähert bestimmt werden kann. Je größer aber die Stellgeschwindigkeit $\frac{dy_2}{dt} = \frac{y_{10}}{T_i}$ gewählt wird, desto größer ist auch der Anstiegsfehler, was wiederum eine erhöhte Rückführverstärkung zur Folge hat. Eine ungenaue Anpassung der Rückführung an die Regelstrecke kann dann wegen des schmalen Zielbereiches ($\epsilon_{1,2} \ll y_{10}$) leicht zu einem verfrühten oder verspäteten Abschalten, d. h. zu undefinierten und schlecht gedämpften Einschwingvorgängen führen.

Wünscht man also bei einer langsamen Regelstrecke (großes a_1) im Interesse einer schnellen Handsteuermöglichkeit eine kurze Stellzeit (kleines T_i), so muß entweder die Rückführung genau an die Regelstrecke angepaßt werden, was normalerweise unmöglich ist, oder man muß auf die Forderung nach aperiodischem Verhalten des Regelkreises verzichten und häufigeres Schalten in Kauf nehmen. Natürlich machen sich Anpassungsfehler im Rückführzweig nicht abrupt, sondern durch eine allmähliche Abnahme der Dämpfung bemerkbar.

Im Gegensatz zu einem linearen System kommt der stabile Dreipunktregelkreis nach einer endlichen Zahl von Schaltungen zur Ruhe.

Anhand eines einfachen Beispiels soll der Aufbau der Rückführung für den aperiodisch gedämpften Dreipunkt-Regelkreis gezeigt werden. Die Übertragungsfunktion einer Regelstrecke 2. Ordnung,

$$F_s(p) = \frac{1}{(T_1 p + 1)(T_2 p + 1)} \tag{17}$$

führt mit Gl. (12) auf

$$F_y(p) = \frac{1 - F_s(p)}{T_i\,p} = \frac{T_1 + T_2}{T_i} \frac{\frac{T_1 T_2}{T_1 + T_2} p + 1}{(T_1 p + 1)(T_2 p + 1)}$$
$$= V_y \frac{T_3 p + 1}{(T_1 p + 1)(T_2 p + 1)}, \quad T_3 < T_1, T_2. \tag{18}$$

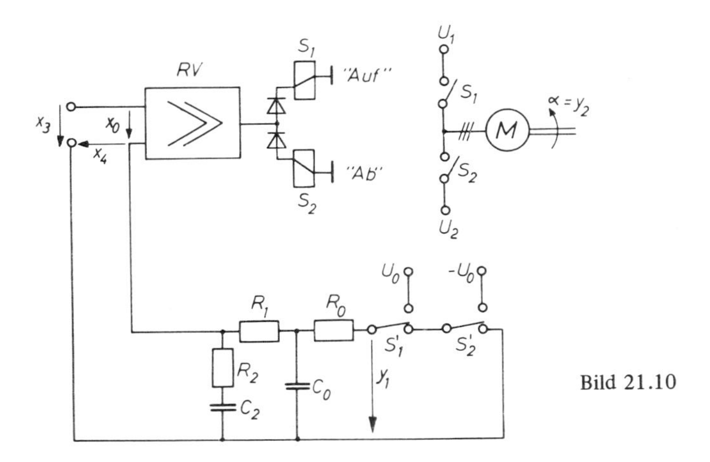

Bild 21.10

In Bild 21.10 ist ein Ausführungsbeispiel für einen elektrischen Dreipunktregler mit Stellmotor skizziert. Ein empfindlicher elektronischer oder magnetischer Regelverstärker RV wird dabei durch die scheinbare Regelabweichung $x_0 = x_3 - x_4$ ausgesteuert. Bei Erreichen eines Schwellwertes in positiver oder negativer Richtung spricht eine der Schaltstufen S_1, S_2 an und steuert, evtl. über weitere Schaltverstärker, den Stellmotor M, normalerweise einen Asynchronmotor mit Kurzschlußläufer. Über Hilfskontakte S_1', S_2' wird eine Rückführschaltung, bestehend aus R_0, R_1, R_2 und C_0, C_2, an eine Gleichspannung $\pm U_0$ gelegt; die entstehende Spannung x_4 dient zur Gegenkopplung am Verstärkereingang. Die gezeichnete Schaltung liefert unter der Annahme weitgehender Entkopplung, $R_0 \ll R_1$, und bei hohem Eingangswiderstand des Verstärkers das einfache Ergebnis

$$F_y(p) = \frac{X_4}{Y_1}(p) \approx \frac{R_2 C_2 p + 1}{(R_0 C_0 p + 1)((R_1 + R_2) C_2 p + 1)} \tag{19}$$

Dies entspricht bei passender Wahl der Schaltelemente gerade der in Gl. (18) berechneten Funktion.

Die Schaltung läßt sich natürlich auch mit elektronischen Bauteilen verwirklichen.

Bild 21.11 zeigt einen berechneten Einschwingvorgang des Regelkreises bei optimaler Anpassung der Rückführung und bei Abweichungen der Regelstreckenverstärkung vom Nennwert. Dabei ergibt sich eine verspätete, bzw. eine vorzeitige Abschaltung des Reglers. Bei Annahme einer in der Strecke angreifenden Störgröße z verläuft der Einschwingvorgang auch bei richtiger Verstärkung nicht mehr in einem Schritt. Die ergänzende Rückführung liefert also nur bei Sollwertstörungen das angestrebte Einschwingverhalten, was den Wert dieses Entwurfsprinzips für die Anwendung natürlich einschränkt.

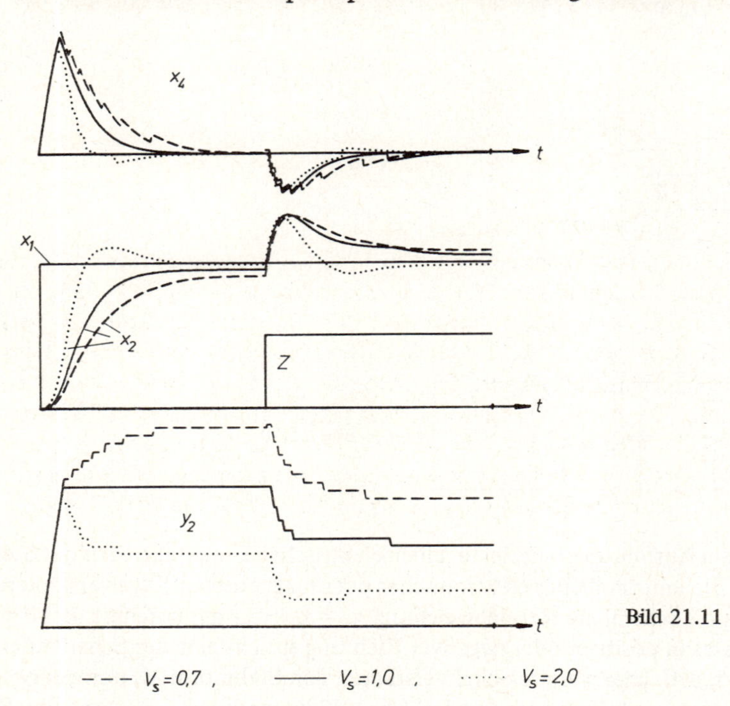

Bild 21.11

22. Darstellung von Regelvorgängen durch Zustandskurven

22.1. Zustandsgrößen und Zustandsraum

Eine dynamische Übertragungsstrecke nach Bild 22.1 mit n unabhängigen konzentrierten Energiespeichern läßt sich bekanntlich (Abs. 3.2.3) durch eine gewöhnliche Differentialgleichung n. Ordnung beschreiben. Wenn die Gleichung linear ist, spricht man von einem linearen, bei zeitunabhängigen Koeffizienten außerdem von einem zeitinvarianten System.

$$a_n x^{(n)} + \ldots + a_1 x' + a_0 x = b_m y^{(m)} + \ldots + b_1 y' + b_0 y. \qquad (1)$$

Bild 22.1

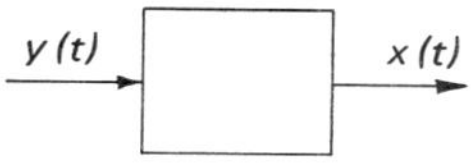

$y(t)$ → [ ] → $x(t)$

Bei einem technisch realisierbaren System gilt $m \leqslant n$.

Der energetische Zustand des Gesamtsystems wird in jedem Augenblick durch die Inhalte der n Energiespeicher, d.h. mittelbar durch n Speichervariable $x_1, x_2 \ldots x_n$ gekennzeichnet. Bei endlicher Leistungszufuhr können die Energieinhalte und damit die Speichervariablen sich nur stetig ändern; sie sind deshalb zur Formulierung von Anfangs- oder Kontinuitätsbedingungen heranzuziehen. Wenn der „Zustand" zum Zeitpunkt t_1, d.h. $x_1(t_1), x_2(t_1) \ldots, x_n(t_1)$, sowie die Anregungsfunktion $y(t)$ für $t \geqslant t_1$ bekannt sind, ist der Zustand des Übertragungssystems zu allen späteren Zeitpunkten $t > t_1$ eindeutig festgelegt. Der Begriff des Speichers ist dabei ganz allgemein zu verstehen; er schließt z.B. auch materielle Speicher ein, deren Zu- und Abnahme nicht beliebig schnell erfolgen kann.

Man kann auch umgekehrt sagen, daß eine Übertragungsstrecke nur dann eine durch eine Differentialgleichung beschriebene „Eigendynamik" haben kann, wenn sie eine hinreichende Zahl von unabhängigen Speichergrößen aufweist.

Bei einer elektrischen Kapazität ist die Speichergröße die Ladung (Spannung), bei einer Induktivität der magnetische Fluß (Strom) und bei bewegten Massen die translatorischen oder rotatorischen Geschwindigkeitskomponenten. Bei einem thermischen System stellen wegen der Wärmeinhalte die Temperaturen der verschiedenen Teile, bei einem pneumatischen System die Drücke und bei einem Behälter die Füllhöhe Speichergrößen dar. Allen diesen Größen ist gemeinsam, daß sie sich bei endlicher Energie- und Materialzufuhr nur stetig verändern können; sie sind somit zur Beschreibung des „Zustandes" des Systems geeignet und als „Zustandsvariable" anzusprechen.

Die n Speichergrößen $x_1 \ldots x_n$ sind jedoch nicht der einzige mögliche Satz von Zustandsgrößen. Bildet man nämlich aus den Speichervariablen n unabhängige Linearkombinationen,

$$z_i(t) = \sum_{\nu=1}^{n} c_{i\nu}\, x_\nu(t), \quad i = 1, 2, \ldots, n,$$

so erhält man einen neuen Satz von Veränderlichen, die gleichfalls stetig sind und als Zustandsvariable bezeichnet werden können. Die Definition von Zustandsvariablen ist also nicht eindeutig und insbesondere auch nicht auf die eigentlichen Speichervariablen beschränkt.

Die Bedeutung der Zustandsvariablen in der klassischen Mechanik und in der Regelungstheorie beruht vor allem auf der Tatsache, daß es nach Einführung von Zustandsvariablen auf einfache Weise möglich ist, die Differentialgleichung n. Ordnung als System von n Differentialgleichungen 1. Ordnung in Matrizenform kompakt zu schreiben. Diese Verfahren werden in einer anderen Vorlesung ausführlich dargestellt; es genüge hier, anhand von einigen Umformungen und Beispielen auf diese Möglichkeiten hinzuweisen.

Dem durch die lineare Differentialgleichung (1) beschriebenen System läßt sich bekanntlich eine rationale Übertragungsfunktion zuordnen, die das Verhältnis der Laplacetransformierten Anregungs- und Antwortfunktionen darstellt und das dynamische Verhalten der Übertragungsstrecke ebenfalls vollständig wiedergibt (Abs. 3.2.2),

$$\frac{X}{Y}(p) = F(p) = \frac{b_m p^m + \ldots + b_1 p + b_0}{a_n p^n + \ldots + a_1 p + a_0}, \quad m \leqslant n. \tag{2}$$

Ohne Kenntnis des zugehörigen physikalischen Systems, lediglich aufgrund der Koeffizienten a_ν, b_μ läßt sich das in Bild 22.2 dargestellte Blockschaltbild eines linearen Ersatzsystems entwerfen, dessen Übertragungsverhalten dem durch Gln. (1,2) beschriebenen vollständig entspricht. Durch schrittweise Elimination der Rückkoppelschleifen ist diese Übereinstimmung leicht zu bestätigen.

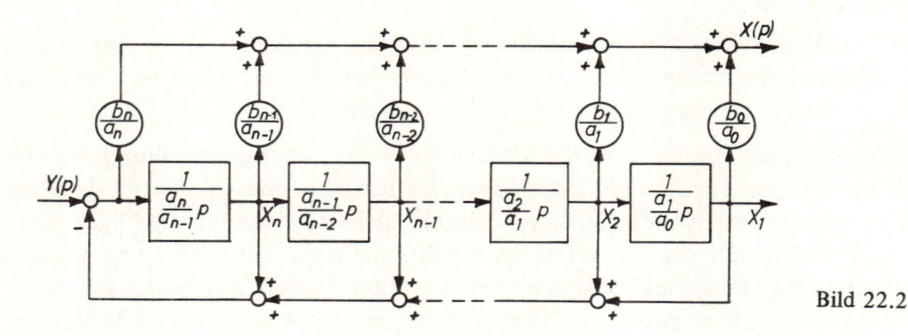

Bild 22.2

Das Blockschaltbild besteht aus n Integratoren mit den Integrierzeitkonstanten $T_\nu = \frac{a_\nu}{a_{\nu-1}}$ und n Gegenkoppelschleifen. Die Ausgangsgrößen der Integratoren und die Eingangsgröße des ersten Integrators werden mit dimensionslosen Gewichtsfaktoren $\frac{b_\mu}{a_\mu}$ überlagert und bilden die Ausgangsgröße x (t).

Aus dieser Struktur folgt wegen $m \leqslant n$ zunächst, daß trotz der maximal n. Ableitung auf der rechten Seite der Differentialgleichung (1) keine explizite Differentiation des Anregungssignals $y(t)$ notwendig ist. Außerdem ist ersichtlich, daß Stabilität und Dämpfung des Ersatzsystems nicht durch die b_μ, sondern ausschließlich durch die a_ν beeinflußt werden, denn nur diese sind in den Rückkoppelschleifen wirksam. Dies stimmt mit der früheren Erkenntnis überein, daß Stabilität und Dämpfung eines linearen Systems nur durch den homogenen Teil der Differentialgleichung, d.h. die a_ν, bestimmt sind.

Für einen der in Bild 22.2 enthaltenen Integratoren, etwa den letzten, gilt mit $\frac{a_1}{a_0} = T_1$ der Zusammenhang

$$x_1(t) = x_1(t_1) + \frac{1}{T_1} \int_{t_1}^{t} x_2(\tau)\, d\tau, \quad t > t_1 .$$

Das Integral läßt sich anschaulich als Fläche unter der Kurve $x_2(t)$ interpretieren (Bild 22.3). Daraus folgt aber sofort, daß $x_1(t)$ eine stetige Funktion ist, sofern $x_2(t)$ endlich ist. Diese Überlegung gilt analog für jeden der Integratoren. Das Schaltbild des mit einem Rechenverstärker nachgebildeten Integrators (Bild 6.10 für $R_2 \to \infty$) zeigt, daß die Ausgangsspannung u_2 der Kondensatorspannung u_c entspricht und somit stetig ist.

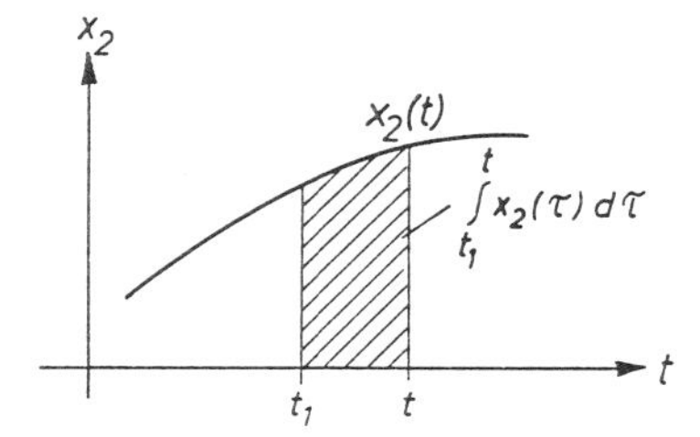

Bild 22.3

Man hat also ganz schematisch, ohne das physikalische System selbst zu kennen, einen Satz von stetigen Größen gewonnen, die als Zustandsgrößen verwendbar sind. Die in Bild 22.2 gezeichnete Anordnung wird auch als eine Normalform bezeichnet. Sie stellt eine von beliebig vielen gleichwertigen Formen dar, die durch lineare Transformation auseinander hervorgehen.

Anhand von Bild 22.2 findet sich auch die Tatsache bestätigt, daß $x(t)$ für $m < n$, d.h. $b_n = 0$, bei beliebiger endlicher Anregung $y(t)$ stetig verläuft; $x(t)$ ist dann ja eine Linearkombination der stetigen Zustandsgrößen $x_\nu(t)$. Nur für $b_n \neq 0$ und bei unstetig verlaufender Anregung tritt mit $x_n'(t)$ eine unstetige Komponente hinzu.

Bei einer Übertragungsstrecke ohne Vorhalt (reiner Tiefpaß) mit $b_0 \neq 0$, $b_1 = b_2 = \ldots = b_n = 0$ sind die Ausgangsgröße $x(t)$ und ihre $n-1$ Ableitungen stetig und somit als Zustandsgrößen verwendbar.

Das Blockschaltbild ermöglicht auf einfache Weise den Übergang zu einem System von Gleichungen 1. Ordnung. Die Differentialgleichungen der n Integratoren lauten nämlich:

$$\begin{aligned} T_1 \frac{dx_1}{dt} &= x_2(t) \\ T_2 \frac{dx_2}{dt} &= x_3(t) \\ &\vdots \\ T_{n-1} \frac{dx_{n-1}}{dt} &= x_n(t) \\ T_n \frac{dx_n}{dt} &= y(t) - (x_1(t) + x_2(t) + \ldots + x_n(t)). \end{aligned} \tag{3}$$

Für die Ausgangsgröße gilt eine algebraische Gleichung,

$$x(t) = \sum_{\nu=1}^{n} \frac{b_{\nu-1}}{a_{\nu-1}} x_\nu + \frac{b_n}{a_n} T_n \frac{dx_n}{dt},$$

oder mit (3)

$$x(t) = \sum_{\nu=1}^{n} \left(\frac{b_{\nu-1}}{a_{\nu-1}} - \frac{b_n}{a_n} \right) x_\nu(t) + \frac{b_n}{a_n} y(t). \tag{4}$$

Das Gleichungssystem (3) ist ein Sonderfall eines allgemeinen Systems von gekoppelten Differentialgleichungen 1. Ordnung,

$$T_\nu \frac{dx_\nu}{dt} = f_\nu (x_1, x_2, \ldots, x_n, y_1 \ldots, y_m, t), \tag{5}$$

$$\nu = 1, 2, \ldots, n,$$

wo die $x_\nu(t)$ stetige Zustandsgrößen und die f_ν beliebige Funktionen sämtlicher Zustandsgrößen x_ν und Anregungsgrößen y_μ sind. Diese Schreibweise wird bei der schrittweisen numerischen Integration von Differentialgleichungen bevorzugt; sie ist vor allem aber der Ausgangspunkt für die Untersuchung dynamischer Systeme im Zustandsraum.

Man definiert aus den n Zustandsgrößen einen Zustandsvektor

$$\underline{x}(t) = \begin{pmatrix} x_1(t) \\ \vdots \\ x_n(t) \end{pmatrix},$$

der sich z. B. für n = 3 als Vektor im dreidimensionalen Raum geometrisch deuten läßt, (Bild 22.4),

$$x(t) = i x_1(t) + j x_2(t) + k x_3(t).$$

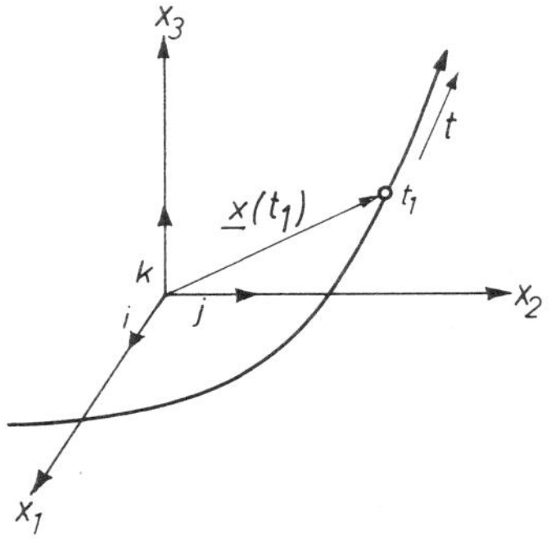

Bild 22.4

Da sämtliche $x_\nu(t)$ stetige Funktionen der Zeit sind, beschreibt die Spitze des Zustandsvektors eine mit t bezifferte, stetige räumliche Kurve, die sogenannte Zustandskurve, Phasenkurve oder Phasentrajektorie.

Der Zustandsvektor kennzeichnet also zu einem bestimmten Zeitpunkt den energetischen und materiellen Zustand des zugehörigen Systems vollständig.

Bei nichtlinearen Differentialgleichungen gibt es keine dem linearen Fall entsprechende Transformation, die schematisch auf einen Satz von Zustandsgrößen und Zustandsgleichungen führt. In den meisten Fällen liefert jedoch der Ansatz der Kontinuitätsbedingungen sowie der Energie- und Stoffflußbilanzen Hinweise; diese Bedingungen sind ja auch meistens der Ausgangspunkt für die Aufstellung der Differentialgleichungen.

Für praktische Situationen ist dabei folgende Überlegung nützlich: Wenn es gelungen ist, ein Strukturdiagramm z. B. für die Nachbildung des physikalischen Systems auf dem Analogrechner zu entwerfen, dann stellen die Ausgangsgrößen der Integratoren gemäß Bild 22.3 bereits einen möglichen Satz von Zustandsgrößen dar. Der Zustand der Analogrechnerschaltung wird ja in jedem Zeitpunkt durch die Ausgangsspannung der Integratoren, d. h. die Ladung auf den Integrierkondensatoren, bestimmt. Man braucht dann nur noch die Integrator-Eingangsgrößen aufzuschreiben und hat damit die rechten Seiten der Gl. (5).

Zur Erläuterung und Vertiefung wird nun ein einfaches lineares und ein nichtlineares Beispiel betrachtet.

Die in Bild 22.5 gezeichnete lineare Schaltung enthält zwei Energiespeicher, L und C, mit den Energieinhalten

$$w_L(t) = \frac{1}{2} L i_L^2(t) \text{ und } w_c(t) = \frac{1}{2} C u_c^2(t).$$

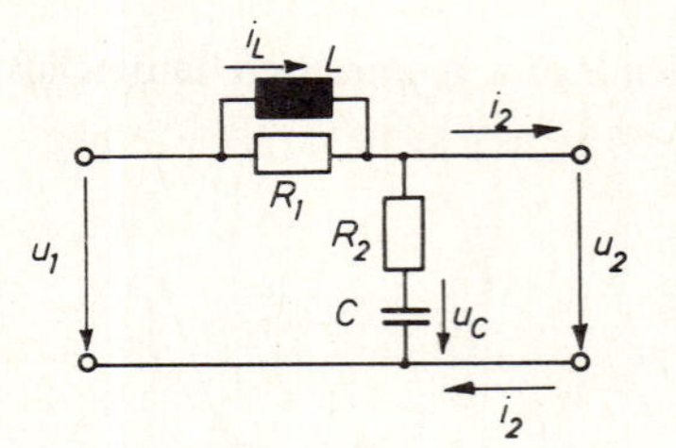

Bild 22.5

Als natürliche Zustandsgrößen sind also die Speichergrößen i_L und u_c anzusprechen. Als unabhängige Anregungen wirken die Eingangsspannung u_1 und der Laststrom i_2.

Die Maschen- und Knotenpunktsgleichungen liefern

$$L \frac{d\,i_L}{dt} = u_1 - u_c - R_2 C \frac{d\,u_c}{dt}\,,$$
$$C \frac{d\,u_c}{dt} = i_L + \frac{L}{R_1} \frac{d\,i_L}{dt} - i_2\,. \tag{6}$$

Auflösung nach $\frac{di_L}{dt}$ und $\frac{du_c}{dt}$ führt auf die zwei Zustandsgleichungen

$$(R_1 + R_2)\,C \frac{du_c}{dt} = -u_c + R_1\,i_L + u_1 - R_1\,i_2\,,$$
$$\frac{R_1 + R_2}{R_1\,R_2}\,L \frac{di_L}{dt} = -\frac{u_c}{R_2} - i_L + \frac{u_1}{R_2} + i_2\,. \tag{7}$$

Nach Integration dieser beiden Gleichungen lassen sich alle anderen Größen in den Zustandsvariablen, den Anregungen und deren Ableitungen ausdrücken. Zum Beispiel gilt für die Ausgangsspannung

$$u_2 = u_c + R_2 C \frac{du_c}{dt} = u_1 - L \frac{di_L}{dt}\,. \tag{8}$$

Mit Hilfe der Gl. (7) sind hieraus die Ableitungen der Zustandsgrößen zu eliminieren.

Um das durch die Schaltung (Bild 22.5) verkörperte dynamische System in eine Normalform nach Bild 3.2 zu bringen, geht man am einfachsten von einer Übertragungsfunktion, z. B. $F(p) = \frac{U_2(p)}{U_1(p)}$ aus.

Durch Anwendung der komplexen Rechnung [30] folgt für sekundären Leerlauf ($i_2 = 0$)

$$\frac{U_2}{U_1}(p) = \frac{\frac{R_2}{R_1} LC p^2 + \left(R_2 C + \frac{L}{R_1}\right) p + 1}{\left(1 + \frac{R_2}{R_1}\right) LC p^2 + \left(R_2 C + \frac{L}{R_1}\right) p + 1}\,, \tag{9}$$

mit den Koeffizienten a_ν, b_μ. Bild 22.6 zeigt das zugehörige Strukturbild. Die Laplace-Transformierten der beiden synthetischen Zustandsgrößen $x_1(t)$ und $x_2(t)$ sind demnach ($a_0 = 1$)

$$X_1(p) = \frac{U_1(p)}{a_2 p^2 + a_1 p + 1} = \frac{U_1(p)}{\left(1 + \frac{R_2}{R_1}\right) LC p^2 + \left(R_2 C + \frac{L}{R_1}\right) p + 1}$$

und (10)

$$X_2(p) = \frac{a_1 p U_1(p)}{a_2 p^2 + a_1 p + 1} = \frac{\left(R_2 C + \frac{L}{R_1}\right) p U_1(p)}{\left(1 + \frac{R_2}{R_1}\right) LC p^2 + \left(R_2 C + \frac{L}{R_1}\right) p + 1} .$$

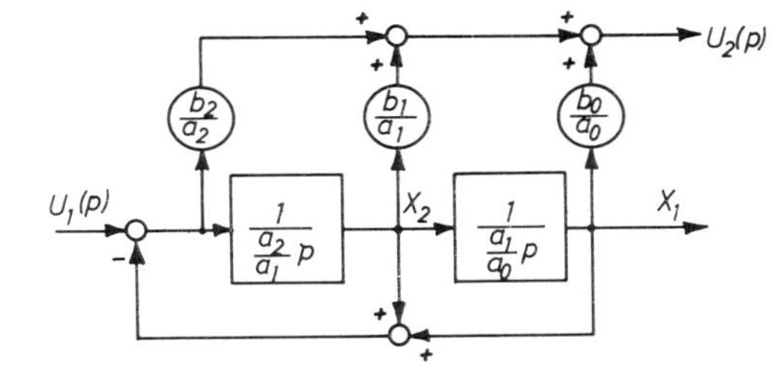

Bild 22.6

Vergleicht man diese Ausdrücke mit den aus Bild 22.5 zu berechnenden Bildfunktionen der Speichergrößen u_c und i_L,

$$U_c(p) = \frac{\frac{L}{R_1} p + 1}{\left(1 + \frac{R_2}{R_1}\right) LC p^2 + \left(R_2 C + \frac{L}{R_1}\right) p + 1} U_1(p),$$

$$I_L(p) = \frac{1}{R_2} \cdot \frac{R_2 C p}{\left(1 + \frac{R_2}{R_1}\right) LC p^2 + \left(R_2 C + \frac{L}{R_1}\right) p + 1} U_1(p), \qquad (11)$$

so ist zu erkennen, daß die synthetischen Zustandsgrößen x_1 und x_2 in der Tat Linearkombinationen der Speichergrößen u_c und i_L sind.

Für die im folgenden betrachteten Sonderfälle von linearen Übertragungsstrecken 2. Ordnung ist es vorteilhaft, von dem in Bild 22.6 gezeichneten Strukturbild auch eine nicht normierte Version zu verwenden (Bild 22.7). Die hierbei auftretenden neuen Zustandsgrößen x_1^*, x_2^* unterscheiden sich durch konstante Faktoren von den in Bild 22.6 enthaltenen Zustandsgrößen x_1, x_2; insbesondere sind x_1^*, x_2^* nicht mehr dimensionsgleich.

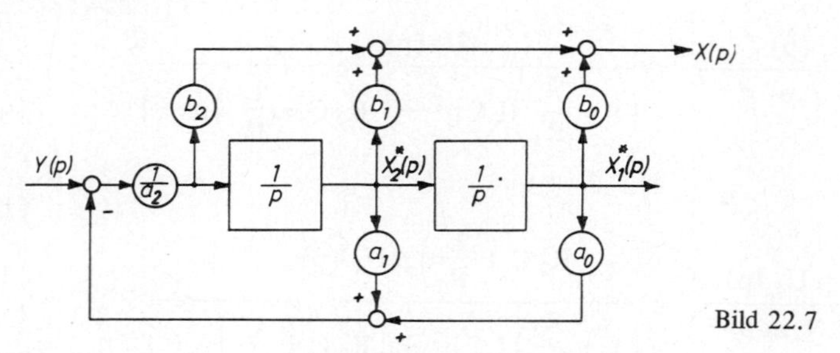

Bild 22.7

Als Beispiel für ein nichtlineares dynamisches System soll der Bremsvorgang des in Bild 22.8 skizzierten Radsatzes eines Schienenfahrzeuges betrachtet werden, wobei naturgemäß starke Vereinfachungen erforderlich sind. G sei die durch die anteilige Fahrzeugmasse bedingte Aufstandskraft, Θ das Trägheitsmoment des Radsatzes; v sei die translatorische und u die Umfangsgeschwindigkeit. Ferner soll f_B die von der bremsdruckgesteuerten Anpreßkraft f_A herrührende tangentiale Bremskraft und f_S die durch Reibungsschluß von den Schienen auf den Radsatz ausgeübte Reibungskraft bedeuten. Mit der Annahme, daß jeder Radsatz die zur Aufstandskraft gehörige anteilige Fahrzeugmasse abbremst, gelten folgende Differentialgleichungen für die translatorische und rotierende Bewegung

$$\frac{G}{g}\frac{dv}{dt} = -f_S, \qquad (12a)$$

$$\frac{dx}{dt} = v, \qquad (12b)$$

$$\frac{\Theta}{R^2}\frac{du}{dt} = f_S - f_B. \qquad (12c)$$

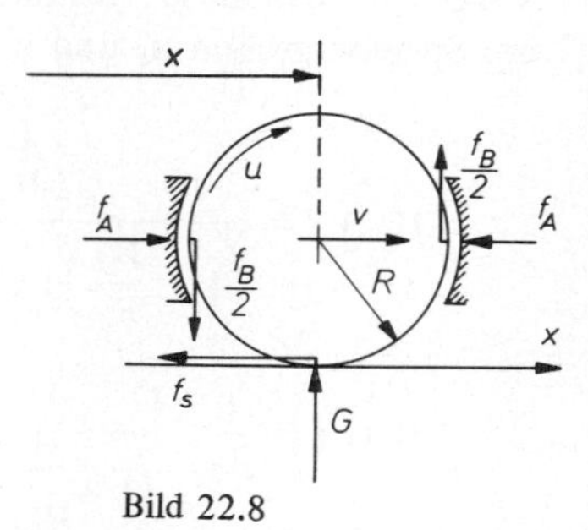

Bild 22.8

Für die Reibungskräfte gilt der Ansatz

$$f_B = f_A \cdot \mu_B(u), \qquad (12d)$$

$$f_s = G \cdot \mu_S(v - u), \qquad (12e)$$

wobei $\mu_B(u)$ und $\mu_S(v-u)$ Reibungskoeffizienten darstellen, die wegen des Überganges von Gleit- zu Haftreibung bzw. von Roll- zu Gleitreibung komplizierte und i.a. nur empirisch faßbare Funktionen der jeweiligen Differenzgeschwindigkeit und des Zustandes der Reibungsflächen sind. Mit den (beliebig wählbaren) Bezugsgrößen v_0, x_0 erhält man die normierten Differentialgleichungen

$$T_1 \frac{d}{dt}\left(\frac{v}{v_0}\right) = -\mu_S\left(\frac{v-u}{v_0}\right), \qquad T_1 = \frac{v_0}{g}, \tag{13a}$$

$$T_2 \frac{d}{dt}\left(\frac{x}{x_0}\right) = \frac{v}{v_0}, \qquad T_2 = \frac{x_0}{v_0}, \tag{13b}$$

$$T_3 \frac{d}{dt}\left(\frac{u}{v_0}\right) = \mu_S\left(\frac{v-u}{v_0}\right) - \frac{f_A}{G}\cdot\mu_B\left(\frac{u}{v_0}\right), \quad T_3 = \frac{\Theta v_0}{R^2 G} \tag{13c}$$

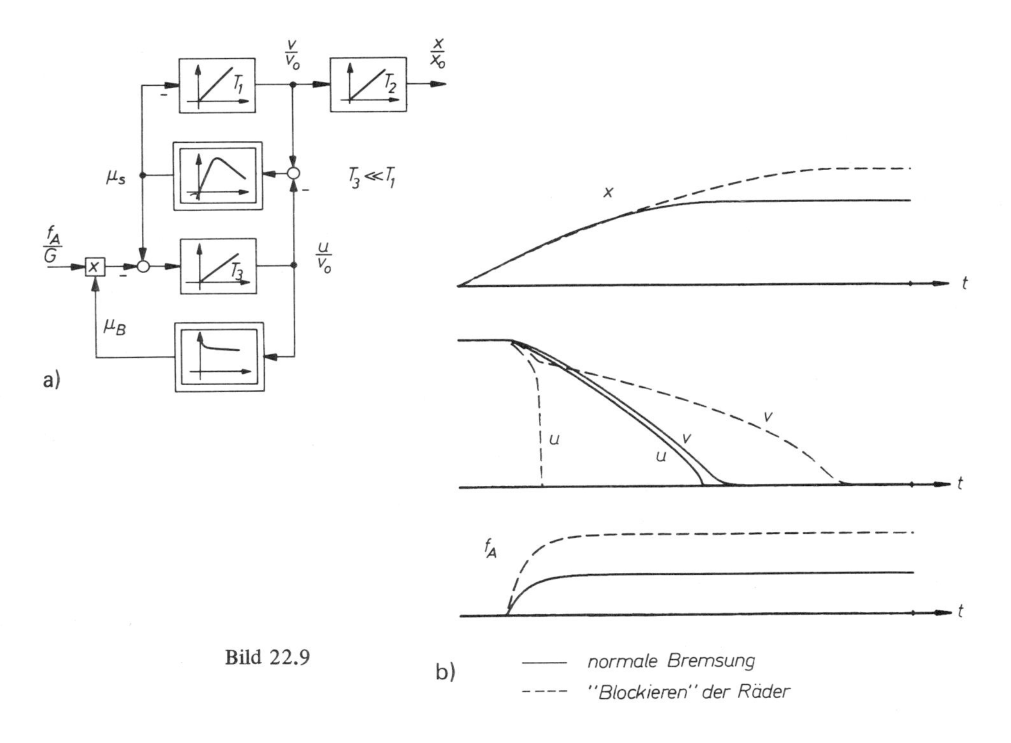

Bild 22.9

Diese Gleichungen sind in Bild 22.9a in einem nichtlinearen Blockschaltbild dargestellt, wobei die Ausgangsgrößen der Integratoren (v, u, x) wieder Zustandsgrößen verkörpern. In Bild 3.9b sind zwei gerechnete Bremsvorgänge aufgetragen, jeweils ausgehend von einer stationären Rollbewegung, d.h. u = v. Während der erste Vorgang normal verläuft, erfolgt im zweiten ein „Überbremsen", so daß das Rad blockiert. Dieser Effekt ist unerwünscht und gefährlich, da er Flachstellen am Radumfang und erhöhten Verschleiß verursacht; außerdem vergrößert sich der Bremsweg x als Folge der verringerten Gleitreibung.

Das Blockieren des Rades wird durch das Maximum des Reibbeiwertes μ_s verursacht; sobald der zugehörige Schlupf überschritten ist, ergibt sich eine instabile Mitkopplung des u-Integrators (T_3), so daß wegen $T_3 \ll T_1$ ein schnelles Abbremsen und anschließendes Gleiten des Radsatzes eintritt. Moderne Schienenfahrzeuge sind deshalb mit besonderen Einrichtungen zum Schutz gegen Blockieren – und in ähnlicher Weise gegen Schleudern beim Anfahren – ausgerüstet. Entsprechende Entwicklungen gibt es auch bei Kraftfahrzeugen, wo allerdings das Problem wegen der zusätzlichen Bewegungs-Freiheitsgrade komplizierter ist. Dort kommt noch hinzu, daß bei Blockieren der Räder die Seitenführung und damit die Lenkfähigkeit beeinträchtigt wird.

22.2. Ebene Zustandskurven

Zustandsgleichungen und die zugehörigen Zustandskurven im n-dimensionalen Raum sind von großer Bedeutung für regelungstheoretische Untersuchungen, vor allem bei Verwendung eines Digitalrechners. Für Entwurfs- und Dimensionierungsaufgaben sind sie dagegen wegen der komplizierten Kopplungen und der mangelnden Transparenz weniger geeignet. Eine geometrisch anschauliche Deutung ist im übrigen nur bis $n = 3$ möglich, wobei schon eine räumliche Darstellung oder eine ebene Darstellung mit Kurvenscharen zu Hilfe genommen werden muß.

Übersichtliche und verallgemeinerungsfähige, also nicht nur numerisch verwertbare Ergebnisse lassen sich dagegen bei $n = 2$, d.h. ebenen Zustandskurven, gewinnen. Sie gewähren einen guten Einblick in die Wirkungsweise von Regelkreisen mit unstetigen Komponenten, z.B. Zwei- oder Dreipunktreglern, und sollen deshalb ausführlich diskutiert werden.

22.2.1. System 1. Ordnung

Betrachtet man zunächst ein System 1. Ordnung mit der linearen Differentialgleichung

$$a_1 x' + a_0 x = b_0 y$$

oder mit $\frac{a_1}{a_0} = T$, $\frac{b_0}{a_0} = V$,

$$Tx' + x = Vy,$$

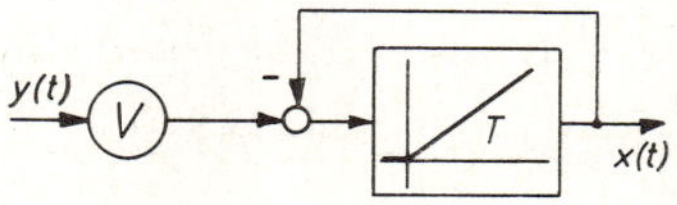

Bild 22.10

so entspricht dies einem Verzögerungsglied, das sich nach Bild 22.10 durch einen gegengekoppelten Integrator darstellen läßt. Es gibt nur die einzige Zustandsgröße $x_1(t)$, die mit der Ausgangsgröße $x(t)$ übereinstimmt. Daraus folgt, daß die Ausgangsgröße eines Verzögerungsgliedes bei endlicher Anregung stetig verläuft. Bild 22.11a zeigt einen Einschwingvorgang bei konstanter Anregung, $y = y_0 = \text{const}$; ausgehend vom Anfangswert $x(0)$ strebt $x(t)$ in einer Exponentialfunktion mit der Zeitkonstanten T dem Endwert Vy_0 zu.

Die zu diesem Vorgang gehörige Zustandskurve ist ein Stück der mit einem nichtlinearen Zeitmaßstab belegten x-Achse (Bild 22.11b). Beim Sonderfall eines Integrators, $a_0 = 0$, erstreckt sich dieser Abschnitt der x-Achse bis Unendlich; die zeitliche Bezifferung ist dann in einem linearen Maßstab aufzutragen, d. h. die Bewegung des Zustandspunktes erfolgt mit konstanter Geschwindigkeit.

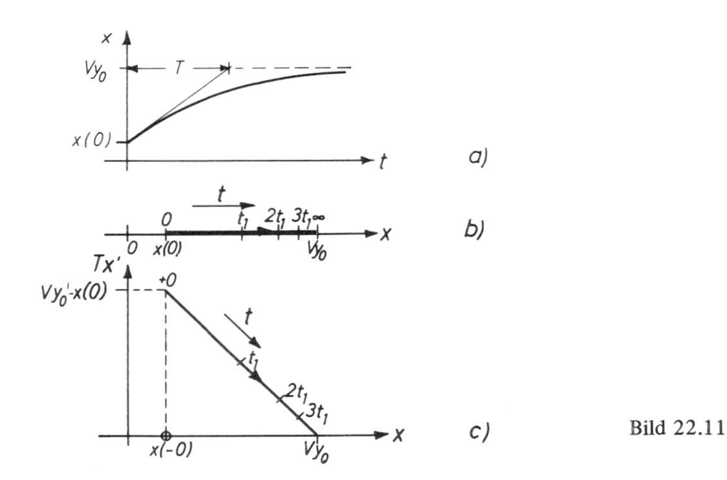

Bild 22.11

Falls es notwendig ist, die eindimensionale Zustandskurve $x(t)$ in einer (x, Tx')-Ebene zu zeichnen, ergibt sich ein möglicherweise unstetiger Kurvenverlauf. Bild 22.11c zeigt, daß bei sprungförmiger Änderung von $y(t)$ auch der (x, Tx')-Punkt springt; anschließend bewegt er sich auf einer unter 45° geneigten Geraden asymptotisch zum Endpunkt. Die Unstetigkeit ist eine Folge der Tatsache, daß Tx' keine Zustandsgröße darstellt.

22.2.2. Zustandskurven eines zweifachen Integrators

Das einfachste lineare System 2. Ordnung wird durch die Differentialgleichung

$$a_2 x'' = b_0 y \qquad (14)$$

oder mit $\frac{a_2}{b_0} = T_1 T_2$,

$$T_1 T_2 x'' = y \qquad (14a)$$

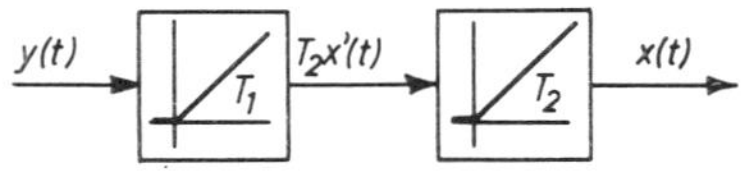

Bild 22.12

beschrieben. Dies entspricht einer Beschleunigungsstrecke, die sich gemäß Bild 22.12 als Kettenschaltung zweier Integratoren darstellen läßt. Zustandsgrößen sind also die Ausgangsgröße und ihre Ableitung, z. B. Lage und Geschwindigkeit eines geradlinig bewegten

Körpers oder Drehwinkel und Winkelgeschwindigkeit einer um eine feste Achse rotierenden Masse. $y(t)$ hätte dann die Bedeutung einer Beschleunigung bzw. einer Drehbeschleunigung. Die Aufteilung der Integrierzeitkonstanten T_1, T_2 ist beliebig; deshalb wird weiterhin $T_1 T_2 = T^2$ gesetzt.

Nach Normierung mit $\frac{t}{T} = \tau$ und $T\frac{dx}{dt} = \frac{dx}{d\tau} = \dot{x}$ wird durch die Umformung

$$\frac{d^2x}{d\tau^2} = \frac{d\dot{x}}{d\tau} = \frac{d\dot{x}}{dx} \cdot \frac{dx}{d\tau} = \dot{x}\,\frac{d\dot{x}}{dx} = y(\tau) \tag{14b}$$

die Zeit als explizite Variable eliminiert. Daraus folgt durch Trennung der Veränderlichen $x, \dot{x}$

$$\int \dot{x}\, d\dot{x} = \int y\, dx$$

oder

$$\frac{\dot{x}^2}{2} = \int y\, dx + C.$$

Mit $y = y_0 = \text{const.}$ gilt

$$x(\tau) = \frac{\dot{x}^2(\tau)}{2\,y_0} + C_1. \tag{15}$$

Die Integrationskonstante C_1 ist dabei durch den Anfangszustand $x(0), \dot{x}(0)$ bestimmt.

Gl. (15) beschreibt eine parabolische Zustandskurve, deren Achse mit der x-Achse zusammenfällt (Bild 22.13). Der Scheitel der Parabel D–E–F liegt im Punkt $x = C_1$, $\dot{x} = 0$; die Kurve ist also längs der x-Achse verschiebbar. Wegen der Formgleichheit für $y_0 = \text{const.}$ kommt es dabei zu keinem Schnitt benachbarter Kurven. Dies wäre auch ein Widerspruch zur früheren Behauptung, daß die Kenntnis des Zustandes bei $t = t_1$ und der Anregung für $t \geqslant t_1$ den Zustand für $t > t_1$ eindeutig festlegt. Eine Ausnahme wird in Abs. 22.2.5 betrachtet.

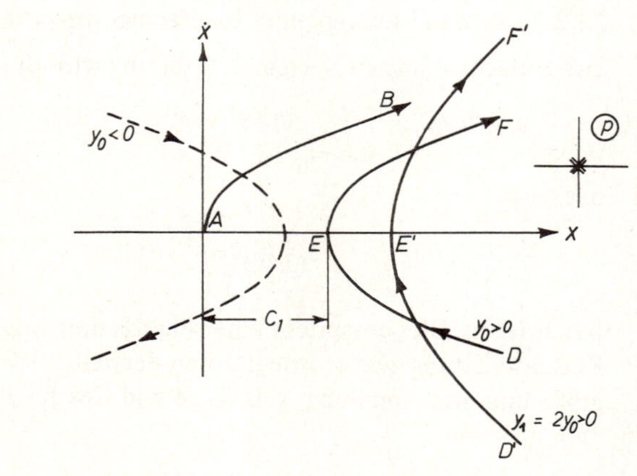

Bild 22.13

Es liegt nahe, physikalische Interpretationen für die in Bild 22.13 dargestellten Zustandskurven zu suchen. Der Verlauf A–B könnte z. B. dem Beschleunigungsvorgang eines Werkzeugschlittens oder dem Anfahrvorgang eines Zuges bei konstanter Beschleunigung entsprechen, D–E wäre demnach ein Brems- und D–E–F ein Reversiervorgang, jeweils mit konstanter Beschleunigung. Der Kurve D–E ließe sich z. B. der erforderliche Bremsweg bei vorgegebener Anfangsgeschwindigkeit und Bremsverzögerung entnehmen. Bei einer stärkeren Bremsverzögerung, z. B. $y_1 = 2\,y_0$, wird natürlich der Bremsweg verkürzt, wie an der unterschiedlichen Form der Parabel $(D' - E')$ zu erkennen ist.

Die unabhängige Variable Zeit tritt nur implizit als Bezifferung der Zustandskurven auf; die in Bild 22.13 eingetragenen Pfeile deuten dabei in Richtung zunehmender Zeit. Der Zustandspunkt $(x, \dot{x})$ durchläuft die Zustandskurven also in Pfeilrichtung. Diese Orientierung folgt auch aus der Überlegung

$$\operatorname{sign}(\dot{x}) \equiv \operatorname{sign}\left(\frac{dx}{d\tau}\right).$$

In der oberen Halbebene $(\dot{x} > 0)$ sind die Zustandskurven also nach rechts gerichtet $\left(\frac{dx}{d\tau} > 0\right)$, in der unteren nach links. Für $\dot{x} = 0$, d. h. auf der x-Achse, ist $\frac{dx}{d\tau} = 0$; die x-Achse wird also senkrecht geschnitten.

Sofern als Zustandsgrößen $x(\tau)$ und $\dot{x}(\tau)$ aufgetragen sind, läßt sich der zum Durchlaufen eines bestimmten Kurvenabschnittes erforderliche Zeitbedarf durch eine Integration ermitteln.
Wegen

$$\frac{dx}{d\tau} = \dot{x} \quad \text{oder} \quad d\tau = \frac{dx}{\dot{x}}$$

gilt doch

$$\tau_2 - \tau_1 = \int_{x_1}^{x_2} \frac{1}{\dot{x}}\, dx.$$

Der Zeitbedarf für einen Kurvenabschnitt ist also umso kleiner, je weiter die Zustandskurve von der x-Achse entfernt ist.

Die Zustandskurven lassen sich im vorliegenden einfachen Fall auch durch Integration der Differentialgleichung und anschließende Elimination des Zeitparameters gewinnen.

Aus

$$\frac{d^2x}{d\tau^2} = y_0 = \text{const.}$$

folgt durch zweimalige Integration

$$\frac{dx}{d\tau} = y_0 \tau + \dot{x}(0),$$

$$x = \frac{y_0}{2} \tau^2 + \dot{x}(0)\tau + x(0).$$

Daraus entsteht durch Elimination von τ der Ausdruck

$$x(\tau) - x(0) = \frac{1}{2y_0} (\dot{x}^2(\tau) - \dot{x}^2(0));$$

dieses Ergebnis entspricht mit

$$C_1 = x(0) - \frac{\dot{x}^2(0)}{2y_0}$$

dem von Gl. (15).

Zur Kennzeichnung des betrachteten Systems sind in Bild 22.13 auch die beiden Eigenwerte im Ursprung der komplexen p-Ebene angegeben.

22.2.3. Zustandskurven eines verzögerten Integrators

Eine andere, in Verbindung mit Dreipunktreglern häufig vorkommende Regelstrecke ist der verzögerte Integrator mit der Differentialgleichung

$$a_2 x'' + a_1 x' = b_0 y. \qquad (16)$$

Die Abkürzungen $\frac{a_2}{a_1} = T_2$, $\frac{a_1}{b_0} = T_1$

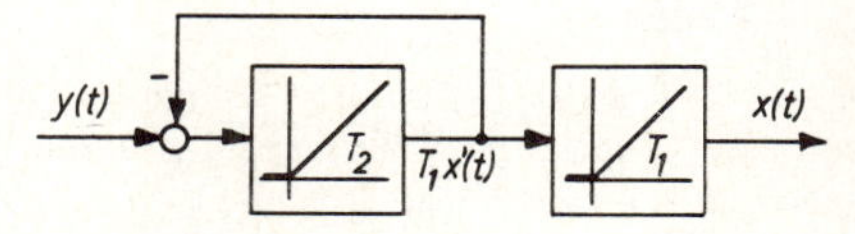

Bild 22.14

führen auf

$$T_1 T_2 x'' + T_1 x' = y, \qquad (16a)$$

entsprechend der in Bild 22.14 skizzierten Kettenschaltung eines Verzögerungsgliedes und eines Integrators. Als Zustandsgrößen werden die Ausgangsgrößen der beiden Integratoren, d. h. $x(t)$ und $T_1 x'(t)$, verwendet.

Die Berechnung der Zustandskurven erfolgt wieder nach Elimination der Zeit als explizite Variable. Mit

$$\frac{t}{\sqrt{T_1 T_2}} = \tau, \quad \sqrt{\frac{T_1}{T_2}} = a \quad \text{und} \quad \frac{dx}{d\tau} = \dot{x}$$

erhält man die normierte Differentialgleichung

$$\ddot{x} + a\dot{x} = y(\tau). \qquad (16b)$$

Weiterhin sei wieder $y(t) = y_0 = \text{const.}$ angenommen. Umformung und Trennung der Veränderlichen $x, \dot{x}$ führt auf

$$\dot{x}\,\frac{d\dot{x}}{dx} + a\dot{x} = y_0$$

oder

$$dx = \frac{\dot{x}\,d\dot{x}}{y_0 - a\dot{x}}\,.$$

Mit der Substitution

$$y_0 - a\dot{x} = z$$

folgt

$$x = \frac{1}{a^2}\int\left(1 - \frac{y_0}{z}\right)dz + C.$$

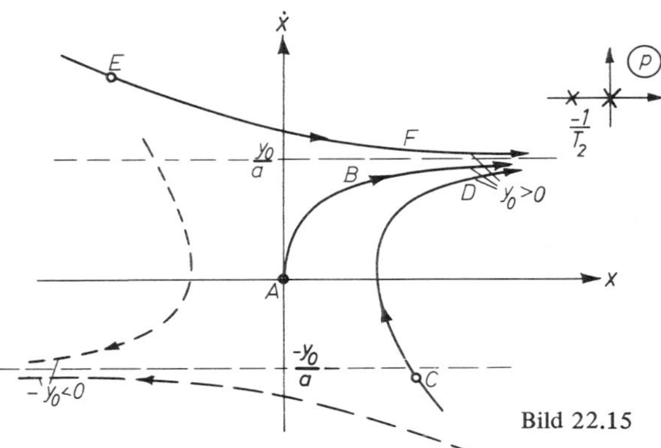

Bild 22.15

Nach einer Zwischenrechnung entsteht daraus die Gleichung der Zustandskurve

$$x(\tau) = -\frac{\dot{x}}{a} - \frac{y_0}{a^2}\ln|y_0 - a\dot{x}| + C_1\,. \tag{17}$$

Das gleiche Ergebnis erhält man durch Integration im Zeitbereich und anschließende Elimination von τ.

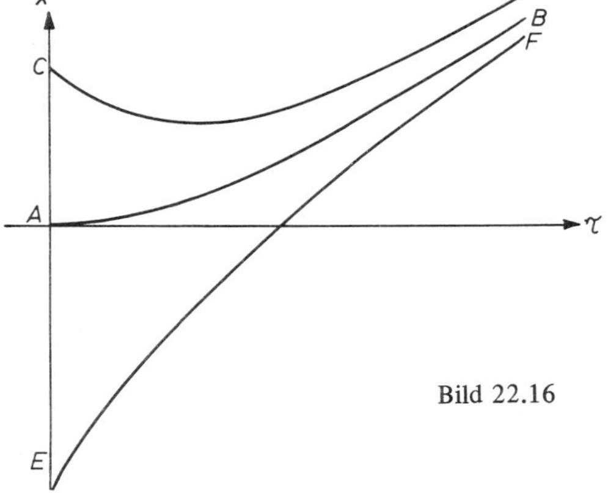

Bild 22.16

Bild 22.15 zeigt den prinzipiellen Verlauf der Zustandskurven. Für beide Vorzeichen der Stellgröße $y = \pm y_0$ existieren je zwei Äste der Zustandskurve, die entlang den horizontalen Asymptoten $\dot{x} = \pm\frac{y_0}{a}$ ineinander münden.

Sämtliche Kurven sind wegen der Konstanten C_1 längs der x-Achse verschiebbar. Wegen der Formgleichheit entsteht auch hier kein Schnittpunkt gleichliegender Zustandskurven.

In Bild 22.16 sind den Zustandskurven einige typische zeitliche Verläufe gegenübergestellt. Die Kurve A–B entspricht dabei der Sprungantwort des verzögerten Integrators, während bei C–D und E–F andere Anfangsbedingungen zugrunde gelegt sind. Für $\tau \to \infty$ steigt $x(\tau)$ bei beliebiger Anfangsbedingung zeitlinear an, entsprechend der Asymptote bei $\dot{x} = \frac{y_0}{a}$ im Zustandsdiagramm.

22.2.4. Periodisch gedämpftes Proportionalglied 2. Ordnung

Die Schwingungsgleichung

$$a_2 x'' + a_1 x' + a_0 x = b_0 y \tag{18}$$

hat für $0 < a_0, a_1, a_2$ stabile Lösungen, die im Falle $a_1^2 < 4a_0 a_2$ periodisch gedämpft sind.
Die Normierung

$$\tau = \sqrt{\frac{a_0}{a_2}}\, t, \quad 0 < D = \frac{1}{2}\, \frac{a_1}{\sqrt{a_0 a_2}} < 1, \quad V = \frac{b_0}{a_0}$$

führt mit $\frac{dx}{d\tau} = \dot{x}$, $\frac{d^2x}{d\tau^2} = \ddot{x}$ auf

$$\ddot{x} + 2 D\dot{x} + x = Vy. \tag{18a}$$

V ist dabei die Verstärkung und D der Dämpfungsfaktor.

Da es sich um eine Übertragungsstrecke ohne Vorhalt handelt, $b_1 = b_2 = 0$, sind die Ausgangsgröße x und ihre Ableitung $\dot{x}$ stetig und somit wieder als Zustandsgrößen verwendbar.

Man erhält die Zustandskurven für $y = y_0 =$ const. am einfachsten durch Integration im Zeitbereich. Ein Einschwingvorgang $x(\tau)$ hat bekanntlich die Form [30]

$$x(\tau) = V y_0 + C\, e^{-D\tau} \cos(\Omega\tau + \varphi); \tag{19}$$

dabei ist $\Omega = \sqrt{1 - D^2}$ die normierte Frequenz, C und φ sind vom Anfangszustand abhängige Integrationskonstanten.

Durch Differentiation folgt mit der Abkürzung $\vartheta = \arccos D$

$$\dot{x}(\tau) = -C\, e^{-D\tau} \cos(\Omega\tau + \varphi - \vartheta). \tag{20}$$

Die Gln. (19, 20) beschreiben eine gedämpfte logarithmische Spirale in Parameterform. Dies wird deutlich, wenn man zunächst die Exponentialfaktoren wegläßt. Die Kurve durchläuft dann periodisch eine von einem Quadrat mit den Kanten $x = Vy_0 \pm C$, $\dot{x} = \pm C$ umschriebene Ellipse. Bei Berücksichtigung des Exponentialfaktors wird aus der Ellipse eine Spirale, die für $\tau \to \infty$ gegen den Endpunkt ($x = Vy_0$, $\dot{x} = 0$) konvergiert (Bild 22.17).

Bei Wahl der gleichen Stellgröße y_0, jedoch beliebiger anderer Anfangsbedingungen $(x(0), \dot{x}(0))_2$ entsteht eine ähnliche Spirale, die sich lediglich in den Konstanten C, φ von der ersten unterscheidet. Die Windungen der zweiten Spirale liegen zwischen denen der ersten, ohne daß es zum Schnitt kommt; dies wäre ja nicht mit der vorher postulierten Eindeutigkeit der Zustandskurven verträglich.

Wegen der Form der in einem gemeinsamen Endpunkt mündenden, sich aber nicht schneidenden Spiralen bezeichnet man ein „Zustandsportrait“ dieser Art auch als einen stabilen Strudel oder Brennpunkt.

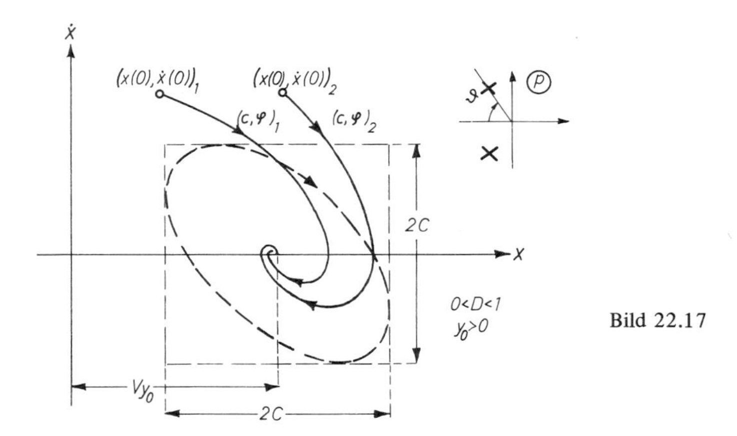

Bild 22.17

Bei einer periodisch gedämpften Übertragungsstrecke mit Vorhalt, die durch die Differentialgleichung

$$a_2 x'' + a_1 x' + a_0 x = b_2 y'' + b_1 y' + b_0 y \tag{21}$$

beschrieben wird, sind die Ausgangsgröße $x(t)$ und ihre Ableitung $x'(t)$ keine Zustandsgrößen mehr, da sie bei unstetiger Anregung unstetig verlaufen. Zustandsgrößen sind vielmehr die Lösung $x_1^*(t)$ der entsprechenden Differentialgleichung ohne Vorhalt,

$$a_2 \frac{d^2 x_1^*}{dt^2} + a_1 \frac{dx_1^*}{dt} + a_0 x_1^* = y(t), \tag{22}$$

sowie die zugehörige Ableitung

$$x_2^* = \frac{dx_1^*}{dt} .$$

Diese Größen sind dem Bild 22.7 zu entnehmen; sie stimmen, abgesehen von Normierung und Maßstabsfaktor, mit den vorher berechneten Größen $x(\tau)$ und $\dot{x}(\tau)$ überein (Gl. 18, 19, 20). Die Zustandskurven in Bild 22.17 lassen sich also unmittelbar übernehmen.

Die zu Gl. (21) gehörige Ausgangsgröße $x(t)$ entsteht somit als Linearkombination der Zustandsgrößen x_1^*, x_2^* und der Anregung $y(t)$ (Bild 22.7):

$$x(t) = b_0 x_1^* (t) + b_1 x_2^* (t) + \frac{b_2}{a_2} (y - a_0 x_1^* - a_1 x_2^*)$$

$$= (b_0 - a_0 \frac{b_2}{a_2}) x_1^* (t) + (b_1 - a_1 \frac{b_2}{a_2}) x_2^* (t) + \frac{b_2}{a_2} y(t). \tag{23}$$

Man kann sich die Ausgangsgröße $x(t)$ in einem räumlichen Koordinatensystem über der (x_1^*, x_2^*)-Ebene aufgetragen denken.
Ein Sonderfall der Differentialgleichung (18) liegt bei $a_1 = 0$ vor. Dies entspricht einem ungedämpften Schwinger mit zwei imaginären Eigenwerten ($D = 0$, $\vartheta = \frac{\pi}{2}$). Die entsprechenden normierten Zustandskurven, Gl. (19, 20), sind für $y = y_0 = \text{const.}$ mit der Winkelgeschwindigkeit $\omega_0 = \frac{\tau}{t} = \sqrt{\frac{a_0}{a_2}}$ periodisch durchlaufene Kreise um den Mittelpunkt $x_0 = Vy_0$, $\dot{x}_0 = 0$ (Bild 22.18).

Der Radius C des Kreises hängt vom gewählten Anfangszustand ab,

$$C = \sqrt{(x(0) - Vy_0)^2 + \dot{x}^2(0)}.$$

Man bezeichnet ein solches Zustandsdiagramm auch als einen Wirbel.

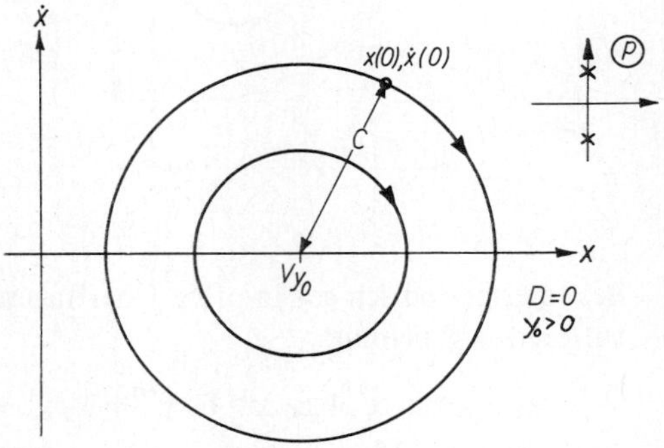

Bild 22.18

Für $a_0, a_2 > 0$ und $-2\sqrt{a_0 a_2} < a_1 < 0$ hat die Differentialgleichung (18) schließlich zwei komplexe Eigenwerte in der rechten p-Halbebene. Die Lösung der homogenen Gleichung stellt dann eine aufklingende Schwingung dar. Das zugehörige Zustandsportrait (Bild 22.19) wird instabiler Strudel genannt.

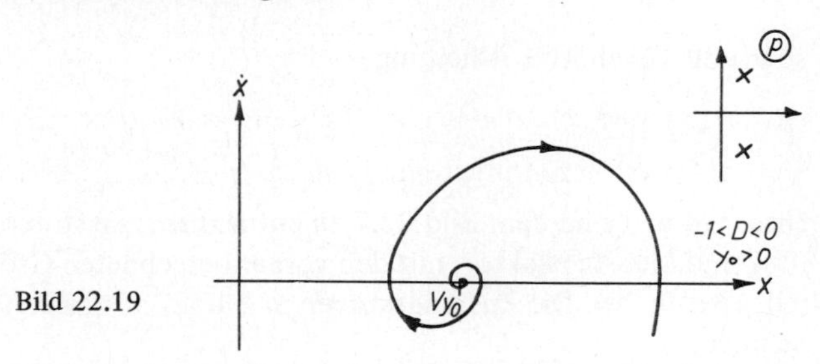

Bild 22.19

22.2.5. Aperiodisch gedämpftes Proportionalglied 2. Ordnung

Wenn die Differentialgleichung (18) reelle negative Eigenwerte aufweist, empfiehlt es sich gewöhnlich, sie mit

$$\frac{a_2}{a_0} = T_1 T_2, \quad \frac{a_1}{a_0} = T_1 + T_2 \quad \text{und} \quad \frac{b_0}{a_0} = V$$

in der Form

$$T_1\,T_2\,x'' + (T_1 + T_2)\,x' + x = Vy \tag{24}$$

zu schreiben. Dem entspricht die in Bild 22.20 dargestellte Kettenschaltung zweier Verzögerungsglieder 1. Ordnung, Die Größen x_{11} und x_{21} sind Ausgangsgrößen von Integratoren und könnten als Zustandsvariable verwendet werden. Im Interesse einer einheitlichen Darstellung wird jedoch im folgenden die in Bild 22.21 gezeichnete Normalform mit den Zustandsgrößen $x_1 = x$, $x_2 = (T_1 + T_2)\,\frac{dx_1}{dt}$ bevorzugt.

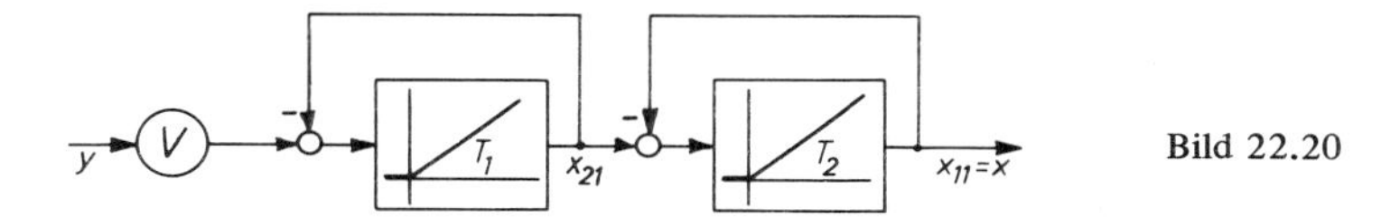

Bild 22.20

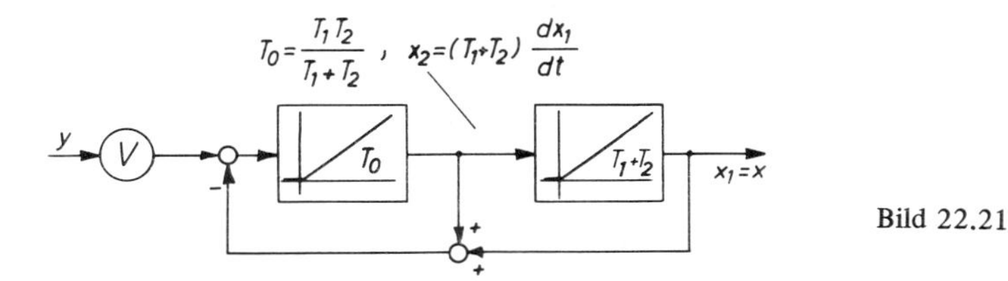

Bild 22.21

Mit $\tau = \dfrac{t}{\sqrt{T_1\,T_2}}$ und $D = \dfrac{1}{2}\,\dfrac{T_1 + T_2}{\sqrt{T_1\,T_2}} = \dfrac{1}{2}\left(\sqrt{\dfrac{T_1}{T_2}} + \sqrt{\dfrac{T_2}{T_1}}\right) > 1$ entsteht aus Gl. (24) wieder die normierte Gleichung (18a) mit den reellen Eigenwerten $q_{1,2} = -D \pm \sqrt{D^2 - 1}$.

Für $y(\tau) = y_0 = \text{const.}$ lautet die allgemeine Lösung

$$\begin{aligned} x(\tau) &= Vy_0 + C_1\,e^{q_1\tau} + C_2\,e^{q_2\tau}, \\ \dot{x}(\tau) &= q_1\,C_1\,e^{q_1\tau} + q_2\,C_2\,e^{q_2\tau}. \end{aligned} \tag{25}$$

Die Gln. (25) beschreiben die Zustandskurven in Parameterform. Die Konstanten C_1, C_2 sind wieder durch den Anfangszustand $x(0)$, $\dot{x}(0)$ bestimmt,

$$\begin{aligned} C_1 &= \frac{1}{2\sqrt{D^2 - 1}}\,[\dot{x}(0) - (D + \sqrt{D^2 - 1})\,(Vy_0 - x(0))], \\ C_2 &= \frac{-1}{2\sqrt{D^2 - 1}}\,[\dot{x}(0) + (-D + \sqrt{D^2 - 1})\,(Vy_0 - x(0))]. \end{aligned} \tag{26}$$

In Bild 22.22 sind einige Zustandskurven für verschiedene Anfangsbedingungen eingetragen. Der Zustandspunkt verläuft für $\tau \to \infty$ asymptotisch in den Endpunkt $x = Vy_0, \dot{x} = 0$. Diese Form der Zustandskurve wird als stabiler Knoten bezeichnet. Den Winkel der Asymptote zur x-Achse erhält man durch folgende Überlegung:

Wegen $q_2 = -D - \sqrt{D^2-1} < q_1 = -D + \sqrt{D^2-1} < 0$ gilt für $\tau \to \infty$ die Näherung

$$x(\tau) \approx Vy_0 + C_1\, e^{q_1 \tau},$$

$$\dot{x}(\tau) \approx q_1\, C_1\, e^{q_1 \tau} \quad .$$

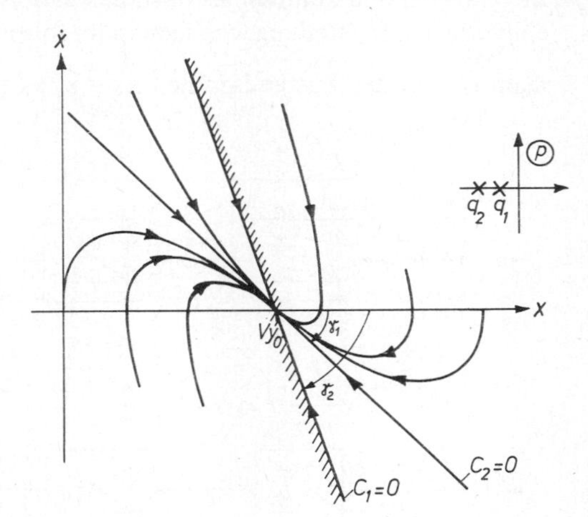

Bild 22.22

Der Asymptotenwinkel γ_1 hat somit den Wert

$$\gamma_1 = \arctan\left(\lim_{\tau\to\infty} \frac{\dot{x}(\tau)}{x(\tau) - Vy_0}\right) = \arctan q_1 = -\arctan\left(D - \sqrt{D^2-1}\right).$$

Die Kurven spiegeln das bei einem aperiodisch gedämpften System typische Verhalten wieder. Für $\dot{x}(0) = 0$ wird der stationäre Zustand ohne Überschwingen von $x(\tau)$ erreicht, während bei $\dot{x}(0) \neq 0$ ein einmaliges Überschwingen möglich ist. Werden die Anfangsbedingungen so gewählt, daß $C_2 = 0$, dann stimmt die Zustandskurve mit der Asymptoten überein. Der Sonderfall $C_1 = 0, C_2 \neq 0$ führt ebenfalls auf eine Gerade als Zustandskurve; ihr Winkel gegen die x-Achse ist

$$\gamma_2 = \arctan q_2 = -\arctan\left(D + \sqrt{D^2-1}\right).$$

Diese Gerade wirkt gemäß Bild 22.22 als Grenzlinie; liegt der Anfangspunkt $x(0), \dot{x}(0)$ rechts der Grenzlinie, so erfolgt der Einlauf in den stationären Endpunkt von rechts, andernfalls von links.

Auch beim aperiodischen System mit reellen Eigenwerten gibt es instabile Sonderfälle:

a) für $a_0, a_2 > 0$ und $a_1 < -2\sqrt{a_0 a_2}$ liegen beide,
b) für $a_2 > 0$, $a_1 \gtreqless 0$ und $a_0 < 0$
   liegt einer der Eigenwerte in der rechten p-Halbebene.

Die zugehörigen charakteristischen Zustandskurven sind ein instabiler Knoten und ein Sattelpunkt. Sie sind in Bild 22.23 und 22.24 skizziert.

Der Fall b) liegt z.B. bei einer (instabilen) magnetischen Aufhängung vor (Abs. 7.5.4).

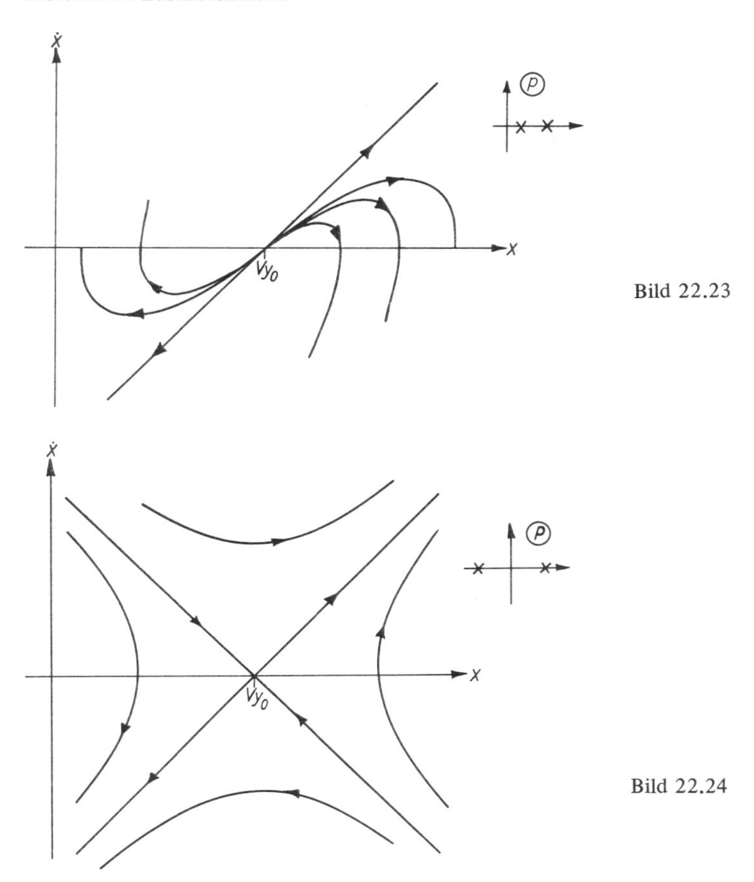

Bild 22.23

Bild 22.24

Der Punkt $x = V y_0$, $\dot{x} = 0$ ist dabei als möglicher, allerdings labiler Gleichgewichtspunkt enthalten. Welchen Verlauf die Zustandskurve bei Vorgabe dieses Anfangszustandes nimmt, hängt von Zufälligkeiten ab und ist unbestimmt.

Die in den vorhergehenden Abschnitten anhand von linearen Übertragungsstrecken erläuterten Zustandskurven und Singularitäten, wie Strudel, Knoten usw. kommen in ähnlicher Weise auch bei nichtlinearen Differentialgleichungen der Form

$$x''(t) + a_1(x, x')\, x'(t) + a_0(x, x')\, x(t) = b_0(x, x')\, y(t)$$

vor.

Da solche Fälle sich oft durch Linearisierung in einem begrenzten Betriebsbereich vereinfachen lassen und die Zustandsebene im vorliegenden Zusammenhang nur als Hilfsmittel zur Beschreibung von Regelkreisen mit nichtstetigen Reglern und Stellgliedern interessiert, soll auf eine eingehendere Untersuchung verzichtet werden. Weitere Einzelheiten sind der Literatur zu entnehmen [11].

23. Beschreibung der Wirkungsweise unstetiger Regler anhand des Zustandsdiagrammes

Der vorhergehende Abschnitt hat gezeigt, daß sich das dynamische Verhalten linearer Regelstrecken mit zwei Energiespeichern und konstanter Anregung auf übersichtliche Weise in der Zustandsebene darstellen läßt. Diese Erkenntnisse sollen nun dazu verwendet werden, die Wirkungsweise einfacher Regelkreise zu untersuchen, bei denen ein Zwei- oder Dreipunktregler über das nachfolgende Schaltglied die Regelstrecke mit einer abschnittsweise konstanten Stellgröße aussteuert. Wegen der Darstellungsschwierigkeiten von Zustandskurven höherer Ordnung ist das Verfahren allerdings auf Systeme zweiter Ordnung beschränkt, so daß der praktische Nutzen begrenzt ist.

23.1. Beschleunigungsstrecke mit Zweipunktregler

Die in Abs. 22.2.2 untersuchte Regelstrecke mit zwei hintereinandergeschalteten Integratoren hatte besonders übersichtliche Zustandskurven ergeben. Da solche Regelstrecken auch in der Praxis vorkommen, soll ihre Kombination mit verschiedenen Zweipunktreglern genauer untersucht werden.

23.1.1. Idealer Zweipunktregler

In Bild 23.1 ist ein Regelkreis mit Beschleunigungsstrecke und idealem Zweipunktregler angenommen. Bei der Regelstrecke kann es sich wieder um ein Maschinenteil handeln, dessen Lage in einer bestimmten Koordinate durch eine vom Lagefehler abhängige Umschaltung der Beschleunigung geregelt werden soll.

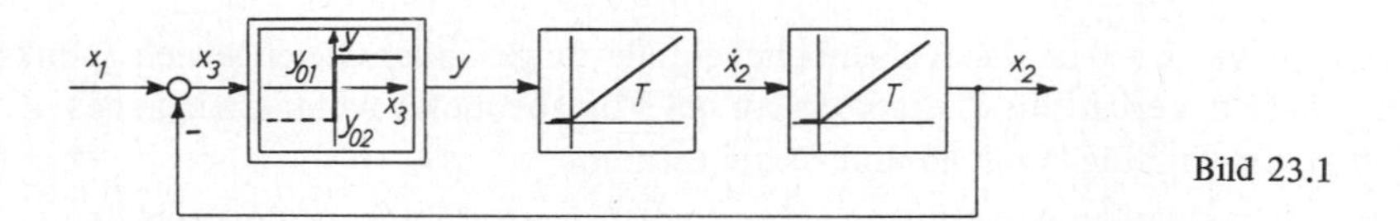

Bild 23.1

Die nichtlineare Differentialgleichung des geschlossenen Kreises lautet mit $\tau = \frac{t}{T}$

$$\frac{d^2 x_2}{d\tau^2} = \ddot{x}_2 = y_{01} > 0 \quad \text{für} \quad x_1 - x_2 = x_3 > 0,$$
$$\ddot{x}_2 = y_{02} < 0 \quad \text{für} \quad x_1 - x_2 = x_3 < 0. \tag{1}$$

Für ein symmetrisches Stellglied, $y_{02} = -y_{01}$, gilt somit

$$\ddot{x}_2 = y_{01}\ \text{sign}(x_1 - x_2). \tag{1a}$$

Die Zustandskurven sind gemäß Abs. 22.2.2 Parabelbögen, die sich bei konstanter Führungsgröße x_1 wegen ihrer zur x_2-Achse symmetrischen Lage zu geschlossenen und zyklisch durchlaufenden Figuren zusammenschließen (Bild 23.2). Die Umschaltzeitpunkte werden dabei durch die Schaltkurve des idealen Zweipunktreglers, $x_2 = x_1$, bestimmt, die Öffnung der Parabeln hängt vom Betrag der Stellgröße ab.

Die Amplitude der Schwingung ist durch den gewählten Anfangszustand und die Stellgröße bestimmt. Man erkennt dies aufgrund folgender Überlegung (Bild 23.2): Wird die Regelung z. B. eingeschaltet ($\tau = 0$), wenn sich die Strecke im Zustand $(x_2(0), \dot{x}_2(0))$ befindet, so bewegt sich der Zustandspunkt auf einer Parabel, bis er im Punkt P auf die Schaltgerade $x_2 = x_1$ trifft. Von diesem Zeitpunkt an verläuft der Vorgang aus Symmetriegründen periodisch; die Zustandskurve läuft also stets durch den Anfangszustand $(x_2(0), \dot{x}_2(0))$.

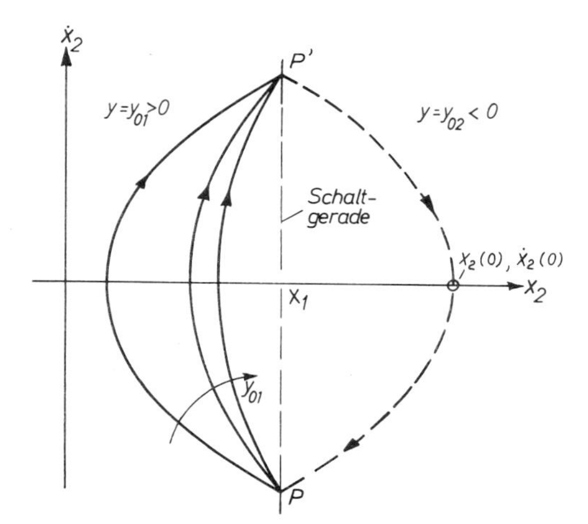

Bild 23.2

In Bild 23.3 ist der zeitliche Verlauf der Regelgröße x_2 aufgetragen. Es stellt sich eine durch die Umschaltung der Stellgröße bedingte periodische Schwingung ein, die sich gemäß Abs. 22.2.2 in ihrem zeitlichen Verlauf ebenfalls aus Parabelbögen zusammensetzt. Die Schwingung ist also nicht sinusförmig.

Wie aus Bild 23.3 hervorgeht, hängt die Periodendauer von der Schwingungsamplitude und damit ebenfalls vom Anfangszustand ab.

Beim symmetrischen Zweipunktregler, $y_{02} = -y_{01}$, genügt für die Berechnung der Periodendauer die Bestimmung der Zeitdauer für einen Quadranten des Zustandsdiagrammes. Mit der Annahme

$$x_2(0) = x_1 + \Delta x_2, \quad \dot{x}_2(0) = 0$$

befindet man sich zunächst im Bereich negativer Stellgröße,

$$y(0) = -y_{01}.$$

Damit folgt durch Integration von Gl. (1a)

$$\dot{x}_2(\tau) = -y_{01}\,\tau,$$

$$x_2(\tau) = -y_{01}\,\frac{\tau^2}{2} + x_1 + \Delta x_2.$$

Zur Zeit τ_1 habe der Zustandspunkt die

Schaltgerade $x_2 = x_1$ erreicht,

$$x_2(\tau_1) = -\frac{y_{01}}{2}\,\tau_1^2 + x_1 + \Delta x_2 = x_1.$$

Daraus folgt die Zeit für eine Viertelperiode

$$\tau_1 = \sqrt{\frac{2\,\Delta x_2}{y_{01}}}.$$

Die Frequenz der Schwingung ist dann

$$f = \frac{1}{4\,t_1} = \frac{1}{4\,\tau_1\,T} = \frac{1}{4T}\sqrt{\frac{y_{01}}{2\,\Delta x_2}}.$$

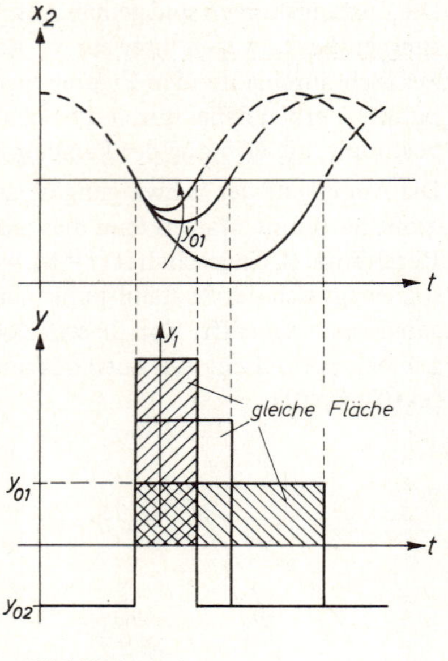

Bild 23.3

Die Frequenz steigt also mit dem Betrag der Stellgröße und sinkt bei zunehmender Amplitude der Schwingung. Der Grund hierfür liegt in der absatzweise konstanten Beschleunigung; sie hat zur Folge, daß für eine größere Auslenkung auch eine längere Zeit benötigt wird.

Diese Eigenschaften unterscheiden die betrachtete nichtlineare Anordnung deutlich von einem schwingungsfähigen linearen System, etwa einem Regelkreis mit Beschleunigungsstrecke und P-Regler. Dort ist die Schwingung sinusförmig und hat eine von der Amplitude unabhängige Frequenz; dagegen wird auch im linearen Fall die Schwingungsamplitude durch die Anfangsbedingung bestimmt [30].

Nichtlineare Schwingungen mit von der Amplitude und Anregung abhängiger Frequenz sind auch aus dem täglichen Leben bekannt, etwa die Bewegung eines springenden Balles.

Da es sich bei dem in Bild 23.1 dargestellten Regelkreis um einen Stabilitätsgrenzfall handelt und im stationären Zustand Schwingungen unbestimmter Größe auftreten, ist er in dieser Form für die Anwendung nicht geeignet.

23.1.2. Idealer Zweipunktregler mit Rückführung

Um die Schwingung zu dämpfen, kann man daran denken, ähnlich wie bei einem linearen Regelkreis eine differenzierende Rückführung zu verwenden; wenn es gelingt, das zwischen den beiden Integratoren der Regelstrecke verfügbare Geschwindigkeitssignal abzugreifen.

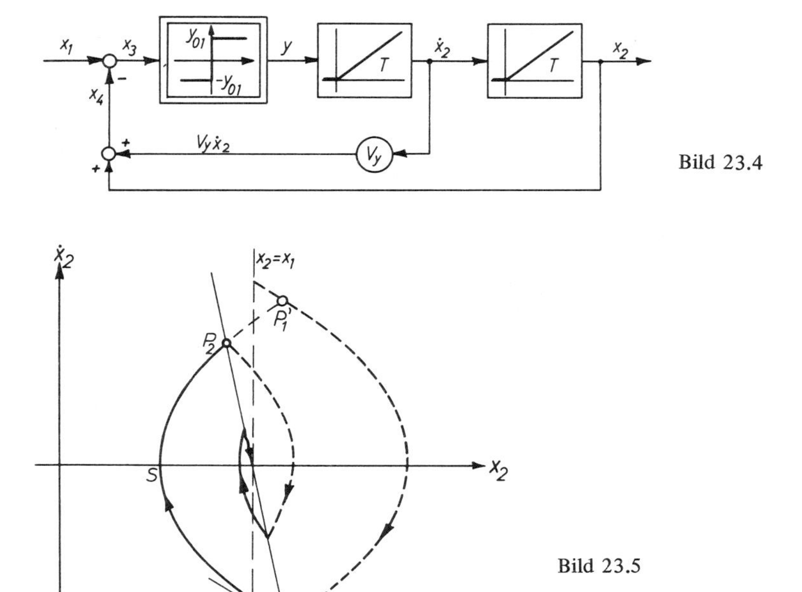

Bild 23.4

Bild 23.5

erübrigt sich die sonst nur näherungsweise verwirklichbare Differentiation der Regelgröße. Man kommt dann zu der in Bild 23.4 gezeichneten Anordnung.

Bei Annahme eines symmetrischen Zweipunktreglers mit $y = \pm y_{01}$ lautet nun die Differentialgleichung

$$\ddot{x}_2(\tau) = y_{01}\ \mathrm{sign}(x_1 - x_2 - V_y\,\dot{x}_2),$$

die Umschaltung der Stellgröße erfolgt jetzt also bei

$$x_2 = x_1 - V_y\,\dot{x}_2,$$

d.h. auf einer unter dem Winkel $\alpha = \arctan V_y$ gegen die $\dot{x}_2$-Achse geneigten Schaltgeraden (Bild 23.5). Der Vorhalt bewirkt also eine Umschaltung vor Erreichen des Abgleiches der Regelgröße x_2. Das in Bild 23.5 skizzierte Zustandsdiagramm läßt erkennen, daß dadurch ein Dämpfungseffekt erzielt wird, der mit der Stärke der Rückführung V_y zunimmt.
Mit kleiner werdender Schwingungsamplitude erhöht sich gleichzeitig die Frequenz.
Der Grund hierfür ist der gleiche wie vorher, daß nämlich zunehmend kürzere Abschnitte der gleichen Zustandskurven durchlaufen werden. Der zum Punkt P_1 symmetrisch liegende Punkt P_1' wird ja nicht mehr erreicht, da bereits bei P_2 umgeschaltet wird.

In Bild 23.6 ist der aus Parabelbögen zusammengesetzte gedämpfte Verlauf von x_2 über der Zeit aufgetragen. Der Anstieg der Frequenz ist auch hier zu erkennen.
Wegen der senkrechten Tangente der Zustandsparabeln im jeweiligen Scheitelpunkt nimmt der Neigungswinkel $\beta = \arctan\left(-\frac{d\dot{x}_2}{dx_2}\right)$ der Zustandskurve nach der Umschaltung in P_1 mit sinkender Amplitude ständig zu; das Entsprechende gilt im oberen Umschaltpunkt P_2.

Nach einer endlichen Anzahl von Schwingungen tritt somit der Fall ein, daß $\beta \geqslant \frac{\pi}{2} - \alpha$ ist und die Zustandskurve sich nicht mehr von der Schaltkurve löst. Der Zustandspunkt wird dann nach jeder Umschaltung sofort wieder auf die ursprüngliche Seite der Schaltkurve zurückgetrieben. Die Folge ist eine plötzliche Erhöhung der Schaltfrequenz, so daß der Zustandspunkt, wie in Bild 23.6 angedeutet, praktisch entlang der Schaltkurve in den Ursprung wandert. Effekte dieser Art werden als Gleitzustände (engl. sliding mode) bezeichnet und bei nichtlinearen Regelungen genutzt.

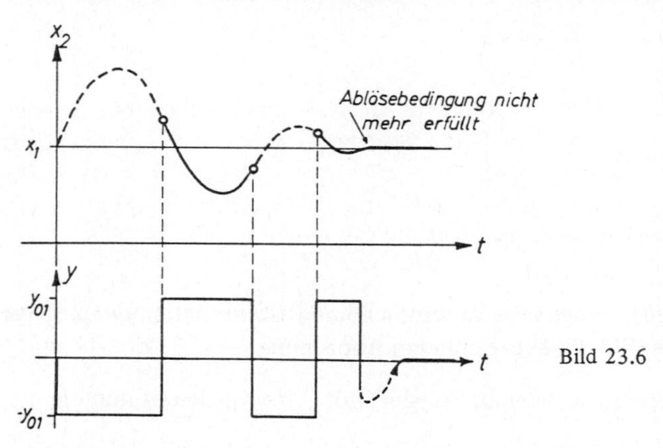

Bild 23.6

Im Idealfall ist die Frequenz während dieser Schlußphase und im anschließenden stationären Abgleichszustand unendlich hoch; sie wird praktisch durch die stets vorhandene Hysterese des Zweipunktgliedes auf endliche Werte begrenzt. In Abs. 23.1.4 wird dies noch genauer untersucht.

23.1.3. Zweipunktregler mit Hysterese

Praktische Zweipunktregler haben stets eine je nach Ausführung mehr oder weniger merkliche Hysterese, die sich durch unterschiedliche Ansprech- und Abfallwerte des Zweipunktgliedes äußert. Das Verhalten des Zweipunktreglers wird dadurch wesentlich verändert. Bei einem Stellantrieb mit Lageregelung kann die Hysterese z.B. durch eine geringfügige Getriebelose verursacht sein.

Zunächst wird der in Bild 23.1 gezeichnete Regelkreis zugrunde gelegt, wobei lediglich das ideale Zweipunktglied durch den in Bild 23.7 gezeichneten hysteresebehafteten Schalter ersetzt zu denken ist.

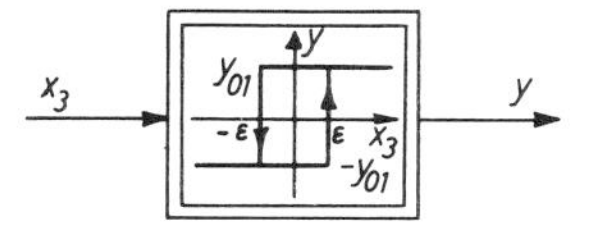

Bild 23.7

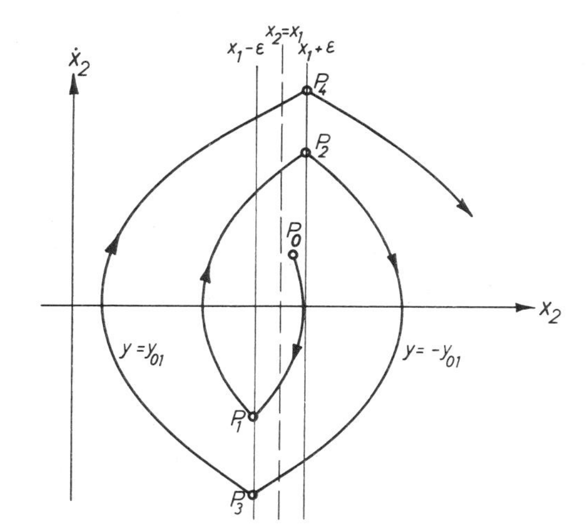

Bild 23.8

Das besondere Kennzeichen der Hysterese-Funktion ist die Zweideutigkeit im Bereich $-\epsilon < x_3 < \epsilon$; die Ausgangsgröße $y(t)$ ist dort nicht von $x_3(t)$, sondern von der Richtung abhängig, aus welcher $x_3(t)$ zuletzt in diesen Bereich eingetreten ist. Die Hysteresefunktion hat also die Eigenschaft eines elementaren Gedächtnisses, wie aus der Anwendung in Kernspeichern von Rechenanlagen bekannt ist.

Die Umschaltbedingungen lauten nun $x_1 - x_2 = x_3 = \pm \epsilon$; man erhält also zwei Schaltgeraden parallel zur $\dot{x}_2$-Achse. Die Umschaltung erfolgt jeweils beim Erreichen der zweiten Geraden; das dabei entstehende Zustandsdiagramm ist in Bild 23.8 in vergrößertem Maßstab skizziert.

Die Hysterese hat also zur Folge, daß verspätet umgeschaltet wird. Dadurch entsteht eine Schwingung, deren Amplitude in jeder Halbwelle um den Wert $2\,\epsilon$ anwächst. Dieser Vorgang schreitet unbegrenzt fort, solange nicht irgendeine äußere Begrenzung wirksam wird. Da zunehmend längere Abschnitte der gleichen Parabel zu durchlaufen sind, nimmt die Frequenz der Schwingung monoton ab.

Wegen des angefacht verlaufenden Schwingungsvorganges ist eine solche Anordnung für die Anwendung natürlich unbrauchbar.

Eine ähnliche Wirkung wie bei Anwesenheit von Hysterese tritt ein, wenn man sich bei dem Regelkreis in Bild 23.1 ein zusätzliches Laufzeitglied stellvertretend für eine Umschaltverzögerung des Zweipunktreglers eingefügt denkt. Eine zeitliche Verzögerung der Umschaltung hat ebenso wie die soeben betrachtete geschwindigkeitsabhängige Verzögerung ein Aufklingen der Schwingung zur Folge, wenn auch der genaue Verlauf des Anstiegs unterschiedlich ist. Bei kleinen Amplituden wirkt die ausschlagsabhängige Umschaltverzögerung stärker anfachend, bei großen Schwingungsamplituden dagegen die zeitliche Verzögerung.

23.1.4. Zweipunktregler mit Hysterese und Rückführung

Nun wird der Fall betrachtet, daß der anfachende Einfluß der Hysterese und die dämpfende Wirkung der differenzierenden Rückführung gleichzeitig vorhanden sind. Hierzu ist das Zweipunktglied gemäß Bild 23.7 in die Schaltung nach Bild 23.4 eingefügt zu denken.

Die Umschaltbedingungen lauten nun

$$x_3 = x_1 - x_2 - V_y \dot{x}_2 = \pm \epsilon$$

oder

$$x_2 = x_1 \mp \epsilon - V_y \dot{x}_2 .$$

Dies sind zwei um den Winkel $\alpha = \arctan V_y$ gegen die $\dot{x}_2$-Achse gedrehte parallele Schaltgeraden.

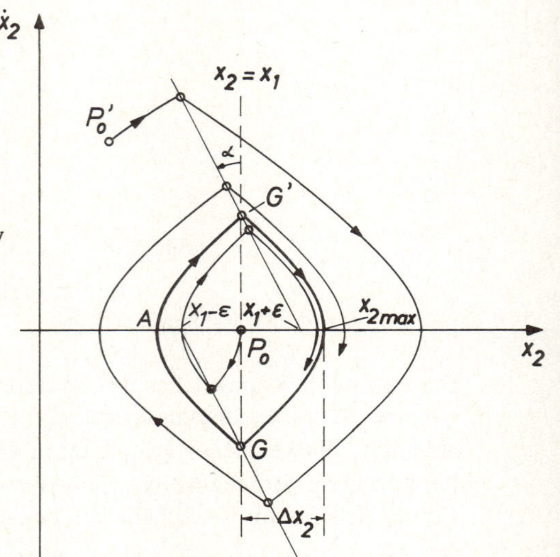

Bild 23.9a

In Bild 23.9a sind die Zustandskurven für zwei verschiedene Anfangszustände graphisch konstruiert. Dabei ist zu beobachten, daß bei kleinen Schwingungsamplituden die Umschaltung verspätet erfolgt, so daß die Schwingung angefacht verläuft. Hier überwiegt also der Einfluß der Hysterese. Bei großen Amplituden ist der Verlauf umgekehrt. Hier schaltet der Regler infolge des Vorhaltes vorzeitig um, so daß die Schwingung gedämpft wird.

Beide Vorgänge konvergieren gegen eine stationäre „Grenzschwingung", die dann erreicht ist, wenn die beiden Umschaltpunkte G, G' symmetrisch zur x_2-Achse liegen. Nur die Schnittpunkte der Schaltgeraden mit der Geraden $x_2 = x_1$ erfüllen diese Bedingung; die Wirkungen von Hysterese und Vorhalt heben sich hier gerade auf. Die Zustandskurve der Grenzschwingung trennt somit Bereiche der Zustandsebene, in denen die Vorgänge angefacht bzw. gedämpft verlaufen.

Schwingungsform, Amplitude und Frequenz der Grenzschwingung sind aufgrund ihrer Entstehung unabhängig vom Anfangszustand. Auch die Grenzschwingung (Grenzzyklus) ist ein typisch nichtlinearer Vorgang, für den es bei linearen Systemen kein Gegenstück gibt.

In Bild 23.9b ist die Ausbildung der Grenzschwingung für zwei verschiedene Anfangszustände gezeichnet.

Die Daten der Grenzschwingung lassen sich auf einfache Weise aus der Hysteresebreite, der Rückführverstärkung und den Integrierzeitkonstanten berechnen:

Bei $\tau = 0$ sei der Zustandspunkt bei A, d.h. $\dot{x}_2(0) = 0$. Die Geschwindigkeit steigt dann zeitlinear an und erreicht bei $\tau = \tau_1$ in G' ihr Maximum. Somit gilt

$$\dot{x}_2(\tau_1) = y_{01}\,\tau_1 = \epsilon \cot\alpha = \frac{\epsilon}{V_y}\,.$$

Die Frequenz der Grenzschwingung ist dann

$$f = \frac{1}{4\,\tau_1\,T} = \frac{y_{01}\,V_y}{4\,\epsilon\,T}\,.$$

In entsprechender Weise findet man die Amplitude der Grenzschwingung

$$\Delta x_2 = x_{2\,max} - x_1 = \frac{\epsilon^2}{2\,y_{01}\,V_y^2}\,.$$

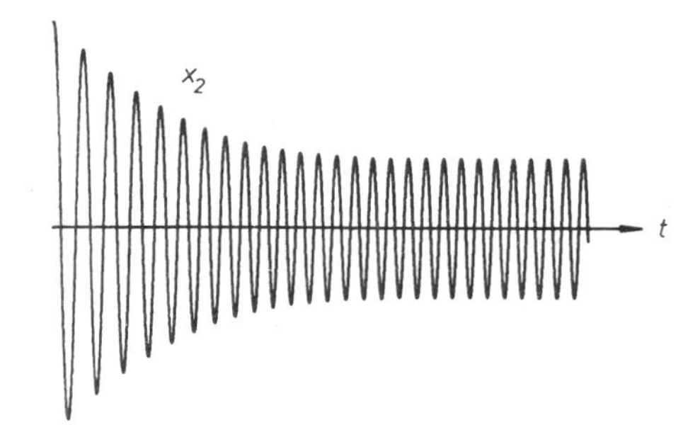

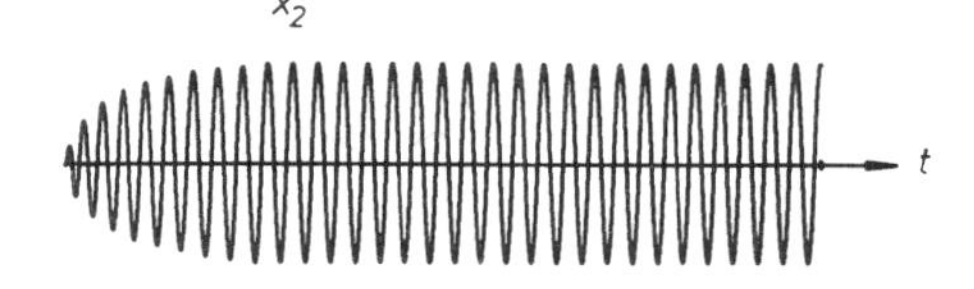

Bild 23.9b

Man hat es also in der Hand, durch eine hinreichend kleine Hysterese und entsprechende Rückführung dafür zu sorgen, daß die Amplitude der Grenzschwingung innerhalb zulässiger Werte bleibt.

23.2. Beschleunigungsstrecke mit Dreipunktregler

Bei Verwendung eines Dreipunktreglers kann die Stellgröße $y(t)$ neben den Werten $\pm\, y_{01}$ auch den Wert Null annehmen, was sich im Auftreten eines zusätzlichen gradlinigen Astes im Zustandsdiagramm äußert. Die wesentlichen Eigenschaften des Regelkreises bleiben jedoch unverändert. Dies wird am Beispiel des hysteresebehafteten Dreipunktreglers ohne und mit Geschwindigkeitsrückführung gezeigt.

23.2.1. Dreipunktregler mit Hysterese

Denkt man sich den in Bild 23.10 gezeichneten Dreipunktregler mit Schaltglied anstelle des Zweipunktreglers in den Regelkreis (Bild 23.1) eingefügt, dann lauten die Einschaltbedingungen

$$x_3 = x_1 - x_2 = \pm\,\epsilon_2$$

und die Ausschaltbedingungen

$$x_3 = x_1 - x_2 = \pm\,\epsilon_1\,.$$

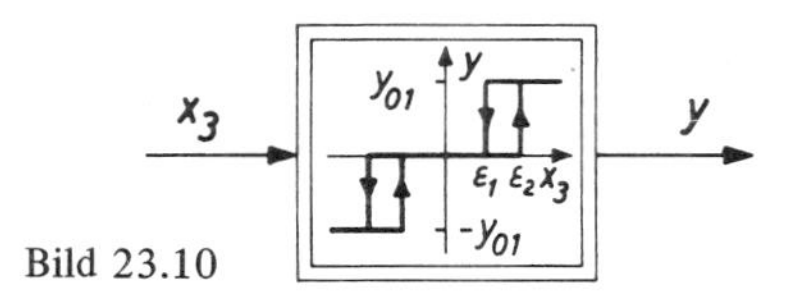

Bild 23.10

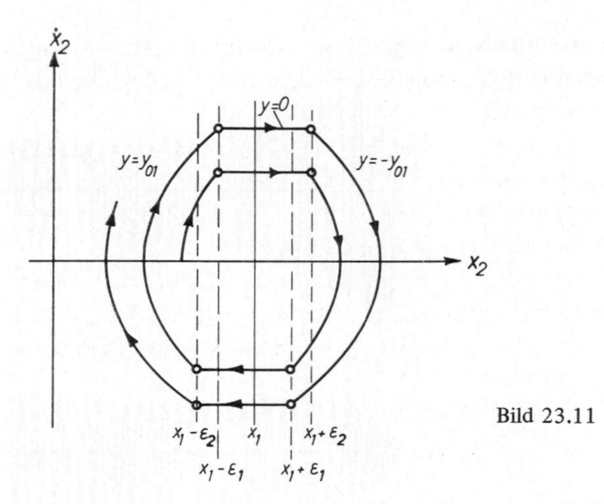

Bild 23.11

Man erhält also 4 Schaltgeraden parallel zur $\dot{x}_2$-Achse, die in die Zustandsebene (Bild 23.11) eingetragen werden. Nach einer Einschaltung, d.h. bei $y = \pm\, y_{01}$, werden die bekannten Parabelbögen durchlaufen, während für $y = 0$ die Lösung

$$\dot{x}_2 = \text{const.},$$

d.h. die Gleichung einer zur x_2-Achse parallelen Geraden entsteht. Die Ausgangsgröße bewegt sich im Unempfindlichkeitsbereich also mit konstanter Geschwindigkeit. Wie das von einem beliebigen Anfangszustand aus konstruierte Zustandsdiagramm zeigt, entsteht wieder eine aufklingende Schwingung, deren Amplitude je Halbperiode um den Wert $\Delta x_2 = \epsilon_2 - \epsilon_1$ zunimmt.

23.2.2. Dreipunktregler mit Hysterese und Rückführung

Dieser Fall kommt durch Einfügung des Dreipunktgliedes von Bild 23.10 in den in Bild 23.4 gezeichneten Regelkreis zustande. Für den symmetrischen Dreipunktregler lauten die Ein- und Ausschaltbedingungen

$$x_3 = x_1 - x_2 - V_y\, \dot{x}_2 = \pm\, \epsilon_2$$

und

$$x_3 = x_1 - x_2 - V_y\, \dot{x}_2 = \pm\, \epsilon_1 .$$

Dem entsprechen 4 parallele und unter dem Winkel $\alpha = \arctan V_y$ gegen die $\dot{x}_2$-Achse geneigte Schaltgeraden, die in Bild 23.12 in vergrößertem Maßstab aufgetragen sind. Infolge der Hysterese und des Vorhaltes gibt es auch hier eine stationäre Grenzschwingung, die durch die Umschaltpunkte $G_1 - G_2 - G_1' - G_2'$ gekennzeichnet wird. Schwingungen mit größerer Amplitude verlaufen wieder gedämpft, solche mit kleinerer angefacht, so daß der Vorgang bei beliebigem Anfangszustand schließlich in den Grenzzyklus einmündet.

Mit einer Beschleunigungsstrecke kommt also auch bei Verwendung eines Dreipunktreglers die stationäre Schwingung normalerweise nicht zum Erliegen. Ein Ruhezustand ist nur unter der speziellen Bedingung möglich, daß der Regler die Stellgröße in einem der Punkte P_0, P_0', d.h. bei $x_2 = x_1 \pm \epsilon_1$, $\dot{x}_2 = 0$ abschaltet.

In Bild 23.12 ist dies am Beispiel der Kurve $P_1 - P_0$ gezeigt. Man erkennt, daß dieser Vorgang einen bestimmten Zusammenhang zwischen Anfangszustand (P_1), Hysteresebreite ($\epsilon_2 - \epsilon_1$) und Anregung (y_{01}) voraussetzt, der allenfalls zufälligerweise gegeben ist.

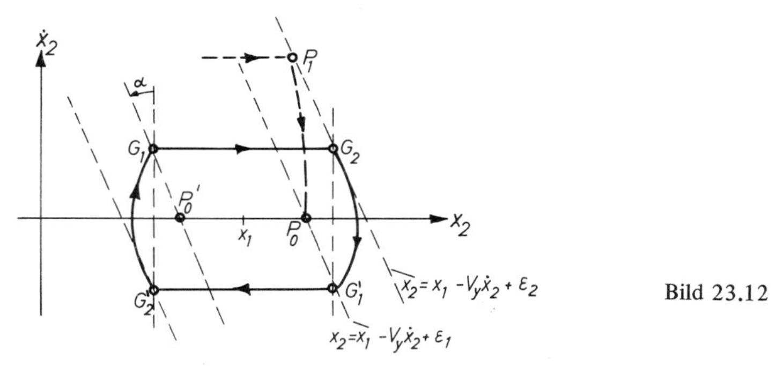

Bild 23.12

23.3. Allgemeine Regelstrecke 2. Ordnung mit Zweipunktregler

Bei der Kombination einer Beschleunigungsstrecke mit einem hysteresebehafteten Zweipunktregler (Abs. 23.1.3) entstand eine angefachte Schwingung und bei Einführung einer differenzierenden Rückführung eine Grenzschwingung (Abs. 23.1.4). Bei Verwendung einer allgemeinen stabilen Regelstrecke 2. Ordnung mit der Differentialgleichung

$$a_2 x_2'' + a_1 x_2' + a_0 x_2 = b_0 y, \quad a_1, a_2 > 0, a_0 \geqslant 0,$$

sind die Verhältnisse insofern etwas günstiger, als es dort auch ohne Rückführung zu einem „stabilen" Grenzzyklus kommt. Man erkennt dies auf anschauliche Weise durch Betrachtung der Zustandskurven (Bild 22.15, 22.17, 22.22) in der Nähe eines Schnittpunktes mit der x_2-Achse. In Bild 23.13 sind Abschnitte solcher Zustandskurven aufgetragen. Während die Parabeln der Beschleunigungsstrecke wegen der fehlenden inneren Dämpfung symmetrisch zur x_2-Achse lagen, ist dies in Bild 23.13 nicht mehr der Fall. Aufeinanderfolgende Schnittpunkte der Zustandskurven mit zur $\dot{x}_2$-Achse parallelen Geraden zeigen nun einen abnehmenden Betrag der Ordinaten; zum Beispiel gilt im Fall der Spirale:

$$|\dot{x}_2|_A > |\dot{x}_2|_B > |\dot{x}_2|_C > \ldots$$

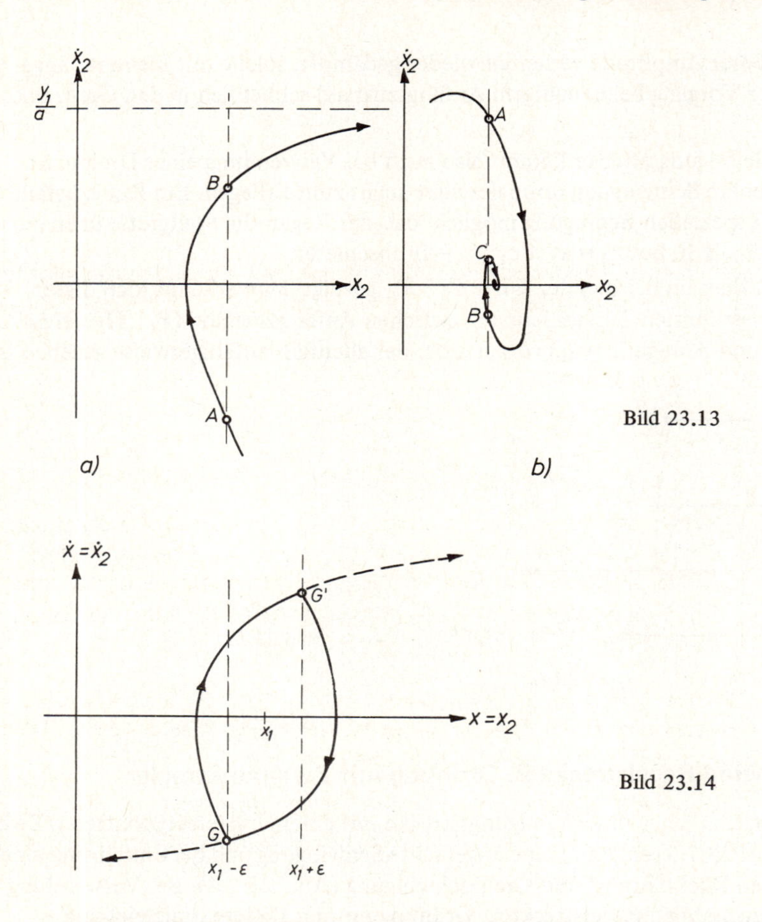

Bild 23.13

Bild 23.14

Man kann also, wie in Bild 23.14 angedeutet, Grenzzyklen konstruieren, indem man auf den Schaltgeraden Punkte G, G' sucht, die sich durch Abschnitte aus der jeweils gültigen Familie von Zustandskurven miteinander verbinden lassen.

Das Aufsuchen zusammengehöriger Umschaltpunkte G, G' ist im Prinzip immer möglich, doch kann es im konkreten Fall ziemlich mühsam sein. Es handelt sich hierbei also nicht um ein praktisch empfehlenswertes Verfahren zur Berechnung von Frequenz und Amplitude der Grenzschwingung.

23.4. Verzögerter Integrator mit Dreipunktregler

Der in Bild 23.15 gezeichnete Regelkreis könnte vereinfacht die Situation beschreiben, daß eine verzögerte Regelstrecke, die näherungsweise durch ihre Ersatzzeitkonstante T_2

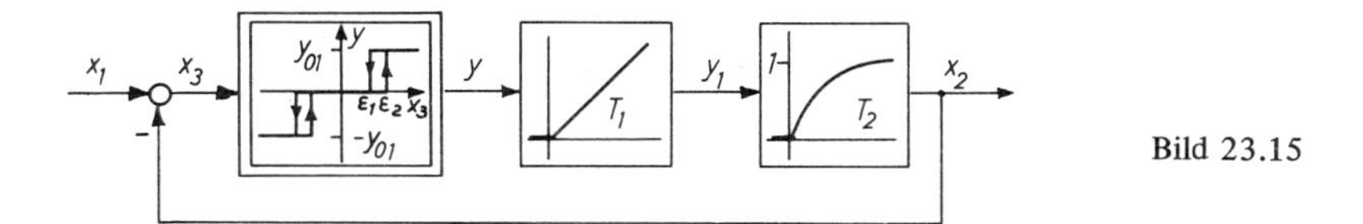

Bild 23.15

beschrieben wird, durch einen Dreipunktregler mithilfe eines integrierenden Stellmotors geregelt werden soll. Eine genauere Betrachtung dieser Anordnung in der Zustandsebene ist deshalb auch von praktischem Interesse.

Die Differentialgleichung der Regelstrecke,

$$T_1 T_2 x_2'' + T_1 x_2' = y(t),$$

wurde in Abs. 22.2.3 schon ausführlich behandelt.

Als Zustandsgrößen werden wieder x_2 (t) und $T_1 x_2'$ (t) verwendet. Nach Vertauschung der Reihenfolge der linearen Blöcke wäre ja $T_1 x_2'(t)$ Ausgangsgröße eines Integrators (Bild 22.14). Denkt man sich das Verzögerungsglied als rückgekoppelten Integrator umgezeichnet, so erscheint $T_2 x_2'$ als Differenz der Ausgangsgrößen zweier Integratoren, d. h. ebenfalls als Zustandsgröße.

Aus Gründen der besseren Übersicht wird die Zeit hier nicht normiert. Die in Bild 22.15 gezeichneten Kurven bleiben dann im Prinzip gültig; sie sind lediglich in anderem Maßstab aufzutragen und durch die für $y = 0$ entstehende Kurve zu ergänzen.

Im Ruhezustand des Reglers, d. h. für $y = 0$, ist auch der Stellmotor in Ruhe, y_1 = const; in diesem Zeitabschnitt bleibt also ein Verzögerungsglied erster Ordnung mit konstanter Anregung übrig. Dieser Fall wurde in Abs. 22.2.1 bereits erwähnt.

Das Zustandsdiagramm des Regelkreises ist in den Bildern 23.16, 23.17 in vergrößertem Maßstab aufgetragen. Dabei sind zwei Fälle zu unterscheiden:

a) Wenn die Integrierzeit T_1 ausreichend groß gewählt wurde, entsteht eine gedämpfte Schwingung, und nach einer endlichen Zahl von Perioden nimmt die Regelabweichung einen stationären Wert im Unempfindlichkeitsbereich des Dreipunktreglers an. Der durch irgendeine Störung, z. B. eine Sollwertverstellung, ausgelöste Regelvorgang ist dann abgeschlossen (Bild 23.16).

b) Bei einer Verkleinerung der Integrierzeit T_1 wird mit der verwendeten Normierung der x_2'-Achse lediglich die Steigung der für $y = 0$ durchlaufenen Geraden reduziert. Wird T_1 zu klein gewählt, so entsteht schließlich eine stationäre Grenzschwingung, wie sie in Bild 23.17 skizziert ist. Normalerweise wird man natürlich bemüht sein, diesen Fall zu vermeiden.

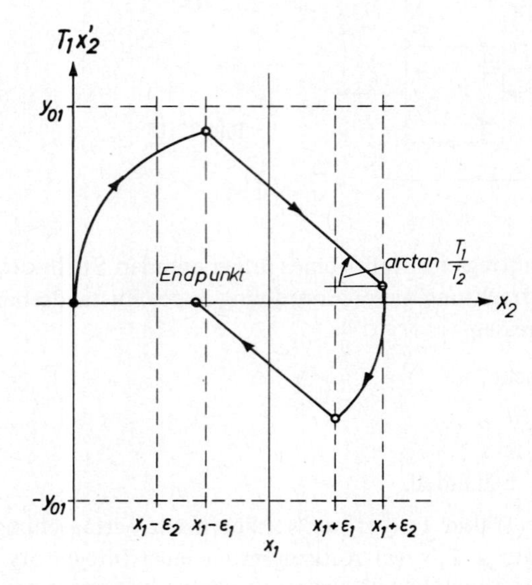

Bild 23.16

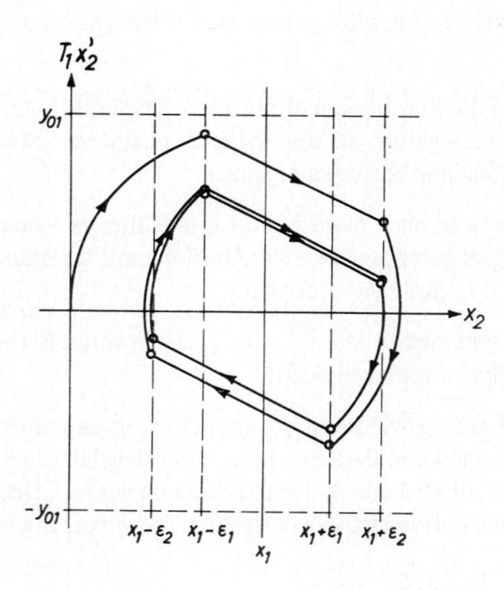

Bild 23.17

Der Stabilitätsgrenzfall ist in Bild 23.18 gezeichnet. Der Zustandspunkt erreicht dabei während des im Zustandsdiagramm geradlinig erscheinenden Ausschaltvorganges asymptotisch den Ansprechwert $x_1 \pm \epsilon_2$; dies läßt sich als Grenzschwingung deuten, deren Periodendauer gegen Unendlich strebt.

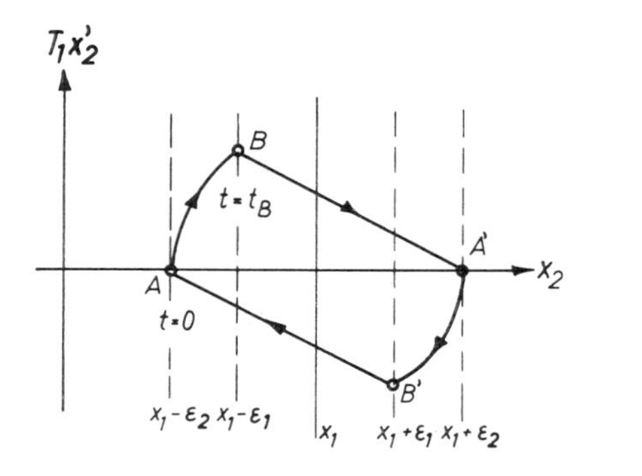

Bild 23.18

Beginnt man im Punkt A mit der Zeitskala, t = 0,

$$x_2(0) = x_1 - \epsilon_2, \quad x_2'(0) = 0, \tag{2}$$

so werde zur Zeit t_B der Punkt B erreicht,

$$x_2(t_B) = x_1 - \epsilon_1. \tag{3a}$$

Um die in Bild 23.18 gezeichnete Figur entstehen zu lassen, muß im Punkt B wegen der in Bild 23.16 eingetragenen Steigung der Geraden gelten

$$T_1 x_2'(t_B) = \frac{T_1}{T_2}(\epsilon_1 + \epsilon_2). \tag{3b}$$

Aus diesen Gleichungen folgt eine Bedingung für den Stabilitätsgrenzfall.

Im Abschnitt $0 < t < t_B$ wird der Zustand unter Berücksichtigung der Anfangsbedingungen, Gln. (2), durch folgende Gleichungen beschrieben

$$\begin{aligned} T_1 x_2'(t) &= \left(1 - e^{-\frac{t}{T_2}}\right) y_{01}, \\ x_2(t) &= x_1 - \epsilon_2 + y_{01}\frac{t}{T_1} - \left(1 - e^{-\frac{t}{T_2}}\right)\frac{T_2}{T_1}\, y_{01}. \end{aligned} \tag{4}$$

Einsetzen von Gln. (4) in Gln. (3) und Elimination von t_B führt nach einer Reihenentwicklung angenähert auf die Beziehung

$$T_{10} \approx \frac{\epsilon_2 - \epsilon_1}{2\,\epsilon_2^2}\, T_2\, y_{01}.$$

Um eine Grenzschwingung zu vermeiden, ist $T_1 > T_{10}$ zu wählen.

24. Zeitlich optimale Regelung

24.1. Aufgabenstellung

Bei der Behandlung unstetiger Regelvorgänge stellt sich die Frage nach dem theoretisch schnellsten Regelvorgang zum Ausgleich einer vorgegebenen Störung. Diese Fragestellung ist natürlich nur sinnvoll, wenn die verwendbare Stellgröße begrenzt ist, entsprechend etwa einer vorgegebenen maximalen Stell-Leistung.

Außerdem muß geklärt sein, wie das Ende des Regelvorganges zu definieren ist. Bei linearen kontinuierlichen Regelungen mit konzentrierten Speichern (ohne Laufzeit) ist diese Definition nicht eindeutig, da alle Einschwingvorgänge grundsätzlich unendlich lange dauern, so daß eine Vereinbarung über die zugelassene Restabweichung etc. zu treffen ist. Bei unstetigen und diskontinuierlichen (diskreten) Systemen ist die Situation hingegen eindeutig, da Regelvorgänge nach einer endlichen Zeit t_1 abrupt beendet sein können [44, 45].

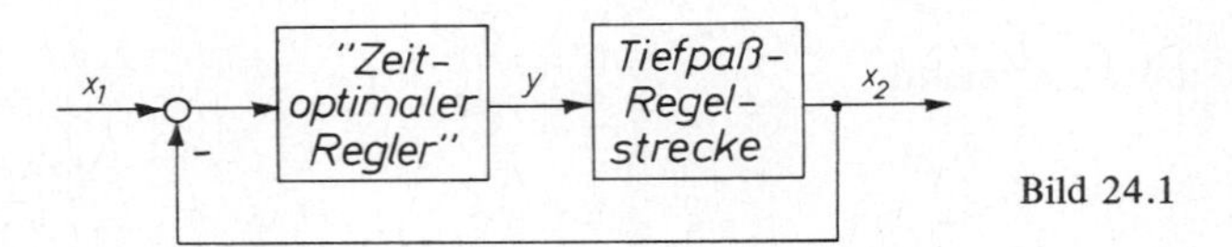

Bild 24.1

Das Ende eines Regelvorganges ist offenbar erreicht, wenn sämtliche Zustandsgrößen ihre neuen stationären Endwerte angenommen haben. Legt man bei dem in Bild 24.1 gezeichneten „zeitoptimalen" Regelkreis eine lineare Regelstrecke mit Tiefpaßverhalten zugrunde (Abs. 22, Gl. (1), $b_1 = b_2 = \ldots b_n = 0$), dann stellen die Regelgröße $x_2(t)$ und ihre $n-1$ Ableitungen solche Zustandsgrößen dar.

Bei Annahme einer sprungförmigen Sollwertänderung als Testfunktion läßt sich das Problem dann folgendermaßen formulieren:

Differentialgleichung:

$$a_n x_2^{(n)} + \ldots + a_1 x_2' + a_0 x_2 = b_0 y(t) .$$

Stationärer Zustand bei $t = 0$:

$$x_2(0) = x_2'(0) = \ldots = x_2^{(n-1)}(0) = 0 .$$

Sollwert:

$$x_1(t) = x_{10}\, s(t) .$$

Begrenzung:

$$|y(t)| \leqslant y_{max} ,$$

Neuer stationärer Zustand bei $t = t_1 > 0$:

$$x_2(t_1) = x_{10}, \; x_2'(t_1) = \ldots = x_2^{(n-1)}(t_1) = 0 \; .$$

Gesucht wird im Abschnitt $0 \leqslant t \leqslant t_1$ ein Funktionsverlauf $y(t)$ und daraus folgend $x_2(t)$, der die vorstehenden Bedingungen erfüllt und dabei gleichzeitig t_1 minimal werden läßt,

$$t_1 \Rightarrow \text{Min.}$$

Es handelt sich bei dieser Aufgabenstellung um ein Variationsproblem mit Nebenbedingungen. $y(t)$ und $x_2(t)$ sind dabei die gesuchten Funktionen; die Differentialgleichung einschließlich der vorgegebenen Randwerte und die Begrenzung haben die Wirkung von Nebenbedingungen, und t_1 ist das zu minimierende Funktional, d. h. eine Funktion von $y(t)$ und $x_2(t)$.[1])

Die Lösung solcher Probleme kann, unter gewissen Einschränkungen, mit der klassischen Variationsrechnung [16–19] oder, darauf basierend, dem Pontrjagin'schen Maximumprinzip erfolgen. Die Darstellung dieser Verfahren würde den vorliegenden Rahmen sprengen; sie sind Gegenstand einer besonderen Vorlesung.

Für die gegenwärtigen Überlegungen genüge die Feststellung, daß der optimale Stellgrößenverlauf den Charakter einer Rechteckfunktion hat, die stets den maximalen Betrag annimmt, d. h. $y(t) = \pm y_{max}$, solange nicht eine andere Begrenzung, etwa bei den Zustandsgrößen, erreicht wird.

Der Zweck der nun folgenden Darstellung ist, diese Behauptung für einfache Fälle anhand der Zustandsebene anschaulich zu begründen. Aus dieser Darstellung wird allerdings gleichzeitig erkennbar werden, daß eine allgemeine Anwendung dieses Prinzips mit erheblichen praktischen Schwierigkeiten verbunden ist.

24.2. Kürzester Regelvorgang, optimale Schaltkurve

24.2.1. Regelstrecke 1. Ordnung

Bei einer Regelstrecke 1. Ordnung, etwa einem PT_1-Glied mit der Differentialgleichung

$$Tx_2' + x_2 = Vy \; ,$$

läßt sich die gesuchte Stellfunktion $y(t)$ aufgrund der Anschauung sofort angeben:

Nach einer sprungförmigen Änderung von $x_1(t)$ muß die Stellgröße voll eingeschaltet werden, bis $x_2(t)$ den Wert der Führungsgröße erreicht hat. Anschließend wird $y(t)$ auf den stationären Wert zurückgenommen (Bild 24.2).

---

1) Die Endbedingungen für die Zustandsgrößen lassen sich als Faltungsintegrale mit der unbekannten Steuerfunktion $y(t)$ ausdrücken.

Mit $x_1(t) = x_{10}\, s(t)$ gilt im Bereich $0 \leqslant t \leqslant t_1$

$$y(t) = y_{max}, \quad x_2(t) = V y_{max}\,(1 - e^{-\frac{t}{T}}).$$

t_1 wird bestimmt durch

$$x_2(t_1) = x_{10}, \text{ d.h. } t_1 = T \ln \frac{V y_{max}}{V y_{max} - x_{10}}.$$

Für $t > t_1$ ist

$$y(t) = \frac{x_{10}}{V}, \quad x_2(t) = x_{10}.$$

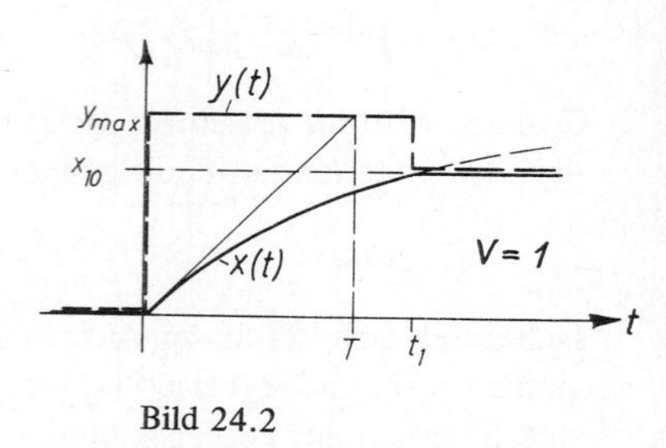

Bild 24.2

Es ist offenbar nicht möglich, einen anderen Verlauf $y(t)$ zu finden, der innerhalb der gegebenen Begrenzung bleibt und t_1 zu verkleinern gestattet.

Man könnte nun gegen die Anordnung in Bild 24.1 einwenden, daß es sich hier um einen Steuervorgang handelt und die Annahme eines Reglers eigentlich überflüssig sei. Dieser Einwand trifft jedoch nur zu, weil eine genau definierte und vorher bekannte Störung angenommen wurde. Sobald unbekannte Störgrößen angreifen, reicht eine Steuerung nicht mehr aus, so daß auf eine Regelung zurückgegriffen werden muß. Die Ausregelung einer beliebigen Störgröße wird allerdings nicht optimal schnell erfolgen können.

24.2.2. Regelstrecke 2. Ordnung

Bei einem doppelten Integrator als dem einfachsten linearen System 2. Ordnung läßt sich die optimale Stellfunktion ebenfalls intuitiv finden. Die Differentialgleichung lautet gemäß Abs. 22.2.2

$$\ddot{x}_2(\tau) = y(\tau), \quad \tau = \frac{t}{T}.$$

Wenn man an die mechanische Deutung einer kräftefrei geradlinig beweglichen Masse denkt, deren Ruhelage mit begrenztem Kraftaufwand in kürzester Zeit um einen bestimmten Wert geändert werden soll, dann kommt man zu dem einfachen Ergebnis, daß während des halben Verstellweges maximal beschleunigt und während des übrigen Weges mit entgegengesetzter maximaler Kraft gebremst werden muß, um in der kürzesten Zeit mit der Geschwindigkeit Null am Zielort einzutreffen.

In Bild 24.3 ist dieser Vorgang dargestellt; dabei ist $x_2(t)$ die Lage des Körpers, $T\frac{dx_2}{dt} = \dot{x}_2$ die Geschwindigkeit und $y(t)$ die als Stellgröße dienende Beschleunigung.

Wie in Abs. 22.2.2 ausführlich erläutert, ist bei abschnittsweise konstanter Beschleunigung der zeitliche Geschwindigkeitsverlauf aus Geradenstücken und der Verlauf der Lage aus Parabelbögen zusammengesetzt. Die maximale Geschwindigkeit tritt nach der halben Verstellzeit auf; der Lageverlauf $x_2(t)$ hat dort einen Wendepunkt.

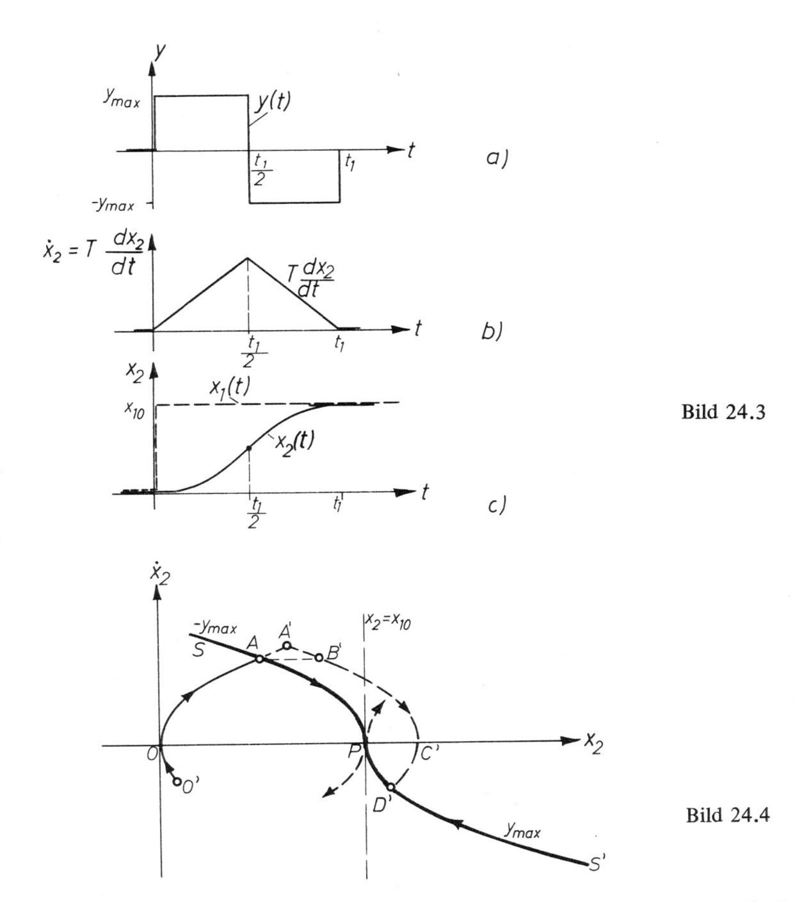

Bild 24.3

Bild 24.4

Auch hier ist ohne weiteres erkennbar, daß es keine andere Steuerfunktion $y(t)$ gibt, mit der t_1 reduziert werden könnte. Mit Hilfe der Variationsrechnung läßt sich dies auch formal beweisen.

Will man den in Bild 24.3 gezeichneten Vorgang nun in die Zustandsebene übertragen, so ist es am besten, vom Ende des Einschwingvorganges auszugehen. Der Einlauf in den Endpunkt $x_2 = x_{10}, \dot{x}_2 = 0$ mit der Beschleunigung $y = \pm y_{max}$ ist nur mit je einer einzigen parabelförmigen Zustandskurve möglich (Bild 24.4). Gäbe es z. B. für $y = y_{max}$ mehr als eine einzige solche Kurve, müßten sie sich im (nicht asymptotisch erreichten) Endpunkt schneiden und der Eindeutigkeitsgrundsatz der Zustandskurven wäre verletzt. Der Zustandspunkt kann also entweder auf dem Parabelast S–P oder auf S'–P in den Endpunkt P einlaufen. Um zu vermeiden, daß sich der Zustand anschließend wieder vom gewünschten Endzustand entfernt, muß bei t_1 die Stellgröße abgeschaltet oder das Reglerverhalten geändert werden.

Nimmt man gemäß Bild 24.3 an, daß das System bei $t = 0$ im Ruhezustand war, dann läßt sich auch der erste Teil der Zustandskurve sofort zeichnen. Es muß sich dabei ja um eine Parabel für $y = y_{max}$ handeln, die bei $x_2 = \dot{x}_2 = 0$ beginnt. Wegen der symmetrischen Anregung, $y = \pm y_{max}$, schneidet die vom Nullpunkt kommende Zustandskurve die in den Abgleich führende auf halbem Wege im Punkt A; in diesem Zeitpunkt muß die Umschaltung auf $-y_{max}$ erfolgen. Das gesamte Zustandsdiagramm setzt sich also aus zwei symmetrisch liegenden Parabelbögen 0–A und A–P zusammen.

Denkt man sich die Umschaltung der Stellgröße im Punkt A etwas verzögert, etwa bis zum Punkt A′, dann läuft der Zustandspunkt über das Ziel hinaus, und es muß im Punkt D′ erneut umgeschaltet werden, um den Abgleich zu erreichen. Aus der Kongruenz der in Richtung der x_2-Achse verschobenen Zustandskurven ist erkennbar, daß die Abschnitte A–A′–B′ und C′–D′–P zusätzlich durchlaufen werden müssen, also eine zusätzliche Verstellzeit erfordern.

Die Konstruktion des zeitoptimalen Zustandsdiagrammes läßt sich bezüglich des Anfangspunktes verallgemeinern. Wenn nämlich die Bahn 0–A–P optimal ist, dann ist es auch die Bahn 0′–0–A–P, denn die gezeichnete Verlängerung der Parabel (0′–0) stellt die schnellste Verbindung der Punkte 0′, 0 dar.

Damit läßt sich folgendes Steuerungsprinzip für kürzeste Verstellzeit formulieren:

Befindet sich der Zustand anfangs unterhalb der Kurve S–P–S′, dann ist die Stellgröße $y = + y_{max}$ einzuschalten, bis der Zustandspunkt die Kurve S–P schneidet. Wird die Stellgröße in diesem Augenblick auf $y = - y_{max}$ umgeschaltet, so bewegt sich der Zustandspunkt auf der Kurve S–P in den Abgleich. Dort ist die Stellgröße abzuschalten.

Liegt dagegen der Anfangspunkt oberhalb der Kurve S–P–S′, dann ist zunächst $y = - y_{max}$ zu wählen, bis die Kurve S′–P erreicht ist; anschließend folgt mit $y = + y_{max}$ wieder der Einlauf in den Abgleich.

Da somit in jedem Fall beim Schnitt der Kurve S–P–S′ die Stellgröße umgeschaltet werden muß, bezeichnet man S–P–S′ auch als optimale Schaltkurve. Sie ist aus zwei Parabelästen zusammengesetzt und teilt die Zustandsebene in zwei Teile.

In Bild 24.5 sind einige zeitlich optimale Vorgänge mit verschiedenen Anfangsbedingungen skizziert. Die vom Anfangspunkt E aus gezeichnete Kurve hat einen zunächst unerwarteten Verlauf, doch kann man sich leicht überlegen, daß es keinen günstigeren gibt.

Will man den geschilderten Vorgang mit Hilfe des in Bild 24.1 skizzierten Regelkreises selbsttätig steuern, so ist zunächst einmal ein Kriterium erforderlich, um feststellen zu können, auf welcher Seite der Schaltkurve der Zustandspunkt liegt.

Die Kurve S–P–S′ wird aufgrund der in Abs. 22.2.2 gefundenen Ergebnisse durch die Gleichung

$$v_3 = \sqrt{2 y_{max} |x_{10} - x_2|}\ \mathrm{sign}(x_{10} - x_2) - \dot{x}_2 \overset{!}{=} 0$$

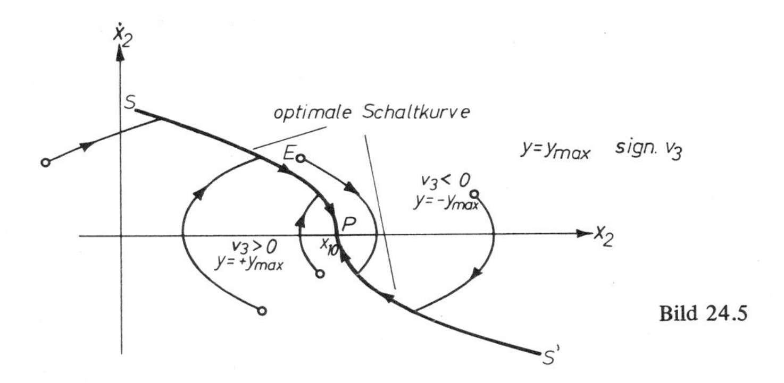

Bild 24.5

beschrieben. Die Koordinaten eines beliebigen Zustandspunktes erfüllen diese Gleichung natürlich nicht; das Vorzeichen von v_3 zeigt jedoch an, auf welcher Seite der Schaltkurve sich der Zustandspunkt befindet. Bei $v_3 > 0$ ist der Punkt unterhalb der Kurve, während er für $v_3 < 0$ darüber liegt. In einem Zweipunkt-Schaltglied wird dann aus v_3 die Stellgröße $y = \pm y_{max}$ erzeugt. Der Optimalregler hat somit die Gestalt eines Rechengerätes für das Signal v_3, das die Lage des Zustandspunktes zur Schaltkurve beschreibt [15, 77].

Die benötigten Eingangsgrößen sind $x_3 = x_1 - x_2$ und $\dot{x}_2$, ferner die Beschleunigung y_{max}, falls sie Änderungen unterworfen ist; bei der Lageregelung eines Satelliten könnten diese z. B. durch Massenänderungen verursacht sein.

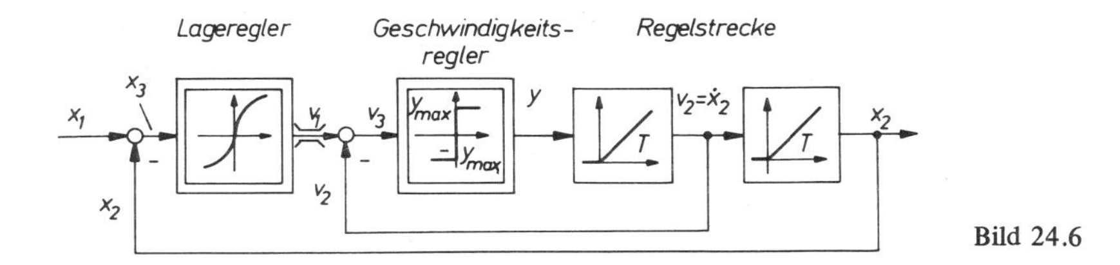

Bild 24.6

Als Beispiel für eine mögliche Realisierung ist in Bild 24.6 das Schema einer zweischleifigen Kaskadenregelung skizziert, die bei beliebigem Anfangszustand und konstantem Lagesollwert x_1 einen zeitoptimalen Verstellvorgang ausführt. Dabei wird im inneren Kreis mit dem Zweipunktregler zunächst eine zeitoptimale Geschwindigkeitsregelung verwirklicht; den Sollwert v_1 bildet der Lageregler gemäß der optimalen Schaltkurve aus dem Lagefehler $x_3 = x_1 - x_2$.

Wegen der für $x_3 \to 0$ unbegrenzt ansteigenden Verstärkung des Lagereglers ist die Regelung im Endpunkt instabil; durch Veränderung der Kennlinie bei $x_3 \approx 0$ läßt sich dieser Effekt jedoch vermeiden.

Das beschriebene Prinzip zur Konstruktion eines zeitlich optimalen Regelkreises läßt sich auch auf andere Regelstrecken 2. Ordnung übertragen. Bild 24.7 zeigt z.B. die optimale Schaltkurve eines verzögerten Integrators (Abs. 22.2.3), zusammen mit den optimalen Trajektorien für verschiedene Anfangszustände. Für eine zeitoptimale Regelung wäre lediglich die Kennlinie der Lagereglers zu verändern.

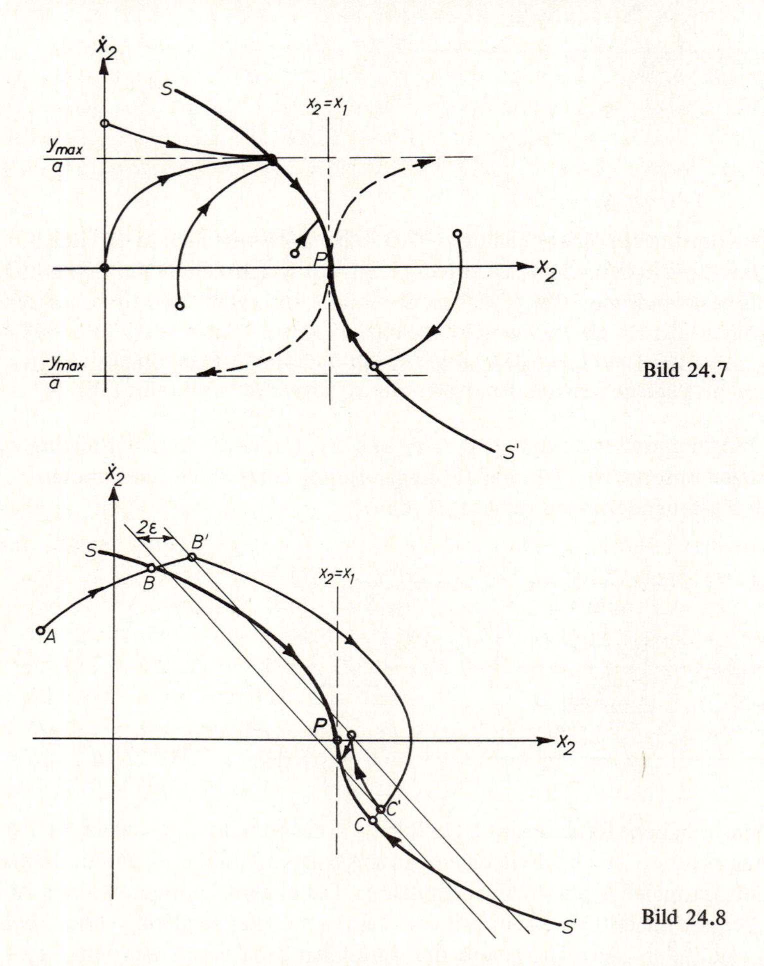

Bild 24.7

Bild 24.8

Eine, wenn auch sehr unvollkommene Möglichkeit der Vereinfachung besteht im Ersatz der nichtlinearen Schaltkurve S–P–S′ durch eine Schaltgerade. Man kann dies, wie in Bild 23.4 am Beispiel des doppelten Integrators gezeigt, durch eine Rückführung der Größe $\dot{x}_2$ auf den Eingang des Reglers erreichen, der dann wieder die Form eines einfachen Zweipunktreglers mit Hysterese und Rückführung annimmt. Das Ergebnis ist nicht voll befriedigend, wie das in Bild 24.8 skizzierte Beispiel zeigt. Die Kurve S–P–S′ ist dabei die ideale, nichtlineare Schaltkurve, die durch die beiden Schaltgeraden ersetzt werden soll. Ein Einschwingvorgang, der im Punkt A beginnt und bei optimaler Umschaltung im Punkt B sofort dem Endpunkt zustreben würde, führt wegen der verspäteten Umschaltung in B′ zu einem Überschwingen. Im 4. Quadranten bietet sich eine neue Gelegenheit, den Vorgang durch passende Umschaltung zu beenden (C). Hier erfolgt die Umschaltung jedoch vorzeitig (C′), so daß sich weitere Schaltvorgänge anschließen. Nachdem schließlich der Einschwingvorgang mit möglicherweise vielen unnötigen Umschaltungen bis auf eine kleine Amplitude abgeklungen ist, entsteht zum Schluß die aus Bild 23.9 schon bekannte stationäre Grenzschwingung. Um sie zu unterdrücken, wird der Regler manchmal mit einem kleinen linearen Bereich versehen oder nach dem Abgleich einfach von der Regelstrecke getrennt.

Die vorstehenden Überlegungen zeigen, daß für die Verwirklichung eines „Optimalen Reglers", der diese Bezeichnung verdient, ein beträchtlicher Aufwand getrieben werden muß. Hierzu gehört insbesondere auch die Bereitstellung der zusätzlichen Informationen über den Zustand und die möglicherweise wechselnden Parameter der Strecke. Außerdem ist zu bedenken, daß bisher nur der einfachste Fall eines Systems mit zwei Energiespeichern betrachtet wurde.

24.2.3. Regelstrecke höherer Ordnung

Die im vorhergehenden Abschnitt besprochene zeitoptimale Regelung läßt sich im Prinzip auch auf Regelstrecken höherer Ordnung erweitern. Die Berechnung der optimalen Umschaltpunkte wird dabei allerdings ziemlich kompliziert und erfordert im allgemeinen ein Rechengerät. Die Anwendung ist deshalb allenfalls dann sinnvoll, wenn das dynamische Verhalten der Regelstrecke genau bekannt ist und Rechner ohnehin vorhanden sind, etwa bei Steuerproblemen in der Raumfahrt. Natürlich kann sich dann die Optimierung nicht auf die Flugzeit beschränken, sondern muß noch viele andere Gesichtspunkte berücksichtigen, wie z. B. den Treibstoff-Verbrauch. Dennoch soll, wenigstens im Prinzip, erläutert werden, welche Überlegungen bei der Zeit-Optimierung anzustellen sind.

Feldbaum [14] hat den interessanten Satz bewiesen, daß bei einem aperiodischen System n. Ordnung

eine Einschaltung,
n–1 Umschaltungen und
eine Ausschaltung

der maximalen Stellgröße, jeweils zum richtigen Zeitpunkt, genügen, um sämtliche Zustandsgrößen von beliebigen Anfangswerten aus in der kürzest möglichen Zeit auf ihre stationären Werte zu bringen, d.h. das System in den Abgleich zu führen. Im Bild 24.9 ist dies am Beispiel einer Regelstrecke 3. Ordnung angedeutet. $x_1(t)$, $x_2(t)$ und $x_3(t)$ seien drei Zustandsgrößen, die in einem räumlichen Koordinatensystem aufgetragen werden. Als stationärer Endzustand sei der Ursprung angenommen. Es gibt wieder genau zwei Zustandskurven, je eine für $y = \pm y_{max}$, die in den Ursprung führen und während der Schlußphase den Einschwingvorgang beschreiben. Dies sind die räumlichen Schaltkurven S–P–S′ für die letzte, d. h. hier die zweite Umschaltung. Um auf diese Kurven zu gelangen, denkt man sich von jedem Punkt aus die Zustandskurve mit entgegengesetzter Stellgröße nach rückwärts angefügt. Man erhält so eine Schar von Zustandskurven, die alle auf S–P–S′ enden und zusammen eine räumliche Schaltfläche F aufspannen; die Schaltkurve S–P–S′ selbst ist eine Begrenzungskurve der Schaltfläche F.

Von jedem Punkt der Schaltfläche F aus braucht man also nur mit dem richtigen Vorzeichen von y der Zustandskurve zu folgen, um zur Schaltkurve S–P–S′ zu gelangen.

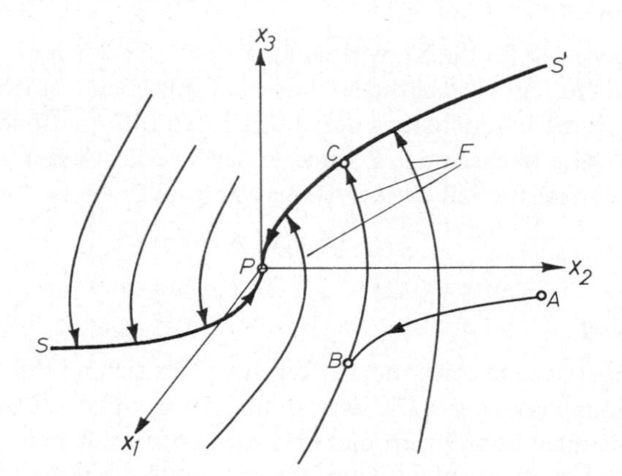

Bild 24.9

Ein optimaler Einschwingvorgang läuft nun folgendermaßen ab: Beginnend mit einem beliebigen Anfangszustand (A) wird die Stellgröße (mit dem richtigen Vorzeichen) eingeschaltet, bis der Zustandspunkt auf die Schaltfläche F trifft (B). Nun wird umgeschaltet, worauf sich der Punkt auf der Schaltfläche zur Schaltkurve S–P–S′ bewegt. Im Schnittpunkt (C) wird die Stellgröße erneut umgeschaltet und, sobald der Ursprung erreicht ist, abgeschaltet.

Man kann sich vorstellen, daß dieses im Prinzip einfach aussehende Verfahren bei einem System höherer Ordnung manche Probleme birgt. Die Schaltflächen, die im n-dimensionalen Raum zu Hyperflächen werden, können komplizierte mehrdeutige Formen annehmen. Auch müssen sie bei Parameteränderungen der Strecke ständig angepaßt werden um von Nutzen zu sein. Schließlich kommen noch die Schwierigkeiten einer genauen Erfassung der Zustandsgrößen hinzu. Es überrascht deshalb nicht, daß exakt zeitoptimale Steuerungen bei Systemen höherer Ordnung bisher kaum Anwendung gefunden haben und daß sie allenfalls als Bezugsmodell für das theoretisch Erreichbare von Bedeutung sind. In den meisten Fällen gibt man sich dann mit Näherungen zufrieden.

24.3. Integrierende Regelstrecke 2. Ordnung mit Begrenzung von Geschwindigkeit und Lage

Ein Körper, bei dem eine translatorische oder rotatorische Lagekomponente durch eine Kraft in Bewegungsrichtung oder ein Drehmoment um die Rotationsachse gesteuert werden soll, stellt in Abwesenheit sonstiger Kräfte gemäß Abs. 22.2.2 einen doppelten Integrator dar. Als Beispiel wäre etwa die Drehbewegung eines Erdsatelliten um eine bestimmte Achse zu nennen.

Falls eine geschwindigkeitsproportionale Reibungskraft angreift, wird aus dem doppelten Integrator in erster Näherung ein einfacher Integrator mit Verzögerung (Abs. 22.2.3). Beispiele sind die Bewegungen eines Zuges auf ebener Bahn, eines Werkzeugmaschinenschlittens oder einer Fördermaschine, ferner die rotatorische Bewegung eines Walzmotors oder des Verstellantriebes für den Walzspalt eines Walzgerüstes (Walzenanstellung). Auch hier kann man der Einfachheit halber häufig einen doppelten Integrator annehmen. In allen diesen Fällen kommt es auf eine schnelle Lageveränderung an; jedoch ist aus technischen oder physiologischen Gründen neben der Verstellgeschwindigkeit auch die Beschleunigung und die Änderung der Beschleunigung (Ruck) beschränkt. Die Forderung nach einem stetigen Verlauf der Beschleunigung kommt deren Einführung als weitere Zustandsgröße gleich. Zur Vereinfachung sei hiervon abgesehen.

Bei manchen Anwendungen, etwa bei der Werkzeugmaschine, der Walzenanstellung oder dem durch ein Haltsignal zum Bremsen veranlaßten automatisch gesteuerten Zug, ist außerdem die Lagekoordinate mechanisch begrenzt oder als begrenzt vorgegeben. Man kommt damit zu dem in Bild 24.10 skizzierten Ausschnitt der $(x_2, \dot{x}_2)$-Ebene, der für Verstellvorgänge zur Verfügung steht. Wegen der erforderlichen Anfahr- und Bremswege sind die Ecken des Bereiches entweder nicht erreichbar oder gesperrt. Insbesondere können auch die Endlagen nur mit niedriger Geschwindigkeit angefahren werden, da sonst die Gefahr einer Bereichsüberschreitung besteht.

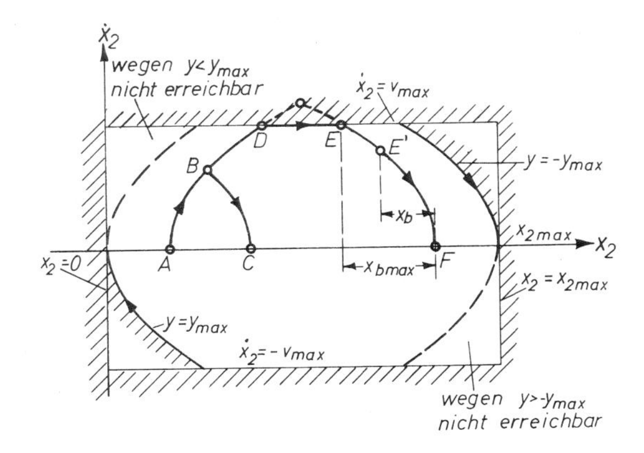

Bild 24.10

Es ist sofort verständlich und mit Hilfe der Variationsrechnung auch beweisbar, daß die eingezeichneten Zustandskurven A–B–C und A–D–E–F zeitoptimale Trajektorien darstellen. Im ersten Fall ist der Verstellweg klein, so daß trotz maximaler Beschleunigung die Höchstgeschwindigkeit nicht erreicht wird. Dieser Vorgang wurde in Abs. 24.2.1 ausführlich behandelt. Er entspricht z. B. der Fahrt eines Schnell-Triebwagens zwischen zwei dicht aufeinanderfolgenden Haltestellen, sofern man gleiche Beschleunigung und Verzögerung voraussetzt, oder (angenähert) der Bewegung eines Personenaufzuges bei einer Fahrt über ein oder zwei Stockwerke.

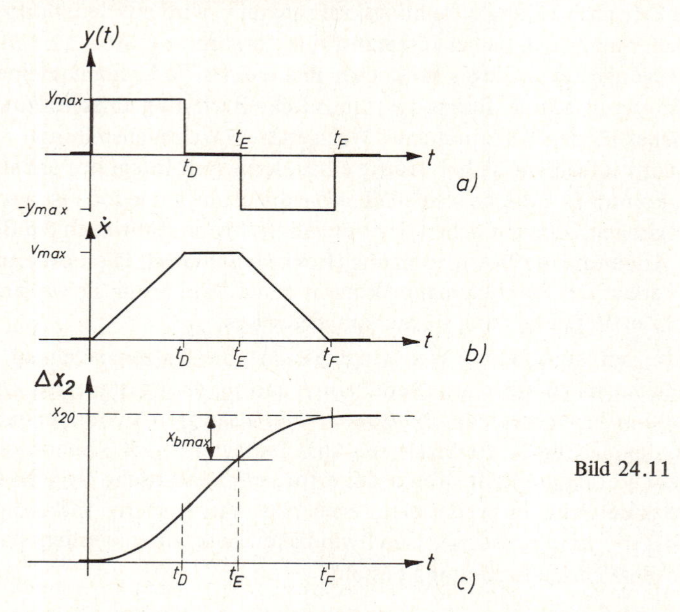

Bild 24.11

Beim zweiten Vorgang (A–D–E–F), der in Bild 24.11 auch über der Zeit aufgetragen ist, wurde ein Verstellweg vorgegeben, der die Summe von maximalem Beschleunigungs- und Bremsweg überschreitet. Das Zwischenstück wird dabei durch einen Abschnitt mit konstanter maximaler Geschwindigkeit überbrückt.

Um im richtigen Augenblick die Bremsung einleiten zu können (hier Punkt E), ist die Kenntnis des zur jeweiligen Geschwindigkeit gehörigen Bremsweges x_b erforderlich, der im Zustandsdiagramm in Bild 24.10 als Abszissenabschnitt unter dem bis zum Stillstand zu durchlaufenden Parabelbogen E′–F erscheint. Während man sich z. B. im täglichen Straßenverkehr auf Schätzungen verläßt und nach Möglichkeit einen genügenden Sicherheitsabstand für unvorhergesehene Ereignisse einplant, ist z. B. bei der Walzspalteinstellung anzustreben, den gewünschten Wert genau und in einem zeitoptimalen Verstellvorgang ohne „Schleichgang“ anzufahren, um die Produktion mit der gewünschten Genauigkeit und ohne unnötige Verweilzeiten abzuwickeln.

Bei Annäherung eines automatisch geregelten Schnellzuges an ein Streckenstück mit Geschwindigkeitsbeschränkung interessiert der Zeitpunkt t_1, in dem eine Bremsung einsetzen muß, damit der Zug die Langsamfahrstelle mit der vorgegebenen Geschwindigkeit erreicht (Bild 24.12). Man kann sich die Wirkungsweise einer solchen Regelung so vorstellen, daß der Zug eine gedachte „Bremsparabel" $\dot{x}(x)$, d. h. $v(x)$, vor sich herschiebt. Sobald diese Kurve an eine vorausliegende ortsfeste Geschwindigkeitsbegrenzung $v_{max}(x)$ stößt ($t = t_1$), wird eine Bremsung mit der vorgegebenen Verzögerung eingeleitet. Die „Bremsparabel" bleibt dann solange ortsfest fixiert, bis der sich verzögernde Zug mit der zulässigen Geschwindigkeit den Anfang der Geschwindigkeitsbeschränkung erreicht hat (t_2). Während der sich anschließenden Fahrt mit reduzierter Geschwindigkeit ($t > t_2$) verschiebt sich die Bremskurve wieder gemeinsam mit dem Zug. Im Fall eines Haltesignals ist $v_{max} = 0$.

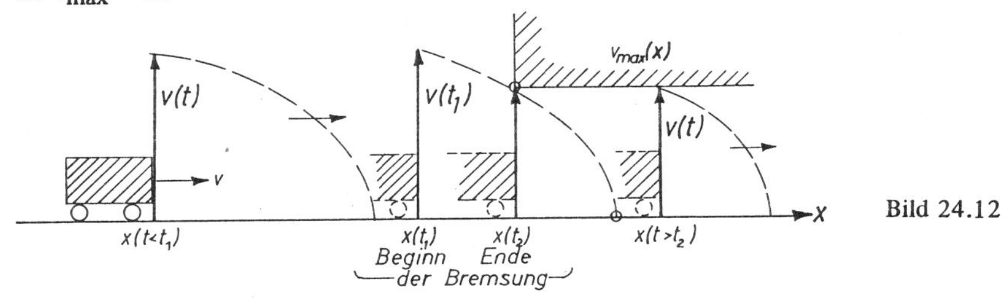

Bild 24.12

Als ein weiteres Beispiel, bei dem die Bremskurve genau bekannt sein muß, wäre eine Aufzugsanlage mit Ruftasten in den verschiedenen Stockwerken zu nennen. Wenn der Aufzug z. B. in Höhe des 9. Stockwerkes mit voller Geschwindigkeit aufwärts fährt und von Passagieren ein verspäteter Haltewunsch für das 11. Stockwerk angemeldet wird oder von einem dort Wartenden ein Aufwärtsfahrwunsch eintrifft, so muß die Steuerung sofort entscheiden können, ob dieser Wunsch noch bei dieser Fahrt erfüllt werden kann.

Bild 24.13 zeigt als Ausführungsbeispiel das Funktionsschema einer rotatorischen Lageregelung für zeitoptimale Verstellvorgänge; Anlagen dieser Art werden z.B. in automatischen Walzwerken zur Verstellung des Walzspaltes, zum Antrieb von Scheren und bei Werkzeugmaschinen verwendet [77]. Die Anforderung entspricht dem in Bild 18.9 dargestellten Funktionsschema einer Kaskadenregelung mit Vorsteuerung aus einem Führungsgrößengenerator.

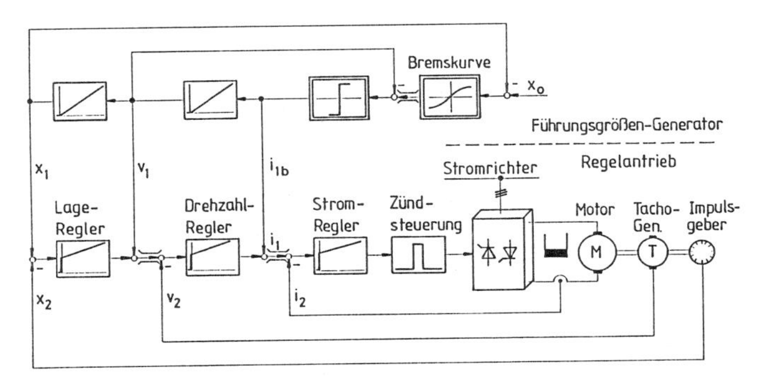

Bild 24.13

Der Antrieb erfolgt mit einem Gleichstrommotor, dessen Anker von Stromrichtern gespeist wird. Ein innerer Stromregelkreis dient als Überlastschutz, z.B. bei mechanischem Blockieren; ihm wird ein der Soll-Beschleunigung proportionaler Strom-Anteil i_{b1} aufgeschaltet, der so gewählt ist, daß die Strombegrenzung bei normaler Belastung nicht erreicht wird.

Der Stromregelung sind Drehzahl- und Lage-Regelkreise übergeordnet, die auf schnelles und gut gedämpftes Störverhalten ausgelegt sind. Der Führungsgrößengenerator entspricht dabei Bild 24.6, er weist bei sprungförmiger Änderung des Lage-Zielwertes x_0 zeitoptimales Einschwingverhalten auf; damit nimmt auch der Antrieb selbst zeitoptimale Verstelleigenschaften an.

Wegen der Speicherung der Führungsgrößen und der oftmals notwendigen hohen Lagegenauigkeit, z.B. 10 μm Toleranz bei einer Werkzeugmaschine mit 1 m Verstellweg, wird die Lageregelung digital ausgeführt. Der Istwert kann dabei durch Aufsummieren der von einem Impulsgeber gelieferten Weg-Inkremente in einem Vor-Rückwärtszähler gebildet werden. Bei Einsatz eines Mikrorechners ist es vorteilhaft, die gesamte Regelung einschließlich Führungsgrößengenerator zu digitalisieren; der Übergang erfolgt dann durch einen Digital-Analog-Wandler, der z.B. den Sollwert des verbleibenden analogen Stromreglers erzeugt.

In Bild 24.14 ist ein für die Schaltung nach Bild 24.13 berechneter Verstellvorgang aufgetragen, der eine gute Annäherung an die in Bild 24.11 gezeichneten idealisierten Vorgänge erkennen läßt. Das Lastdrehmoment ist dabei drehzahlproportional angenommen.

Bei Transportvorgängen, wo Fahrgäste befördert werden, z.B. Bahnen oder Aufzügen, muß auch die Beschleunigung stetig verlaufen, d.h. als Zustandsgröße behandelt werden, um ruckartige Kraftwirkungen zu vermeiden.

Ähnliche Bedingungen bestehen bei schwingungsfähigen mechanischen Konstruktionen, etwa Antennen oder Robotern.

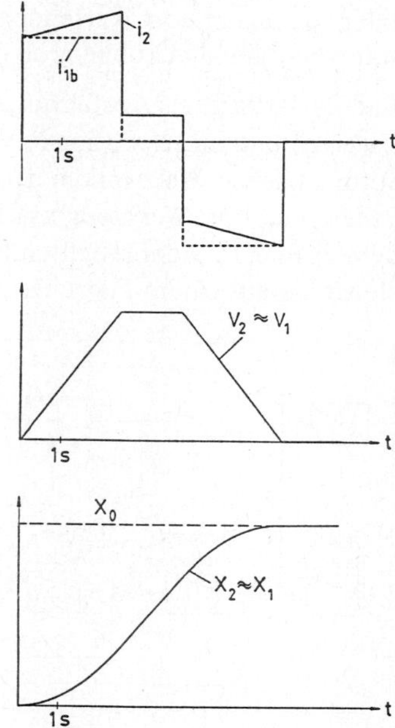

Bild 24.14

25. Näherungsweise Stabilitätsprüfung eines nichtlinearen Systems mit Hilfe der Beschreibungsfunktion

25.1. Die Beschreibungsfunktion

Die Darstellung nichtlinearer Systeme in der Zustandsebene ist zwar exakt, jedoch auf Fälle mit zwei Energiespeichern beschränkt. Bei einer Erweiterung auf Systeme höherer Ordnung lassen sich wegen der Schwierigkeiten der Darstellung im n-dimensionalen Raum und wegen des unübersichtlichen Kurvenverlaufes keine nennenswerten allgemeinen Aussagen mehr machen; man ist dann auf zahlenmäßige Rechnungen angewiesen.

Häufig ist es ausreichend, das grundsätzliche Verhalten eines nichtlinearen Systems, z. B. hinsichtlich seiner Stabilität, angenähert beurteilen zu können. Dies ist in vielen Fällen mit dem Verfahren der Beschreibungsfunktion möglich. Es handelt sich dabei zwar nur um ein Näherungsverfahren, auch muß seine Anwendbarkeit im Einzelfall geprüft werden, doch sind die Resultate gerade bei praktischen Regelstrecken oft erstaunlich genau. Vor allem aber ist seine Anwendung nicht auf Systeme 2. Ordnung beschränkt; die Güte der Näherung steigt sogar mit der Ordnungszahl an. Die Beschreibungsfunktion ist eine Variante des in der Mechanik seit langem bekannten Verfahrens der harmonischen Balance und wurde unabhängig von verschiedenen Autoren für die Untersuchung nichtlinearer Regelsysteme vorgeschlagen [80–84].

Nichtlineare Übertragungselemente sind zwar in jedem Regelkreis vorhanden, doch läßt sich oft eine einzelne wesentliche Nichtlinearität lokalisieren; als Beispiel wäre der Fall eines unstetigen Reglers zu nennen, wo die üblichen Linearisierungsverfahren versagen.

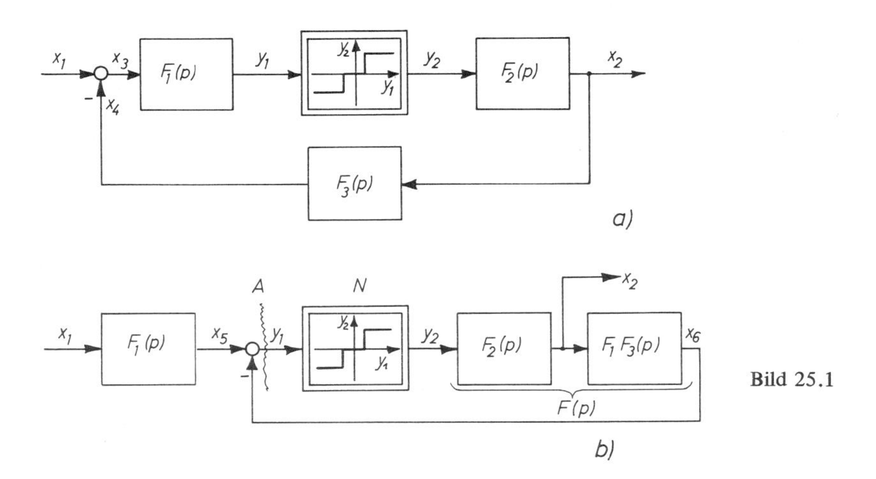

Bild 25.1

Man kann den Regelkreis dann häufig in einen frequenzabhängigen linearen und einen frequenzunabhängigen, d. h. augenblicklich wirkenden, nichtlinearen Teil zerlegen. Bild 25.1a zeigt ein Beispiel, bei dem als nichtlineares Element ein Dreipunktregler eingetragen wurde. Das Blockschaltbild läßt sich durch Verschiebung und Zusammenfassung der linearen Glieder so umzeichnen, daß z. B. Bild 25.1b entsteht.

Bei der Umformung ist darauf zu achten, daß die Eingangs- und Ausgangsgrößen des nichtlinearen Teils erhalten bleiben; auch eine Vertauschung der Reihenfolge nichtlinearer und linearer Systemteile wirkt sich auf die Form der Signale aus und verändert deshalb meistens das Übertragungsverhalten.

Die nun dem geschlossenen Kreis vorgeschaltete Übertragungsstrecke (F_1) bewirkt bei Annahme guter Dämpfung lediglich eine harmlose Verschleifung der Führungsgröße. Dagegen kann der nachfolgende Gegenkopplungskreis ein möglicherweise kritisches dynamisches Verhalten aufweisen und z. B. instabil sein. Es ist deshalb sinnvoll, eine Stabilitätsuntersuchung auf diesen Teil zu konzentrieren.

Man denkt sich hierzu den geschlossenen Kreis, z. B. an der Stelle A, aufgetrennt und durch ein sinusförmig veränderliches Fremdsignal periodisch angeregt,

$$y_1(t) = \hat{y}_1 \cos\omega t = \mathrm{Re}\,(\hat{y}_1\, e^{j\omega t}). \tag{1}$$

$y_1(t)$ ist dabei wie gewöhnlich normiert und dimensionslos.

Unter der Annahme, daß das nichtlineare Übertragungsglied eine zum Nullpunkt symmetrische Kennlinie besitzt, läßt sich die zugehörige Ausgangsgröße als Fourier-Reihe mit ungeradzahligen Oberschwingungen schreiben,

$$\begin{aligned} y_2(t) &= \sum_{\nu=1,3..}^{\infty} \hat{y}_{2\nu} \cos(\nu\omega t + \alpha_\nu) = \\ &= \sum_{\nu=1,3..}^{\infty} \mathrm{Re}\,(\hat{y}_{2\nu}\, e^{j(\nu\omega t + \alpha_\nu)}). \end{aligned} \tag{2}$$

Die Amplituden und Phasenwinkel der Teilschwingungen sind dabei Funktionen der Anregung,

$$\hat{y}_{2\nu} = f(\hat{y}_1), \quad \alpha_\nu = g(\hat{y}_1). \tag{3}$$

Mit diesem Ansatz kann man auch die Ausgangsgröße x_6 des linearen Systemteils in Bild 25.1b als Fourier-Reihe schreiben,

$$x_6(t) = \sum_{\nu=1,3..}^{\infty} \mathrm{Re}\left(\hat{y}_{2\nu}\, e^{j\alpha_\nu}\, F(j\nu\omega)\, e^{j\nu\omega t}\right). \tag{4}$$

Dabei ist $F(j\nu\omega)$ der Frequenzgang des linearen Teils,

$$F(j\nu\omega) = |F(j\nu\omega)|\, e^{j\varphi_\nu}. \tag{5}$$

Wenn $F(j\omega)$ eine Tiefpaßfunktion darstellt, deren Betrag mit der Frequenz monoton abnimmt, sind die in x_6 enthaltenen Oberschwingungen näherungsweise vernachlässigbar, so daß nur noch die Grundschwingung übrig bleibt,

$$x_6(t) \approx \mathrm{Re}\left(\hat{y}_{21}\, e^{j\alpha_1}\, F(j\omega)\, e^{j\omega t}\right).$$

Setzt man nun, in Anlehnung an die Verhältnisse bei linearen Systemen,

$$\hat{y}_{21}\, e^{j\alpha_1} = N(\hat{y}_1)\,\hat{y}_1,$$

d.h.

$$N(\hat{y}_1) = \frac{\hat{y}_{21}}{\hat{y}_1}\, e^{j\alpha_1}, \tag{6}$$

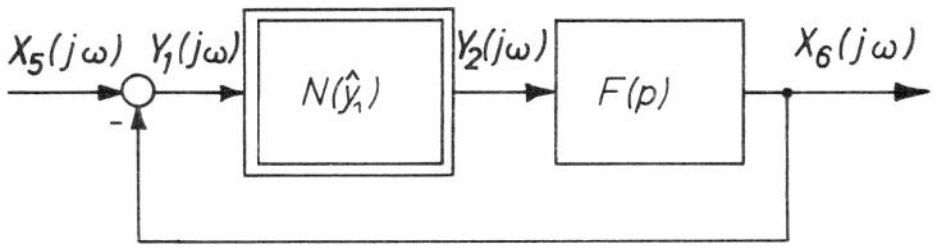

Bild 25.2

so gilt

$$x_6(t) \approx \mathrm{Re}\left(N(\hat{y}_1)\, F(j\omega)\, \hat{y}_1\, e^{j\omega t}\right). \tag{7}$$

$N(\hat{y}_1)$ stellt eine von der Amplitude der Anregung, nicht dagegen von deren Frequenz abhängige Grundschwingungs-Übertragungsfunktion des nichtlinearen Übertragungsgliedes dar. Man bezeichnet $N(\hat{y}_1)$ als Beschreibungsfunktion der nichtlinearen Übertragungsstrecke. Dieser Name, der den Sachverhalt nicht besonders gut kennzeichnet, ist aus dem Englischen abgeleitet (describing function).

Folgende Voraussetzungen für eine sinnvolle Definition von $N(\hat{y}_1)$ sind zu beachten:

a) Die Einführung einer frequenzunabhängigen Übertragungsfunktion für die Grundschwingung setzt eine momentan wirkende Nichtlinearität voraus. Es wäre zwar im Prinzip möglich, auch eine frequenzabhängige Beschreibungsfunktion zu definieren, doch würde die Anwendung dadurch erschwert.

b) Bei der Definition wurde angenommen, daß die nichtlineare Kennlinie $y_2(y_1)$ eine ungerade Funktion ist. Diese Einschränkung ist praktisch nicht schwerwiegend, da ihr die meisten vorkommenden nichtlinearen Übertragungsglieder genügen.

c) Das Fehlen einer Gleichkomponente in y_1 kann die Folge eines Integralterms in $F_2(p)$ sein, der z. B. durch einen Stellmotor bewirkt sein könnte.

d) Die wesentliche Voraussetzung, damit die Definition der Beschreibungsfunktion sinnvoll ist, besteht jedoch in der Annahme einer Tiefpaß-Regelstrecke ($F = F_1\, F_2\, F_3$), um die in $y_2(t)$ enthaltenen, möglicherweise starken Oberschwingungen bis auf einen vernachlässigbar kleinen Rest zu dämpfen; nur dann darf $x_6(t)$ angenähert als sinusförmiges Signal mit der Grundfrequenz angesehen werden.

Mit diesen Annahmen läßt sich der in Bild 25.1b enthaltene geschlossene Kreis als quasilineares Blockschaltbild zeichnen (Bild 25.2). Diese Darstellung gilt zunächst jedoch nur bei der vereinbarten sinusförmigen Anregung, d.h. $p = j\omega$. Der Frequenzgang des geschlossenen Kreises lautet somit

$$\frac{X_6}{X_5}(j\omega) = \frac{N(\hat{y}_1)\,F(j\omega)}{1 + N(\hat{y}_1)\,F(j\omega)} = \frac{F(j\omega)}{\dfrac{1}{N(\hat{y}_1)} + F(j\omega)} \,. \tag{8}$$

Die für die Ableitung der Beschreibungsfunktion eingeführte Schwingung (y_1) entsteht von selbst, d.h. ohne äußere Anregung, wenn der Rückkopplungskreis sich an der Stabilitätsgrenze befindet. Die zugehörige Bedingung folgt aus Gl. (8) mit

$$\frac{1}{N(\hat{y}_1)} + F(j\omega) = 0 \qquad \text{oder} \qquad F(j\omega) = -\frac{1}{N(\hat{y}_1)} \,. \tag{9}$$

Für $N = 1 = \text{const.}$ wird daraus der lineare Stabilitätsgrenzfall (Nyquist). Die hierfür geltenden Aussagen (Abs. 7.4) lassen sich näherungsweise übernehmen, wenn man

$$F = -\frac{1}{N(\hat{y}_1)}$$

anstelle von $F = -1$ als „kritischen Punkt" deutet. Wegen der Abhängigkeit von $\hat{y}_1$ stellt $-\dfrac{1}{N(\hat{y}_1)}$ eine im allgemeinen Fall komplexwertige Ortskurve mit einer $\hat{y}_1$-Bezifferung dar; der „kritische Punkt" ist also von der Amplitude der Schwingung abhängig, Bild 25.3.

Das Verfahren mit der Beschreibungsfunktion eignet sich nicht nur zur Prüfung der Stabilität; ähnlich wie bei linearen Systemen kann man aus dem Verlauf der Ortskurven $F(j\omega)$ und $-1/N(\hat{y}_1)$ im kritischen Bereich, insbesondere aus ihrem minimalen Abstand, auch Rückschlüsse auf das Dämpfungsverhalten ziehen.

Die Anwendung der Beschreibungsfunktionen soll im folgenden anhand einiger einfacher Beispiele erläutert werden.

25.2 Lineare Kennlinie mit begrenztem Aussteuerbereich

Eine häufig vorkommende Übertragungskennlinie ist in Bild 25.4a gekennzeichnet; sie ist bei kleiner Signalamplitude linear und zeigt bei größerer Aussteuerung eine scharfe Begrenzung. Die Ausgangsgröße nimmt dann den Wert $y_2 = \pm y_{20}$ an.

Im Prinzip zeigt natürlich jede Übertragungsstrecke einen Begrenzungseffekt, nur wird er gewöhnlich bei normalem Betrieb nicht wirksam, so daß sich eine Untersuchung der etwaigen Folgen erübrigt. Auch ist in den meisten Fällen die Kennlinie an den Aussteuergrenzen gekrümmt, so daß die Übersteuerung allmählich einsetzt.

Es sei also angenommen, daß es sich bei dem Übertragungsglied mit der Kennlinie nach Bild 25.4a um einen echten Signal- oder Leistungs-„Engpaß" handelt, der auch im Normalbetrieb wirksam ist. Als Grenzfall für $y_{10} \to 0$ umfaßt die gezeichnete Kennlinie auch den idealen Zweipunktregler.

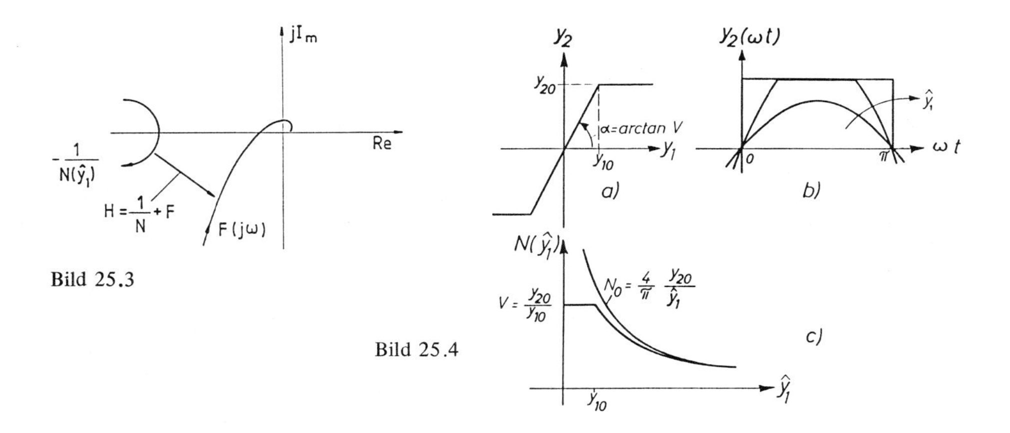

Bild 25.3

Bild 25.4

In Bild 25.4b ist der Verlauf der Ausgangsgröße $y_2(t)$ bei sinusförmiger Anregung mit unterschiedlicher Amplitude $\hat{y}_1$ skizziert. Aus Symmetriegründen enthält $y_2(t)$ bei sinusförmiger Anregung nur sinusförmige Anteile; die Beschreibungsfunktion ist somit reell, $\alpha_\nu = 0$.

Sie folgt als Grundschwingungs-Verstärkung aus der Beziehung

$$N(\hat{y}_1) = \frac{\hat{y}_{21}}{\hat{y}_1} = \frac{4}{\pi\hat{y}_1}\int_0^{\frac{\pi}{2}} y_2(\tau)\sin\tau\, d\tau, \quad \omega t = \tau. \tag{10}$$

Im Bereich $\hat{y}_1 < y_{10}$ ist die Begrenzung unwirksam; somit ist die Verstärkung konstant (Bild 25.4c),

$$N(\hat{y}_1) = N(0) = \frac{y_{20}}{y_{10}} = \text{const.}, \qquad \hat{y}_1 < y_{10}.$$

Bei größeren Amplituden geht die Grundschwingungsverstärkung zurück. Für $y_{10} = 0$ nimmt y_2 die Form einer Rechteckschwingung an; damit folgt als Beschreibungsfunktion eine Hyperbel.

$$N_0(\hat{y}_1) = \frac{4}{\pi}\frac{y_{20}}{\hat{y}_1}.$$

Diese Kurve ist in Bild 25.4c ebenfalls aufgetragen; sie stellt gleichzeitig im allgemeinen Fall, $y_{10} \neq 0$, die Asymptote für $\hat{y}_1 \to \infty$ dar.

Wegen der positiv reellen Beschreibungsfunktion belegt die Orstkurve $-\frac{1}{N(\hat{y}_1)}$ einen Teil der negativen reellen Achse mit einer nichtlinearen $\hat{y}_1$-Beziehung. Der maximale

Wert $N(0) = \frac{y_{20}}{y_{10}}$ wird in den dem Ursprung nächstgelegenen Punkt $-\frac{1}{N(0)} = -\frac{y_{10}}{y_{20}}$ abgebildet.

Beim idealen Zweipunktregler ($y_{10} = 0$) rückt der Anfang der Ortskurve $-\frac{1}{N(\hat{y}_1)}$ in den Ursprung, so daß die gesamte negative reelle Achse mit einer $\hat{y}_1$-Bezifferung belegt ist. Betreibt man den zeitweilig übersteuerten Verstärker nun z.B. mit einer linearen IT_2-Übertragungsstrecke,

$$F(p) = \frac{1}{T_1\, p\,(T_2\, p + 1)\,(T_3\, p + 1)}\,,\quad T_1, T_2, T_3 \text{ reell}, \tag{11}$$

so sind zwei mögliche Fälle zu unterscheiden.

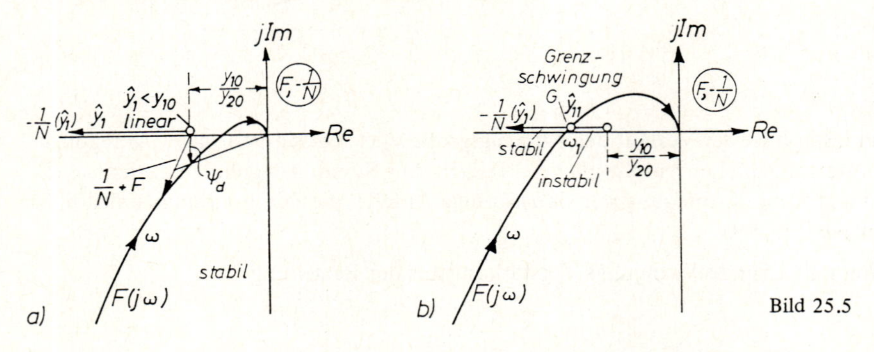

Bild 25.5

In Bild 25.5a ist eine Konstellation gezeigt, bei der die beiden Orstkurven $F(j\omega)$ und $-\frac{1}{N(\hat{y}_1)}$ sich nicht schneiden. Die Bedingung (9) ist also für keine Frequenz und bei keiner Amplitude erfüllt. Das Nyquist-Kriterium zeigt dann für jeden Punkt der $-\frac{1}{N}$ –Ortskurve, d.h. für jede Schwingungsamplitude, Stabilität an. Der am meisten exponierte Punkt ist dabei der dem linearen Bereich zugehörige Anfangspunkt maximaler Verstärkung. Der Winkel ψ_d entspricht dem bei linearen Systemen definierten Phasenabstand. Ist der betrachtete Regelkreis demnach für kleine Auslenkung stabil, dann ist er es auch für große. Zum gleichen Ergebnis kommt man bei den meisten Regelkreisen, da die mittlere Verstärkung als Folge einer zeitweiligen Übersteuerung nur abnehmen kann; eine Ausnahme bildet der noch zu besprechende Fall eines bedingt stabilen Regelkreises, wo die Stabilität sowohl bei einer Erhöhung als auch bei einer Senkung der Verstärkung gefährdet ist.

Bild 25.5b zeigt die gleichen Ortskurven nach einer Verkleinerung der Integrierzeitkonstanten T_1. Die Ortskurven schneiden sich nun in einem Punkt G mit den Bezifferungen $\hat{y}_{11}$ bzw. ω_1. Das Nyquist-Kristerium deutet Instabilität für $\hat{y}_1 < \hat{y}_{11}$ und Stabilität für $\hat{y}_1 > \hat{y}_{11}$ an. Demnach bildet sich eine Grenzschwingung aus, die den Verstärker zeitweilig übersteuert. Es hängt nun natürlich von der Betriebsbedingung der Regelstrecke ab, ob eine solche Schwingung akzeptabel ist. Gegebenenfalls läßt sich die Stabilität auch durch Vergrößerung des Linearitätsbereiches (y_{10}), d.h. Absenkung der Verstärkung wiederherstellen.

Es empfiehlt sich stets, nachträglich zu prüfen, ob die bei der Einführung der Beschreibungsfunktion getroffenen Voraussetzungen, vor allem hinsichtlich der Dämpfung der Oberschwingungen, erfüllt sind. Im vorliegenden Fall sind keine Schwierigkeiten zu erwarten, da es sich bei dem linearen Systemteil um einen aperiodischen Tiefpaß 3. Ordnung handelt und der der Grenzschwingung zugehörige Punkt auf der negativen reellen Achse liegt. Die Funktion $F(j\omega)$ hat dort eine Phasennacheilung von 180°, was einem Betragsverlauf etwa wie $\frac{1}{\omega^2}$ entspricht. Dies reicht für die Dämpfung der Oberschwingungen in den meisten Fällen aus.

Aus Bild 25.5b ist übrigens zu erkennen, daß die Kombination eines idealen Zweipunktreglers ($y_{10} = 0$) mit einem proportional wirkenden stabilen Tiefpaß beliebiger Ordnung, dessen Ortskurve die negative reelle Achse schneidet, stets auf eine Grenzschwingung führt.

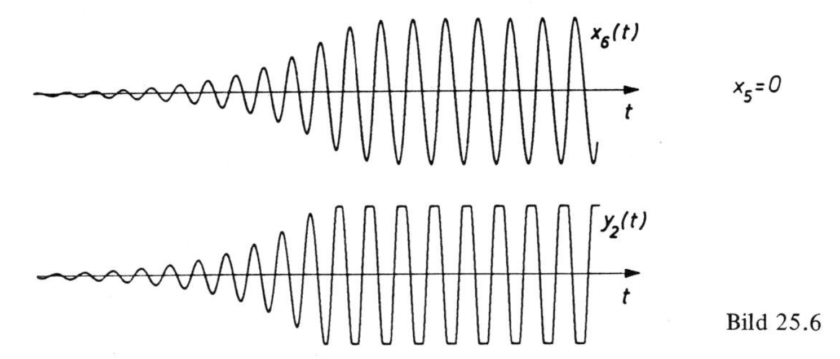

Bild 25.6

In Bild 25.6 ist das Oszillogramm einer sich aufbauenden Grenzschwingung entsprechend Bild 25.5b gezeigt. Die Bezeichnung der Variablen erfolgte dabei wie in Bild 25.2. Die Abweichung der gerechneten und gemessenen Frequenzen beträgt etwa $1 \div 1{,}5$ %. Der nahezu sinusförmige Verlauf von $x_6(t)$ deutet auf die ausreichende Tiefpaßwirkung des linearen Systemteils hin.

Der Sonderfall des bedingt stabilen Regelkreises bei zeitweiliger Übersteuerung eines Systemteils wurde bereits erwähnt. Bild 25.7a zeigt die Ortskurve eines solchen Systems bei Annahme eines dreifachen Pols bei Null, ähnlich wie es in Abs. 14 behandelt wurde. Die Analyse mit Hilfe der Beschreibungsfunktion liefert hier folgende Aussage:

Befindet sich der Anfangspunkt ($y_1 < y_{10}$) der Ortskurve $-\frac{1}{N}$ im Bereich 1, so liegt Instabilität vor und es bildet sich eine Grenzschwingung bei P_1 aus (Bild 25.7b). Liegt der Anfangspunkt der Ortskurve dagegen im Bereich 2, so ist das System zwar stabil

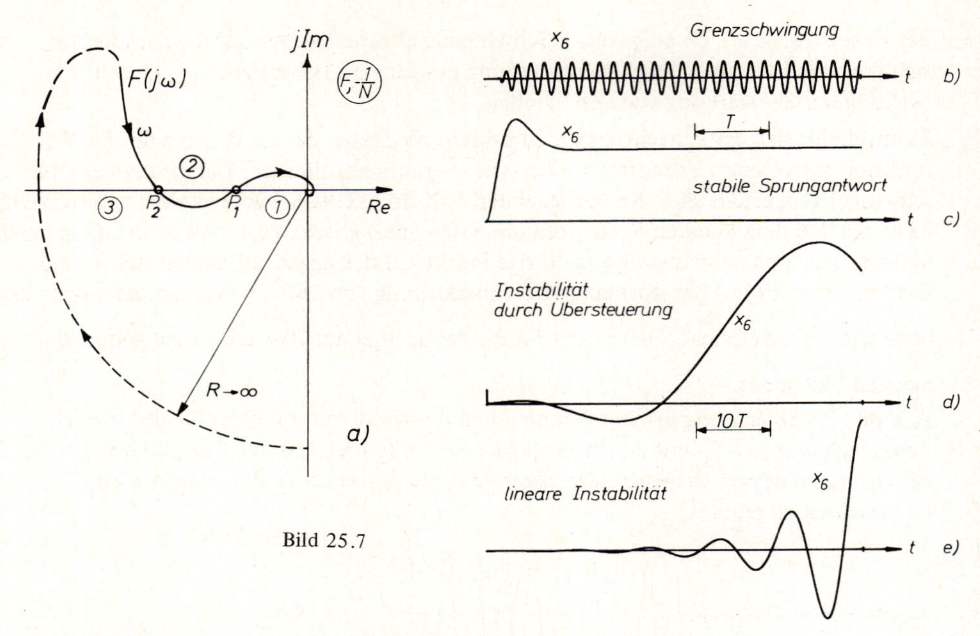

Bild 25.7

(Bild 25.7c), doch kann die Ortskurve $-\frac{1}{N}$ bei einer kurzzeitigen Übersteuerung, z.B. während eines Regelvorgangs, in den Bereich 3 gelangen; dort entsteht dann eine aufklingende Schwingung niedriger Frequenz, deren Amplitude keinem stationären Grenzwert zustrebt, solange nicht an irgendeiner anderen Stelle eine neue Begrenzung eintritt. (Bild 25.7d). Beginnt die Ortskurve dagegen im Bereich 3, so liegt auch ohne Übersteuerung Instabilität vor (Bild 25.7e). Die Gefahr einer Instabilität durch Überstreuung besteht bei allen bedingt stabilen Systemen.

Die Anwendung des Verfahrens auf den in Bild 23.1 gezeichneten Regelkreis, bestehend aus idealem Zweipunktregler und Beschleunigungsstrecke, gestattet eine einfache quantitative Überprüfung der erzielbaren Genauigkeit.

Mit den in Bild 25.2 eingeführten Bezeichnungen ist

$$N(\hat{y}_1) = \frac{4}{\pi}\frac{y_{20}}{\hat{y}_1} \quad \text{und} \quad F(p) = \frac{1}{(Tp)^2}\,.$$

Die beiden Ortskurven, $F(j\omega)$ und $-\frac{1}{N(\hat{y}_1)}$, durchlaufen die negative reelle Achse in entgegengesetzter Richtung (Bild 25.8). Da jedem Punkt der negativen reellen Achse somit genau eine Frequenz und ein Amplitudenwert zugehören, kann sich eine Schwingung beliebiger Frequenz mit jeweils zugehöriger Amplitude ausbilden. Dies entspricht aber gerade dem in Abs. 23.1.1 mit Hilfe eines exakten Verfahrens gefundenen Ergebnis, wonach Frequenz und Amplitude der Schwingung vom Anfangszustand abhängen.

Setzt man

$$F(j\omega) = -\frac{1}{(T\omega)^2} = -\frac{1}{N(\hat{y}_1)} = -\frac{\pi}{4}\frac{\hat{y}_1}{y_{20}}$$

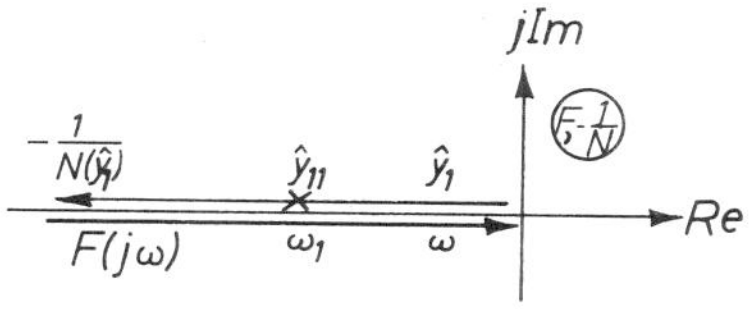

und wegen des geschlossenen Kreises,

$$\hat{y}_1 = \hat{x}_6,$$

Bild 25.8

so folgt mit $\omega = 2\pi f$ der Zusammenhang zwischen Frequenz und Amplitude der stationären Grenzschwingung,

$$f = \frac{1}{\pi T}\frac{1}{\sqrt{\pi \hat{x}_6}} \approx \frac{0{,}180}{T\sqrt{\hat{x}_6}}, \quad y_{20} = 1.$$

Das in Abs. 23.1.1 berechnete genaue Ergebnis war, mit $y_{01} = 1$ und $\Delta x_2 = \hat{x}_6$,

$$f = \frac{1}{4T}\frac{1}{\sqrt{2\hat{x}_6}} \approx \frac{0{,}177}{T\sqrt{\hat{x}_6}}.$$

Das Näherungsverfahren zeigt im vorliegenden Fall also eine beachtliche Genauigkeit, was sich auch anschaulich begründen läßt. Wegen des idealen Zweipunktreglers hat $y_2(t)$ nämlich die Form einer Rechteckschwingung; die der Grundschwingung nächste, 3. Oberschwingung hat also 1/3 der Amplitude der Grundschwingung. Im anschließenden linearen Teil des Regelkreises mit dem Frequenzgang $F(j\omega) = \frac{1}{(jT\omega)^2}$ wird diese Oberschwingung um den Faktor $3^2 = 9$ stärker gedämpft als die Grundschwingung, so daß am Eingang des nichtlinearen Gliedes die Amplitude der 3. Oberschwingung auf 1/27 der Grundschwingungs-Amplitude abgesunken ist.

25.3. Lineare Kennlinie mit Unempfindlichkeitszone und begrenztem Aussteuerbereich

Die in Bild 25.9a gezeichnete absatzweise lineare Kennlinie enthält zusätzlich zur Begrenzung einen Unempfindlichkeitsbereich der Breite 2ϵ; für $\epsilon=0$ entsteht somit die vorher untersuchte Kennlinie, für $\epsilon=y_{10}$ die eines idealen Dreipunktreglers. Bild 25.9b zeigt wieder den Verlauf der Ausgangsgröße $y_2(t)$ bei sinusförmiger Anregung. Als Folge der Unempfindlichkeitszone werden kleine Werte des Eingangs-Signals unterdrückt, so daß am Ausgang des nichtlinearen Gliedes voneinander getrennte Kuppen entstehen. Bei großer Anregungsamplitude strebt der Verlauf von $y_2(t)$ wieder einer Rechteckschwingung zu. Die Grundwellenverstärkung sinkt deshalb für $\epsilon \neq 0$ bei kleinen wie bei großen Signalamplituden ab und durchläuft dazwischen ein Maximum.

Wegen der ungeraden und eindeutigen Kennlinie ist die Beschreibungsfunktion auch hier reell. Für die Auswertung genügt daher wieder das verkürzte Integrationsintervall, das abschnittsweise zu berechnen ist. Mit $\omega t = \tau$ gilt z.B. für $\hat{y}_1 > y_{10}$

$$N(\hat{y}_1) = \frac{4}{\pi}\frac{1}{\hat{y}_1}\int_0^{\frac{\pi}{2}} y_2(\tau)\sin\tau\, d\tau$$

$$= \frac{4}{\pi}\frac{y_{20}}{y_{10}-\epsilon}\int_{\tau_1}^{\tau_2}\left(\sin\tau - \frac{\epsilon}{\hat{y}_1}\right)\sin\tau\, d\tau + \frac{4}{\pi}\frac{y_{20}}{\hat{y}_1}\int_{\tau_2}^{\frac{\pi}{2}}\sin\tau\, d\tau .$$

Dabei ist

$$\tau_1 = \arcsin\frac{\epsilon}{\hat{y}_1}\ , \quad \tau_2 = \arcsin\frac{y_{10}}{\hat{y}_1} \leqslant \frac{\pi}{2}\,.$$

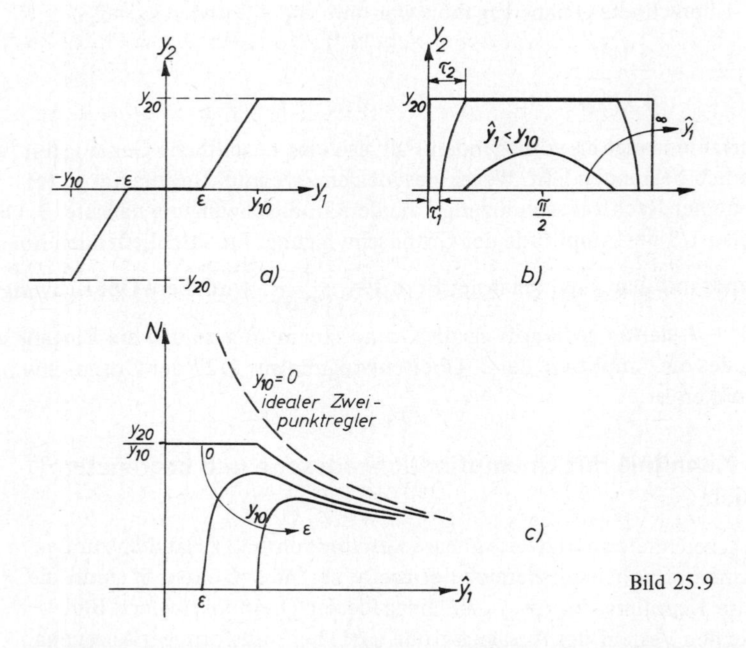

Bild 25.9

Das Ergebnis der Rechnung ist in Bild 25.9c für verschiedene Werte von ϵ dargestellt.

Die Beschreibungsfunktion ist positiv reell, also liegt die Ortskurve $-\dfrac{1}{N(\hat{y}_1)}$ wieder in der negativen reellen Achse; da die Kurve $N(\hat{y}_1)$ ein Maximum aufweist, ist die reelle Achse doppelt mit $\hat{y}_1$-Werten belegt (Bild 25.10).

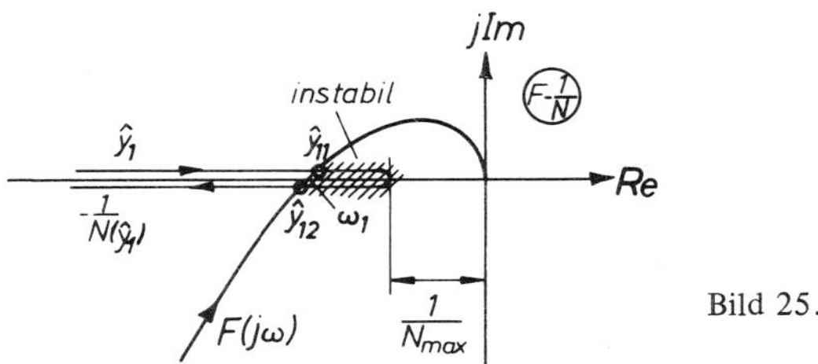

Bild 25.10

Die in Bild 25.10 als Beispiel eingetragene Ortskurve F(jω) des IT_2-Gliedes mit der Übertragungsfunktion nach Gl. (11) schneidet bei der Frequenz ω_1 die Ortskurve $-\frac{1}{N(\hat{y}_1)}$ an den Stellen $\hat{y}_{11}$ und $\hat{y}_{12} > \hat{y}_{11}$, so daß der schraffierte Abschnitt instabil wird. Bei der Frequenz ω_1 sind somit aufklingende Schwingungen zu erwarten, die schließlich mit der Amplitude $\hat{y}_{12}$ stationär verlaufen; entsprechend klingen große Auslenkungen ab und gehen bei der Amplitude $\hat{y}_{12}$ in eine Dauerschwingung über. Man erhält also auch hier einen Grenzzyklus.

Soll ein Schnittpunkt und damit der Grenzzyklus vermieden werden, so muß die bekannte Stabilitätsbedingung eines linearen Systems 3. Ordnung, Abs. 5.1.2,

$$a_0 \, a_3 < a_1 \, a_2$$

erfüllt sein. Dabei sind die a_ν die Koeffizienten des Nennerpolynoms der Übertragungsfunktion des geschlossenen Kreises, Gl. (8). Im vorliegenden Fall führt dies auf die Bedingung

$$N_{max} < T_1 \frac{T_2 + T_3}{T_2 \, T_3} .$$

Wie schon erwähnt, kann der Verlauf der Ortskurven F(jω) und $-1/N(\hat{y}_1)$ auch zur qualitativen Beurteilung des Dämpfungsverhaltens herangezogen werden. Diese Frage wird hier jedoch nicht weiter verfolgt.

25.4. Zweipunktregler mit Hysterese

Praktische Ausführungen von Zweipunktreglern oder Schaltgliedern haben, z.B. als Folge von Haftreibung oder wegen einer internen Mitkopplung, meistens eine Kennlinie in Form der in Bild 25.11a bezeichneten rechteckigen Hystereseschleife. In Verbindung mit Regelstrecken 2. Ordnung wurden solche Übertragungselemente ausführlich in der Zustandsebene untersucht.

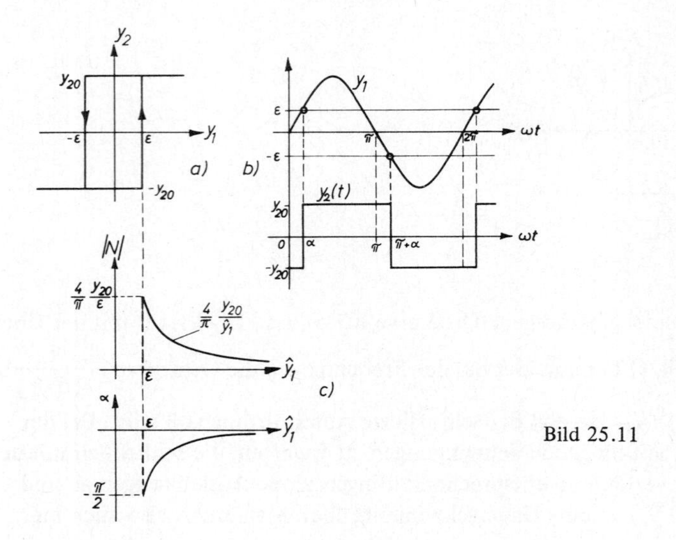

Bild 25.11

Obwohl die gezeichnete Kennlinie im strengen Sinne keine ungerade Funktion ist, entsteht bei sinusförmiger Anregung doch eine periodische Antwortfunktion $y_2(t)$ ohne Gleichkomponente, die als Fourierreihe geschrieben werden kann.

Bild 25.11b zeigt die Konstruktion der Ausgangsgröße $y_2(t)$; man erhält für $\hat{y}_1 > \epsilon$ also eine Rechteckschwingung konstanter Amplitude, die nun auch eine Phasenverschiebung aufweist

$$\alpha(\hat{y}_1) = -\arcsin\frac{\epsilon}{\hat{y}_1}.$$

α erreicht im Grenzfall $\hat{y}_1 = \epsilon$ den Minimalwert $-\frac{\pi}{2}$, was sich sehr nachteilig auf die Stabilität jedes Regelkreises auswirken muß. Für $\hat{y}_1 < \epsilon$ ist die Beschreibungsfunktion nicht definiert.

In komplexer Schreibweise gilt

$$N(\hat{y}_1) = \frac{4}{\pi}\frac{y_{20}}{\hat{y}_1}\, e^{-j\arcsin\frac{\epsilon}{\hat{y}_1}};$$

diese Funktion ist in Bild 25.11c nach Betrag und Phase aufgetragen. Die Ortskurve

$$-\frac{1}{N(\hat{y}_1)} = -\frac{\pi}{4}\frac{\hat{y}_1}{y_{20}}\, e^{j\arcsin\frac{\epsilon}{\hat{y}_1}}$$

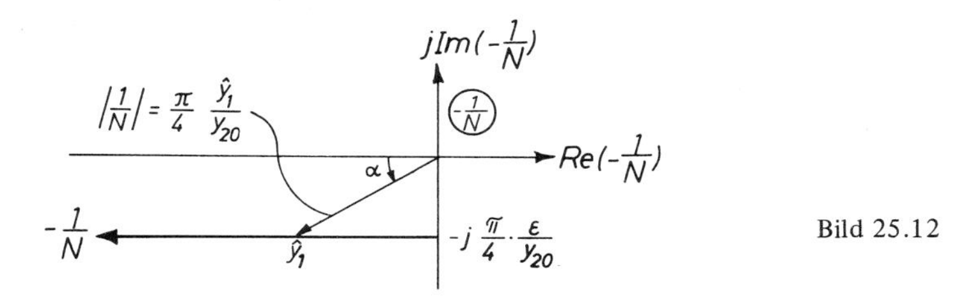

Bild 25.12

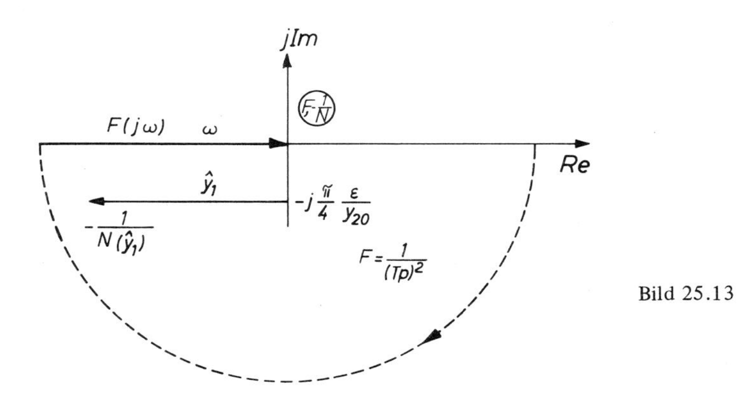

Bild 25.13

hat eine einfache geometrische Form; es handelt sich dabei nämlich um eine Parallele zur reellen Achse im 3. Quadranten (Bild 25.12). Für $\epsilon = 0$ (Idealer Zweipunktregler) fällt die Ortskurve mit der negativen reellen Achse zusammen.

Als Anwendungsbeispiel seien die in Abs. 23.1.3 und 23.1.4 schon untersuchten Fälle herangezogen.

Bei Kombination des hysteresebehafteten Zweipunktreglers mit einer Beschleunigungsstrecke entsteht das in Bild 25.13 skizzierte Ortskurven-Diagramm. Da die Ortskurve $F(p) = \frac{1}{(TP)^2}$ bei $p \approx 0$ durch einen großen Halbkreis ergänzt zu denken ist, Abs. 7, liegt die $-\frac{1}{N}$-Ortskurve innerhalb der F-Ortskurve. Das System ist also sicher instabil; man hat Schwingungen mit unbegrenzt zunehmender Amplitude und abnehmender Frequenz zu erwartenm was nach Abs. 23.1.3 auch tatsächlich der Fall ist.

Wird der Regelkreis mit einem Vorhalt gemäß Bild 23.4 versehen, so lautet die wirksame Übertragungsfunktion des linearen Teils

$$F(p) = \frac{V_y Tp + 1}{(Tp)^2} = \frac{V_y}{Tp} + \frac{1}{(Tp)^2} .$$

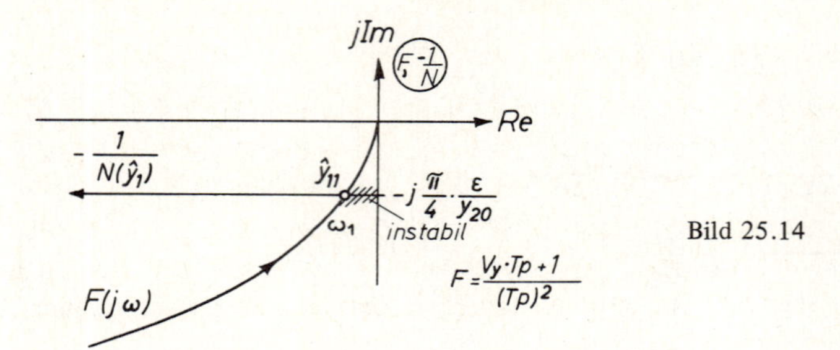

Bild 25.14

Die Ortskurve hat also die in Bild 25.14 gezeichnete parabolische Form. Bei kleinen Schwingungsamplituden ist das System wiederum instabil, während es sich bei großen Auslenkungen stabilisiert. Dies deutet auf eine Grenzschwingung mit ω_1 und $\hat{y}_{11}$ hin.

Das entsprechende Zustandsdiagramm ist in Bild 23.9a dargestellt. Auch hier liefert also die Analyse mit der Beschreibungsfunktion die richtige Auskunft. Da der Schnittpunkt von $F(j\omega)$ und $-\dfrac{1}{N(\hat{y}_1)}$ wegen der praktisch sehr kleinen Werte von ϵ in der Nähe der negativ imaginären Achse liegt, sind allerdings Zweifel am Platze, ob bei ω_1 die Tiefpaßwirkung zur Dämpfung der Oberschwingungen ausreicht; man wird den quantitativen Ergebnissen deshalb nicht unbesehen Vertrauen schenken.

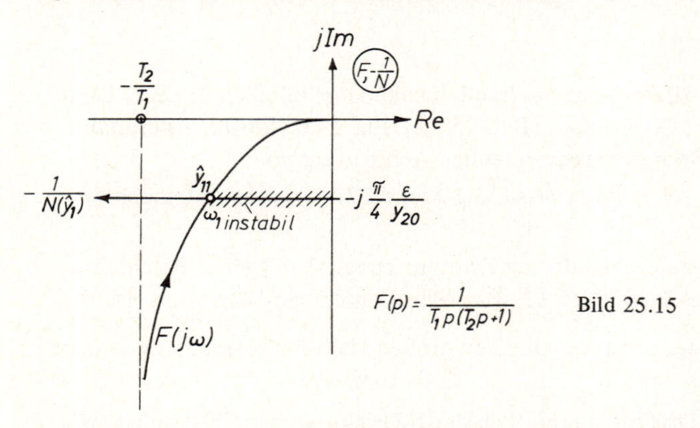

Bild 25.15

Genauere Ergebnisse sind dagegen bei dem in Bild 25.15 gezeichneten Fall eines verzögerten Integrators zu erwarten,

$$F(p) = \frac{1}{T_1\,p\,(T_2\,p + 1)}\,.$$

Bei kleinen Werten von ϵ liegt nun der Schnittpunkt dicht an der negativ reellen Achse. Die Übertragungsfunktion $F(p)$ befindet sich somit schon in der Nähe ihrer Hochfrequenz-Asymptote, so daß die Oberschwingungsdämpfung ausreichen dürfte. Die gefundenen Parameter der Grenzschwingung weisen deshalb auch eine höhere Genauigkeit auf.

25.5. Dreipunktregler mit Hysterese

Bei der in Bild 25.16a gezeigten Kennlinie eines Dreipunktreglers mit Hysteres hat die Antwortfunktion auf eine sinusförmige Anregung die Form einer Rechteckschwingung mit verkürzten Halbwellenpulsen. Die Breite und Phasenlage der Pulse hängt von der Amplitude der Anregung und der Breite der Hystereseschleife ab. Für $\hat{y}_1 < \epsilon_2$ ist die Ausgangsgröße nicht definiert und für $\hat{y}_1 \gg \epsilon_2$ strebt sie wieder dem Verlauf am Ausgang eines idealen Zweipunktreglers, d.h. einer vollständigen Rechteck-Schwingung ohne Phasenverschiebung zu.

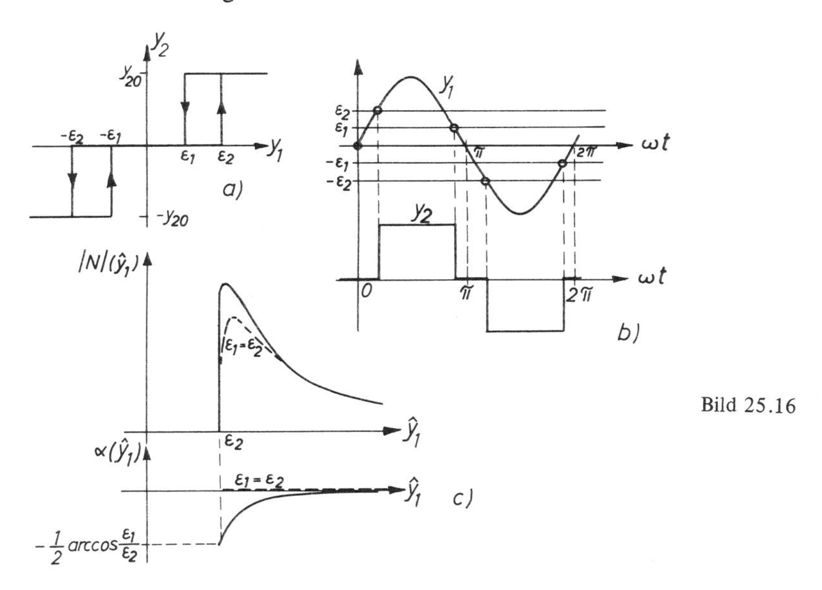

Bild 25.16

Die Beschreibungsfunktion wird wieder durch abschnittsweise Berechnung der Grundschwingungskomponente in $y_2(t)$ bestimmt. Nach einer Zwischenrechnung erhält man das Ergebnis in der Form

$$|N| = \frac{2}{\pi} \frac{y_{20}}{\hat{y}_1} \sqrt{\left(\frac{\epsilon_2 - \epsilon_1}{\hat{y}_1}\right)^2 + \left(\sqrt{1 - \left(\frac{\epsilon_1}{\hat{y}_1}\right)^2} + \sqrt{1 - \left(\frac{\epsilon_2}{\hat{y}_1}\right)^2}\right)^2},$$

$$\alpha = -\frac{1}{2}\left(\arcsin \frac{\epsilon_2}{\hat{y}_1} - \arcsin \frac{\epsilon_1}{\hat{y}_1}\right).$$

Bild 25.16c zeigt den Verlauf dieser Funktion nach Betrag und Phase. Für $\epsilon_1 = \epsilon_2 = y_{10}$ entsteht der bereits bekannte Sonderfall eines idealen Dreipunktreglers ohne Hysterese.

Die Anwendung dieser Beschreibungsfunktion wird anhand des bereits in Abs. 23.4 betrachteten Regelkreises (Bild 23.15) gezeigt, wo der Dreipunktregler mit einem verzögerten

Integrator zu einem Regelkreis kombiniert wurde. In Bild 25.17 ist die Ortskurve $-\frac{1}{N(\hat{y}_1)}$ für $\epsilon_1 = 0{,}01$ und $\epsilon_2 = 0{,}02$ gezeichnet. In das Diagramm sind ferner die Ortskurven der linearen Regelstrecke

$$F(j\Omega) = \frac{1}{-\Omega^2 + ja\Omega}, \ \sqrt{T_1 T_2}\,\omega = \Omega,$$

für verschiedene Werte des Parameters $a = \sqrt{\frac{T_1}{T_2}}$ eingetragen.

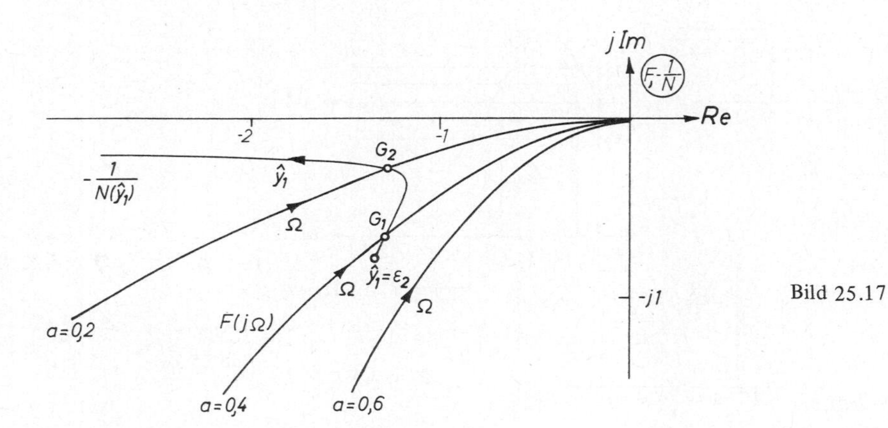

Bild 25.17

Wählt man den Parameter a, d.h. die Integrierzeit T_1, hinreichend groß, dann tritt kein Schnittpunkt der Ortskurven $-\frac{1}{N}$ und F auf und das System ist stabil. Die Untersuchung in der Zustandsebene hatte ergeben, daß die Regelabweichung dann nach einer endlichen Zahl von Schwingungen im Unempfindlichkeitsbereich verbleibt (Bild 25.17).

Bei Unterschreitung eines Grenzwertes für a kommt es dagegen zu einer stationären Grenzschwingung (Bild 23.17). Die zugehörigen Werte für Frequenz und Amplitude sind den Bezifferungen im Schnittpunkt der Kurven (G_1 bzw. G_2) zu entnehmen.

Damit sind die Beschreibungsfunktionen der wesentlichen, häufig vorkommenden nichtlinearen Übertragungsstrecken behandelt. Weitere Fälle sind der Literatur zu entnehmen [22, 23].

26. Weitere Stabilitätskriterien für nichtlineare Regelsysteme

Bei den bisher behandelten Verfahren zur Prüfung der Stabilität nichtlinearer Systeme waren weitgehende Einschränkungen erforderlich; es handelte sich also um ziemlich konkrete Aufgabenstellungen. Es gibt daneben auch Verfahren, bei denen nur geringere Einschränkungen notwendig sind. Allerdings führen solche allgemeineren Verfahren auch zu weniger konkreten Ergebnissen und bereiten oft in der Handhabung größere Schwierigkeiten, so daß sie für die Anwendung weniger geeignet sind.

26.1. Allgemeine nichtlineare Kennlinie, Popow-Kriterium

Zur Verallgemeinerung der in Abs. 25 diskutierten Fälle sei als Kennlinie $y_2 = f(y_1)$ des nichtlinearen Elementes (Bild 25.2) eine ungerade und eindeutige, sonst aber beliebige Funktion angenommen, die in den durch

$$0 \leqslant \frac{f(y_1)}{y_1} \leqslant k \tag{1}$$

bestimmten Sektoren im 1. und 3. Quadranten verläuft. Dieser Fall ist in Bild 26.1 angedeutet. Der stabile lineare Teil habe wieder Tiefpaßeigenschaften, d.h., $|F(j\omega)|$ soll mit wachsendem ω monoton abnehmen; außerdem sei $x_5 = 0$ vorausgesetzt.

Bild 26.2 zeigt den Verlauf von $y_2(t)$ bei einer gedachten sinusförmigen Anregung $y_1(t) = \hat{y}_1 \sin\omega t$.

Wegen der ungeraden Kennlinie,

$$f(-y_1) = -f(y_1),$$

ist auch $y_2(t)$ eine ungerade Funktion, d.h. die Fourier-Reihe enthält nur Sinus-Anteile.

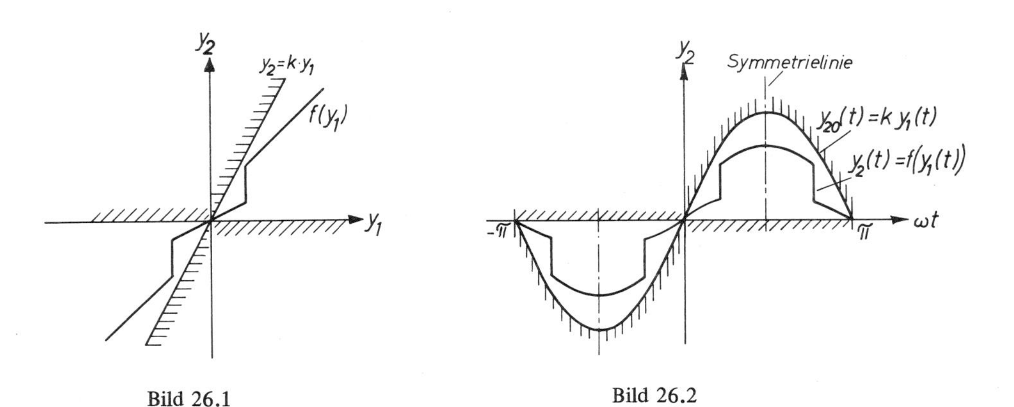

Bild 26.1

Bild 26.2

Aufgrund der angenommenen Eindeutigkeit der Kennlinie $f(y_1)$ liegen außerdem bei $\omega t = \pm \frac{\pi}{2}$ Symmetriepunkte von $y_2(t)$, so daß nur ungeradzahlige Oberschwingungen auftreten können.

Die Annahme eines Sektors im 1. und 3. Quadranten, Gl. (1), hat zur Folge, daß $y_2(t)$ überall zwischen Null und $y_{20}(t) = k\hat{y}_1 \sin \omega t$ liegt. Wird die zulässige Verstärkung k für alle Werte von y_1 ausgenutzt, so entsteht wieder der Grenzfall einer linearen Übertragungsstrecke mit $f(y_1) = ky_1$, $y_2(t) = y_{20}(t)$.

Da in $y_2(t)$ keine Cosinus-Anteile enthalten sind, ist die Beschreibungsfunktion reell, und es gilt wieder

$$N(\hat{y}_1) = \frac{\hat{y}_{21}}{\hat{y}_1} = \frac{4}{\pi \hat{y}_1} \int_0^{\frac{\pi}{2}} f(y_1(\tau)) \sin \tau \, d\tau. \quad (2)$$

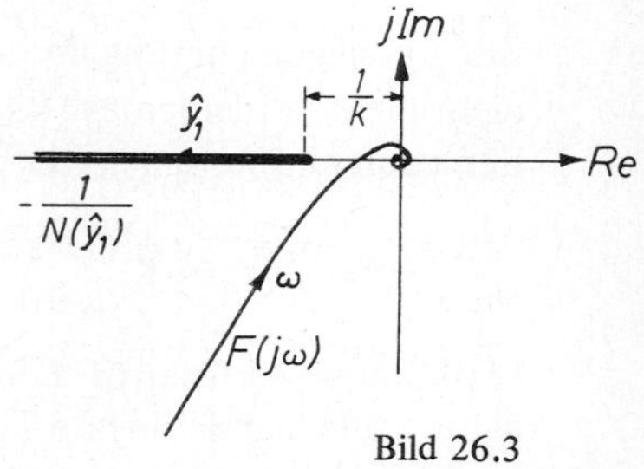

Wegen

$$0 \leqslant y_2(t) \leqslant k y_1(t) \quad \text{für} \quad 0 \leqslant \omega t \leqslant \pi$$

$$\text{folgt} \quad 0 \leqslant N(\hat{y}_1) \leqslant k,$$

Bild 26.3

wobei das rechte Gleichheitszeichen für den Fall der linearen Übertragungsstrecke gilt. Innerhalb des angegebenen Bereiches kann die Beschreibungsfunktion Maxima und Minima annehmen; $N(\hat{y}_1)$ braucht also keine monoton verlaufende Funktion von $\hat{y}_1$ zu sein. Durch die Ortskurve $-\frac{1}{N(\hat{y}_1)}$ wird demnach der zwischen $-\frac{1}{k}$ und $-\infty$ liegende Teil der reellen Achse in unbestimmter Weise, einfach oder auch stückweise mehrfach, belegt.

Wendet man nun das Nyquist-Kriterium in der in Abs. 25.1 beschriebenen Weise auf die Ortskurven $F(j\omega)$ und $-\frac{1}{N(\hat{y}_1)}$ an (Bild 26.3), so ist zu erkennen, daß Stabilität immer dann zu erwarten ist, wenn die Ortskurve $F(j\omega)$ die negative reelle Achse nur zwischen dem Punkt $-\frac{1}{k}$ und dem Ursprung schneidet. Als stabiler Arbeitspunkt stellt sich dann der stationäre Wert $y_1 = 0$ ein (Bild 25.2). Daraus folgt aber, mit den genannten Einschränkungen für $f(y_1)$ und $F(j\omega)$, daß das nichtlineare System immer dann stabil ist, wenn das lineare System mit der geradlinigen Kennlinie

$$y_2 = f(y_1) = k' y_1$$

für alle k' im Bereich $0 \leqslant k' \leqslant k$ stabil ist; der Fall bedingter Stabilität gemäß Bild 25.6 wird somit ausgeschlossen.

Man kann nun die Frage stellen, ob die zu Beginn dieses Abschnittes gemachten einschränkenden Voraussetzungen für $f(y_1)$ und $F(j\omega)$ in vollem Umfang notwendig sind oder ob sich das Problem noch weiter verallgemeinern läßt. Es ist zum Beispiel denkbar, die Voraussetzung eines monoton abnehmenden Betrages $F(j\omega)$ aufzugeben und eine schlecht gedämpfte Strecke mit Vorhalt zuzulassen, deren Übertragungsfunktion Pole in der Nähe der imaginären Achse, sowie Nullstellen aufweist. Auch die nichtlineare Kennlinie läßt sich noch verallgemeinern, indem man z.B. die Beschränkung auf ungerade Funktionen $f(y_1)$ fallen läßt und nur noch fordert, daß $f(y_1)$ in dem in Bild 26.1 gezeichneten Sektor liegt und eindeutig ist.

Für die Anwendung ist eine solche Aufgabenstellung ohne große Bedeutung, doch handelt es sich hier um ein vieldiskutiertes Problem der Regelungstheorie, das zahlreiche Mathematiker beschäftigt hat. Im vorliegenden Zusammenhang genüge es, auf dieses Problem aufmerksam zu machen; Einzelheiten sind der umfangreichen Literatur zu entnehmen [z.B. 20].

Mit der Beschreibungsfunktion läßt sich das verallgemeinerte Problem nicht behandeln, da die Voraussetzungen hierfür nicht mehr gegeben sind. Eine schlecht gedämpfte Regelstrecke mit Vorhalten bietet nämlich keine Gewähr, daß die in $y_2(t)$ auftretenden Oberschwingungen ausreichend unterdrückt werden; außerdem ist es wegen der fehlenden Symmetrie von $f(y_1)$ möglich, daß $y_2(t)$ eine Gleichkomponente enthält, die den angenommenen Arbeitspunkt verschiebt.

Aiserman [20] hat aufgrund von Stabilitäts-Untersuchungen mit Hilfe von Ljapunow-Funktionen zunächst den Verdacht geäußert, daß das nichtlineare System (mit den gelockerten Voraussetzungen) bei beliebigen Anfangsbedingungen immer dann in einen stationären Zustand bei $y_1 = 0$ zurückkehre, d.h. „absolut stabil" sei, wenn auch das entsprechende lineare System mit $f(y_1) = k\, y_1$ stabil ist.

Diese sogenannte Aiserman'sche Vermutung wurde später anhand von Beispielen widerlegt, bei denen der Stabilitätssektor des nichtlinearen Systems $\left(0 \leqslant \frac{f(y_1)}{y_1} \leqslant k_1\right)$ nur einen Ausschnitt des Stabilitätssektors des linearen Systems $(f(y_1) = k_2\, y_1)$ darstellte, $k_1 < k_2$.

V. M. Popow (siehe [20]) hat dann 1959 einen Satz bewiesen, der eine hinreichende Bedingung für die Stabilität des nichtlinearen Systems liefert. Er lautet:

Die nichtlineare Kennlinie $y_2 = f(y_1)$ sei eine eindeutige und stückweise stetige Funktion im Sektor

$$0 \leqslant \frac{f(y_1)}{y_1} \leqslant k\,;$$

für die Übertragungsfunktion $F(p)$ des für sich stabilen linearen Teils gelte

$$\lim_{\omega \to \infty} F(j\omega) = 0.$$

Dann folgt: Der in Bild 25.2 gezeichnete geschlossene Kreis ist für $x_5 = 0$ stabil, wenn es einen reellen Wert $T_q > 0$ gibt, mit dem die Bedingung

$$\mathrm{Re}\,[(1 + j\omega\,T_q)\,F(j\omega)] \geqslant -\frac{1}{k}\,,\quad \omega > 0 \tag{3}$$

erfüllt ist. Die modifizierte Ortskurve

$$F_1(j\omega) = (1 + j\omega\,T_q)\,F(j\omega) \tag{4}$$

muß somit als Ganzes rechts von einer Parallelen zur imaginären Achse liegen.
Der Beweis dieses sogenannten Popow-Kriteriums ist ziemlich weitläufig; er ist z. B. in [20] enthalten.
Die Aussage des Popow-Kriteriums läßt sich mit Hilfe der Ortskurve $F(j\omega)$ graphisch interpretieren: Definiert man mit der beliebigen Normierungsgröße T_0 die Funktion

$$\begin{aligned} F_p(j\omega) &= \mathrm{Re}\,(F_p(j\omega)) + j\,\mathrm{Im}\,(F_p(j\omega)) \\ &= \mathrm{Re}\,(F(j\omega)) + j\omega\,T_0\,\mathrm{Im}\,(F(j\omega)), \end{aligned} \tag{5}$$

so folgt aus Gl. (3)

$$\mathrm{Re}\,(F_p(j\omega)) - \frac{T_q}{T_0}\,\mathrm{Im}\,(F_p(j\omega)) \geqslant -\frac{1}{k}\,,$$

oder

$$\mathrm{Re}\,(F_p(j\omega)) \geqslant -\frac{1}{k} + \frac{T_q}{T_0}\,\mathrm{Im}\,(F_p(j\omega)). \tag{6}$$

Die Ortskurve $F_p(j\omega)$ (Popow-Ortskurve) muß also rechts von einer Geraden liegen, die gegen die imaginäre Achse um den Winkel $\beta = -\arctan T_q/T_0$ gedreht ist und durch den Punkt $-\frac{1}{k} + j\,0$ läuft (Bild 26.4). Die Größe T_q/T_0 ist dabei so zu wählen, daß k den maximalen Wert k_p annimmt; dies entspricht dann der größten zulässigen Öffnung des Sektors für $f(y_1)$. Das Verfahren läßt sich näherungsweise auch anhand des Bode-Diagrammes für $F_1(j\omega)$ diskutieren [23].
Die Anwendung des Popow-Kriteriums soll nun an einem einfachen Beispiel gezeigt werden.

$$F(p) = \frac{1}{Tp\,(Tp + 1)\,(2\,Tp + 1)}$$

sei die Übertragungsfunktion einer Regelstrecke mit ausgeprägtem Tiefpaßverhalten; sie ist als Ortskurve

$$F(j\Omega) = \frac{1}{j\Omega\,(1 + j\Omega)\,(1 + j\,2\Omega)}\,,\quad \Omega = \omega T$$

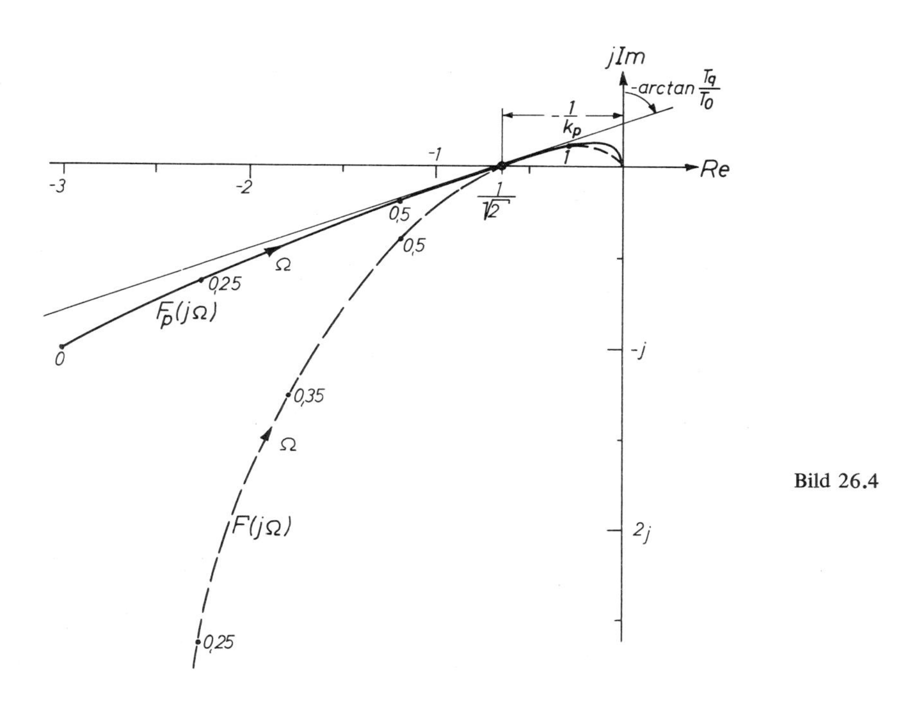

Bild 26.4

in Bild 26.4 dargestellt. Für $\Omega \to 0$ nähert sich die Kurve der Asymptote $\mathrm{Re}(F(j\Omega)) = -3$, für $\Omega \to \infty$ läuft sie längs der positiven imaginären Achse in den Ursprung. Aus

$$F(j\Omega) = \mathrm{Re}(F(j\Omega)) + j\,\mathrm{Im}(F(j\Omega))$$

erhält man mit $T_0 = T$ die Funktion

$$F_p(j\Omega) = \mathrm{Re}(F(j\Omega)) + j\,\Omega\,\mathrm{Im}(F(j\Omega))$$
$$= -\frac{3 + j(1 - 2\Omega^2)}{(1 + \Omega^2)(1 + 4\Omega^2)};$$

Ihr Bild ist eine sogenannte Popow-Ortskurve, die im Endlichen beginnt und für $\Omega \to \infty$, aus Richtung der imaginären Achse kommend, im Ursprung endet. Diese Kurve ist ebenfalls in Bild 26.4 aufgetragen. $F(j\Omega)$ und $F_p(j\Omega)$ schneiden sich für $\Omega = \frac{1}{\sqrt{2}}$ auf der reellen Achse,

$$F\left(j\frac{1}{\sqrt{2}}\right) = F_p\left(j\frac{1}{\sqrt{2}}\right) = -\frac{2}{3}.$$

Die Anwendung des Popow-Kriteriums erfordert die Bestimmung einer Geraden links von $F_p(j\Omega)$, die so zu wählen ist, daß sie die negative reelle Achse möglichst dicht beim Ursprung schneidet. Wegen der konvexen Form der F_p-Ortskurve ist die Tangente im Punkt $-\frac{2}{3}$ an die Kurve $F_p(j\Omega)$ die gesuchte Gerade; man findet also auf graphischem Wege

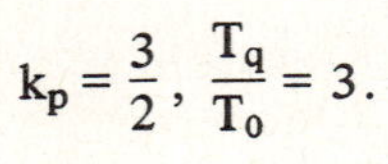

$$k_p = \frac{3}{2}, \quad \frac{T_q}{T_0} = 3.$$

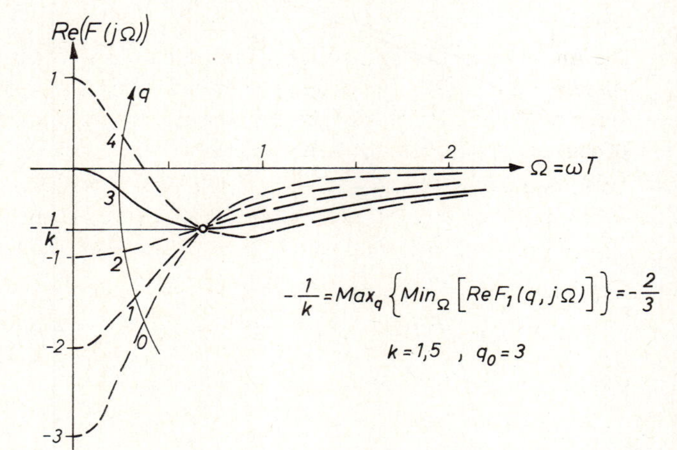

Bild 26.5

Zum gleichen Ergebnis kommt man gemäß Gl. (3) auch anhand der Funktion

$$\mathrm{Re}(F_1(p)) = \mathrm{Re}((T_q p + 1) F(p));$$

mit $T_q = qT$ und $Tp = j\Omega$ folgt

$$\mathrm{Re}(F_1(j\Omega)) = \frac{q(1 - 2\Omega^2) - 3}{(1 + \Omega^2)(1 + 4\Omega^2)}.$$

In Bild 26.5 ist diese Funktion für verschiedene Werte von q aufgetragen. Um einen möglichst großen Sektor (k) als Stabilitätsbereich zu erhalten, ist jener Wert von q zu wählen, der auf das betragsmäßig kleinste Minimum von $\mathrm{Re}(F_1(j\Omega))$ führt; die Ortskurve ragt dann am wenigsten weit in die linke F_1-Halbebene hinein.

Aufgrund der Zeichnung findet man als günstigsten Wert des Parameters $q_0 = 3$. Das Minimum hat dann den Wert $\mathrm{Min}[\mathrm{Re}(F_1)] = -\frac{1}{k} = -\frac{2}{3}$. Dies stimmt mit dem vorher gefundenen Ergebnis überein.

Das gleiche Ergebnis hätte man übrigens auch mit der Beschreibungsfunktion gefunden; somit gilt in diesem Falle die Aiserman'sche Vermutung, d.h. die Kennlinie $y_2 = f(y_1)$ kann innerhalb des Sektors mit $k = \frac{2}{3}$ einen beliebigen eindeutigen Verlauf annehmen. Der Grund hierfür liegt in der Tatsache, daß $F(j\Omega)$ einen monoton abnehmenden Betrag hat und die negative reelle Achse nur einmal schneidet.

26.2. Stabilitäts-Untersuchung mit Hilfe der Methode von Ljapunow

In der Regelungstheorie wird häufig ein auf *Ljapunow* (1892) zurückgehendes Verfahren zur Prüfung der Stabilität linearer oder nichtlinearer Systeme verwendet. Dabei braucht der Verlauf der Zustandsgrößen nicht bekannt zu sein; die Stabilitätsprüfung geht unmittelbar von den Differentialgleichungen aus, weshalb man auch von der „direkten" Methode von *Ljapunow* spricht.

Die Anwendung dieses sehr allgemeinen und im Prinzip leistungsfähigen Verfahrens setzt allerdings die Kenntnis einer geeigneten sogenannten Ljapunow'schen Funktion voraus, deren Suche häufig Schwierigkeiten bereitet. Aus diesem Grunde ist die praktische Bedeutung des Verfahrens bisher begrenzt.

Im folgenden wird nur der Grundgedanke ohne Beweisführung erläutert, um anschließend die Anwendung am einfachen Beispiel eines nichtlinearen Systems zweiter Ordnung zu zeigen. Weitere Einzelheiten sind der umfangreichen Literatur zu entnehmen [12, 20–23].

Gegeben sei ein System von homogenen und zeitlich normierten Zustandsgleichungen

$$\dot{x}_i = f_i(x_1, x_2, \ldots, x_n), \quad i = 1, 2, \ldots, n, \tag{7}$$

mit der trivialen Lösung

$$x_1 = x_2 = \ldots = x_n = 0.$$

Um die Frage zu beantworten, ob diese Lösung stabil ist, sucht man eine skalare Ljapunow-Funktion

$$V = V(x_1, x_2, \ldots, x_n), \quad V(0) = 0, \tag{8}$$

die für $V = V_0 = \text{const.}$ als Schar allgemeiner geschlossener Flächen im n-dimensionalen Zustandsraum (Hyperflächen) zu deuten ist. Diese sollen die Eigenschaft haben, daß sie mit zunehmenden Werten des Parameters V_0 einander einschließen, wobei $V_0 = 0$ dem Ruhezustand im „Zentrum", d. h. bei $x_i = 0$, entspricht. V ist also auf positive Werte beschränkt.

Eine stabile Zustandskurve $\underline{x}(\tau)$ (siehe Abs. 22.1), die von irgendeinem Anfangszustand $\underline{x}(0)$ dem Endwert $\underline{x}(\infty) = \underline{0}$ zustrebt, muß diese Flächen bei passender Wahl von V von außen her kommend der Reihe nach durchstoßen. Längs der Zustandskurve muß also gelten

$$\frac{dV}{d\tau} < 0,$$

bis bei $V_0 = 0$ der Endpunkt erreicht ist.

Bildet man das totale Differential

$$\frac{dV}{d\tau} = \dot{V} = \sum_{i=1}^{n} \frac{\partial V}{\partial x_i} \frac{dx_i}{d\tau} = \sum_{i=1}^{n} \frac{\partial V}{\partial x_i} \dot{x}_i \tag{9}$$

und setzt die Zustandsgleichungen (7) ein, so folgt die Änderung der Ljapunow'schen Funktion längs der betrachteten Zustandskurve

$$\dot{V} = \sum_{i=1}^{n} \frac{\partial V}{\partial x_i} f_i < 0 \tag{10}$$

als Funktion des Ortes im Zustandsraum.

Falls eine Funktion V gefunden wurde, die, ausgehend von jedem Anfangszustand, monoton nach Null zu abnimmt, $\dot{V} < 0$, ist das System für beliebige Anfangsbedingungen stabil („im ganzen asymptotisch stabil"); jede Zustandskurve endet dann asymptotisch im Ruhezustand

$$x_1(\infty) = x_2(\infty) = \ldots = x_n(\infty) = 0, \quad \text{d.h.} \ \underline{x}(\infty) = \underline{0}.$$

Die Forderung, daß V positiv und $\dot{V}$ negativ definit ist, stellt nur eine hinreichende aber keine notwendige Bedingung dar. Dies hat bei praktischen Problemen oft den Nachteil, daß nur aperiodisch gedämpfte Vorgänge diese Bedingung erfüllen. Hinzu kommt die Schwierigkeit, eine geeignete Ljapunow'sche Funktion zu finden. Man weiß also in einem konkreten Fall möglicherweise nicht, ob das System instabil ist, oder ob es nur noch nicht gelungen ist, eine passende Ljapunow-Funktion zu finden.

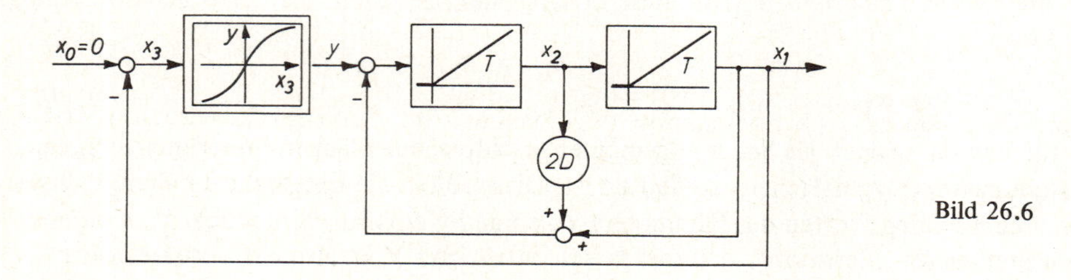

Bild 26.6

Die Anwendung des Stabilitätskriteriums wird nun anhand eines einfachen Beispiels erläutert. Gegeben sei das in Bild 26.6 gezeigte nichtlineare System, dessen linearer Anteil einem Proportionalglied 2. Ordnung mit dem Dämpfungsfaktor $D > 0$ entspricht. Der nichtlineare Teil werde wieder durch eine eindeutige und stetige, sonst aber beliebig verlaufende Kennlinie

$$y = f(x_3)$$

im 1. und 3. Quadranten beschrieben. Der Fall eines Zweipunktreglers ist auszuschließen, da dann eine stationäre Schwingung unvermeidbar und eine asymptotische Stabilität somit nicht erreichbar ist. Wegen $n = 2$ entartet die Ljapunow'sche „Flächenschar" zu einer Schar geschlossener Kurven in der Zustands-Ebene.

Die Zustandsgleichungen lauten

$$T\,\frac{dx_1}{dt} = \dot{x}_1 = x_2,$$

$$T\,\frac{dx_2}{dt} = \dot{x}_2 = -x_1 - 2\,D x_2 + y,$$

$$y = f(x_3).$$

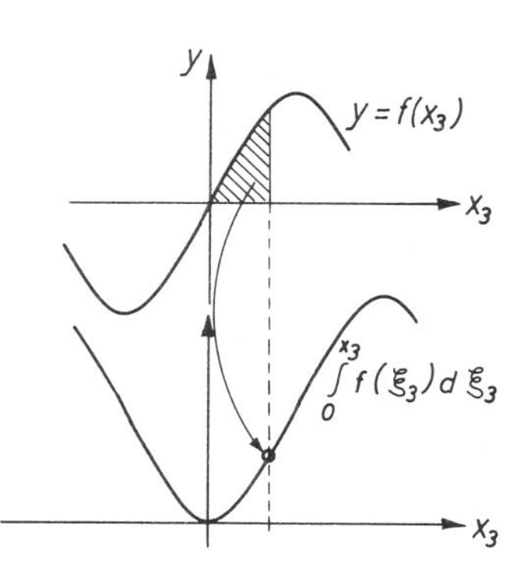

Bild 26.7

Setzt man die Führungsgröße (x_0) Null, so ist der Punkt $x_1 = x_2 = 0$ eine mögliche Ruhelage; mit $x_3 = -x_1$ lauten die Zustandsgleichungen dann

$$\dot{x}_2 = -2\,D x_2 + x_3 + f(x_3), \qquad (11)$$
$$\dot{x}_3 = -x_2.$$

Einen bewährten Ansatz für eine Ljapunow-Funktion stellt der Ausdruck

$$V(x_2, x_3) = Q(x_2, x_3) + \int_0^{x_3} f(\xi_3)\,d\xi_3 \qquad (12)$$

dar [20]. Dabei ist Q eine sogenannte quadratische Form, die unter bestimmten Bedingungen für die Koeffizienten positiv definit ist. Da $f(x_3)$ im ersten und dritten Quadranten verläuft, ist auch das Integral für beliebige Werte von x_3 positiv (Bild 26.7).
Bei zwei Koordinaten lautet ein allgemeiner Ansatz einer quadratischen Form mit $Q(0,0) = 0$

$$Q(x_2, x_3) = \frac{1}{2}\,(c_1 x_2^2 - 2\,c_2 x_2 x_3 + c_3 x_3^2). \qquad (13)$$

Der Ausdruck

$$Q(x_2, x_3) = Q_0 = \text{const.} > 0$$

beschreibt für $c_1, c_2, c_3 > 0$ und $c_2^2 < c_1 c_3$ eine Schar von ähnlichen Ellipsen mit dem Ursprung als Mittelpunkt. Die Größe der Ellipsen nimmt mit Q_0 zu. Durch die Überlagerung des Integrals werden die Kurven längs der x_3-Achse verformt; es handelt sich jedoch weiterhin um geschlossene Kurven, die einander mit zunehmendem Q_0 umhüllen.

Um die Ljapunow'sche Funktion an das vorliegende Problem anpassen zu können, wird noch eine Konstante c_4 eingeführt, so daß der Ansatz für die Ljapunow'sche Funktion schließlich die Form

$$V(x_2, x_3) = \frac{1}{2}(c_1 x_2^2 - 2 c_2 x_2 x_3 + c_3 x_3^2) + c_4 \int_0^{x_3} f(\xi_3)\, d\xi_3 \tag{14}$$

annimmt. Das totale Differential ist dann

$$\begin{aligned} \dot{V} &= \frac{\partial V}{\partial x_2} \dot{x}_2 + \frac{\partial V}{\partial x_3} \dot{x}_3 \\ &= (c_1 x_2 - c_2 x_3)\dot{x}_2 + (-c_2 x_2 + c_3 x_3 + c_4 f(x_3))\dot{x}_3 . \end{aligned}$$

Einsetzen der Zustandsgleichungen (11) führt auf

$$\begin{aligned} \dot{V} = & (c_1 x_2 - c_2 x_3)(-2 D x_2 + x_3 + f(x_3)) \\ & -(-c_2 x_2 + c_3 x_3 + c_4 f(x_3)) x_2 = \\ & = (c_2 - 2 D c_1) x_2^2 + (c_1 + 2 D c_2 - c_3) x_2 x_3 - c_2 x_3^2 \\ & + (c_1 - c_4) x_2 f(x_3) - c_2 x_3 f(x_3). \end{aligned}$$

Um sicherzustellen, daß die Bedingung $\dot{V} < 0$ für alle x_2, x_3 erfüllt ist, muß gelten

$$\begin{aligned} & c_2 > 0, \\ & c_2 - 2 D c_1 < 0 \quad \text{oder} \quad c_1 > \frac{c_2}{2D}, \\ & c_1 + 2 D c_2 - c_3 = 0 \quad \text{oder} \quad c_3 = c_1 + 2 D c_2, \\ & c_4 = c_1 . \end{aligned} \tag{15}$$

Dabei ist berücksichtigt, daß wegen des Verlaufes der Kennlinie $f(x_3)$ im 1. und 3. Quadranten überall $x_3 \cdot f(x_3) \geqslant 0$ gilt.
Aus den Gln. (15) folgt auch

$$c_1 c_3 > c_2^2 + \frac{c_1 c_2}{2D} ;$$

damit ist sichergestellt, daß $Q = Q_0 = \text{const.}$ eine Ellipsenschar um den Ursprung beschreibt.
Wählt man z.B.

$$c_1 = \frac{c_2}{D} > \frac{c_2}{2D}$$

und daraus folgend

$$c_3 = c_2\left(\frac{1}{D} + 2D\right),$$

$$c_4 = c_1 = \frac{c_2}{D},$$

dann sind die Bedingungen (15) sämtlich erfüllt.

Die Ljapunow'sche Funktion hat damit die endgültige normierte Form

$$\frac{V}{c_2} = V_1 = \frac{1}{2D} x_2^2 - x_2 x_3 + \left(\frac{1}{2D} + D\right) x_3^2 + \frac{1}{D} \int_0^{x_3} f(\xi_3)\, d\xi_3 . \tag{16}$$

Damit wurde eine Funktion gefunden, die positiv definit ist und längs einer Zustandskurve mit beliebigem Anfangspunkt eine negativ definite Ableitung hat. Das in Bild 26.6 gezeichnete System ist also bei einer beliebigen Kennlinie $f(x_3)$, die den vorher genannten Einschränkungen genügt, stabil.

Über die Stabilitätsgüte wird beim Ljapunow'schen Verfahren nichts ausgesagt. Es ist lediglich sichergestellt, daß das System von einem beliebigen Anfangszustand aus irgendwann zur Ruhe kommt.

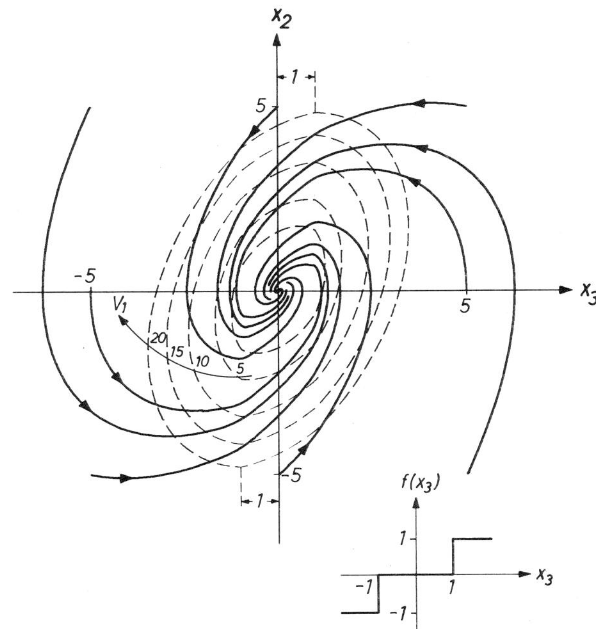

Bild 26.8

Bei Annahme eines idealen Dreipunkt-Schaltgliedes ohne Hysterese und $D = \frac{1}{2}$ erhält man die in Bild 26.8 gezeichnete Kurvenschar V_1 = const. und die eingetragenen Zustandskurven.

Die Stabilität des in Bild 26.6 dargestellten Systems bei einer beliebigen ungeraden und eindeutigen Kennlinie $f(x_3)$ des nichtlinearen Teils ist auch mit Hilfe der Beschreibungsfunktion sofort erkennbar. Da die Beschreibungsfunktion $N(\hat{x}_3)$ reell ist, liegt die Ortskurve $-\frac{1}{N(\hat{x}_3)}$ in der negativen reellen Achse; diese wird von der Ortskurve $F(j\omega) = \frac{X_1}{Y}(j\omega)$ nicht geschnitten, so daß bei beliebiger Verstärkung Stabilität zu erwarten ist.

Dabei ist jedoch zu berücksichtigen, daß das Verfahren der Beschreibungsfunktion eine Näherung darstellt und nur mit starken Einschränkungen anwendbar ist, wenn diese in den meisten praktischen Fällen (wie im betrachteten Beispiel) auch erfüllt sind. Das Ljapunow'sche Verfahren basiert dagegen auf den Differentialgleichungen; es ist exakt und im Prinzip bei beliebigen Systemen anwendbar. Auch das in Abs. 26.1 beschriebene Verfahren von *Popow* läßt sich auf das von *Ljapunow* zurückführen [20].

Anhang: Formeln zur Laplace-Transformation

1. Transformationsgleichungen

$$Y(p) = \int_0^{\infty} y(t)\, e^{-pt}\, dt$$

$$y(t) = \frac{1}{2\pi j} \int_{\sigma_1 - j\infty}^{\sigma_1 + j\infty} Y(p)\, e^{pt}\, dp, \qquad \sigma_1 > \sigma_0 \ .$$

$$p = \sigma + j\omega$$

Voraussetzung: $y(t < 0) \equiv 0$

2. Rechenoperationen

	$y(t)$	$Y(p)$
Addition	$y_1(t) + y_2(t)$	$Y_1(p) + Y_2(p)$
konstanter Faktor	$ay(t)$	$aY(p)$
Differentiation	$y'(t)$	$pY(p) - y(+0)$
	$y''(t)$	$p^2 Y(p) - py(+0) - y'(+0)$
Integration	$\int_0^t y(\tau)\, d\tau$	$\frac{1}{p} Y(p)$
Verschiebung	$y(t-T)$	$Y(p)\, e^{-Tp}$
Dämpfung (a ist eine reelle Konstante)	$y(t)\, e^{-at}$	$Y(p+a)$
Ähnlichkeit	$y(at)$	$\frac{1}{a} Y\left(\frac{p}{a}\right)$
Faltung	$\int_0^t y_1(\tau) y_2(t-\tau)\, d\tau$	$Y_1(p) Y_2(p)$

außerdem gilt

Anfangswert $y(t = +0) = \lim_{p \to \infty} pY(p)$

Endwert $y(t \to \infty) = \lim_{p \to 0} pY(p)$

3. Häufig vorkommende Funktionen, $y(t < 0) \equiv 0$.

	y(t)	Y(p)
y(t), 1, t	1	$\frac{1}{p}$
y(t), 1s, 1s, t	t	$\frac{1}{p^2}$
y(t), t	$\frac{t^2}{2}$	$\frac{1}{p^3}$
y(t), t	$e^{\sigma_1 t}$	$\frac{1}{p-\sigma_1}$
y(t), t	$1 - e^{\sigma_1 t}$	$\frac{-\sigma_1}{p(p-\sigma_1)}$
y(t), t	$te^{\sigma_1 t}$	$\frac{1}{(p-\sigma_1)^2}$

y(t)	Y(p)
$\cos(\omega_1 t + \varphi)$	$\dfrac{p \cos\varphi - \omega_1 \sin\varphi}{p^2 + \omega_1^2}$
$e^{\sigma_1 t} \cos(\omega_1 t + \varphi)$	$\dfrac{(p - \sigma_1)\cos\varphi - \omega_1 \sin\varphi}{(p - \sigma_1)^2 + \omega_1^2}$

4. Berechnung der Systemantwort bei verschiedenen Anregungsfunktionen

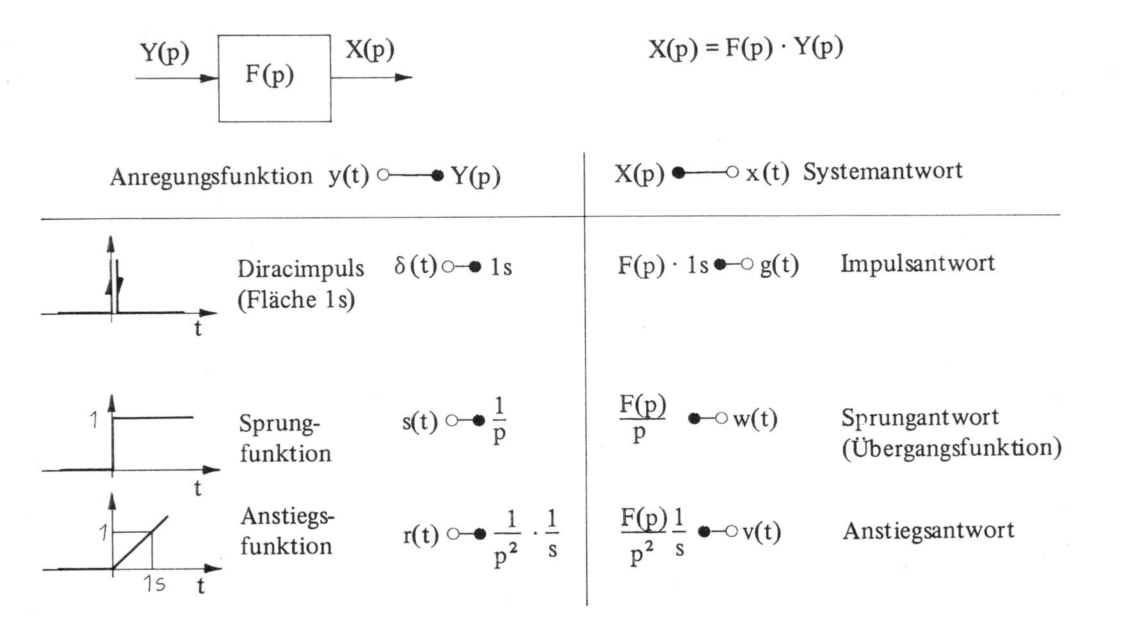

	Anregungsfunktion $y(t) \circ\!\!-\!\!\bullet\, Y(p)$		$X(p) \bullet\!\!-\!\!\circ\, x(t)$ Systemantwort	
	Diracimpuls (Fläche 1s)	$\delta(t) \circ\!\!-\!\!\bullet\, 1s$	$F(p) \cdot 1s \bullet\!\!-\!\!\circ\, g(t)$	Impulsantwort
	Sprung-funktion	$s(t) \circ\!\!-\!\!\bullet\, \frac{1}{p}$	$\frac{F(p)}{p} \bullet\!\!-\!\!\circ\, w(t)$	Sprungantwort (Übergangsfunktion)
	Anstiegs-funktion	$r(t) \circ\!\!-\!\!\bullet\, \frac{1}{p^2} \cdot \frac{1}{s}$	$\frac{F(p)}{p^2} \frac{1}{s} \bullet\!\!-\!\!\circ\, v(t)$	Anstiegsantwort

Literatur

A. Allgemeine Lehrbücher

[1] *Leonhard, A.*, Die selbsttätige Regelung in der Elektrotechnik, Springer-Verlag, 1940 (vergriffen)

[2] *Oldenbourg, R. C., Sartorius, H.*, Dynamik selbsttätiger Regelungen, Oldenbourg-Verlag, 1944 (vergriffen)

[3] *Brown, G. S., Campbell, D. P.*, Principles of servomechanisms, J. Wiley, 1948

[4] *Chestnut, H., Mayer, R. W.*, Servomechanisms and regulating system design, J. Wiley, 1951

[5] *Leonhard, A.*, Die selbsttätige Regelung, Springer-Verlag, 3. Aufl., 1962

[6] *Oppelt, W.*, Kleines Handbuch technischer Regelvorgänge, Verlag Chemie, 5. Aufl., 1972

[7] *Solodownikow, W. W.*, Grundlagen der selbsttätigen Regelung, Band 1, Oldenbourg-Verlag, 1959

[8] *Truxal, J. G.*, Entwurf automatischer Regelungssysteme, Oldenbourg-Verlag, 1960

[9] *Gille, J. C., Pelegrin, M., Decaulne, P.*, Lehrgang der Regelungstechnik, Band 1, Theorie der Regelungen, Oldenbourg-Verlag, 1960

[10] *Föllinger, O.*, Regelungstechnik, Elitera-Verlag, 3. Aufl., 1979

[11] *Flügge-Lotz, I.*, Discontinuous automatic control, Princeton University Press, 1953

[12] *Hahn, W.* (Hrsg.), Nichtlineare Regelungsvorgänge, Oldenbourg-Verlag, 1956

[13] *Zypkin, J. S.*, Theorie der Relaissysteme der automatischen Regelung, Oldenbourg-Verlag, 1958

[14] *Feldbaum, A.*, Rechengeräte in automatischen Systemen, Oldenbourg-Verlag, 1962

[15] *Lerner, A. J.*, Schnelligkeitsoptimale Regelungen, Oldenbourg-Verlag, 1963

[16] *Zadeh, L. A., Desoer, C. A.*, Linear system theory, McGraw Hill, 1963

[17] *Tou, J. T.*, Modern control theory, McGraw Hill, 1964

[18] *Pontrjagin, L. S.*, Mathematische Theorie optimaler Prozesse, Oldenbourg-Verlag, 1964

[19] *Athans, M., Falb, P. L.*, Optimal control, McGraw Hill, 1966

[20] *Aiserman, M. A., Gantmacher, F. R.*, Die absolute Stabilität von Regelsystemen, Oldenbourg-Verlag, 1965

[21] *Lasalle, J., Lefschetz, S.*, Die Stabilitätstheorie von Ljapunow, BI-Verlag, 194, 1967

[22] *Starkermann, R.*, Die harmonische Linearisierung, BI-Verlag, 469, 470, 1969

[23] *Föllinger, O.*, Nichtlineare Regelungen I–III, Oldenbourg-Verlag, 1969, 1970

[24] *Naslin, P.*, Dynamik linearer und nichtlinearer Systeme, Oldenbourg-Verlag, 1968

[25] *Isermann, R.*, Identifikation dynamischer Systeme, Bd. I, II. Springer Verlag 1988

B. Ergänzende Bücher

[30] *Leonhard, W.*, Wechselströme und Netzwerke, Vieweg-Verlag, 2. Aufl., 1972

[31] *Kaufmann, H.*, Dynamische Vorgänge in linearen Systemen der Nachrichten- und Regelungstechnik, Oldenbourg-Verlag, 1959

[32] *Wunsch, G.*, Moderne Systemtheorie, Akad. Verlagsgesellschaft, 1962

[33] *Pressler, G.*, Regelungstechnik, Grundelemente, BI-Verlag, 63, 1964

[34] *Wiener, N.*, Kybernetik, Econ-Verlag, 1963

[35] *Bode, H. W.*, Network analysis and feedback amplifier design, Van Nostrand, 1945

[36] *Bleisteiner, G., v. Mangoldt, W., Henning, H., Oetker, R.*, Handbuch der Regelungstechnik, Springer-Verlag, 1961

[37] *Giloi, W., Lauber, R.*, Analogrechnen, Springer-Verlag, 1963

[38] *Schwarz, H.*, Mehrfachregelungen, Springer-Verlag, 1967

[39] *Schwarz, H.*, Frequenzgang- und Wurzelortskurven-Verfahren, BI-Verlag, 193, 1968

[40] *Jötten, R.*, Leistungselektronik, Band 1, Stromrichter-Schaltungstechnik, Vieweg-Verlag, 1977

[41] *Möltgen, G.*, Netzgeführte Stromrichter mit Thyristoren, Siemens, 3. Aufl., 1974

[42] *Lippmann, H.*, Schwingungslehre, BI-Verlag, 189, 1968

[43] *Porter, B.*, Stability criteria for linear dynamical systems, Oliver and Boyd, London, 1967

[44] *Ackermann, J.*, Abtastregelung, Bd. I, II, 2. Aufl., Springer-Verlag, 1983

[45] *Leonhard, W.*, Digitale Signalverarbeitung in der Meß- und Regelungstechnik,Teubner-Verlag 1988

[46] *Leonhard, W.*, Regelung in der elektrischen Antriebstechnik, Teubner-Verlag, 1974

[47] *Leonhard, W.*, Regelung in der elektrischen Energieversorgung, Teubner-Verlag 1980

C. Aufsätze und Einzelprobleme

[50] *Maxwell, J. C.*, On governors, Proc. Roy. Soc., 1868, S. 270

[51] *Routh, E. J.*, On the stability of a given state of motion, Macmillan, 1877

[52] *Hurwitz, A.*, Über die Bedingungen, unter welchen eine Gleichung nur Wurzeln mit negativen reellen Teilen besitzt, Math.-Ann., 1895, S. 273

[53] *Michailow, W.*, Automat. Telemek., 1938, S. 27

[54] *Leonhard, A.*, Neues Verfahren zur Stabilitätsuntersuchung, Archiv für Elektrotechnik, 1944, S. 17

[55] *Leonhard, A.*, Stabilitätskriterium, insbesondere von Regelkreisen bei vorgeschriebener Stabilitätsgüte, Archiv für Elektrotechnik, 1948, S. 100

[56] *Leonhard, A.*, Das Stabilitätskriterium nach Nyquist-Bode, erweitert für die Kontrolle der Stabilitätsgüte, Regelungstechnik, 1954, S. 236

[57] *Lüthi, A.*, Abklingbedingungen für Reglergleichungen beliebiger Ordnung, Escher-Wyss-Mitt., 1942/43, S. 90

[58] *Nyquist, H.*, Regeneration Theory, Bell Syst. Tech. J., 1932, S. 126

[59] *Görk*, Stabilitätskriterien, Archiv für elektrische Übertragung, 1950, S. 89

[60] *Netsch, H.*, Stabilitätsuntersuchungen von Peltonturbinen mit Doppelregelung durch einen Regelkreis, Regelungstechnik, 1957, S. 454

[61] *Kessler, C.*, Über die Vorausberechnung optimal abgestimmter Regelkreise, Regelungstechnik, 1954, S. 274, 1955, S. 16, S. 40

[62] *Kessler, C.*, Das symmetrische Optimum, Regelungstechnik, 1958, S. 395, 432

[63] *Leonhard, W.*, Regelkreise mit symmetrischer Übertragungsfunktion, Regelungstechnik, 1965, S. 4

[64] *Graham, D., Lathrop, R. C.*, The synthesis of optimum transient response; criteria and standard forms, Trans. AEII, 1953, Pt. II, S. 273

[65] *Syrbe, M.*, Vermaschte Regelkreise, eine Möglichkeit zur Vereinfachung von Regelaufgaben, Heidelberger Tagung Regelungstechnik, 1956, Oldenbourg-Verlag, 1957, S. 78

[66] *Kessler, C., Meinhardt, W., Neuffer, I., Rube, G.*, Die Gleichstrom-Fördermaschine mit Siemens-Transidyn-Regelung, Siemens-Zeitschrift, 1958, H. 8, S. 555

[67] *Kessler, C.*, Ein Beitrag zur Theorie mehrschleifiger Regelungen, Regelungstechnik, 1960, S. 261

[68] *Leonhard, A.*, Die Untersuchung von mehrfach geregelten Systemen mit Hilfe der Operatorenrechnung, Elektrotechn. und Maschinenbau, 1943, S. 329

[69] *Boksenbom, A. S., Hood, R.*, General algebraic method applied to control analysis of complex engine types, NACA Techn. Report, 980, 1950, Washington

[70] *Graner, H.*, Vorschläge für den Betrieb von Netzverbänden, ETZ, 1934, S. 1069

[71] *Graner, H.*, Regel- und Steuerverfahren für den Elektrizitätsverbundbetrieb, ETZ, 1939, S. 1269

[72] *Leonhard, W., Müller, H.*, Ein stetig wirkender digitaler Drehzahlregler, ETZ, 1962, S. 381

[73] *Lang, A.*, Die Schnellregler-Eigenschaften des Tirrill-Reglers, Archiv für Elektrotechnik, 1938, S. 675

[74] *Leonhard, A.*, Ein neuer Schnellregler für Drehstrom-Generatoren, ETZ, 1949, S. 329

[75] *Leonhard, A.*, Ausschlagabhängigkeit relaisgesteuerter Stellmotore, Regelungstechnik, 1953, S. 13

[76] *Böttcher, W.*, Optimales Verhalten von Zweipunktreglern mit Rückführung, Regelungstechnik, 1960, S. 340

[77] *Anke, K., Ertel, K., Sinn, G.*, Digitale Weg-Regelung, Siemens-Zeitschrift, 1960, S. 664

[78] *Kessler, C.*, Ein Beitrag zur Theorie des Zweipunktreglers, Regelungstechnik, 1957, S. 339

[79] *Anke, K.*, Dreipunktregelung, Regelungstechnik, 1957, S. 262

[80] *Krylow, N. M., Bogoljubow, N. N.*, Einführung in die nichtlineare Mechanik, Kiew, 1937

[81] *Tustin, A.*, The effects of backlash and of speed-dependent friction on the stability of closed cycle control systems, JIEE 94/A, 1947, S. 143

[82] *Goldfarb, L. C.*, Über einige nichtlineare Phänomene in Regelsystemen, Automatika i Telemechanika, 1947, S. 349

[83] *Oppelt, W.*, Über die Stabilität unstetiger Regelvorgänge, Elektrotechnik, 1948, S. 71

[84] *Kochenburger, R. J.*, A frequency response method for analyzing and synthesizing contactor servomechanisms, Trans. AIEE 69/I, 1950, S. 270

[85] *Leonhard, W.*, Regelkreis mit gesteuertem Stromrichter als nichtlineares Abtastproblem, ETZ, 1965, S. 513

[86] *Fieger, K.*, Über die Anwendung der Abtasttheorie auf nichtlineare Regelkreise mit nichtstetigen Stellgliedern, Dissertation Braunschweig, 1967

[87] *Föllinger, O.*, Das Popow-Kriterium in Frequenzkennlinien-Darstellung, Regelungstechnik, 1968, S. 145

[88] *Fromme, G.*, Einsatz eines Mikrorechners als selbstoptimierender Regler für Strecken mit abschnittsweise konstanten Parametern, Regelungstechnik, 1982, S. 189

Sachwortverzeichnis